全球100位大师给青少年的人生忠告

◎主　编：滕　刚
◎副主编：刘英俊　王　嘉

花山文艺出版社

图书在版编目(CIP)数据

全球100位大师给青少年的人生忠告／滕刚主编.
－石家庄：花山文艺出版社，2007.02（2021.8重印）
ISBN 978-7-80673-982-2

Ⅰ.①全… Ⅱ.①滕… Ⅲ.①人生哲学－青少年读物
Ⅳ.①B821-49

中国版本图书馆CIP数据核字(2007)第007755号

书　　名：全球100位大师给青少年的人生忠告
主　　编：滕　刚

策　　划：张采鑫
责任编辑：卢水淹
责任校对：于怀新
特约编辑：李文生
装帧设计：红十月工作室
出版发行：花山文艺出版社（邮政编码：050061）
（河北省石家庄市友谊北大街330号）
销售热线：0311-88643221
传　　真：0311-88643234
印　　刷：永清县晔盛亚胶印有限公司
经　　销：新华书店
开　　本：720×1020　1/16
字　　数：400千字
印　　张：22.5
版　　次：2007年3月第1版
2021年8月第2次印刷
书　　号：ISBN 978-7-80673-982-2
定　　价：78.00元

汲取人生的智慧和力量

□ 张丽钧

哲人说，每个诞生到这世界上来的婴儿，都是上帝眼中的“合格品”。但是，当我们谢幕人间的时候，我们之间千差万别的情形，却足以惊呆上帝。

是什么将我们打造成了唯一的自我？是我们自己，也是这个世界。

我愿意和你一道来倾听澳大利亚演说家安德鲁·马修斯讲述的这个故事——我的朋友约翰·福佩天生没有手臂，但他获得了传播学硕士学位，还到世界各地的公司和学校演讲。他从来不会问：“为什么我天生就没有手臂？”他只问自己：“我怎样去克服它呢？”所有你用手来做的事——梳理头发、点钱、开车、开门——他都用脚来做。与约翰到中国餐馆吃饭是一件有趣的事。当其他人用刀叉吃饭——他们认为用筷子实在太难了——约翰却表演他的一流筷子技巧，而且是用脚趾！约翰说：“我接受我自己。没有了这些挑战，我就不会成为今天的我。”这篇文字有一个耐人寻味的题目《把快乐从上帝那里抢回来》。

只要你睁开眼睛留神去看，你就会发现上帝在欣然赋予了我们在这个世界的“准入权”之后，就开始变得悭(qiān)吝起来、严苛起来、残酷起来。就像约翰·福佩没有手臂一样，我们每个人都被上帝不由分说地收走了一些东西，这些东西有的是我们肉眼看得见的，而更多的，是我们肉眼所看不见的。你不可能拥有世间所有的幸运，当然，你也不可能占尽世间所有的不幸。我们作客人间，没有能力绕过这样的问题：我究竟想成为一个怎样的人？我想得到什么？我要在身后留下什么？当这些问题都一一明了之后，我们又要面对这样一个新的问题：我们该运用怎样的手段来实现自己的目的？或者换句话说，我们该怎样去努力“通融”上帝，让他将我们祈望得到的东西悉数给予我们？——请注意，安德鲁·马修斯使用了一个惊心动魄的词，那就是“抢”。

时光永是流逝，不抢不行；机会转瞬即逝，不抢不行；成功健步如飞，不抢不行；快乐脚力非凡，不抢不行……除却这些，我们更应当以“抢”的精神修身养德，以“抢”的精神增智明理，以“抢”的精神追索幸福，以“抢”的精神表达爱意……既已明了此身如寄，身前身后皆是无尽的渺茫，何不只争朝夕，活出个美丽沸腾的人生？

但是，我们的眼前或头上却难免有阴翳(yì)。一些阻遏我们前行的因子不容许我们去“抢”回那属于我们的东西。这时候，你就应该到智者那里去借得一根拨云见日的手指——你需要抓住他们热切地伸过来的援手，接受一种无私的引领。杨绛说：“我觉得读书好比串门儿——‘隐身’的串门儿。要参见钦佩的老师或拜谒有名的学者，不必事前打招呼求见，也不怕搅扰主人。翻开书面你就闯进大门，翻过几页就升堂入室；而且可以经常去，时刻去……”

这本《全球100位大师给青少年的人生忠告》能给你提供拜谒人类最有智慧的头脑的机会，带你的心灵去大师云集的圣地串门儿。愿你惶惑的手，在次第推开洛克菲勒、叔本华、富兰克林、特里莎修女、钱钟书、冰心、季羡林等百余位大师的门之后，能从中借鉴到看世界的眼光、对人生的态度以及力量、智慧、爱与美。

当你看到上帝残忍地收走了约翰·福佩的手臂时，你是否同时看到，约翰·福佩奋力打造那个卓异自我的机会也随之降临？让我们像埃莉诺那样，“点燃一根蜡烛，而不是诅咒黑暗”；让我们凡俗生命的每一个刹那都在这光明中得到新生！

目录

成功，是一种思维，也是一种技巧——成功篇

穷人：生活的圈子大多是穷人，也排斥与富人交往，久而久之，心态成了穷人的心态，思维成了穷人的思维，做出来的事也就是穷人的模式。大家每天谈论着打折商品，交流着节约技巧，虽然有利于训练生存能力，但你的眼界也就渐渐囿于这样的琐事，而将雄心壮志消磨掉了。

富人：骨子里就深信自己生下来不是要做穷人，而是要做富人，他有强烈的赚钱意识，这也是他血液里的东西，他会想尽一切办法使自己致富。

思维方式导致命运差异。成功者的思维方式，赋予成功者鲜明的个性；成功者观察事件的特殊角度，赋予了成功者经营人生的独有技巧。

把快乐从上帝那里抢回来——心态篇

“永远快乐”这句话,不但渺茫得不能实现,而且荒谬得不能成立。快乐绝不会永远,说永远快乐就像说四方的圆形、静止的动作同样自相矛盾。你要永久,你该向痛苦里寻找。不过,虽然快乐不会永远,但追求快乐的心却可以永远。一个积极思考者会有意识地使自己保持心情愉悦。你期望快乐,便会找到快乐;你寻找什么,便会发现什么。这是人生的基本法则。

一支小小的蜡烛就能战胜黑暗——品德篇

在这个物欲社会中安于清贫、坚守自己做人的良心、坚守自己理想的人越来越少，冷漠的黑暗冰冷了温存的德性。但善就是人性中发光的东西。作为一种本能，无论被挤压到什么样的角落，它都会发光，而越是用心体会的人，就越能被它的光芒照亮与温暖。像洪战辉那样的人，像特里莎修女那样的人，是通体透亮的，因为，他们敢于如此彻底地服从自己天性中“善的冲动”。

如果黑暗笼罩了我，我决不害怕，也决不诅咒，我会点亮自己内心的蜡烛！

因为“全世界的黑暗也不能使一支小蜡烛失去光辉”。

思想的力量不可估量——哲思篇

不久前，一位妇女告诉我："我年轻时发誓，我绝不嫁姓'史密斯'的男人，我绝不嫁比我年轻的男人，我绝不从事洗盘子的工作。但现在这三件事我都做过了。"思想运作最基本的原则就是：你想得越多的事，对你的吸引力就越大。所以不要让庸俗的偏见和恶劣的理所当然占领你的脑袋，即使你想的是不希望这件事成为现实，你还是会朝着它走去。多思考哲人的真知灼见，你的命运会根据你的心灵画面运作。

情感，最温暖的心灵鸡汤——情感篇

对人类来说，如同需要空气一样，需要细腻的情感。无私的亲情、体贴的友情、理智的爱情，是心灵的憩息地，在这些情感面前，你不必化妆，不必穿戏服，不必做事情，不必端架子，可以讲真心话，讲泄气话，可以说没出息的话，可以让他知道你很脆弱、很懦弱、很害怕；虽然每次走入人生的前台你会很紧张，很厌恶，但你确知后台有人只会安慰你，不会奚落你，不会耻笑你。

人是自身幸福的设计师——人生篇

不容否认，幸运与偶然因素有关。例如漂亮的容貌、难得的机缘、某人的死亡，以及贵人的相助等等；另一方面，人能否幸运又取决于自身——幸运之神值得我们尊敬，因为她有两个女儿：一个叫自信，一个叫荣誉，她们都是幸运所产生的。前者产生于自我的心中，后者产生于他人的心中。

不要怀疑人生，"怀疑"不过是"幸福"为了考验自己迸出的火花而已。

不要试图寻找人生意义，你将在寻找意义中错过人生，因为接触就是意义，一种内在的深深的拥抱就是人生的真正意义。

知识改变命运——知识篇

大学四年来你得来的知识,可助你在社会谋生,但未必可以令你懂得如何处世。只有你知道,你将会怎样运用头脑内的知识素材,转化为做人的智慧。生长与变化是一切生命的定律,昨天的答案未必适用于今天的问题，只有你的原则才是你生命导航的坐标，只有你的情操才是你鼓舞生命的力量。

生活有目标比赚钱更重要——生命篇

卑劣地、愚蠢地、放纵地、邪恶地活着，与其说是活得不好，不如说是慢性死亡。

我们的世界充斥着这样的男女，他们除了拼命地增加银行存款，没有真正的目标，没有更高的追求。一些人毕生都在追逐金钱，绝大多数时间却一无所获。另一些人挣的钱多得花不了，自己却活不过他们开的那些公司。这两种人都在朝着他们所认为的幸福不停地劳作，但是，他们都错了。当我回首所有的辉煌，我终于意识到，找到生活的目标要高于赚钱本身。

成功，是一种思维，也是一种技巧——成功篇

穷人：生活的圈子大多是穷人，也排斥与富人交往，久而久之，心态成了穷人的心态，思维成了穷人的思维，做出来的事也就是穷人的模式。大家每天谈论着打折商品，交流着节约技巧，虽然有利于训练生存能力，但你的眼界也就渐渐囿于这样的琐事，而将雄心壮志消磨掉了。

富人：骨子里就深信自己生下来不是要做穷人，而是要做富人，他有强烈的赚钱意识，这也是他血液里的东西，他会想尽一切办法使自己致富。

思维方式导致命运差异。成功者的思维方式，赋予成功者鲜明的个性；成功者观察事件的特殊角度，赋予了成功者经营人生的独有技巧。

洛克菲勒给儿女的忠告

◇[美]洛克菲勒

约翰·戴维森·洛克菲勒(1839~1937)出生在纽约,美国资本家,浸礼会教友,以其在石油工业中的地位而闻名,人称石油大王。他是标准石油的创建者,在他的领导下,标准石油成为世界上最大的石油公司,同时也为他个人带来了巨大的财富(1929年时资产为9亿美元;按2001年的币值,他的资产达约2000亿美元,而相较之下比尔·盖茨在该年只有587亿美元)。同时洛克菲勒也是一个慈善家,他把大部分的财产捐助慈善事业。

人生最伟大的目标在于行动

蜡烛在银烛台上慢慢燃烧,饭厅里气氛温馨。可是伊丽莎白和西恩的情绪都不高。

洛克菲勒吃过一块牛排后,慢慢地开导他们:"20岁到30岁是人生最为重要的学习阶段,如果在这一期间无法掌握好将来工作所必需的知识,就会无功而返,毫无成就。到了30岁时,你的生活就只剩下家庭生活的小圈子。你会为了分期付款的住宅,或为了日常的生活而奔波,你在30岁时须抵达的人生目标,现在还仅仅是一个美梦,或者说是一个空想。但是你必须把它看成是鼓励现在的你的动力。不将这一富于动机的目标铭记心中,没有任何确切的目标,要进行长时间的学习,是无法忍耐持久的。目标必须日日更新,与前途紧密地联系在一起。只有以此为出发点,你才能够超越艰苦的环境。比如说:令人伤脑筋的课题,考试中的失败,论文不公正的评价,无聊的教授和艰涩难学的必修课程等。"

"可是我很难确定我短期的人生目标是什么,尤其是当选'美国小姐'后。"伊丽莎白抱怨道。

洛克菲勒陷入了沉思中,过了好一会儿,他说:"伊尼,我当年也有和你一样的困惑。在我年轻时，学习条件很差；尤其是目标很不明确。有时我会陷入一种幻觉，头天晚上失眠一整夜，到天亮时睡两个小时。第二天一早，我与太阳一道醒来，却感到年轻力壮，精力充沛。正如惠特曼的诗所说，我'健康、自由，世界展现在眼前……'

"有一阵子，我实在闲得无聊，就到处瞎逛。我漫无目的地乘大巴来到犹他州，在一个农场附近下了车。天黑的时候，我敲响了农场主人家的门，主人热情地招待了我。第二天，我感谢了主人的盛情款待，再次踏上了回纽约州的旅程。我沿路徒步走着，期待着一辆可搭乘的车的出现。终于一个农民让我上了他的车，我感到一辈子从未有过的自足和得意。我与这个世界如此之和谐！

"我们疾驰着，那个农民打断了我的思索。'你想去哪儿？'他问。

"我快速用我在那前一晚才听到的惠特曼的诗来回答，直到现在，这首诗仍然在我脑海里萦绕。'我将去我喜欢去的地方，这漫长的道路将带领我去我向往的地方……'我背着这句《通达大路之歌》里的诗。

"那个农民看着我，面带惊讶甚至愠怒。

"'你想对我说，'他谴责地说，'你甚至没有一个目的地？'

"'当然我有目的地，'我说，'只是它在不断地变——几乎每天都在变。'

"突然，那个农民把车停在路边，命令我下去。'游手好闲之徒，'他说，'你应当找一份正当的职业。落下脚，挣钱过日子。'

"说着他把车开走了，留下我独自一人站在土路上。这条路的两端都长得看不到头。我试着想寻回两分钟前还感到的得意洋洋之感，却只有席卷着我全身的失落感。

"生活充满了两极对比。前一晚，我刚听到诗人惠特曼鼓励我们继续在这通达的大路上走下去，仅第二天，我却为这遭到陌生的红脸农民的训斥。尽管如此，我还是做好准备接受生活中的所有沉浮升降。"

"可是，爸爸，我有目标，那就是进入一所好大学。"西恩说道。

洛克菲勒马上说："那么，我想问你进入好大学到底是为了什么？还有最近你沉迷于声色犬马中，你确定你的目标又有什么意义呢？

"一旦确定了目标，就应尽一切可能，努力培养达成目标的充分自信。大多数人根本不清楚律师的一天是怎么过的，在根本不去考虑跟法律有决定因素诸多层面时，就贸然扬言'我要当律师'。其实，首先应该跟这一职业有关联的人进行交谈，不过，必须选择那些人生观不偏不倚的人。对沉迷于自己所选择的职业，将法律视为今生今世唯一话题的人，与这种人交往是有害无益的。另一方面，跟讨厌自己所选择的职业的人交谈也没有什么积极作用。优秀的忠告者会对你所必须学的课程提出建议，尤为重要的是他会教导你，当你达到了目标，自己开了一家法律事务所时，什么事情是最为重要的。"

小心那些只读过一本书的人

西恩最近读了不少书，想借此拓宽自己的视野，为将来磨炼经营手腕做准备。洛克菲勒觉得这是一个好现象，他想以自己的亲身体验对儿子做正确的指导。

洛克菲勒翻开一本书，陷入了回忆中："记得我商科刚刚毕业时，我认为是自己再走一条新路的时候了，我希望去生活、学习、成长。我打点好行囊，带着惠特曼的诗、托马斯·沃尔夫的小说《你再不能返家》以及爱默生的书《论自立》，踏上了西行的未知之路。

"通过读书可以磨炼经营手段，简而言之，就是可以读人。历史是针对人而写成的，而且在现在也广为流传，有关工作压力、投资、饮食疗法、运动、飞艇安全操作法等方面不可胜数的图书，都是针对人以及人的思维和人的行动的。你如果想使你的经营水平提升至一个不可估量的高水平，就应该对更广范围内的人们进行阅读了解。"

"我最不喜欢看那些旧得发霉的书。"西恩抱怨。

洛克菲勒又从书架上拿出一本《圣经》，随意翻着，边翻边对西恩说："孩子，你必须明白，这个世上新鲜事并不太多，人的一生有很多方面总是反反复复。证实我的这一观念的最好的一本书便是《巴特雷特常用警句集》。这本书罗列了始于《圣经》中记述的对人的考察，忠于当今时世的思想观念，你知道其中有一位古希腊诗人荷马在公元前700年说过的妙语吗？'儿子极少与父亲相同。不及父辈的占大部分，超过前辈的只占少数。'东方大思想家孔子在公元前500年也说过：'不要结交比自己还差的朋友。'伊索在公元前550年曾言：'心甘情愿地接受自己的命运吧！你不可能任何方面都出人头地。'圣海尔劳姆斯在公元前400年说过：'不了解自己的无知，是最大的无知。'巴特雷特以这种基调贯串始终，将万古流芳的不可胜数的伟人们对世界的观念及看法传达给读者。这些人都跟你我现在活在世间一样，在历史的某一阶段，曾经生活过、呼吸过，体验过人生。了解这些思想家的人生百态、观点以及他们的苦恼，我们的问题就显得何等不值一提。至少站在经验者们的观察的基础上，一切问题均会容易处理得多。"

"我觉得斯坦福大学的教育已经非常充分了。"西恩似乎很自信地说。

洛克菲勒摇摇头，很不同意西恩的观点："知识是外在的，是我们对所见事物的认识；智慧则是内涵的，是我们对无形事物的了解；只有二者兼备，你才能成为一个全面发展的人。"

"既然这样，爸爸，你能给我介绍一些好书吗？"西恩问。

“我会叫卡莱丝在你的房间做一个书架，在书架上摆上你进入商界时乃至能使你的个人生活方面均受益无穷的书，这里有10本书值得一看——

1.《巴特雷特常用警句集》(约翰·巴特雷特)

2.《昂首阔步广告业》(克劳德·霍普金斯)

3.《成功的资本》(诺曼·文森特·皮尔)

4.《医生与心理》(维克多·E·弗兰科医学博士)

5.《创造人生奇迹》(诺曼·文森特·皮尔)

6.《思考的力量》(拿破仑·希尔)

7.《信心成就未来》(克劳德·布里斯托尔)

8.《大英百科全书》(哪一卷都行)

9.《成为人生的赢家》(大卫·史华兹)

10.《箴言书》(巴尔塔沙·葛拉西安)

“最后我还要向你赠送一句圣托马斯·阿克那斯1250年时的赠言：‘小心那些只读过一本书的人。’”

没有人会踢一只死狗

◇[美]戴尔·卡耐基

戴尔·卡耐基(1888~1955)，美国著名心理学家和人际关系学家，20世纪最伟大的成功学大师，美国现代成人教育之父。他一生致力于人性问题的研究，运用心理学和社会学知识，开创出一套独特的融演讲、推销、为人处世、智能开发于一体的成人教育方式，以超人的智慧、严谨的思维，在道德、精神和行为准则方面指导万千读者，使人从中汲取力量，开创崭新的人生。他开创的“人际关系训练班”遍布世界。其早期著作《人性的光辉》、《语言的突破》、《美好的人生》及《人性的优点》曾被译成28种文字，其中《人性的弱点》一书，是继《圣经》之后世界出版史上第二畅销书！

1929年，美国教育界发生了一件大事，许多教育界的人都赶到芝加哥躬逢盛会。好几年前，一位名叫罗伯特·哈金斯的年轻人一面念耶鲁大学，一面打工，当过侍者、伐木工、家庭教师。不过8年的时间，他竟受聘为全美第四的芝加哥大学校长，他当时30岁，这真不可思议！一些年长的教育学家都很不以为然。各种批评纷至沓来：他太年轻啦！他没有经验！他的教育理念是荒谬的！……最后连报纸也不能保持客观，加入了这场攻击。

他上班那天，一位友人对哈金斯的父亲说："今早报纸上连社会也在诋毁你儿子，真令人惊讶！"

哈金斯的父亲回答："真的是很严重，不过我们都知道，没有人会踢一只死狗。"

确实如此，越勇猛的狗，人们踢起来就越有成就感。

后来登基为爱德华三世的英国威尔斯亲王也有过这种经历。他曾就读达特莱斯学院——相当于美国的海军学院，当时他14岁。一天，一位海军军官发现他在哭，就问他发生了什么事。他本来不肯说，不过后来终于说出事端：他被一位海军幼校生踢了一脚。校长把大家召集起来，告诉他们，虽然威尔斯王子并没有抱怨，但校长一定要查清楚为什么有人行为这么粗鲁。

过了许久，那些幼校生才承认是他们干的，原因是当他们以后服役英国海军成为军官时，可以跟别人吹嘘，他们曾经踢过英国国王。

哲学家叔本华曾说过："小人常为伟人的缺点或过失而得意。"

耶鲁大学的前校长德怀特曾说："如果此人当选美国总统，我们的国家将会合法卖淫，行为可鄙，是非不分，不再敬天爱人。"

听起来这似乎是在骂希特勒吧？可是他谩骂的对象竟是杰弗逊总统，就是撰写《独立宣言》、被赞美为民主先驱的杰弗逊总统。

有一个美国人，被人骂作"伪君子"、"骗子"、"比谋杀犯好不了多少"……你猜是谁？一幅刊在报纸上的漫画把他画成伏在断头台上，一把大刀正要切下他的脑袋，街上的人群都在嘘他。他是谁？他是乔治·华盛顿。

不合理的批评往往是一种掩饰了的赞美。

朋友，如果你被人批评，请不要恼怒，那是因为批评你会给他一种重要感。这也说明你有成就，而且是被别人注意的。很多人凭借指责比自己更有成就的人来得到满足感。

所以，请记住："没有人会踢一只死狗。"

柳传志被罚站三次

◇柳传志

柳传志1944年生，祖籍江苏镇江。联想集团有限公司董事局主席、联想投资有限公司董事长，中华全国工商业联合会副主席，九届全国人大代表。1961~1967年在西安军事电讯工程学院学习；1968~1970年在广东珠海白藤农场劳动锻炼；1970~1983年在中科院计算所工作；1983~1984年在中科院干部局工作；1984年至今任联想集团总裁。1988年获首届全国科技实业家创业奖银奖；1990年获第二届全国科技实业家创业奖金奖；1993年被国家科委评为“火炬计划先进工作者”；1994年，获北京市第二届科技之光优秀企业家奖，被评选为北京市电子行业优秀企业家，当选“中国改革风云人物”；2000年1月被《财富》杂志评为“亚洲最佳商业人士”；2000年6月被《商业周刊》评为“亚洲之星”；CCTV2000中国经济年度风云人物。

我是有点儿偏执

公众最关心的问题是，工程技术人员出身的我，怎么会在20年里让“联想”迅速发展壮大？你到底在哪里学的呢？我说，一方面在实践中学，另一方面从书本中学。

简单说几本书：杰克·韦尔奇的《通用之路》、比尔·盖茨的《未来之路》、郭士纳的《只有偏执狂才能生存》——我都认真地读过，收获不小。有人问我，那你是不是偏执狂？在我所从事的领域，我一直努力发展，吃着碗里，想着锅里，还惦记地里的粮食——是有点儿“偏执”。

偏执也就是对目标的执著。我在西安军事电讯工程学院读大学，接受了军营的锻炼。那时每班都有指导员，大都是亲历过战争的军人。我们的指导员曾讲述辽沈战役中占领制高点的一幕：“那些战士根本不怕死，一个个往上冲，为达目标不顾一切！”这种一往无前的精神，对我影响很大。

毕业后我在中国科学院计算所工作了十多年，40岁开始创办“联想”。那时出去创业的科技人员凤毛麟角，要承受很大的社会压力。只有高等学府的尖子生才能分配到科学院，你出来挣钱，大家就觉得你跟小商小贩一样。这种感觉挺难受。创业初期，我有被人轰出屋子的经历，或者落到别的难堪境地，我就反复对自己说这是你自己的选择！想透才行。那种军人精神也一直激励着我：一旦决定目标，就不要瞻前顾后，要勇往直前，把5%的希望变成100%的现实！

我以前脾气大

作为企业家，我最希望得到人才培养奖。利润好像金蛋，但没有会下金蛋的母鸡，没有优秀的员工一切都是空谈。

许多媒体提到我的员工，都用“斯巴达克方阵”来指代：进攻时步步坚实，目标明确；撤退时阵脚不乱，能成功转移阵地。这与“联想”一贯纪律严明是密不可分的。譬如开会迟到罚站制度，十多年来无一人例外。我自己也被罚过三次。“联想”规定，迟到不请假就一定要罚站。有一次，我被关在电梯里面，当时没有手机，叫天不应，只好认罚。罚站是件挺严肃、挺尴尬的事情：开小会的时候，你得独自站着；更大的会场，你迟到了，会都停开，全体人员静默，都看着你站1分钟。第一次罚站的人，却是我的一个老领导，他撞到枪口上。我说，会开完了，到你家给你站1分钟！他站了一身汗，我坐着也一身汗。当时的确尴尬，但是制度必须严格执行。“‘联想’天条”同时规定，员工不得利用工作之便谋取私利，屡次劝说还不改的一定要处分。我们说到做到，类似于军法处置，如果员工违反党纪国法，就往法庭里送！

我以前脾气大——员工说是有魅力，但如果一级一级都靠发脾气贯彻指令，气氛太糟糕，企业需要湿润的空气。为了企业，我决定从自己做起，也经过了很多磨练。今天我不会轻易动怒，虽然内心仍然有性格，但为人处世确实能够心平气和。现在除了我老婆，没人说我脾气坏。

在企业要做到“中庸”更不容易了。比如，对竞争对手，一方面谦和，另一方面又要竞争，这个度不好把握。郭士纳、盖茨等商业巨头，内心对竞争对手绝不留情，表现的却是谦谦君子之风，这不容易。

父亲对我的影响

父亲对我影响很大。首先是对事业的敬业和勤奋方面。我父亲是法律专家，六十几岁的时候，奉国家之命在香港创建了中国最大的专利代理公司，为国家创造了5亿多资产。父亲极重信誉，办事开会，从不迟到，守时守点，言出必行，做事一板一眼，兢兢业业。

其次父亲的家庭观念也很强。我父亲生性耿直，一生坎坷，母亲一直站在他身边提醒他、支持他、鼓励他。无论多苦，母亲从不抱怨。父亲在外边很精神，指挥千军万马的样子，回家后特别体贴母亲。结婚60年的"钻石婚"纪念日，父母并排站着，颤颤巍巍地吹蜡烛，让我们子女真是百感交集。

父亲曾对我说过："不论贫富或者职位高低，我只要求你做一个正直的公民。一个人有两样东西谁也拿不走，一是知识，二是信誉。"

对子女的教育，我也很严格。以前工作忙，女儿的家长会，我一次都没参加过，但是我跟孩子有约法三章，第一：财产上我是我，你是你，我救急不救穷；第二，他们的重大问题，比如说专业选择、婚姻、工作等等，我只跟他们讨论原则，具体怎么做，我绝对不定；第三是念书，我坚决支持。

不要让别人偷走你的梦

◇[美]金克拉

金克拉，国际知名的作家，全美公认为销售天王暨最会激励人心的大师。与各种年龄层次的人交流的热心、情致和才能，也使他成为国际知名的演说家之一。他的《与你在巅峰相会》一书，成为了无数公司、学校、教会、销售组织的教科书，销售突破155万册，再版58次，创美国出版之最。继而又推出畅销书《登峰造极》、《金克拉赢家销售心法》、《天长地久》，再度掀起全美热潮。

金克拉致力于推广诚实、忠心、可靠及学习专业技巧的原则，获得各方好评。美国国会三度颁奖表扬他对反毒品及自由企业制度的贡献。

几年前，我第一次有幸乘飞机经过尼亚加拉大瀑布。

当我们接近瀑布的时候，机长从对讲机中对大家宣布：

"女士们、先生们,在你们的左边就是尼亚加拉大瀑布。你们当中如果有哪位没有从空中俯瞰过大瀑布,你们可以挪到飞机的左舷。那是一幅惊心动魄的画面。"

我遵从了他的建议。即使离瀑布还有好几英里远,我已能看到并感觉到尼亚加拉大瀑布巨大的气势和能量,因为我看到飞溅的水沫飞起了好几百英尺高。

当我看着瀑布,注视着那些飞起的水花时,一个想法掠过我的脑际。在好几千年里,上万亿吨的水从180英尺高处,坠落到深渊里,毫无意义地流失掉。

然后有人制定了一个计划——利用了这下落水流的一部分巨大的能量,有目的地经过一个特殊的装置,从而产生出上千万千瓦的电力,推动了工业发展的巨轮。从此,成千上万的家庭有了光明,成吨的粮食被收割,大量的产品被生产出并运输到各地。

这种新的能源,使人们有了工作,孩子们受到了教育,道路被开通,高楼、医院被建造。它带来的好处是说不完的,总之,这一切能实现,都是因为一个人的一个计划利用了尼亚加拉大瀑布的能量,让它为一个特殊的目的服务。这正是我想要求你去做的。

目标?为谁?字典上说目标就是目的或企图,是一个计划,是你想做的某件事情。我要说,毫无疑问,无论你是谁,你在哪,你在做什么,你都应该有目标。

J·C·拜尼对此有一个精彩的论断:"给我一个有目标的存储记录员,我就能让他成为一个创造历史的人;给我一个没有目标的人,我只能还你一个存储记录员。"修道院院长要有目标,生意人也一样要有目标。家庭主妇、学生、工人、医生、运动员都要有目标。

你可能不会像尼亚加拉瀑布那样照亮一个城市,但是有了明确的目标,你就能发挥出自己的能量,有意义的事情就会发生。为了表明树立目标的必要性,你想象一下埃德蒙·黑拉利,这位登上埃文洛斯特山的第一人,解释他怎样到达了顶峰?

假设他解释说他只是随便四处走走,碰巧有一天他发现他自己竟来到了世界最高峰的顶端。或者是通用汽车公司董事长解释说他之所以得到现在的职位,只是因为他每天都去上班,他们便不断地提升他,直到有一天他当上了董事会的董事长。

这多么荒唐可笑——当然没有你认为可以没有什么明确的目标就能得到某些重大的收获更荒谬。

坚定的梦想者

几个世纪以来,“文字商人”们一直在推销“梦想”。就在几年前,马丁·路德·金又给“梦想”之词增加了更大的深意。马丁·路德·金在他著名的“山之极顶”的演说中宣布:“我有一个梦想。”

这个梦想深深地震动了美国人的心灵,这个梦想需要几百万个脚步去丈量。另外一个有着梦想,并看到梦想实现的人,是个喜欢抽雪茄的、精力充沛的小矮个,他的爱的源泉从未干涸过。他就是戴克斯特·雅各,一个有着极强的家庭观念和坚定的传统信仰的人。

戴克斯特拒绝了耶鲁大学给他提供的奖学金,因为他急于开始走上通向成功的道路。他的自由企业梦想开始于一罐 KooL-Aid 饮料,这种饮料很快变得广受欢迎,并且利润极大。

这个早期尝到的成功使他完全相信了自由企业制度。戴克斯特还成功地干过汽车推销员,西尔斯公司等公司的内部推销员,以及一个建筑公司的定量工作人员。但是,戴克斯特和他忠诚的合伙人彼德埃,直到在一系列条件促使下,于 1965 年 11 月 1 日联合建立了密歇根艾姆卫广告公司之后,他们才开始了事业上的突飞猛进;他们的发展和成就一直稳步向前,并且成果蔚为壮观(我没有说这一切都来得很容易)。

今天,他们事业的发展规模,使他们完全可以接受三星级发行商的头衔。雅各也曾有过希望破灭、梦想破碎的过去,但他们一直以巨大的热情投入到每天十几个小时的工作中,辛勤的劳动终于换来了梦想成真。今天,雅各的公司已遍布全球,全世界知名,他们的职员已达几万。

但是,戴克斯特的成功,并不仅归功于他组建艾姆卫之后所做的事情,还要归功于他早年建立的基础。这些基础就是以诚实、个性、爱心、忠诚、团结以及对全能的上帝的信仰构成的精神支柱。

在雅各的头脑里,他一直确信成功会向他招手,于是,他为此做好了充分的准备。当机遇来临时,他紧紧抓住,使梦想变成了现实。

戴克斯特知道他的梦想一定能实现,因为他的梦想从诞生起,就一直生机勃勃,充满活力。然后他培育它、浇灌它,使它渐渐长大、成熟。最后,它终于变得强壮有力,支撑戴克斯特取得了巨大的成功。

在成功的路途中,雅各的职员们为他们的事业付出了他们的所有(勤奋、奉献等),因此,他们也必然得到了很多(经济保障,1100 英尺、带有 7 个卧室的漂亮的住房,游泳池,大型汽车,汽车房,钻石戒指等等)。

波德埃这样来总结他们的梦想和成功:“如果你为自己要付出的和要做

的设置了一个限度，那你就只能达到这个高度。”

戴克斯特正是由于没有给自己定下一个限度，而是毫无限制地投入、付出，所以他的成功便没有止境。

“不要让别人偷走你的梦”这句话，可能不是由戴克斯特发明的，但他却用这句话在全国听众心中激起波澜，使他们在与别人的交往中小心谨慎，唯恐别人会偷去他们的梦想。

对戴克斯特和波德埃来说，他们很早就树立了他们的梦想，并赋予它强大的力量，使任何人都无法将它“偷”走。这些观念对戴克斯特·雅各起作用，也就同样会对你起作用。

他的故事在《与你在巅峰相会》这本书中以多种方式摘用，这是因为戴克斯特所做的每一件事情都得到了作家的认同，从而把他放在了书中最重要的地位。

他之所以如此重要，是因为：他是一个同时注重身体、智力、精神的人。他能够站在顶端，是因为他建立了牢固的基础，是因为他认识到了在顶端空间的有限(没有足够的空间可以坐下)。

他得到了生活中他所想要的一切东西，因为他帮助上百的人得到了他们想要的东西。更重要的是，他与他美丽的妻子和7个快乐、健康、教养良好的孩子的关系更加亲密。这就是戴克斯特·雅各，一个“坚如钢铁”般的梦想者。

到目前为止，你应该已经决定开始就你的目标问题做一些事情了。那就让我们继续向前走，认识目标的特点，弄清怎样树立目标和怎样实现目标吧。

我为什么是最出色的球员

◇[美]迈克尔·乔丹

迈克尔·乔丹1963年出生于纽约布鲁克林。1984年NBA选秀大会第一轮被芝加哥公牛队选中；1991~1993年率公牛队完成NBA总冠军“三连冠”霸业，随后宣布退休，转而投身美国职业棒球联赛，加盟芝加哥白袜队。棒球生涯受挫的乔丹于1995年3月19

日重返NBA,1996~1998年又带领公牛队三次夺得NBA总冠军。1999年1月13日宣布正式退役，他的23号球衣也在联合中心体育馆永久退役。2000年1月19日开始担任华盛顿奇才队执行总裁。

带着以下这种想法进入NBA的人是少之又少：只要是全队胜利的需要可以付出任何不求回报的牺牲。大部分球员在想着拿分,争取更长的上场时间,以吸引更多人的注意力。

据我观察,我所遇到的球员当中极少有我认为已经取得辉煌成绩的。我会说“魔术师”约翰逊和拉里·伯德取得了某种程度上的辉煌。我把他们当做学习的榜样,希望由此让自己成为一名在进攻和防守两方面都才华横溢的更优秀的球员。

另外一位很出色的球员要数斯科特·皮彭,他天性聪慧,对打比赛有深刻的理解和领悟;他是勇士,任何时候都极具攻击力;他既擅长进攻,又精于防守,是场上生龙活虎的精灵。

皮彭来自闭塞落后的乡下，但他敢于同从小在城市长大的球员相抗争。农村来的孩子可以不断学习,只是要比别人花费更多时间和精力。伯德和约翰逊进队时准备好的是在某些方面教教别人,而皮彭进队时已经做好是向他人请教的准备。相信我,他不会跟别人离得太远。

不知多少回,在场上我感觉自己是在同孪生兄弟一道打球,我们俩在一起打球时他所取得的进步由此可见一斑。如果我们作为对手,打一场比赛,那我坚信自己比他略胜一筹——我对比赛的细微变化理解得更深刻些,但那肯定会是一场精彩绝伦的角逐。皮彭让自己成为随时进攻别人的“侵略者”,每次进攻都给人们创造一次惊奇。

但我和他之间存在着区别:他是只要后面有一群狼在追着自己才发动进攻,而我是任何时候任何位置(哪怕没有追逐的狼群)都会发动进攻。其实这种区别是巨大的,所带来的威力的不同也是不言而喻的。

我经常能够看见其他球员眼中的丝丝胆怯,尤其是在他们发现自己没有完全把握实现事先许下的诺言之时。

这么说吧,有位球员发誓要打好第二天的比赛,但一旦比赛开始,他的第一次投篮失败时，你便可瞥见他眼睛里流露出的代表着一丝胆怯的轻微迷惘,他不是及时清醒头脑,并告诉自己:“没关系,我会投中第二个球的!”取而代之的是消极的念头一个又一个地聚集起来了,直至垒成一堵“恐惧墙”,最终再没有机会重拾斗志了。

而我,丢了一个球之后会怎样呢?我以积极的心态接受这种结果,绝不让一次失球影响整个晚上的比赛。我从不让消极的念头一点点堆积,这种时候我告诉自己:“都过去了,珍惜后面的机会!”然后,前面丢5个球,后头我会投进10个,我总是让自信贯穿比赛的始终。

一个没投中,我不会担心后面的一个球可能也投不中。还没投,干吗就担心投不中呢?其实,这种消极的思想往往会成为所有人(不仅仅是运动员)一次失足后重振旗鼓的羁绊。

其实生活又怎么可能永远一帆风顺呢?我会努力争取每一天都能取得一点儿进步,我需要回顾昨天,感觉今天比昨天好就足够。一天一点儿进步,那一辈子该有多少的飞跃呀!

比赛当中最重要的是保持镇静,学会在热火朝天的氛围中让你的神经保持一分冷静。当然偶尔你的情绪也会受比赛气氛的影响,但关键是这时候你必须及时提醒自己,遏制这种消极念头的扩张蔓延。

一名伟大球星的高明之处就在于,他能让全场比赛始终合乎自己的节奏,而不至于整个晚上老在担心“追赶”不上比赛。这恐怕也是“伟大球星”和“好球员”明显的差别之一。

我小时候总喜欢在周日里为自己的穿着修饰一番,兄弟姐妹喜欢穿工装裤,但我总是穿上西装,打上领带——在我看来,穿西装、打领带才算是真正的打扮。

清楚记得父亲曾告诉我第一印象对一个人有多么重要。在北卡罗莱纳大学时,每次外出我们都穿西服,这正合了我的意。我们一起旅行,希望给人们一种高贵、中看的感觉。正因为如此,我每次赶去赛场之前总不惜花时间在房间里好好修饰一下自己。我希望借此给人们留下一个好的印象,并让他们知道我很在意他们对我的想法,当然,我对他们也能够尽量地表示尊重。

我想跟更年轻的球员们说的一点是:把握现在,小心不要让自己被别人设下的陷阱困住。成功会产生更高的期望值,但这就是我们这个社会里自然的演变规律。在长大成人,当上球员之前你得先了解你是谁。

看看湖人队的科比·布莱恩特,他现在甚至还不知道什么是科比·布莱恩特式的比赛呢?但他又怎么能知道呢?他从中学直接进入NBA——一种沉浮全凭自己的环境。他拥有很好的先天体能条件,但在他能成为一名优秀的球员之前还必须坚实自己的基础;他可以在短期内从其他球员那儿暂时“借来”一些技战术,但迟早还是得有他自己独特的东西。

这便是为什么大学时期对一名球员如此重要的原因所在,假使当初我也是从中学进入NBA的话,那我想我肯定不会成为现在的我,因为我没有了北卡罗莱纳帮助我掌握坚实的篮球基本功,在NBA里,你应付一夜又一夜的比赛还来不及,又怎能有充足的工夫练就那些队友们早已掌握的基本功呢。

那科比·布莱恩特能成为一名伟大的球员吗？当然可以，不过他在千方百计争取在 NBA 中的生存权的同时，还必须付出多得多的努力来琢磨基本功，提炼技战术，直至摸索出一套能克敌制胜的独特战术风格。

什么是真正的幸福？这是每位球员（尤其是年轻球员的）需要作出回答的问题。尤其，年轻一代的球员更应当知道，在球场外能给他们带来幸福的是什么。我认为很多球员心中没数，但他们还认为知道呢。他们认为，出去看电影，上酒吧，每天晚上和不同的女人闲荡……诸如此类就是球场上最大的幸福。如果你真这么认为，那总有一天你会毁了自己。

别紧张，放松些，别让生活太难。我经常跟好朋友“老虎”伍兹说起这些。学会以高境界的态度看待生活中的喜怒哀乐，这也不失为一种超脱。我认为，年轻的球员们更应学会“为现在而生活”，让生活自然发展，遇见困难和挫折，别纳闷，你就这么大能耐，不必苛求生活中原本就子乌虚有的那份“完美”。

你还是学会体验过程，如果不知道享受获得成功的历程，那将来的成功就不会显得那般美妙了。感知今天的阳光，明日还会霞光满天。

成龙自述成才之路

◇成　龙

成龙 1954 年生于香港，原名陈港生。7 岁入中国戏剧学院学艺，15 岁饰龙虎武师，19 岁当武术指导和男主角。1976 年改名成龙，成名作是功夫喜剧《醉拳》。其后嘉禾影片公司签下并力捧他，凭《杀手壕》打入好莱坞。后回港发展，以《警察的故事》获第五届香港电影金像奖最佳影片奖。成龙的影片以真本领演出，娱乐性丰富又导人向善。他先后获得下列名衔：英国 MBE 勋爵，法国文艺骑士勋章，澳洲“世界十大杰出青年”，香港十大杰出青年。在香港先后任导演会主席，武师公会永远名誉会长，演艺人协会副主席，摄影师学会副会长和灯光师工会名誉会长。

从演死人开始

我是从一个默默无名的童星做起的，大约6岁的时候，爸爸把我几乎是“卖”到了戏剧学校，从那以后就开始跟着师父学京剧。那时候很苦很苦，我只要有饭吃、有觉睡就很知足了。拍的第一部戏叫《梁山伯与祝英台》。最开始的时候我只能演死人，第一次演的时候，导演狠狠地骂我：“不要动，你已经死了，肚子还动什么？”这时候我很沮丧，觉得自己居然连死人也演不好。后来我开始细心地琢磨，什么时候应该吸气，什么时候应该闭气，什么时候镜头会对准死人，该怎么死，这样，一次又一次，我终于成了“死”得最好的人。

给人擦车用牙签挑缝

我当年的梦想是做一个武术指导，因为我觉得他很威风。要做一个武术指导就要先懂得镜头，我做了两年拿镜头的人，扛了两年镜头。

那时候电影圈武行有一个很有名的人，他地位很高，有许多小弟、跟班，我也混在中间，算是小弟的小弟。为了能让他注意我，当我知道他来片场铁定要经过哪些地方时，我就每天都站在那里，在他面前露一脸，让他看见我。后来有一天他终于停下车问了我一句：“你是跟我的吗？”我说是。他于是让我上他的车，一路上我坐得很规矩，什么也没说。到片场以后他让我帮他擦车。我这一辈子就没擦过这么干净的车，每个缝隙，都用牙签来挑干净。后来他就每天都接我上班，我每天都帮他擦车……最后我终于成了这位武指身边的红人。

我不是教你们拍马屁，可是搞艺术的人就是要想法子让别人注意到你。那时候，为了让报纸能报道自己，我什么都干过，还别出心裁地戴墨镜，希望媒体能关注到我，没想到，报纸登出来就把我给剪了。后来，我又想法子，在拍照的时候，就拼命挤在主角旁边，近得报纸都剪不掉，这样好了，终于登了，露脸了。

脑袋开刀

受伤次数数不过来，像这里断过一次，这里断过三次，这里烧伤过，这里烂过，这里裂过，这里开过……反正从头顶到脚趾，全身没有一处没受过伤的。以前拍电影没有保险，拍火戏时，我用真火，眼毛都烧没了，真火和假火是两回事，拍戏时就是在玩命。我的电影到今天还是有很多人谈，而且拿到法国好多大学去当教学资料，我觉得很骄傲。要说我至今印象最深的一次受伤还就是我脑袋开刀那次。那时候在南斯拉夫，又有战乱，医疗水平也不高，我真以为我会死掉。因为那个事情的影响，我现在做事是今天的事情今天做，我只想今年做什么，不想后年。生命是这么脆弱，所以我不会浪费我每一天的生命。我不说我对得起社会，但最起码我对得起我自己，应该说，开刀那事把我整个人生观都给改变了。

幸运只能用几年

作为艺人要有多方面的才艺，在美国，我从和人家沟通 A、B、C 都不会讲，到今天我能在美国电视台做直播节目。听不懂没关系，要知道问。我是山东人，以前不会讲山东话，但是我现在会讲山东话，会讲上海话，会讲福建话，会讲韩语，会讲一点儿日语。以前老一辈的演员像洪金宝等，除了漂亮的演技，还会唱歌还会跳舞。现在的演艺界、歌唱界的年轻朋友才技不够，他们有很好的环境，十五六岁就出来唱歌，但是唱也唱不好，填词也不会，弹也不会，只是很漂亮或很帅，只是很幸运地有人把他捧出来。这样的人很快就会冷掉的。我们讲的是实力，幸运只能用几年，实力却会永远。

光荣的荆棘路

◇[丹麦]安徒生

安徒生(1805~1875)，丹麦著名童话作家，世界文学童话创始人。从小为贫困所折磨，先后在几家店铺里做学徒，没有受过正规教育。少年时代即对舞台发生兴趣，幻想当一名歌唱家、演员或剧作家。1819 年在哥本哈根皇家剧院当了一名小配角。后因嗓子失润被解雇，从此开始学习写作。

安徒生的童话故事体现了丹麦文学中的民主传统和现实主义倾向，脍炙人口，到今天还为世界上众多的成年人和儿童所传诵。

从前有一个古老的故事,“光荣的荆棘路:一个叫做布鲁德的猎人得到了无上的光荣和尊严,但是他却长时期遇到极大的困难和冒着生命的危险。”我们大多数的人在小时已经听到过这个故事,可能后来还谈到过它,并且也想起自己没有被人歌颂过的“荆棘路”和“极大的困难”。故事和真事没有什么很大的分界线。不过故事在我们这个世界里经常有一个愉快的结尾,而真事常常在今生没有结果,只好等到永恒的未来。

世界的历史像一个幻灯。它在现代的黑暗背景上,放映出明朗的片子,说明那些造福人类的善人和天才的殉道者在怎样走着荆棘路。

这些光耀的图片把各个时代、各个国家都反映给我们看。每张片子只映几秒钟,但是它却代表整个的一生——充满了斗争和胜利的一生。我们现在来看看这些殉道者行列中的人吧——除非这个世界本身遭到灭亡,这个行列是永远没有穷尽的。

我们现在来看看一个挤满了观众的圆形剧场吧。讽刺和幽默的语言像潮水一般地从阿里斯托芬的“云”喷射出来。雅典最了不起的一个人物,在人身和精神方面,都受到了舞台上的嘲笑。他是保护人民反抗30个暴君的战士。他名叫苏格拉底,他在混战中救援了阿尔西比亚得和生诺风,他的天才超过了古代的神仙。他本人就在场。他从观众的凳子上站起来,走到前面去,让那些正在哄堂大笑的人可以看看,他本人和戏台上嘲笑的那个对象究竟有什么相同之点。他站在他们面前,高高地站在他们面前。

你,多汁的、绿色的毒胡萝卜,雅典的阴影不是橄榄树,而是你!

七个城市国家在彼此争辩,都说荷马是在自己城里出生的——这也就是说,在荷马死了以后!请看看他活着的时候吧!他在这些城市里流浪,靠朗诵自己的诗篇过日子。他一想起明天的生活,他的头发就变得灰白起来。他,这个伟大的先知者,是一个孤独的瞎子。锐利的荆棘把这位诗中圣哲的衣服撕得稀烂。

但是他的歌仍然是活着的;通过这些歌,古代的英雄和神仙也获得了生命。

图画一幅接着一幅地从日出之国和日落之国现出来。这些国家在空间和时间方面彼此的距离很远,然而它们却有着同样光荣的荆棘路。生满了刺的蓟只有在它装饰着坟墓的时候,才开出第一朵花。

骆驼在棕榈树下面走过。它们满载着靛青和贵重的财宝。这些东西是这国家的君主送给一个人的礼物——这个人是人民的欢乐,是国家的光荣。嫉妒和毁谤逼得他不得不从这国家逃走,只有现在人们才发现他。这个骆驼队现在快要走到他避乱的那个小镇。人们抬出一个可怜的尸体走出城门,骆驼队停下来了。这个死人就正是他们所要寻找的那个人:赛尔杜西——光荣的荆棘路在这儿告一结束！

在葡萄牙的京城里，在王宫的大理石台阶上，坐着一个圆面孔、厚嘴唇、黑头发的非洲黑人，他在向人求乞。他是加莫恩的忠实的奴隶。如果没有他和他求乞得到的许多铜板，他的主人——叙事诗“路西亚达”的作者——恐怕早就饿死了。

现在加莫恩的墓上立着一座贵重的纪念碑。

还是一幅图画！

铁栏杆后面站着一个人。他像死一样的惨白，长着一脸又长又乱的胡子。

“我发明了一件东西——一件许多世纪以来最伟大的发明，”他说，“但是人们却把我放在这里关了二十多年！”

“他是谁呢？”

“一个疯子！”疯人院的看守说，“这些疯子的怪想头才多呢！他相信人可以用蒸汽推动东西！”

这人名叫萨洛蒙·德·高斯，黎塞留读不懂他的预言性的著作，因此他死在疯人院里。

现在哥伦布出现了。街上的野孩子常常跟在他后面讥笑他，因为他想发现一个新世界——而且他也就居然发现了。欢乐的钟声迎接他的胜利归来，但嫉妒的钟声敲得比这还要响亮。他，这个发现新大陆的人，这个把美洲黄金的土地从海里捞起来的人，这个把一切贡献给他的国王的人，所得到的报酬是一条铁链。他希望把这条链子放在他的棺材上，让世人可以看到他的时代所给予他的评价。

图画一幅接着一幅地出现，光荣的荆棘路真是没有尽头。

在黑暗中坐着一个人，他要量出月亮离山岳的高度。他探索星球与行星之间的太空。他这个巨人懂得大自然的规律。他能感觉到地球在他的脚下转动。这人就是伽利略。老迈的他，又聋又瞎，坐在那儿，在尖锐的苦痛中和人间的轻视中挣扎。他几乎没有气力提起他的一双脚：当人们不相信真理的时候，他在灵魂的极度痛苦中曾经在地上跺着这双脚，高呼道：“但是地在转动呀！”

这儿有一个女子，她有一颗孩子的心，但是这颗心充满了热情和信念。她在一个战斗的部队前面高举着旗帜，她为她的祖国带来胜利和解放。空中起了一片狂乐的声音，于是柴堆烧起来了：大家在烧死一个巫婆——冉·达克。是的，在接着的一个世纪中人们唾弃这朵纯洁的百合花，但智慧的鬼才伏尔泰却歌颂“拉·比塞尔”。

在微堡的宫殿里，丹麦的贵族烧毁了国王的法律。火焰升起来，把这个立法者和他的时代都照亮了，同时也向那个黑暗的囚楼送进了一点儿彩霞。他的头发斑白，腰也弯了；他坐在那儿，用手指在石桌上刻出许多线条。他曾经统治过三个王国。他是一个民众爱戴的国王，他是市民和农民的朋友：克利斯仙二世。他是一个莽撞时代的一个有性格的莽撞人。敌人写下他的历史。我们一方面不忘记他的血腥的罪过，一方面也要记住：他被囚禁了 21 年。

有一艘船从丹麦开出去了。船上有一个人倚着桅杆站着，向汶岛作最后的一瞥。他是杜却·布拉赫。他把丹麦的名字提升到星球上去，但他所得到的报酬是讥笑和伤害。他跑到国外去。他说：“处处都有天，我还要求什么别的东西呢？”他走了，我们这位最有声望的人在国外得到了尊荣和自由。

“啊，解脱！只愿我身体中不可忍受的痛苦能够得到解脱！”好几世纪以来我们就听到这个声音。这是一张什么画片呢？这是格里芬菲尔德——丹麦的普洛米修士——被铁链锁在木克荷尔姆石岛上的一幅图画。

我们现在来到美洲，来到一条大河的旁边。有一群人集拢来，据说有一艘船可以在坏天气中逆风行驶，在为它本身具有抗拒风雨的力量。那个相信能够做到这件事的人名叫罗伯特·富尔登。他的船开始航行。但是它忽然停下来了。观众大笑起来，并且还“嘘”起来——连他自己的父亲也跟大家一起“嘘”起来：

“自高自大！糊涂透顶！他现在得到了报应！应该把这个疯子关起来才对！”

一根小钉子摇断了——刚才机器不能动就是因了它的缘故。转子转动起来了，轮翼在水中向前推，船在开行；蒸汽机的杠杆把世界各国间的距离拉近了。

人生成功之因素

◇冯友兰

冯友兰(1895~1990)，字芝生，河南省唐河县祁仪镇人。曾就读开封中州公学、北京大学。1919 年考取河南公费留学赴美；1923 年毕业于哥伦比亚大学研究院，获哲学博士学位；1948 年任清华大学校务会议主席；1951 年获印度德里大学名誉文学博士；1952 年任北京大学哲学系教授；1982 年获美国哥伦比亚大学名誉文学博士；1955 年被选为中国科学院哲学社会科学部委员、常务委员，兼任中国科学院哲学研究所研究员。中华人民共和国成立后，历任二、三、四、六、七届全国政协委员，第五届全国人大代表，第二、三届民盟中央委员。

他的一生，中、英文著作近500万言。20世纪20年代出版《人生理想之比较》。20世纪30年代编著《中国哲学史》两卷本，确定其作为中国哲学史学科主要奠基人的地位。抗战期间连续撰写出版了“贞元六书”，创立了新理学思想体系，成为中国当时影响最大的哲学家。

一、三种因素——才、力、命

在人生成功的过程中，须具有三种因素，这三种因素配合起来，然后才可以成功。

（一）天才。我们人生出来就有愚笨聪明的不同，而且一个人生出来不是白痴的话，一定会在一方面相当聪明；而这种生出来就具有的愚笨聪明，无论什么教育家以及教育制度也不能使之改变。换句话说，教育功用只能使天赋的才能充分地发展，而不能在天赋的才能之外使之成功。这正如园艺家种植种子只能使所种的种子充分生长，而不能在这种子充分生长之外使之增加。

（二）努力。无论在哪一方面成功的人，都要努力。如果非常懒惰，而想成功，正如希望苹果落在自己嘴里，一样的不可能。

（三）命。这命不是一般迷信的命，而是机会，也可以说是环境。如一个人有天赋才能，并且肯十分努力，但却仍需遇巧了机会。如果没有机会，虽然有天资，肯努力，也是“英雄无用武之地”了。提到机会环境，常会有人说我们可以创造环境，争取机会，这当然是不错的。不过，创造环境，争取机会，却包括在努力之中，而这里所说的机会，乃指一人之力所不能办到的而言。

以上所说的三种因素，可以自中国旧日术语中用一个字来代表一下：天资可以用“才”字来代表，努力可以用“力”字代表，机会可以用“命”字代表。一个人要在某方面获得成功，必得需有相当的才、力与命。一提到命，恐怕会有误解。因为谈到命的时候太多，例如街头算命摆卦摊的谈命，旅馆住的大哲学家谈命，而这里所提到的命却与他们都不相同。在这里所提到的命，乃是中国儒家所谈之命，是与一般世俗所说的命不同的。

一般世俗所谈的命是天定的，就是我们人在生前便定下了一生的吉凶祸福。看相算卦可以知道人一生的吉凶祸福，我从来就不相信。据我看，这些都是中古时代的迷信，无论是在哲学上或是在科学上都是不合理的。

孔子、孟子所讲的命并不是这个意思，儒家所讲的命，乃指人在一生之中所遭遇到的宇宙之事变，而且又非一人之力所可奈何的。再重述一下，创造环境、争取机会是属于努力那方面。与这里的命无关，不用再多论。现在还是讨论命字，我们人在一生中总会遭遇到非一个人力量所能左右与改变的宇宙之事变。比如说，民国二十六年的事变直到三十四年，经过八年间的抗战，我们才获得最后的胜利。日本人来侵略我们，我们不得已起而抗战。这是非以一人之力所能改变的。更如现在世界战争虽然已经解决，然而仍有许多问题相继发生着。为什么我们生在这么个时代？为什么不晚生若干年，生在未来的大同世界中？此乃命。

以上才、力、命三者配合起来，三者都必要而不同具。也就是成功需要三者配合起来，没有时固不成，有了也不一定成。如同学考试加油开夜车，但也许考不及格。也就是不用功不能及格，而用功，也不一定及格！这道理就是在逻辑学上所谓：必要而不同具。有些人常说不靠命，那么他又在说创造环境争取机会了。不过我已重述过，那是属于"努力"方面的。

说起命来，我们活这么大而不曾死了，命就算相当的好。我们要知道人死的机会太多了，在母胎中，也许小产，未出世就死去，这个人能成功不？幼童病死，有什么办法？我们经了八年抗战，经过战争、轰炸以及流亡，如今仍能参加夏令营，我们的运气真好得了不得了。

二、成功的种类与配合成分

以下我们讨论三者配合是否应该相等，也就是三者成分是不是应该每份都是33.3%。这回答却是不应相等，也不能相等，而是以成功的种类不同而每种成分各有不同。成功的种数不外有三：

一、学问方面：有所发明与创作，如大文学家、大艺术家、大科学家等等。

二、事业方面：如大政治家、大军事家、大事业家等等。

三、道德方面：在道德上成为完人，如古之所谓圣贤。

以上列举的三方面，以从前的话来讲，也就是立德、立功、立言三不朽。学问方面的成功是立言，事业的成功是立功，道德方面的成功是立德。除三种之外，也就没有其他的成功了。因为这三种成功的性质的不同，所以配合的成分也就有了多寡。大致说来，学问方面"才"占的成分多，事业方面"命"占的成分多，而道德方面则是"力"占的成分多。

三、学问方面的成功

学问方面天才成分占的多。有无发明与创作是不只以得多少分数、几年毕业所能达成的；而且，没有天才，就是怎么用功也是无济于事，尤其艺术方面，更是如此。所谓“酒有别肠，诗有别才”。有些人致力于做诗，并做到十分的努力，然而他做出诗来，尽管合乎平仄，可是不是诗，那么，他就是没有诗的天资，但也许他在其他方面可以成功的。

四、事业方面的成功

事业方面，机会成分占的多。做学问，一人可以做到不需要别的人来帮助，而且做学问到很高深的时候，别人也帮不上忙。孔子作《春秋》，他的弟子们都帮不上忙。李白、杜甫作诗，也没有人能够给他们帮忙，我们更不能帮助科学家来发明。这大都需要他自己去做的。然而，在事业方面，并非一人之力所能达成：

(一)需要有许多人帮忙合作。如大政治家治政、大军事家用兵等。

(二)需要与别人竞争。如打仗有敌手，民主国家竞选总统需要有对手。

总结一句话，还是事业方面成功并非一人之力所能达成。如做一件事，需有多人帮忙，帮助他努力争取，同时，需要对手比他差，才能成功。有时他成，可是遇到的对手比他更成，那时只好失败；有时他不成，可是遇到的对手比他还不成，那时他也能成功。我们从历史上来看，例子很多。比如项羽能力大，偏偏遇到的对手刘邦比他还高明，所以他只好失败。我们看看《垓下歌》：“力拔山兮气盖世，时不利兮骓不逝，骓不逝兮可奈何，虞兮虞兮奈若何！”“时不利兮”，他毫无办法。有些庸才偏偏成功，史册上很多，不胜枚举。

现在让我提一个故事，纪晓岚《阅微草堂笔记》有这么一段记载：有一个棋迷，有时赢，有时输。一天他遇到神仙，便问下棋有无必赢之法。神仙说是没有必赢之法，却有必不输之法。棋迷觉得能有必不输之法，倒也不错，便请教此法。神仙回答说，不下棋，就必不输。这个故事讲的很有道理。一切事，都是可以成功，可以失败，怕失败就不要做。自己棋高明，难免遇到比自己更高明的对手，则难免失败；自己棋臭，也许遇上比自己棋还臭、臭而不可闻的对手，这时便也可成功。其他事业也是如此。

五、道德方面的成功

道德方面，努力成分占的多。只要努力，不需要天才，不需要机会，只靠大步努力便能在道德方面成为完人。这是什么道理呢？也就是为圣为贤需如何？很简单，只有“尽伦”。所谓“伦”即是人与人的关系，从前有“五伦”：君臣、父子、夫妇、兄弟、朋友。现在不限定五伦。如君臣已随政体的变动而消失。不过人与人的关系却是永远存在。例如现在称同志，也是人与人关系的一种。为父有其为父应做之事，为子有其为子应做之事，应做的就是“道”。所谓君有君道，臣有臣道，父有父道，子有子道，也就是每个人都有他所应做的事。做到尽善尽美，就是“尽伦”。用君臣父子尽其道来比喻，名词虽旧，但意思并不旧。如果以新的话来讲，就是每个人应站在他的岗位上，做他应做的事。那么，为父的应站在为父的岗位上做为父应做的事，为子的应站在为子的岗位上做为子应做的事等等。所以名词新旧没有什么关系，只要意思不旧即可。我们不能为名词所欺骗。有许多人喜欢新名词，听到旧名词君尽君道、臣尽臣道等，立刻表示不赞成。若有人以同样意思改换新名词，拍案大声说：“每个人应该站在他的岗位上，做他应该做的事。”于是他便高高兴兴地表示赞成了。

道德方面的成功并不需要做与众不同的事，而且，“才”可高可低，高可做大事，低可做小事，不论他才之高低，他只要在他的岗位上做到尽善尽美，就是圣贤。所以道德方面的成功不一定要在社会上占什么高位置，正如唱戏好坏并不以所扮角色的地位高低为转移。例如梅兰芳，并不需扮皇后，当丫环也是一样。再者，道德方面的成功也与所做的事的成功失败无关。道德行为与所做之事乃两回事，个人所做之事不影响道德行为的成功。如文天祥、史可法所做的事虽然完全失败，但他们道德行为的价值是完全成功的。更进一步来说，文天祥、史可法如果成功，固然是好，但所做的事成功，对他们道德行为的价值并不增加，仍不过是忠臣；同时，他们失败，对他们道德行为的价值也不减少，仍不失为忠臣。因此道德方面的成功不必十分靠天才，也不十分靠机会，只看努力的程度如何；努力做便成功，不努力做便不成功。这种超越天才与机会的性质，我们称它为“自由”，是不限制的自由，并不是普通所说的自由。“人皆可以为尧舜”，就是这个意思。不过我们不能说：“人皆可以为李杜”或“人皆可以为刘邦、唐太宗”。诸位于此，会发生两个误会：

（一）道德上成功与天才机会无关，那么自己不管自己天资如何，同时，也不必认真做自己所做的事，只要自己道德行为做到好处就成了。不过这是错误的。一个人做事如文天祥、史可法做事，尽心尽力到十二分，则虽失败，亦不影响其道德方面的成功，但他们不尽心尽力，失败固非忠臣，成功也属侥幸，因为他们的“努力”程度影响了他们道德方面的成功。

（二）立德、立功、立言三者划分，实际上乃为讲解方便。其实立德非另外一事，因为立德是每个人做其应做之事，当然立言的人在立言之时可以立德，立功的人在立功之时也可以立德，每个人随时随地都可立德，所以教育家鼓励人最有把握就是“人皆可以为尧舜”，因此立德与立言、立功是分不开的。

是天堂，也是地狱

——给儿子的信

◇[美]洛克菲勒

亲爱的约翰：

有一则寓言很有意味，也让我感触良多。那则寓言说：

在古老的欧洲，有一个人在他死的时候，发现自己来到一个美妙而又能享受一切的地方。他刚踏进那片乐土，就有个看似侍者模样的人走过来问他："先生，您有什么需要吗？在这里您可以拥有一切您想要的——所有的美味佳肴，所有可能的娱乐以及各式各样的消遣，其中不乏妙龄美女，都可以让您尽情享受。"

这个人听了以后，感到有些惊奇，但非常高兴。他暗自窃喜：这不正是我在人世间的梦想吗？一整天他都在品尝所有的佳肴美食，同时尽享美色的滋味。然而有一天，他却对这一切感到索然乏味了，于是他就对侍者说："我对这一切感到很厌烦，我需要做一些事情。你可以给我一份工作做吗？"

他没想到，他得到的回答却是摇头："很抱歉，我的先生，这是我们这里唯一不能为您做的。这里没有工作可以给您。"

这个人非常沮丧。愤怒地挥动着手说："这真是太糟糕了！那我干脆就留在地狱好了！"

"您以为，您在什么地方呢？"那位侍者温和地说。

约翰，这则很富幽默感的寓言，似乎告诉我：失去工作就等于失去快乐。但是令人遗憾的是，有些人却要在失业之后，才能体会到这一点。这真不幸！

我可以很自豪地说，我从未尝过失业的滋味。这并非我运气好，而在于我从不把工作视为毫无乐趣的苦役，能从工作中找到无限的快乐。

我认为，工作是一项特权，它带来比维持生活更多的事物。工作是所有生意的基础，所有繁荣的来源，也是天才的塑造者；工作使年轻人奋发有为，比他的父母做得更多，不管他们多么有钱；工作以最卑微的储蓄表示出来，并奠定幸福的基础；工作是增添生命味道的食盐，但人们必须先爱它，工作才能给予最大的恩惠，获得最大的结果。

我初进商界时，时常听说，一个人想爬到高峰需要很多牺牲。然而，岁月流逝，我开始了解到很多正爬向高峰的人，并不是在“付出代价”。他们努力工作是因为他们真正地喜爱工作。任何行业中往上爬的人都是完全投入正在做的事情，且专心致志的人。衷心喜爱从事的工作，自然也就成功了。

热爱工作是一种信念。怀着这个信念，我们能把绝望的大山凿成一块希望的磐石。一位伟大的画家说得好：“痛苦终将过去，但是美丽永存。”

但有些人显然不够聪明，他们有野心，却对工作过分挑剔，一直在寻找“完美的”雇主或工作。事实是，雇主需要准时工作、诚实而努力的雇员，他只将加薪与升迁的机会留给那些格外努力、格外忠心、格外热心、花更多的时间做事的雇员，因为他在经营生意，而不是在做慈善事业，他需要的是那些更有价值的人。

不管一个人的野心有多么大，他至少要先起步，才能到达高峰。一旦起步，继续前进就不太困难了。工作越是困难或不愉快，越要立刻去做。如果他等的时间越久，就变得越困难、越可怕，这有点儿像打枪一样，你瞄的时间越长，击中的机会就越渺茫。

我永远也忘不了我的第一份工作——簿记员的经历，那时我虽然每天天刚蒙蒙亮就得去上班，而办公室里点着的鲸油灯又很昏暗，但那份工作从未让我感到枯燥乏味，反而很令我着迷和喜悦，连办公室里的一切繁文缛节都不能让我对它失去兴趣，而结果是雇主总在不断地为我加薪。

收入只是你工作的副产品，做好你该做的事，出色完成你该做的事，理想的薪金必然会来。而更为重要的是，我们劳苦的最高报酬，不在于我们所获得的，而在于我们会因此成为什么。那些头脑活跃的人拼命劳作决不是只为了赚钱，使他们工作热情得以持续下去的东西要比只知敛财的欲望更为高尚——他们是在从事一项迷人的事业。

老实说，我是一个野心家，从小我就想成为巨富。对我来说，我受雇的休伊特—塔特尔公司是一个锻炼我的能力，让我一试身手的好地方。它代理各种商品销售，拥有一座铁矿，还经营着两项让它赖以生存的技术，那就是给美国经济带来革命性变化的铁路与电报。它把我带进了妙趣横生、广阔绚烂的商业世界，让我学会了尊重数字与事实，让我看到了运输业的威力，更培养了我作为商人应具备的能力与素养。所有的这些都在我以后的经商中发挥了极大效能。我可以说，没有在休伊特—塔特尔公司的历练，在事业上我或许要走很多弯路。

现在，每当想起休伊特—塔特尔公司，想起我当年的老雇主休伊特和塔特尔两位先生时，我的内心就不禁涌起感恩之情，那段工作生涯是我一生奋斗的开端，为我打下了奋起的基础，我永远对那三年半的经历感激不尽。

所以，我从未像有些人那样抱怨他的雇主，说：“我们只不过是奴隶，我们被雇主压在尘土下，他们却高高在上，在他们美丽的别墅里享乐。他们的保险柜里装满了黄金,他们所拥有的每一块钱,都是压榨我们这些诚实工人得来的。”我不知道这些抱怨的人是否想过:是谁给了你就业的机会?是谁给了你建设家庭的可能?是谁让你得到了发展自己的可能?如果你已经意识到了别人对你的压榨,那你为什么不结束压榨,一走了之?

工作是一种态度,它决定了我们快乐与否。同样都是石匠,同样在雕塑石像,如果你问他们:“你在这里做什么?”他们中的一个人可能就会说:“你看到了吗?我正在凿石头,凿完这个我就可以回家了。”这种人永远视工作为惩罚,在他嘴里最常吐出的一个字就是“累”。

另一个人可能会说:“你看到了吗?我正在做雕像。这是一份很辛苦的工作,但是酬劳很高。毕竟我有太太和四个孩子,他们需要温饱。”这种人永远视工作为负担,在他嘴里经常吐出的一句话就是“养家糊口”。

第三个人可能会放下锤子,骄傲地指着石雕说:“你看到了吗?我正在做一件艺术品。”这种人永远以工作为荣,以工作为乐,在他嘴里最常吐出的一句话是“很有意思”。

天堂与地狱都由自己建造。如果你赋予工作意义,不论工作大小,你都会感到快乐,自我设定的成绩不论高低,都会使人对工作产生乐趣。如果你不喜欢做的话,任何简单的事都会变得困难、无趣,当你叫喊着这个工作很累人时,即使你不卖力气,你也会感到精疲力竭,反之就大不相同。事情就是这样。

约翰,如果你视工作为一种乐趣,人生就是天堂;如果你视工作为一种义务,人生就是地狱。

爱你的父亲

关于捷径与弯路

——我给大家几点人生忠告

◇[美]韦尔奇

杰克·韦尔奇1935年出生于美国马萨诸塞州萨兰姆市。1957年获得马萨诸塞州大学化学工程硕士学位,1960年获得伊利诺斯大学化学工程博士学位。1960年加入通用电气(GE)公司塑胶事业部。1981年4月，年仅45岁的韦尔奇成为通用电气公司历史上最年轻的董事长和首席执行官。在韦尔奇执掌通用电气的19年中，公司一路迅跑，并因此连续三年在美国《财富》杂志“全美最受推崇公司”评选中名列榜首。韦尔奇初掌通用时，通用旗下仅有照明、发动机和电力3个事业部在市场上保持领先地位，如今已有12个事业部在其各自的市场上数一数二；如果单独排名，通用电气有9个事业部能入选《财富》500强。2001年4月韦尔奇卸任，被尊称为“全球第一CEO”。著有《杰克·韦尔奇自传》、《赢》等著作。

如何在涉世之初少走弯路，有一个好的开端，开始一番成功的事业？以下是一些先行者积累的十条有益的涉世忠告。好好地遵循、把握这些忠告和建议吧，比起所学的课堂课程来，它毫不逊色！

1.买个闹钟，以便按时叫醒你。贪睡和不守时，都将成为你工作和事业上的绊脚石，任何时候都一样。不仅要学会准时，更要学会提前。就如你坐车去某地，沿途的风景很美，你忍不住下车看一看，后来虽然你还是赶到了某地，却不是准时到达。“闹钟”只是一种简单的标志和提示，真正灵活、实用的时间，掌握在每个人的心中。

2.如果你不喜欢现在的工作，要么辞职不干，要么就闭嘴不言。初出茅庐，往往眼高手低，心高气傲，大事做不了，小事不愿做。不要养成挑三拣四的习惯。不要雨天烦打伞，不带伞又怕淋雨，处处表现出不满的情绪。记住，不做则已，要做就要做好。

3.每个人都有孤独的时候。要学会忍受孤独，这样才会成熟起来。年轻人嘻嘻哈哈、打打闹闹惯了，到了一个陌生的环境，面对形形色色的人和事，一下子不知所措起来，有时连一个可以倾心说话的地方也没有。这时，千万别浮躁，学会静心，学会忍受孤独。在孤独中思考，在思考中成熟，在成熟中升华。不要因为寂寞而乱了方寸，而去做无聊无益的事情，白白浪费了宝贵的时间。

4.走之时要做好倒霉的准备。有一天，一只狐狸走到一个葡萄园外，看见里面水灵灵的葡萄垂涎欲滴。可是外面有栅栏挡着，无法进去。于是它一狠心绝食三日，减肥之后，终于钻进葡萄园内饱餐一顿。当它心满意足地想离开葡萄园时，发觉自己吃得太饱，怎么也钻不出栅栏了。相信任何人都不愿做这样的狐狸。退路同样重要。饱带干粮，晴带雨伞，点滴积累，水到渠成。有的东西今天似乎一文不值，但有朝一日也许就会身价百倍。

5.不要像玻璃那样脆弱。有的人眼睛总盯着自己，所以长不高看不远；总是喜欢怨天尤人，也使别人无比厌烦。没有苦中苦，哪来甜中甜？不要像玻璃那样脆弱，而应像水晶一样透明，太阳一样辉煌，腊梅一样坚强。既然睁开眼睛享受风的清凉,就不要埋怨风中细小的沙粒。

6.管住自己的嘴巴。不要谈论自己,更不要议论别人。谈论自己往往会自大虚伪,在名不副实中失去自己。议论别人往往陷入鸡毛蒜皮的是非口舌中纠缠不清。每天下班后和你的那些同事朋友喝酒聊天可不是件好事,因为,这中间往往会把议论同事、朋友当做话题。背后议论人总是不好的,尤其是议论别人的短处,这些会降低你的人格。

7.机会从不会"失掉",你失掉了,自有别人会得到。不要凡事在天,守株待兔,更不要寄希望于"机会"。机会只不过是相对于充分准备而又善于创造机会的人而言的。也许,你正为失去一个机会而懊悔、埋怨的时候,机会正被你对面那个同样的"倒霉鬼"给抓住了。没有机会,就要创造机会,有了机会,就要巧妙地抓住。

8.若电话老是不响,你该打出去。很多时候,电话会给你带来意想不到的收获,它不是花瓶,仅仅成为一种摆设。交了新朋友,别忘了老朋友,朋友多了路好走。交际的一大诀窍就是主动。好的人缘好的口碑,往往助你的事业更上一个台阶。

9.千万不要因为自己已经到了结婚年龄而草率结婚。想结婚,就要找一个能和你心心相印、相辅相携的伴侣。不要因为放纵和游戏而恋爱,不要因为恋爱而影响工作和事业,更不要因一桩草率而失败的婚姻而使人生受阻。感情用事往往会因小失大。

10.写出你一生要做的事情,把单子放在皮夹里,经常拿出来看。人生要有目标,要有计划,要有提醒,要有紧迫感。一个又一个小目标串起来,就成了你一生的大目标。生活富足了,环境改善了,不要忘了皮夹里那张看似薄薄的单子。

成　功

◇季羡林

季羡林 1911 年出生于山东清平(今临清市)。北京大学教授,语言学家,文学翻译家,梵文、巴利文研究专家。1930 年入清华大学西洋文学系学习英、德、法语及文学。1935年考取清华大学与德国交换研究生，曾在哥廷根大学学习梵文、巴利文、吐火罗文等。1941年获哲学博士学位。1946年回国历任北京大学教授兼东方语言文学系主任、南亚研究所所长、北京大学副校长等职。多年致力于东方学，特别是印度学的研究、开拓工作，著述主要有《中印文化关系史论丛》、《印度简史》、《罗摩衍那初探》、《印度古代语言论集》、《中印文化关系史论文集》、《原始佛教的语言问题》等。他对印度中世纪语言形态学、原始佛教语言和吐火罗语的语义研究均有开创意义，并直接翻译了数本梵文的印度古典名著和巴利文、英文、德文的一些文学作品。散文作品有《季羡林散文集》等。

什么叫成功？顺手拿过来一本《现代汉语词典》，上面写道："成功，获得预期的结果。"言简意赅，明白之至。

但是，谈到"预期"，则错综复杂，纷纭混乱。人人每时每刻每日每月都有大小不同的预期，有的成功，有的失败，总之是无法界定，也无法分类，我们不去谈它。

我在这里只谈成功，特别是成功之道。这又是一个极大的题目，我却只是小做。积七八十年之经验，我得到了下面这个公式：

天资+勤奋+机遇=成功

"天资"，我本来想用"天才"，但天才是个稀见现象，其中不少是"偏才"，所以我弃而不用，改用"天资"。大家一看就明白，这个公式实在是过分简单化了，但其中的含义是清楚的。搞得太繁琐，反而不容易说清楚。

谈到天资，首先必须承认，人与人之间天资是不相同的，这是一个事实，谁也否定不掉。十年浩劫中，自命天才的人居然大批天才。葫芦里卖的是什么药，至今不解。到了今天，学术界和文艺界自命天才的人颇不稀见，我除了羡慕这些人"自我感觉过分良好"外，不敢赞一词。对于自己的天资，我看，还是客观一点儿好，实事求是一点儿好。

至于勤奋，一向为古人所赞扬。囊萤、映雪、悬梁、刺股等故事流传了千百年，家喻户晓。韩文公的"焚膏油以继晷，恒兀兀以穷年"，更为读书人所向往。如果不勤奋，则天资再高也毫无用处。事理至明，无待饶舌。

谈到机遇，往往为人所忽视。它其实是存在的，而且有时候影响极大。就以我自己为例，如果清华不派我到德国去留学，则我的一生完全不会像现在这个样子。

把成功的三个条件拿来分析一下，天资是由"天"来决定的，我们无能为力。机遇是不期而来的，我们也无能为力。只有勤奋一项完全是我们自己决定的，我们必须在这一项上狠下工夫。在这里，古人的教导也多得很，还是先举韩文公。

他说:“业精于勤,荒于嬉;行成于思,毁于随。”这两句话是大家都熟悉的。

王国维在《人间词话》中说:“古今之成大事业、大学问者,必经过三种之境界:‘昨夜西风凋碧树,独立高楼,望尽天涯路。’此第一境也。‘衣带渐宽终不悔,为伊消得人憔悴。’此第二境也。‘众里寻他千百度,蓦然回首,那人却在,灯火阑珊处。’此第三境也。”静安先生第一境写的是预期,第二境写的是勤奋,第三境写的是成功。其中没有写天资和机遇。我不敢说,这是他的疏漏,因为写的角度不同。但是,我认为,补上天资与机遇,似更为全面。我希望,大家都能拿出“衣带渐宽终不悔”的精神来从事做学问或干事业,这是成功的必由之路。

卡瑞尔的万灵公式

◇[美]戴尔·卡耐基

卡瑞尔先生到密苏里州去安装一架瓦斯清洁机。经过一番努力,机器勉强可以使用了,然而,远远没有达到公司保证的质量。他对自己的失败感到十分懊恼,简直无法入睡。后来,他意识到烦恼不能解决问题,于是想出了一个不用烦恼解决问题的方法。

第一步, 找出可能发生的最坏情况是什么——充其量不过是丢掉差事,也可能老板会把整个机器拆掉,使投下的2万块钱泡汤。

第二步,让自己能够接受这个最坏情况。他对自己说,我也许会因此丢掉差事,那我可以另找一份;至于我的老板,他们也知道这是一种新方法的试验,可以把2万块钱算在研究费用上。

第三步,有了能够接受最坏的情况的思想准备后,就平静地把时间和精力用来试着改善那种最坏的情况。

他做了几次试验,终于发现,如果再多花5000块钱,加装一些设备,问题就可以解决了。结果公司不但没有损失2万块钱, 反而赚了1500块钱。

因为常常烦恼,艾尔·汉里得了胃溃疡。一天晚上,他因胃出血被送进医院。医生坦率地告诉他已经无药可救了。

这样过了几个月。最后,他对自己说:“汉里,如果你除了等死以外再也没有别的指望了,还不如好好利用一下剩余的时间呢。你不是一直想环游世界吗?只有现在去做了。”

汉里甚至买了一具棺材,和轮船公司讲好,万一他死了,就把他的尸体放进冷冻舱里。

他从洛杉矶上了亚当斯总统号船,开始向东方航行了。真奇怪,他居然觉得好多了!渐渐地不再吃药和洗胃;不久之后,任何东西都能吃了;甚至可以抽长长的黑雪茄,喝几杯酒,多年来没有这样享受过了。

汉里在船上和人们玩游戏、唱歌、交新朋友,晚上聊到半夜,充满了欢乐。回到美国之后,他的体重增加了90磅,几乎完全忘记了以前的烦恼和病痛。艾尔·汉里在下意识里应用了威利·卡瑞尔征服忧虑的诀窍。

首先,他问自己,可能发生的最坏情况是什么?答案是:死亡。第二,他让自己接受死亡。第三,想办法改善这种情况。

所以,如果你有了烦恼,你应该用威利·卡瑞尔的万灵公式,按照以下三点去做:

一、问你自己,可能发生的最坏情况是什么?

二、接受这个最坏的情况。

三、镇定地想办法改善最坏的情况。

领导者四维

◇[德]叔本华　林康成/译

阿图尔·叔本华(1788~1860),德国哲学家,唯意志论哲学创始人。抛弃了德国古典哲学的思辩传统,力图从非理性方面来寻求新的出路,提出了生存意志论:人生就是一种痛苦,一个人所感受的痛苦与他的生存意志的深度成正比;生存意志越强,人就越痛苦。要摆脱痛苦的途径只有一条,就是抛弃欲求,否定生存意志。他认为一个人可以通过艺术创造和欣赏来暂时解脱痛苦,但最根本的解脱办法是进入佛教的空、无的境界。他死后,有关他的哲学讲座逐渐将黑格尔排挤了出去,他一时成了德国最时髦的哲学家。1818年他的

《作为意志和表象的世界》出版，奠定了他的哲学体系。

蓝图设计

建筑工人可能对所建房屋的通盘设计一无所知，无论如何，他不会心中老记挂着设计图样。一般人很少想到自己一生的整体路程和特性。

一个人要让自己的事业具有价值，就需要不时地把注意力转向一生的“蓝图”，也就是一张具有设计概要的小草图。当然，要这么做，他必须运用“认识自己”的格言；他必须对了解自己的方法有若干进展；他必须知道最为关键的目标是什么，他最想拥有的快乐是什么。还有，在那之后，什么在他思想中占据着第二和第三的位置；他必须找出，就整体来说，真正的使命是什么，他应该扮演什么样的角色，他跟世界的一般关系如何。

控制想象

想象要加以控制，同时也要求我们不去回想过去不幸的事情，诸如所遭遇的不公正或伤害。我们所蒙受的损失，我们所经历的污辱、轻视和困扰，都足以构成一幅漆黑的图画，我们不要去描绘它。要是那么做，就会弄醒那些沉睡已久的可恨的情绪——那些扰乱和破坏我们天性的愤怒和憎恨，让它们置身于现实生活中。在一篇绝妙的寓言中，新柏拉图主义者普洛克鲁斯指出，在每一个市镇，哪有贱民跟富贵人士比邻而居？同样的，我们每一个人，不管他如何高尚和尊贵，在他的天性的深处，存在有一大伙低贱而庸俗的意欲，足以使他构成野兽。我们不能让这些低下的意欲造反，甚至不能让它们伺机而动。它们的模样可怕，它们造反的领袖就是我在前面所描写的“想象”。一桩小小的困扰，不管它是来自我们的同伴或是来自我们周围的事物，都可能一跃而变为面目狰狞的妖怪，让我们不知所措——这都是因为我们一直沉溺于我们的苦难中，用最为耀眼的颜色和最大的比例，把它们绘形绘影地画出来。

避免荣誉

对于“职位荣誉”的一般看法是，职位具有资格。一个人在政府执行的职务愈大愈重要，他所担任的官位愈高就愈有影响力。一般人愈是认可其品德和才干，他愈具优越担任该职位。因此，地位愈高的人，愈需要在头衔和官阶上给予他更大程度的荣誉，其他人对他也更为谦恭有礼。一般说来，一个人的官位就暗示他应得的尊崇，尽管民众因为无能力了解他的职位的重要性而有所修正。后者的荣誉主要是避免无荣誉。

容忍异己

如果我们要跟人们一起生活,我们必须允许每个人都有权利按照自己的性格生存,不管他的性格如何。我们应该努力从事的,是在他的本性所许可的方式中善用他的性格,而不是希望他的个性有所改变,或是直截了当地指责人家性格的不是。这就是格言“自己活也让别人活”的真实意义。可是这话虽然含有至理,要做到却很困难。一个人如果能够永远避免跟若干人打交道,那么他是非常幸福快乐的。

在人生路途的进程中,如果我们愿意而且有能力做到两点:放眼前途,容忍异己,我们会受益良多。

容忍他人的艺术, 可以用无生命的物体来练习我们的忍耐力而有所得。无生命的物体,由于其某种机械的或一般物理上的必然性,对于我们的肆意行动,会做出坚决的对抗——我们每天都需要具有这种形式的忍耐力。我们这样获得的容忍力,在我们跟人们交往的时候经常能够应用。我们会从此习惯于他人的反对,不管我们是在哪里遇到,我们都会认为这是出于别人性格的必然结果。他们的性格蓄意要反对我们,是由于丝毫不变的必然律,跟无生命物体对我们做出抵抗的情况一模一样。对别人的行为感到气愤,就如同对着滚到我们面前的石头气愤一样愚蠢。对于许多人,我们所能提供的最明智的想法就是:“我不要改变他们,我要善用他们。”

非走不可的弯路

◇张爱玲

张爱玲(1920~1995),原名张煐,笔名梁京,祖籍河北丰润,生于上海。1952年赴港,1966年定居美国。20世纪40年代上海著名女作家,作品擅长心理分析,在50年代完成她最主要的创作,晚年则从事中国文学评价和《红楼梦》研究。

她的作品几乎都是以上海、香港作为背景，主要作品有散文集《流言》、中短篇小说集《传奇》、长篇小说《倾城之恋》、《秧歌》、《赤地之恋》等。在中国现代文学史上，她占有一席重要位置。1961年夏志清教授的《现代中国小说史》曾以专章讨论她，不单肯定了她的才情，更为日后"张学"的研究奠定了基础。

在青春的路口，曾经有那么一条小路若隐若现，召唤着我。

母亲拦住我："那条路走不得。"

我不信。

"我就是从那条路走过来的，你还有什么不信？"

"既然你能从那条路走过来，我为什么不能？"

"我不想让你走弯路。"

"但是我喜欢，而且我不怕。"

母亲心疼地看我好久，然后叹口气："好吧，你这个倔强的孩子，那条路很难走，一路小心！"

上路后，我发现母亲没有骗我，那的确是条弯路，我碰壁，摔跟头，有时碰得头破血流，但我不停地走，终于走过来了。

坐下来喘息的时候，我看见一个朋友，自然很年轻，正站在我当年的路口，我忍不住喊："那条路走不得。"

她不信。

"我母亲就是从那条路走过来的，我也是。"

"既然你们都可以从那条路走过来，我为什么不能？"

"我不想让你走同样的弯路。"

"但是我喜欢。"

我看了看她，看了看自己，然后笑了："一路小心。"

我很感激她，她让我发现自己不再年轻，已经开始扮演"过来人"的角色，同时患有"过来人"常患的"拦路癖"。

在人生的路上，有一条路每个人非走不可，那就是年轻时候的弯路。不摔跟头，不碰壁，不碰个头破血流，怎能炼出钢筋铁骨，怎能长大呢？

每一刹那都是新生

◇[日]松下幸之助

松下幸之助(1894~1989)被人称为“经营之神”,“事业部”、“终身雇佣制”、“年功序列”等日本企业的管理制度都由他首创。

他只受过4年小学教育,因父生意失败,曾离家到大坂当学徒。1918年松下在大坂建立了“松下电气器具制作所”,接连推出了先进的配线器具、炮弹形电池灯、电熨斗、无故障收音机、电子管、真空管、晶体管等产品,7年后成为日本收入最高的人。之后,直到1988年的63年中,有10年他的收入均为日本第一,6年居第二。他逝世时留下了15亿多美元的遗产。

他为人谦和,用一句话概括自己的经营哲学:“首先要细心倾听他人的意见。”

如果每天只是翻来覆去、没有目标地过日子,人生就毫无意义了。倘若希望人生是繁荣、和平与幸福,生活就不应是如此单调反复。今天应该比昨天进步,明天比今天更进步,也就是每天生命要有所成长。而生命成长到底是什么?对人生又有什么意义?

所谓“生命成长”,就是日新又新,每一刹那都是新的人生,每一时刻都有新的生命在跃动。换言之,旧的东西灭亡,新的东西诞生取而代之;一切事物没有一刻是静止的,它不断地在动、不断地在变。这是不可动摇的宇宙哲理。

如此想来,就能了解由生到死就是一种生命成长。死就是消灭,一个接一个地死去,又一个个地诞生出来。为了实现人类的繁荣、和平和幸福,对死亡必须有从容不迫的态度,即所谓“生死有命”的人生观,不视“死”为可怕,而是把它当做一种完美的自然法则。

生命成长的原理告诉我们:死亡,既不可怕,也不可悲,因为这是生命成长必经的过程之一,也是万物生生不息的象征。死亡合乎天地法则,其中包含着喜悦和耐心。

我们如果能看清死亡的真谛，自然会明白如何面对每天的现实生活，每天的生活也就会经常保持日日新的创意和发明。

至于“十年如一日”，这是说十年的努力就好像一天的努力那样起劲儿，旨在强调勤劳、努力与毅力的精神，而不是说在这过程中不要有任何进步。这种十年如一日的努力，一定会产生非常新颖的创意和进步，但假如大家的工作十年来没有任何变化，千篇一律，那就真是违反了生命成长的原理。

明治维新时，功臣之一的坂本龙马常和西乡隆盛长谈，坂本的谈话内容和观念每次都有一点儿改变，使西乡隆盛每次的感受也都不一样。于是，西乡就对他说：“前天，我遇到你的时候，你所讲内容和今天又不一样，所以你说的话，我有所存疑。你既然是天下驰名的志士，受到大家的尊敬，应该有不变的信念才行。”坂本龙马就说：“不，绝对不是这样。孔子说过‘群子从时’，时间不停地流转，社会情势也天天在变化，昨天的‘是’成为今天的‘非’，乃是理所当然。我们从‘时’，便是行君子之道。”接着又说，“西乡先生，你对一个事物一旦认为是这样，就从头到尾遵守到底，将来你一定会变成时代的落伍者。”

人世万物始终在替换更新。但在转变中，唯一永远不变的就是真理，这也就是从宇宙中产生出来的力量。

因此，所谓转变及日日新，便是把这种真理因时因地加以活用的结果。若以为真理是不变的，就不再活用变通，真理就等于死了一样。

就生意来说，店铺是愈老愈好，但如果让产品及经营方法维持老样子，老店铺也会被时代淘汰。

就佛教来说，也是一样。佛教的教义是永远不变的，但教化的方法必须随时代而改变。释迦牟尼以前常说：“诸行无常。”一般人认为这话的意思是：“这个世界像昙花一现，很不可靠。”如此看法好像否定了现世，使人丧失活下去的勇气，也对人类追求繁荣、和平与幸福打了很大的折扣。我认为，所谓“诸行”就是“万物”，“无常”就是“转变”；“诸行无常”是指万物流转、生命成长，也就是教我们日新又新。

整个宗教界、社会也一样，不论教育、经济、政治等各层面或每天的工作，人人都应该以日新又新的精神谋求改善，才能产生无止境的繁荣、和平与幸福。

把失望转化成资产

◇[美]罗伯特·T·清崎

罗伯特·T·清崎，生于夏威夷，日裔美国人，1977年开始商业生涯，创立制造尼龙钱包的公司，取得成功。后在商业上历经三次大浪沉浮，于1985年第三次成为百万富翁。此后离开商界，与别人共同创建国际教育公司，教授商业和投资课程。他长年主持的财务和投资教育理论的课程通过有线广播电视网在全美播放。他发明教育玩具——《现金流》纸板游戏，被誉为“百万富翁的教父”、“金钱教练”。

他所著《富爸爸，穷爸爸》1999年4月在美出版，上市半年销售100万册。2000年2月，该书在亚马逊网上书店居销量榜首。同年3月，该书面市韩国两个月内销售25万册。同年6月，该书摆满澳洲各大小书店。目前该书英文版销量已超过200万册。该书的系列丛书在美国主要媒体的畅销书排行榜上连居首位。

当事情不像你想象的那样进行时，你变成了什么样的人？

当我离开海军陆战队时，我的富爸爸建议我找一份推销的工作。他知道我很害羞，学习推销是世界上我最不想做的一件事情。

开始的两年中，我是公司里表现最差的推销员，甚至不能把生命保险卖给一个正要溺水的人。我的羞怯是令人痛苦的，不仅对我，而且令我试图推销东西给他们的顾客也同样痛苦。

两年来，我不断地被公司试用和解除试用，这意味着我始终处在被解雇的边缘。

我通常把我的失败归罪于经济环境，或者我正在推销的产品，甚至顾客。富爸爸对此有另一种看法，他会说：“当人们懦弱时，他们喜欢责备。”这就是说，由失望引起的情感上的痛苦是如此的强烈，以至于具有这种痛苦的人想通过责备把痛苦转嫁给别人。

为了学会推销,我不得不面对失望的痛苦。在学习推销的过程中,我得到了一个非常宝贵的教训:把失望转化成资产而不是负债。

每当我遇到一些人,他们害怕“尝试”新东西时,我发现大多数情况下是因为他们害怕失望。他们害怕犯错误,或者是害怕被拒绝。

如果你准备好开始寻找你自己的财务快车道,那么我将给你在我学习新事物时我的富爸爸给我的建议和鼓励:“准备好失望。”

他说这是一种积极的态度,而不是一种消极的态度。他的理由是,如果你准备好失望,你就有可能把失望变成资产。

但大多数人把失望变成了负债——一项长期负债。当你听到人们说,“我再也不会做了”或者“我应该认识到我会失败”时,你就知道又产生了一项长期负债。

就像每个问题中都隐藏着机会一样,每次失望都蕴藏着无价的智慧结晶。

每当我听见人们说“我再不会做这类事”时,我知道我在听一个已经停止学习的人说话。他们让失望阻止了他们,失望已经变成竖在他们周围的一面墙,而不是可以使他们长高的基石。

我的富爸爸教我如何处理强烈的情感上的失望。富爸爸经常说:“世界上只有很少几位靠自我奋斗变富的人,这是因为只有很少的人能够忍受失望。大多数人不是学会面对失望,而是终其一生去逃避失望。”

他还说:“不要逃避失望,而要面对失望。失望是学习过程的一个重要部分。正如我们从自己的错误中学到东西一样,我们在失望中证实自己。”下面是他多年来给我的一些建议:

一、期待失望

富爸爸经常说:“只有傻瓜才期望事情像他们想象的那样进行。”期待失望不是意味着消极或者被击败,期待失望是在智力和情感上的准备,使你能面对意外的准备。

通过在情感上做好准备,即使事情没有按照你希望的那样进行,你也能够平静而高贵地对待它;如果你保持平静,你就能更好地进行思考。

我遇到过很多有伟大企业设想的人,他们的兴奋能持续一个月左右,然后失望开始使他们精疲力竭。很快,他们的兴奋消失了,而你所能听到的全部话语就是“这是个好主意,但是它不起作用”。

不是这个想法不起作用,而是失望起的作用更大。他们让自己的急躁转化成失望,然后又让失望击败他们自己。很多情况下,这种急躁是因为他们没有收到即刻的财务回报引起的。

企业主和投资者可能要等几年的时间才能看到他们的企业和投资产生现金流。但是凭借知识，他们知道成功需要时间；并且他们还清楚地知道，当获得成功时，财务回报将是非常可观的。

二、有导师帮忙

在你的电话本的前面，列着医院、消防队和警察局的电话号码。我也有同样的电话号码记录，以备财务紧急情况发生，只不过那些是我的导师们的电话号码。

通常，在我进行一笔交易或风险投资之前，我会给我的一位朋友打电话，告诉他我想做什么和我的意图是想完成什么。当我发现自己不能解决某个问题时，这是经常发生的事，我就会寻求他们的帮助。

最近，我试图购买一项大额不动产。卖主很难对付，在谈判临近结束时又更改了条件。他知道我想得到这份资产，因此他试图在最后时刻尽他最大的努力从我这里得到更多的钱。

由于生性急躁，我的情绪失去了控制。但我没像通常那样，大喊大叫地取消交易，而是简单地问我是否能用一下电话找我的合伙人。

在和三位支持我的朋友交谈并得到他们关于如何处理这种局势的建议后，我冷静下来，我学会了三种以前我不知道的办法。

这笔交易最终没有做成，但是今天我仍然在使用这三种技巧，如果我不参加这次交易，我将永远也学不到这些技巧。知识是无价的。

关键是，我们事先不可能知道每一件事情，我们经常是在需要学习时才进行学习。因此我建议你们尝试新事物，并期待失望，但始终要有一位导师在你身边用经验指导你。

很多人从来不启动他们的计划，只是因为他们没有找到全部的答案。你永远不会有全部的答案，但是无论如何你要开始。

就像我的朋友坎宁安一直说的那样：“很多人要等到所有的灯都变绿时才会开车前进，因此他们哪儿也去不了。”

三、善待你自己

对于犯错误、失望或者在某件事上的失败来说，最痛苦的一件事不是别人怎样评价你，而是我们自己的态度。大多数人在犯错误时，他们的自责通常远远大于别人对他们的攻击，他们应该为滥用个人情感而到警察局自首。

我发现，那些在智力和情感上对自己很苛刻的人在承担风险、接受新思想、尝试新东西时，通常过分谨慎。如果你总为你个人的失望惩罚自己或者责备别人，那么你就很难学到任何新东西。

四、讲述事实

我小时候受到的一次最严厉的惩罚是，一天我意外地打掉了我妹妹的一颗门牙，她跑回家向爸爸告状，我跑出去藏了起来。在我爸爸找到我后，他非常生气。他训斥我说："我惩罚你并不是因为你打掉了你妹妹的门牙，而是因为你逃跑。"

在财务方面，有许多次我都想从我的错误中逃跑。逃跑是件很容易做的事情，但是我爸爸的话一直跟随我多年。简而言之，我们都犯错误。当事情没有按照我们的方式进行时，我们都会感到不安和失望。

然而，不同之处在于我们在内心里如何处理这种失望。富爸爸这样总结："成功的大小是用渴望的强烈程度、梦想的大小以及处理失望的方式来衡量的。"

在未来的几年中，我们将经历一些金融变动，这将检验我们的勇气。那些在大多数情况下能控制他们的情感，不让情感阻碍他们，并能够学习新的财务技能的感情成熟的人，将会在未来的日子里获得成功。

就像鲍勃·戴伦唱的那样，"时代正在改变"。未来属于那些能随时代改变而改变、并用个人的失望作为砖石修筑未来的人们。

五、采取行动

1.犯错误。我建议你从最初级的步骤开始。记住：失败是成功的一部分。"E"和"S"被告知犯错误是不可接受的，"B"和"I"知道犯错误是他们学习的一种方式。

2.投一点儿钱进去，小规模地开始。如果你想参与一个投资，那么就投一点儿钱进去。你会惊奇地发现，当你的钱用在投资上时，你的智力增长得是多么地快。不要用你的农场、你的抵押贷款支付，或者用你孩子的大学教育经费做赌注。只要投入一点儿钱进去，然后关注它并开始学习。

3.采取行动。这一步的关键就是采取行动！阅读、观察和倾听对于你的教育是至关重要的，但是你还必须开始"做"。

例如，在能产生正现金流的小额不动产上投资，在调查公司之后对某些股票进行投资。如果需要，请向你的导师、财务或税收顾问征求建议，但要如耐克广告词所说的，"只要去做就好"！

成功的条件:习惯的力量

◇[美]安东尼·罗宾

安东尼·罗宾,是世界上最著名的创造巅峰状态权威、个人发展的成功导师,全球畅销书的作者。他的有声资料《内在的力量》更是有史以来个人发展和教育培训界最受欢迎的系统。他也是世界级领袖的顾问,包括美国前总统克林顿、英国王妃戴安娜、苏联总统戈尔巴乔夫、南非总统曼德拉;他也曾向奥运选手和世界500强企业总裁等提供咨询。

他已出版的主要著作有《激发心灵的潜能》、《唤醒心中的巨人》、《一分钟巨人》和《巨人的脚步》等,这些著作在美国或已有译本出版的国家地区都已成为最佳畅销书,录音带更是有声产品销售的第一名。

我们的情绪时时刻刻支配我们的个性和命运。日常生活中常产生正面或负面的情绪,这是一种内心的惯有行为,所谓的惯有行为也包括普遍的世界观,自言自语的行为和肢体动作。

列出日常生活中的5项负面情绪(例如沮丧,气馁,悲伤等)。

写下出现这些情绪时的惯有行为，例如，什么情况下会产生此类感受——产生这些情绪状态的“秘诀”。

列出5项普遍的正面情绪。

写下出现这些情绪时的惯有行为。

事事拖延也是一种习惯,以下是克服的方法。

找出有此项习惯的原因。

如果没有完成,所造成最大的损失是什么?

如果已经完成,是否觉得较有成就感?是否感到更多的喜悦?

让自己习惯说“我想要做……”而不是“我必须做……”

培养积极的习惯,让自己不再事事拖延。

你的作业：

检视5项负面的情绪，为什么会有这些感受。对每个项目进行模式中断法。

检视正面的情绪，思考如何经常拥有这类正面的情绪，如何才能让自己积极地奋力向前迈进。

在此部分的记录中，写下产生拖延习惯（犹豫不决）的原因，以及如何改正的办法。

可中断5项负面情绪的模式为（ ）；

推进产生正面情绪的方法是（ ）；

产生拖延习惯（犹豫不决）的原因，以及如何改正的办法（ ）。

比尔·盖茨的11点人生忠告

◇[美]比尔·盖茨

比尔·盖茨1955年出生于美国。哈佛大学肄业，微软公司的创始人。根据美国《福布斯》杂志的统计，盖茨是全世界最有钱的人。另外一个统计则称盖茨一个人的财富要比全世界最贫穷的50%人口的财富总额还要多。

1.生活是不公平的，你需要去适应它。

2.这个世界不会在乎你的自尊，它期望你能先有所成就，然后再去强调自己的良好感受。

3.刚走出校门时，你不可能马上拥有百万年薪，更不可能成为某家公司的副总裁，还拥有 部汽车，直到你通过努力将这些都挣到手的那一天为止。

4.如果你觉得学校里的老师过于严厉，那么等到你有了老板的时候再回头想一想。

5.在快餐店里卖汉堡包并不会有损你的尊严，你的祖父辈对卖汉堡包有着完全不同的看法，他们将这称之为“机遇”。

6.如果你一事无成，这不是你父母亲的过错，不要将你应当承担的责任转嫁到别人的头上，而要学会从失败中吸取教训。

7.在你出生之前，你父母的生活并不像现在这般的乏味。他们之所以变成现在这个样子，是因为这些年来一直在忙着为你支付开销、给你洗衣服，听你吹嘘你自己有多么的了不起。因此，在对父母喋喋不休之前，还是先去打扫一下你自己的房间吧。

8.学校或许已不再分优等生和劣等生了，但生活却并非如此。学校会不断地给你机会让你进步，然而在现实生活中完全不是那么回事。

9.人生不是学期制，人生也没有寒暑假。走出学校后，没有哪个老板会有兴趣帮助你发现自我，你必须依靠自己来实现。

10.电视中的许多场景绝不是真实的生活。现实生活中，每个人都必须埋头去做自己的工作，而不是像电视中的那样天天泡在咖啡馆里。

11.善待你所厌恶的人，说不定有一天你会为这样的人工作。

和你所知道最好的人为伍

◇[美]博恩·崔西

博恩·崔西是美国人类潜能发展研究权威人士之一，著名成功学大师。他的教学训练课程从1988年开始在美国连续14年创下有史以来的最高销售记录，获得C.P.A.E美国演讲家最高荣誉。他在成功学、潜能开发、销售策略等方面均拥有卓越的成就。

积极人物获得心理健康的第四个练习和积极人物有关。不管在你的现实生活或是想象中，你习惯相处的那些人，会对你想成为理想人物的目标有极大的影响力。

你的目标应该是能够“与鹰共翱翔”。你的目标应该是要和你所知道最好的人为伍。

你要和胜利者在一起，同时要远离那些自暴自弃、没出息的人。由于诸多无法掌控的因素，你身旁约有80%的人都是不甚积极、没野心、没有目标、不太成功之辈。

他们在生活中并没有很大的成就。他们每天都在浪费时间，牢骚不断，并且一逮到机会就报怨个没完。假如你和这种人在一起，你就会变得像他们一样。

大卫·马克特兰德(David McClelland)博士，在哈佛大学做了多年的研究之后，发现你选择的“参考团体”，是决定你未来的最大因素。你的参考团体就是你所认同、交往，并且和自己同性质的团体。

家庭是你的第一个参考团体。它对你评估自己及环境的态度有着重大的影响力。假如你是由积极而支持你的父母所抚养长大的话，他们会鼓励你去看重自己及能力。

在你成长过程中，你自然而然地会去寻找并且吸引那些和你类似的人。你会因为和他们有很多共通点而认同他们。当你在做决定和采取了行动的时候，会在心中联想到他们。他们就是你的参考团体。

当你年纪渐长，你的学校及大学同学就成了你参考团体的成员。你的校友与工作伙伴就成了你参考团体的成员。你的社交活动以及政党就成了你参考团体的一部分。

随着时间的脚步，你会在心里塑造出自己以及那些和你相似的人的形象。你会采取和这些人相同的价值、态度、行为、思想、意识形态及信仰。

和积极的人在一起会让你更积极，和消极的人在一起会让你更消极。一个成功且具有成就导向的参考团体，不管是你自己的或是你所读到、听到的也好，将让你也变得成功。

一个消极的、没有目标的参考团体，将让你像那些人一样，变得消极而毫无目标。你对朋友及同事的选择会主导你的未来。

由于你的参考团体对你有很大的影响力，你一定要和消极的人保持距离，并且很蓄意避开那些你不尊敬、不羡慕、不想像他们一样的人。

你一定要谨慎地选择那些你愿意花时间交往的朋友，因为他们对你的思想、人格，以及发生在你身上的任何事情都会有影响。

几乎所有的成功销售人员，都被他们的同事形容成独行侠。这不是表示他们很孤单，或者他们大部分的时间都在独处。这表示他们对交往的朋友非常有选择性，不愿意把时间浪费在消极的人身上。

他们会想尽办法避开这些人。他们了解这些消极的人或“有毒的人”会吸干他们的时间和热忱，让他们觉得又累又消极。

另外一方面，积极的人会让你觉得快乐而乐观。

他们都是非常积极而愉快的。他们是会振奋人心并鼓舞士气的，而且永远都在谈机会和可能性。你和他们交往会感到快乐，而离开后，会对自己及工作感觉更好。

你的目标就是要成为别人乐意为伍的人。当你变成一个更积极且更有魅力的人物时，你将发现自己会吸引其他积极有吸引力的人与你为友。

为自己工作

◇[美]萨缪尔森

保罗·A·萨缪尔森1915年出生于美国。毕业于芝加哥大学和哈佛大学，麻省理工学院研究生部的创始人。他的许多论著使得他在年轻时就赢得世界声誉。他是美国第一个诺贝尔经济学奖得主(1970)。萨缪尔森教授曾长期为美国《新闻周刊》经济学栏目撰稿，曾担任美国总统约翰·F·肯尼迪的经济顾问，属于那种能够同普通民众进行交流和沟通的为数极少的科学家之一。他常出席国会听证，并为联邦储备、财政部、不少私人机构和非营利机构担任咨询专家。

追求成功的动力

我因为早熟而早露头角。在年轻时，我不知不觉地行事匆忙，实在是由于家族中多位男性长辈均未克享天年，使我自认寿数有限，加上家父于我23岁时英年早逝，大家认为我亦难逃此一命运，也带给我极为沉重的阴影。因此当时我的想法是，该做的事就要趁早做。然而，现代科学却带来了改变，遗传可以经由环境加以修正。无论如何，我一直身体健康。一般人在谈到科学家的贡献与他们的成就时，往往低估了健康这项因素的重要性。我有位值得尊敬的友人，终生为恼人的偏头痛所苦，有人会不公平地把他归类为低成就者。我则认为，他算得上是将自己资源明智运用的贤人。

关于早年成名，还有一点值得一提，那就是可以使人放轻松。如果能一竿在手，静待鱼儿上钩，为何还要汲汲于争名夺利呢？

为自己工作

我很早就认定,学者是为自尊——也就是学者们自己所一致看重的事物而工作。然而,一旦期盼他人赞美之心稍歇,你就可以自在地为自我肯定而工作。能带来真正满足的工作,才是你会自认满意的工作。也许要达到这种境界,多少要有个信念,那就是一位巧匠所喜爱者,也终会获得其他人的认同。

无论何时,我都力求让自己快乐。有人认为我在热力学的领域里搅和,是想要提升经济学在科学上的正确性,或是要驳斥经济学者不能了解物理学复杂理论的说法。事实上,这种方法学上的尝试,与其说是增加名声,倒不如说是在对名誉课税。那又如何?税是我们为文明所付的代价。这类工作很有趣,而且我认为对人类知识的深度与广度均有裨益。

就更深的层面而言,一个人并非只为同僚间的美名与赞誉而工作,也不只为个人兴趣或探索之乐而工作。就更深的层面而言,某位生理学家的对手,并非其他著名学府的同行,他的对头是癌症。经济学家说到底也是如此。客观的真理远在彼方,纵然千辛万苦,也要设法了解。如果厌倦学术圈的勾心斗角,或是目睹民主与文明在身旁崩坏,你总是可以退隐下来,致力于追求这客观的真理。复杂的数学不会虚矫掩饰,即使闹牙疼,最佳的止痛剂莫过于把难解的景气循环或复杂的控制理论演练上五回合。

我说这些并不是在开玩笑,有个实例可以为证。已故的内瑟(Voss Neisser),是对社会研究新学派(New School for Social Research)卓有贡献的流亡经济学家。他有次告诉我,在希特勒逐步掌权的黑暗时代,能钻研于解决瓦尔拉竞争性均衡(Wlrasian competitive equilbrium)之解,实在是一种解脱。我十分理解也完全同意。

有人问我获得诺贝尔奖是否高兴,我思考一下才答道:"是的,生命中能带来纯粹乐趣的事少之又少,这件事倒真是如此。"这项荣誉是个惊喜,而且来得颇早,但也不致早到甚至连我也会担心。我所尊敬的朋友都为我感到高兴。如果有人有什么相反的意见,恕我迟钝不知。我的家人都喜欢斯德哥尔摩的相关庆祝活动。有些科学界同僚一想起那些把他们由实验室中拉出来的访问及种种恼人的差事,就觉得苦不堪言。我倒是能自得其乐,而且我还发现,只消过了几天出门有司机的日子,很快就会上瘾了。

社会学者研究诺贝尔奖对得奖人有何影响。例如,桂冠得主是否会进入生产低落的时期?他们与人合著的论文是减少还是增加?名字是领衔或殿后居多?别人引用其著述的情况是否增加?他们变更领域的倾向有多大——诸如物理学者搞起电脑的问题,或是化学家变成和平问题或最低工资的专家?

对我而言，这是个容器——几乎要——溢出的情况。我心中最后一丝罪恶感业已消失，当我选择离开经济学领域中的主要干道，去探索费雪(R.A. Fisher)的生存价值(survial value)或马克斯韦尔(Clerk Maxwell)使热力学第二定律失效的魔鬼形象。我仍如鹰隼般紧盯着企业趋势与最新风潮，我仍撰写经济学中许多不同领域的文章，但经济学界最后一位通才再也不觉得有必要站在——我是说设法站在——所有经济学文献的顶端。

行将迈入古稀之龄，我的感觉如何？和音乐家瓦格纳(Wagner)与威尔第(Verdi)同登高寿的歌德曾说，年老与年轻之别，在于年轻人的体力总是呼之即来，随时待命；反之，八旬老翁只有在巅峰状态下，才能有最佳表现。以我个人而言，行年虽已六十九，状况仍如二十五，日子似乎总还是一如既往般美好。然而一如诗句有云与理之必然，9月已至，残存的美好时光终将逐渐消逝。

少年自强的良策

◇[美]富兰克林

本杰明·富兰克林(1706~1790)，美国启蒙运动的开创者、科学家、实业家和独立革命的领导人之一。在美国历史上有一系列形象：自学成才蜡烛匠的儿子、提倡勤劳节俭的“可怜的理查”或“亚伯拉罕大伯”、在雷雨中放风筝捉住了天上的电的魔法师、伟大的爱国者、美国的缔造者之一。他靠自学通晓多种外国语，大量阅读欧洲各国历史、哲学、文学等方面的著作，对自然科学和政治经济学有很深的研究。他的第一部著作是他研究经济问题的成果。马克思指出：“他是首先发现价值的真正实质的人中的一个。”他成名之后在北美殖民地的文化传播和社会福利方面做了大量工作，先后组建“共读社”、“美洲哲学会”、印刷厂、图书馆、书店、医院、大学、报社等学术团体和文化机构。

当时，一名精明的商人马太·亚当斯先生经常光临我们的印刷厂，对我深表关注。他还是一位收藏家，家里收藏着一大批图书。一天，他兴致勃勃地邀请我去参观他的藏书室，并且慷慨地允许我随意挑选、借阅他的书。那时候，我正对诗歌感兴趣，自己也写过几首小诗。我哥哥认为我或许能成大器，所以对我大加鼓励，并且要我编写几首即兴诗歌。于是，我就写了两首叙事诗，一首是水手歌谣，叙述捉拿海盗黑胡子的事情；另一首是《灯塔悲剧》，讲述的是华萨雷船长和他的两个女儿在海上遇难的故事。这两首诗行文颇不雅，并没有什么价值，都是采用贫民谣小曲的格式写的。诗歌印好以后，哥哥就让我拿到镇上去卖。后一首诗，因为它所讲述的事件就发生在不久以前，曾经轰动一时，所以十分畅销。这一成功使我感到颇为得意，但是父亲却对此很不以为然，因为在他心目中，诗人大都是些穷光蛋。这使我感到十分扫兴。即使成为诗人，恐怕也是很差劲的。我终于没能成为诗人，这也许是一件幸事，但是，练习散文的写作却对我的一生有极大帮助，甚至我人生的进步主要得益于此。因此下面我将告诉你，我在这样的生活境况下，是如何掌握写作散文这门技能的。

在我们的镇上，有一个名叫约翰·克林斯的小伙子，他也很酷爱读书。我和他交往密切，不过我们时常争论。可能是从阅读父亲的宗教辩论的书籍中，染上的我这种爱好争辩的习气。以后，我注意到绝大部分明白事理的人，除了律师、大学教授以及在爱丁堡受教育的各种人士以外，都没有这种陋习。可是，这种爱好争辩的癖好很容易发展成为一种很坏的习惯。我和克林斯的确喜欢争论，相互间都希望能够驳倒对方，占得上风。但争论往往会产生摩擦，朋友之间一有矛盾就很难融洽相处，结果不但破坏交谈，产生厌恶情绪，甚至可能导致抵触和敌意。要不然的话，这也是一种加深友谊的好方法。

有一回，我和克林斯不知是为什么又展开了一场争论，问题是妇女有没有学习知识的能力、她们是否应该接受教育。他固执地坚持妇女受教育很不适宜，她们天生不是学习的料。也许是为了争论的缘故吧，我则站在相反的立场。在这场辩论中，他之所以占上风，在我看来是因为唇齿伶俐，绝非他的论据比我充足。因为他向来比我能说会道，词汇丰富，说起来出口成章、滔滔不绝。

我们一时达不成一致的看法，就这样悻悻地分手了。由于一时又没法见面，而我又很想把自己的观点阐释明白，因此我就拿笔来，把我的论点整理清楚，写成文章寄去。他也回信来答复，于是我再回信答复。这样一来，我们每人前后都写了三四封信。父亲碰巧看到了我们写的信件，他认真地读了一遍之后，并没有对我们讨论的问题发表意见，却趁机对我讲起了文章的写作风格。他说虽然我在运用标点和文词的拼写上要强过对方——这当然要归功于印刷厂，可是在陈述问题的严谨、条理的清晰以及措辞的优雅上却远远落后于对方。他对此一一举出例证，使我心服口服。我认为他的评论很有道理，从此以后我下决心提高自己的写作水平，开始注意文章的写作方法。

以前，我一卷也未见过《旁观者》这套书。恰好在这个时候，我偶然看到

《旁观者》的第三卷，于是我把这一卷买下来，反复读了好几遍，感到真是乐趣无穷。此书的文章写得妙极了，我想如果可能的话，希望能够模仿它的写作风格。于是，我就选了其中的几篇文章，先归纳出每段要表述的要旨，接着把它搁置几天。然后不看原书，尽量按其原来的内容，用自己想得到的合适词句重新组织句子，充分展开叙述，重新写就这篇文章。然后将我写的复制品与原文做一个比较，找出其中的错误，一一订正。结果，我发现自己不能在需要的时候想出恰当的词汇来，使要表达的内容即刻变为言词；或者说我的词汇太贫乏。假如我当初继续坚持写诗的话，这种技能早应该掌握了。因为要配合诗歌的韵律，在讲究押韵的前提下，即使是相同的含义也要使用长度各异的词汇，而且还需要声调各不相同的词。于是我找出其中的一些故事，把它们改写成诗歌。这样就会迫使我不断地搜寻不同形式的同义词，从而使我牢牢记住这些形形色色的词汇，这样我就能够在运用词汇时，极为得心应手了。

我为了学习如何整理思想表达方式，采取以下方法。有时候，我有意把文章的内容次序打乱，过些日子再重新进行整理，设法使它们恢复原来的排列次序，然后再来逐个展开句式，最后完成全篇。过一段很长的时间后，当我差不多已经忘记了这些故事原先的散文体之后，就再把它从诗的语言恢复还原为散文体的文章。到后来，我又把自己所作的散文和原文进行对照，找出里面的错误，并一一订正。有的时候，在某些不太起眼的细节上，我洋洋自得地以为自己竟然对原来的章法和语句做了某种改进。这一发现又促使我的一个心愿的诞生，希望自己有朝一日会成为一名不错的英语作家，对此我心里寄予了极大期望。可是，我只有在早晨去上班之前或者晚上才有时间做这些练习，不然就只能在星期天。每到星期天，我就设法逃避上教堂做礼拜，尽量能够独自呆在印刷厂里。我当时认为做礼拜是每个人应尽的义务，只是我实在挤不出时间来履行这项义务。虽然如此，要是我仍在父亲的管教之下的话，他是一定会逼我上教堂去的。大约在我16岁的那一年，那时候我哥哥还没有结婚，我们自己不做饭，师徒全都在另外一户人家搭伙。我也是极为偶然的见到一本居里昂写的宣传素食的书，于是决定尝试一番。居里昂介绍的烹调食品的方法，如煮饭、煮山芋、做快速布丁等等，我也很快学会了一些。由于我不吃荤给大家带来了不少麻烦，因为这种怪癖而常常受他们的责备。于是我向哥哥提出：假如他同意把我每周伙食费的半数给我，我愿意伙食自理，他立刻同意了。这样做给我带来了一个好处，就是当哥哥和别的徒工去吃饭，我可以一人留在印刷厂。我草草地吃完了带的轻便点心，常常只是一片面包或是一块饼干，从面包铺中买来的一块果馅饼或是一杯清水、一把葡萄干，我就可以在他们回来以前的一段时间里读书了。不久我还发现能够从这笔钱中再节省一半。这可为我买书增加了一大笔资金。我比以前取得了更大的进步，这是因为饮食的节制常常能使人头脑清醒、思维敏捷。

因为不懂算术我曾经遭到人们的羞辱，在学校里也有两次算术成绩不及格的“辉煌记录”。因此我就把考克尔的算术课本找了来，很顺利地从头到尾自学了一遍。在这一时期，我还读了波尔·鲁耶学院教授们所著的《思维术》和洛克的《论人的理解力》。此外，我还读了思图美和舍勒有关航海的书籍，从中学到了一些几何知识，不过除了这一点以外，我对于这门学科没有做过更深的研究。

就在我这样专心致志提高语言写作能力的时候，我弄到了一本可能是格林伍德所作的英语语法书籍。在这本书的后面附有关于修辞法和逻辑的简短介绍，那篇关于逻辑的介绍，在结束时举了一个用苏格拉底对话进行论辩的实例。不久，我又找到塞诺芬写的《苏格拉底回忆录》一书，其中有许多关于这种论辩法的例证。我被这一辩论方法深深地迷住了，我完全放弃了以前辩论时那种正面论证和生硬的反驳的方法，而且在辩论的时候，还学会表现出一副质疑的口吻和谦卑的询问神态。就是在那个时候，我又读了克林斯和沙夫茨伯里有关宗教的书籍，经常与人们就宗教教义的许多问题产生了怀疑，并进行公开的辩论。运用这种方法后，我不免有些洋洋自得，因为我发现可以使自己毫无破绽，却可使对手陷入十分为难的境地。对手们往往不会想到会被引诱到如此境地，并落到重重困境之中而难以自拔。后来只要一有机会我就加以运用了，成了一名迫使对手认输的辩论的行家里手，甚至驳倒了一些知识渊博的对手。我就是这样在辩论中获得了与我所坚持的理由或者自己的身份并不相称的胜利。

使用这种方法达数年之久之后，我才逐渐地将它放弃，仅仅保留了在阐述自己观点的时候留有相当余地的习惯。我认为如果要向他人阐述自己的观点、使人信服自己提出的方法时，这样的说话方式将极为有利。再说，人们之所以要交谈，其目的无非是传播某种事情、接受某些思想，或者是表达取悦于人的感情，因此我奉劝聪明的善良人，为了不削弱你们行善的能力，切勿采取一种自以为是的、独断专行的说话方式。因为这种说话方式容易引起人们的反感，常使人产生抵触情绪，从而往往达不到传达情感、交流思想的目的。因为如果你本来是想吸取别人的见解，可是同时又明确地表达自己的看法，那么明理谦逊的人士并不愿意与你争辩，就会让你继续坚持错误见解。假如你的目的是教诲人，讲话时过于自信的武断的口气有时会使人不以为然，甚至会引起反驳，因而使公正的讨论变为不可能。因此，当我提出可能引起争议的事项时，我总是倾向于说在我看来要是没搞错的话事情是这个样子，或者自己对此事的“设想”或“理解”是如此这般。而我绝不会使用“肯定地”、“无疑地”这类对意见表示确凿之意的字眼。可见，你持这样的态度就很容易博得人们的欢心，赢得他人的赞同。蒲柏曾经说过这样的话：

“他人不懂的要以提示的方式传达，千万不要以教训的口吻去教导人。”

并且他还告诫我们：

“即便你矢志不移，说话也应当宽容谦和。”

蒲柏的另一句诗是：“因为傲慢无异于不明事理。”我想可以用以与之相配，并且这会比放在原来的地方更适当些。但是蒲柏用以相对的一行诗却很不合适，这句诗是这样的：

“傲慢即为愚蠢，这是大言不惭的唯一理由。”

“因为傲慢”这不甚恰当，为什么这和另一句相对得不恰当呢？我只得重复一遍原句了：

“言辞无理即无回旋余地，傲慢者无异于不明事理。”

假如人不幸而竟致愚蠢的话，难道愚蠢不就是他傲慢的理由么？假如这样写这两行诗，是不是更恰当些？

“不懂谦逊因为不谙事理，只有这样才能为言辞无理辩解。”

我还是让世人来评判这个对句是否恰当吧！大概是在1720年或者1721年，我哥哥开始出版报纸，名称叫做《新英格兰报》。这是在美洲殖民地发行的第二份报纸，在它之前出版的报纸名叫《波士顿通讯》。依照他的一些朋友的看法，认为美洲殖民地里有了一家报纸已经够了，这份报纸不大可能发行成功，劝他不要做这份生意。不过，我哥哥还是继续干了起来。那时候，我一排版或者印刷完毕，就抱起报纸，走街串巷，把它们送到镇上订户手中。你看，如今到了1771年，那里至少已经有了25家报纸了。

成功并不神秘

◇[美]爱默生　龙　婧/译

爱默生(1803~1882)，美国散文家、思想家、诗人。他的生命几乎横贯19世纪的美国。1837年他以《论美国学者》为题发表了一篇著名的演讲辞，宣告美国文学已脱离英国文学而独立，告诫美国学者不要让学究习气蔓延，不要盲目地追随传统，不要进行纯粹的摹仿。这篇演讲辞还抨击了美国社会的拜金主义，强调人的价值，被誉为美国思想文化领域的“独立宣言”。一年之后，他在《神学院献辞》中批评了基督教唯一神教派死气沉沉的局面，竭力推崇人的至高无上，提倡靠直觉认识真理。文学批评家劳伦斯·布尔在《爱默生传》里说，爱默生与他的学说，是美国最重要的世俗宗教。

自信是成功的第一要诀。你应当相信你的存在是大自然注定的，她赋予了你神圣的使命。她想要看到的并非是那些看似耀眼、哗众取宠的成绩，而是希望你勤奋地工作，朝着正确的方向发展。

细心观察生活可以让我们透视这个光明的世界。无论在什么地方，只要有可贵的情感，就会有普照我们脸庞和房屋的阳光。那些善于动脑的人则是具有神奇而不可限量的力量。

如果一个人能够对生活保持敏感，并且快乐地生活着，去实现真正意义上的生活，不一味地索取，而是容易知足，精神放松，志存高远，那么他就可能会成为一个集体或社会的领导者；而他的与众不同，也能够得到别人的认可和称赞。我们强健并不是由于我们有穿透一切的力量，而是由于我们是互相关联的，缺一不可的。这个世界也不是因为新物质的出现而渐渐富有的，而是我们每人之间的联系越来越密切了。

聪明的人往往会选择正确的、先进的和确定的东西。假如有许多的莎士比亚、荷马和耶稣，那么他们肯定不会成功。但是我们必须确信，真诚和友善是成功不可缺少的条件。一个人生活在这个世界上，他的理论是并不重要的，关键的是你能够为人类添加些什么财富，或者你是如何度过你的生命的。一个人只有当他给别人带来快乐时，才可以说是真正意义上的人。

在通向成功的道路上，还有一些细节也是不容忽视的。不要在你的房间里挂令人沮丧的画，不要在你的交谈中表现出忧郁和忧伤，不要愤世嫉俗，不要悲哀，也不要叹息。让那些不愉快都离你而去吧，鼓起勇气，打起精神，不要把时间浪费在沮丧之中，不要在乎那些不愉快的事情，应该多向往那些美好的事物。当你有发表言论的机会时，应该停止你的满腹牢骚和不满，因为对所有的事情都斤斤计较对你是毫无帮助的。我们应该相信：“上帝赐予我们礼物，希望总在我们身边。”

成功的道路坎坷崎岖，所以我们需要爱的呵护。爱就是乐观、就是积极向上。爱越多，人与人之间就越能够增进相互间的了解和理解。就像热量对应着物质，爱心对应着意识。爱心能够使人充满力量和信心，给人指引前进的方向；就像是大海上漂泊的小船可以乘风破浪，带着乘客走进大海，到达目的地一样。保持清醒的头脑，拥有良好的价值观，培养正确的感知力和判断力，丢掉那些不良的习惯，这才是我们奋斗的目标。

在生活和事业上失意的人，只会注视着那些痛苦的事情。他们让希望和勇气窒息，总是迈着沉重的步伐，带着过于成熟的心态返回家园。他们在一瞬间就能暗示自己是一个可怜的人。他们渴望得到一些事物时，都不可能正确地表达出自己的愿望；或者他们有了成功的希望时，却又犹豫不前。他们总是处在这样一种尴尬和厌烦的境地；他们不能学习，不善于思考，懦弱，满足于一般的判断力，仅愿意去做那些他们确信无疑的事情。他们讽刺、怀疑、故作聪明，只会使他们那微薄希望愈加地渺茫，也就减缓了努力的步伐，离成功越来越远。

迄今为止，还没有一个清单能够罗列出人类全部的才能。如果有，那也必定会成为一部超越《圣经》的宝典。但事实上，谁又能够为人类的力量划出一个界限呢？即使是有人能够借助他们强大的吸引力来带动整个国家，甚至是整个人类的活动；但是即使有这样的人，那么他们的磁力是否会如此的强劲，大到足以吸收物质和自然的能量；而且，不管他们出现在哪里，都能够组织起巨大的力量，难道这就是人类最终的目标吗？

世界是五彩缤纷的，主要的原因，就在于生命对力量的追寻。这种追寻是无处不在的，而且只要一个人能够诚挚地去追求，那么他就不会一无所获。因此，每个人都应该珍视他的经历，珍视他的拥有，因为，这些就是一笔宝藏。如果这些宝藏能够转变为力量并给予他，那么他就能够继续走下去，继续去拥有，生命也就因此而不断前行。如果他能够很好地利用这笔宝藏，那么他就能够从中分享到人生无上的乐趣。

耕耘的人不但拥有智慧而且勇于实践，这就是人类所追求的目标。而对于人类意志的培养则是地质学和天文学所开的花，所结的果。

所有的成功者都拥有一个共同点，那就是他们都是信仰宇宙运行因果规律的人。他们相信，自始至终，事物的发展依靠的是对规律的遵循，而不是靠运气。这种对因果规律、对人类生存的法则以及对于报偿、对于“无中得有”的信仰，都贯彻在成功者有价值的想法之中，并且制约着这些上进者的每一次努力。

最英勇的男人也一定是最信仰法则力量的男人。拿破仑说：“能够成为伟大的统帅的人，就是那些遵守战斗规则，而又能够针对人的不同愿望，进行相应的调整的人。”正如拿破仑所说的那样，对于某个时代而言，最要紧的问题可能在这，也可能在那；但是对所有的时代而言，有一点则是共同的，那就是我们的力量。我们必须把成功看做是某种力量所带来的必然结果。

成功是内在性的，因为它不但与身体和头脑的状况有关，还和工作的强度、人的勇气有关。这就像人们很难发现一件商品能够始终处于有利的销售环境中一样，因为市场是经常处于饱和状态的，因此要想成功地销售这件商品，那么就必须克服种种的不利因素，而这一切，都在推动着世界的发展。

当米歇尔·安吉洛，一个土著人，出现在极其文明的环境下，出现在某些精通高超艺术的专家面前时，他就要给人们带来意外的惊喜。当时他被强迫在西斯廷的小礼拜堂里画壁画，他是一个完全不懂艺术的人，但是他居然走进梵蒂冈旁边的保罗花园，用铲子挖出赭色的、红色的、黄色的土，亲手用胶和水把它们混和起来。在经过许多次试验以后，他终于满意了，爬上梯子开始作画。一周又一周，一个月又一个月，画女巫，画预言者。米歇尔不但精力超人，而且在智力和优雅上，也都胜过了他的后继者。米歇尔惯于草拟被画者的骨架，然后再给他们加上肉体和衣服，最后则用布帘盖住他们。

一个勇敢的画家在看到他的举动之后，对我说："如果一个人失败了，那么你就会发现他做梦的时间肯定比工作的时间要多。"在艺术界，只有当你脱下外衣，磨碎颜料，像一个铁路边的挖地工一样，每天坚持工作，你才有可能获得成功。也就是说："一个盎司的力量只能够换来一盎司的梦想。"

要想成功，我们就必须果断地停止混杂的行为，将力量集中在一点或几个点上；就像园丁一样，总是严格地剪枝，迫使树液进入到一个或两个健壮的枝条之中，而不是让它进入所有的树枝内。

你必须选定你的工作，做一些你力所能及的事情，而舍弃其他的东西。只有这样精力才能够集中，才能够完成从认知到实行的过程。不管一个人有多少才能，从知到行这一步都是非走不可的。这是走向成功的一个转折点。

诗人坎贝尔说："一个人能够沉醉于工作之中，这本身就是一个伟大的成就。因为对他自己而言，工作才是他的必需品，而不是灵感，工作就是推动他前进的缪斯女神。"

好的法官并不会对每项辩解都去作条分缕析的判断，而只是把目光集中在实质性的辩解上。好的律师也并不是对事故的每个方面、每个角度都极其关注，都去加以证明，而是投身于最核心的、能够使他的辩护取得胜利的方面。

成功并不神秘，它就像我们在工场里编织的棉那样普通。只要我们不断地训练，增进自己的技巧和能力，成功就指日可待。

从大海沉船上救出自己

◇胡　适

胡适(1891~1962),字适之,安徽绩溪人。现代学者,历史学家、文学家、哲学家。1910年赴美后先入康奈尔大学农学院,后转文学院。1915年入哥伦比亚大学研究院,师从哲学家杜威。1917年回国,任北京大学教授,加入《新青年》编辑部,撰文反对封建主义,宣传个性自由、民主和科学,积极提倡"文学改良"和白话文学,成为当时新文化运动的重要人物。后曾任国民党政府驻美大使、"中央研究院院长"等职。胡适著作很多,又经多次编选,比较重要的有《胡适文存》、《胡适论学近著》、《胡适学术文集》等。

当5月7日北京学生包围章士钊宅，警察拘捕学生的事件发生以后,北京各学校的学生团体即有罢课的提议。有些学校的学生因为北大学生会不曾参加五七的事,竟在北大第一院前辱骂北大学生不爱国。北大学生也有很愤激的,有些人竟贴出布告攻击北大代理校长蒋梦麟媚章媚外。然而几日之内,北大学生会举行总投票表决罢课问题,共投一千一百多票。反对罢课者八百余票,这件事真使一班留心教育问题的人心里欢喜。可喜的不在罢课案的被否决,而在一、投票之多,二、手续的有秩序,三、学生态度的镇静。

我的朋友高梦旦在上海读了这段新闻，写了一封长信给我，讨论此事,说,这样做去,便是在求学的范围以内做救国的事业,可算是在近年学生运动史上开一个新纪元。——只可惜我还没有回高先生的信,上海五卅的事件已发生了,前二十天的秩序与镇静都无法维持了。于是六月三日以后,全国学校遂都罢课了。

这也是很自然的。在这个时候,国事糟到这步田地,外间的刺激这么强:上海的事件未了,汉口的事件又来了,接着广州、南京的事件又来了:在这个时候,许多中年以上的人尚且忍耐不住,许多六十老翁尚且要出来慷慨激昂地主张宣战,何况这无数的少年男女学生呢?

我们观察这七年来的“学潮”，不能不算民国八年的五四事件与今年的五卅事件为最有价值。这两次都不是有什么作用，事前预备好了然后发动的；这两次都只是一般青年学生的爱国血诚，遇着国家的大耻辱，自然爆发，纯然是烂漫的天真，不顾利害地干将去，这种“无所为而为”的表示是真实的，可敬爱的。许多学生都是不愿意牺牲求学的时间的；只因为临时发生的问题太大了，刺激太强烈了，爱国的感情一时迸发，所以什么都顾不得了：功课也不顾了，秩序也不顾了，辛苦也不顾了。所以北大学生总投票表决不罢课之后，不到二十天，也就不能不罢课了。二十日前不罢课的表决可以表示学生不愿意牺牲功课的诚意；二十日后毫无勉强地罢课参加救国运动，可以证明此次学生运动的牺牲的精神。

这并非前后矛盾：有了前回的不愿牺牲，方才更显出后来的牺牲之难能而可贵。岂但北大一校如此？国中无数学校都有这样的情形。

我们要知道，凡关于外交的问题，民气可以督促政府，政府可以利用民气：民气与政府相为声援方才可以收效。没有一个像样的政府，虽有民气，终不能单独成功。因为外国政府决不能直接和我们的群众办交涉；民众运动的影响(无论是一时的示威或是较有组织的经济抵制)终是间接的。一个健全的政府可以利用民气作后盾，在外交上可以多得胜利，至少也可以少吃点儿亏。若没有一个能运用民气的政府，我们可以断定民众运动的牺牲的大部分是白白地糟蹋了的。

倘使外交部于六月二十四日同时送出沪案及修改条约两照会之后即行负责交涉，那时民气最盛，海员罢工的声势正大，沪案的交涉至少可以得一个比较满人意的结果。但这个政府太不像样了：外交部不敢自当交涉之冲，却要三个委员来代肩末梢；三个委员都是很聪明的人，也就乐得三揖三让，延搁下去。他们不但不能用民气，反惧怕民气了！况且某方面的官僚想借这风潮延长现政府的寿命；某方面的政客也想借这问题延缓东北势力的侵逼。他们不运用民气来对付外人，只会利用民气来便利他们自己的志气！于是一误，再误，至于今日，沪案及其他关连之各案丝毫不曾解决，而民气却早已成了强弩之末了！

上海的罢工本是对英日的，现在却是对邮政当局、商务印书馆、中华书局了。北京的学生运动一变而为对付杨荫榆，又变而为对付章士钊了。广州对英的事件全未了结，而广州城却早已成为共产与反共产的血战场了。三个月的“爱国运动”的变相竟致如此！

这时候有一件差强人意的事，就是全国学生总会议决秋季开学后各地学生应一律到校上课，上课后应努力于巩固学生会的组织，为民众运动的中心。北京学联会也决议北京各校同学于开学前务必到校，一面上课，一面仍继续进行。

这是很可喜的消息。全国学生总会的通告里并且有“五卅运动并非短时间所可解决”的话。我们要为全国学生下一转语：救国事业更非短时间所能解决，帝国主义不是赤手空拳打得倒的，“英日强盗”也不是几千万人的喊声咒得死的。救国是一件顶大的事业：排队游街，高喊着“打倒英日强盗”，算不得救国事业；甚至于砍下手指写血书，甚至于蹈海投江，杀身殉国，都算不得救国的事业。救国的事业须要有各色各样的人才；真正的救国的预备在于把自己造成一个有用的人才。

易卜生说的好：真正的个人主义在于把你自己这块材料铸造成个东西。

他又说：有时候我觉得这个世界就好像大海上翻了船，最要紧的是救出我自己。

在这个高唱国家主义的时期，我们要很诚恳的指出：易卜生说的“真正的个人主义”正是到国家主义的唯一大路。救国须从救出你自己下手！

学校固然不是造人才的唯一地方，但在学生时代的青年却应该充分地利用学校的环境与设备来把自己铸造成个东西。我们须要明白了解：

救国千万事，何一不当为？

而吾性所适，仅有一二宜。

认清了你“性之所近，而力之所能勉”的方向，努力求发展，这便是你对国家应尽的责任，这便是你的救国事业的预备工夫。国家的纷扰，外间的刺激，只应该增加你求学的热心与兴趣，而不应该引诱你跟着大家去呐喊，呐喊救不了国家。即使呐喊也算是救国运动的一部分，你也不可忘记你的事业有比呐喊重要十倍百倍的。你的事业是要把你自己造成一个有眼光有能力的人才。

你忍不住吗？你受不住外面的刺激吗？你的同学都出去呐喊了，你受不了他们的引诱与讥笑吗？你独坐在图书馆里觉得难为情吗？你心里不安吗？——这也是人情之常，我们不怪你：我们都有忍不住的时候。但我们可以告诉你一两个故事，也许可以给你一点儿鼓舞——德国大文豪歌德在他的年谱里曾说，他每遇着国家政治上有大纷扰的时候，他便用心去研究一种绝不关系时局的学问，使他的心思不致受外界的扰乱。所以拿破仑的兵威逼迫德国最厉害的时期里，歌德天天用功研究中国的文物。又当利俾瑟之战的那一天哥德正关着门，做他的名著 Esex 的“尾声”。

德国大哲学家费希特(Fichte)是近代国家主义的一个创始者。然而他当普鲁士被拿破仑践破之后的第二年(1807)回到柏林，便着手计划一个新的大学——即今日之柏林大学。那时候，柏林还在敌国驻兵的掌握里。费希特在柏林继续讲学，在很危险的环境里发表他的《告德意志民族》。往往在他讲学的堂上听得见敌人驻兵操演回来的声。他这一套讲演——“告德意志民族”——忠告德国人不要灰心丧志，不要惊慌失措；他说，德意志民族是不会亡国的；这个民族有一种天赋的使命，就是要在世间建立一个精神的文明——德意志的文明，他说：这个民族的国家是不会亡的。

后来费希特计划的柏林大学变成了世界上最有名的学府之一；他那部“告德意志民族”不但变成了德意志帝国建国的一个动力，并且成了19世纪全世界的国家主义的一种经典。

上边的两段故事是我愿意介绍给全国的青年男女学生的。我们不期望人人都做哥德与费希特。我们只希望大家知道：在一个扰攘纷乱的时期里跟着人家乱跑乱喊，不能就算是尽了爱国的责任，此外还有更难更可贵的任务：在纷乱的喊声里，能立定脚跟，打定主意，救出你自己，努力把你这块材料铸造成个有用的东西！

成功十要素

◇[美]康拉德·希尔顿　明　达/译　谢　欣/校

康拉德·希尔顿（1887~1979），世界酒店大王。1925年靠5000美元积蓄起家，创办“达拉斯希尔顿大饭店”，后发展成为国际希尔顿旅馆有限公司。现在在全球已经拥有200多家酒店，资产总额达数十亿美元，每天能够接待数十万计的各国旅客，年利润达数亿美元，雄居全世界最大的旅馆的榜首。他还著有《希尔顿自传》，总结了自己一生成功的经验。

我们每一个人，家庭主妇、政治家、木匠、圣人，甚或商人，都在为成功而奋斗。每个人前进的动力，都建立在完成愿望之上，并在他所选择的行业中一步步走向成熟。

成功又是什么呢？

成功不是用金钱来衡量的,许多富有之人反而不懂得生活的艺术。

是的,工人是按工作能力支取酬金的,可是他的成就决不是靠银行里的存款所能估量的。拿甘地来说,这位伟大的印度政治家,死后留下的财产不过是两只饭碗、两双拖鞋、一副眼镜、一只老式怀表,如此而已。海伦·凯勒,这个成功的典范,曾克服了常人所难以想象的障碍,证明了盲聋之人并非毫无前途,而使千万个与她一样不幸的人得到启发,不再消沉。圣弗兰西斯,影响过多少王族统治者、高僧圣者、艺术家,以至凡夫俗子,在他死后七百年的今天,他的影响力仍然深植于人心之中,他可算是最有成就的穷人了。

一个人成功的标准不在于他得到多少,而在于他付出多少。

我们怎样知道这人是否成功呢?看他银行的户头吗?决不是!

我的家乡沙卡洛,终于判定我是个成功的人,不是由于我买下了“华尔道夫”,而是由于我能够为纪念我的双亲,建造了希尔顿山的卡莫学校和罗瑞图修女们的一座修道院。施韦策医生因献身于非洲而为人们所景仰,鲁宾斯坦大师的音乐造诣给人们带来了心灵的美,谐星鲍勃霍伯更因他的笑声为世人带来了欢乐。

成功的生涯所结的果子不是物质上的,而是在我们发挥才华之中所得到的满足。善用上帝赐下的智慧才能,并听从它的指引,它必支持你,保佑你。

以下是一些使我们每一个人都能够成功的要素:

第一,发掘自己独特的才华。

正如我们每个人生来指纹不同一样,我们个人的才华亦各有不同。这不是说,世上可以不需要有两个家庭主妇或两个木匠,大家都去各行其是好了;而是说,我们虽然都有一双手,而这手指上的指纹,可完全是你个人独具的。

爱默生曾说:“每个人都有他自己的使命,他的才能就是上天给他的召唤……他习娴于某些事情,也容易把某些事情做好,说不定这事是别人做不好的……一个人的抱负也会与自己的能力相当,而巅峰的高度,正和基础的广度成正比。”

发掘出独具的才能,这是第一步。如果我们一味地人云亦云,没有自己的主见,表面上的成功将不足以遮掩那极大的挫败。

别为了要花时间找立足之处而烦恼!

我就花了32年的时间去发掘自己的长处,开始时还不是个小职员,事后证明,这没有什么可耻。华盛顿起初也不过是个验货员;毛姆提笔写作以前读的是医科;施韦策三十几岁以前是个神学生、音乐家,他毅然辞去神学院教授之职而去研读医学,将一生贡献于非洲的丛林,行医救人;使徒彼得,早先也只是个捕鱼的人而已。

没有人生来是个浪游者,是个怨天尤人的人。每个人都有权利,以谦卑虔诚之心去寻求一个神圣的计划,找到他所占的一席之地。我特别勉励年轻人要大胆进取,因为长一辈的人,和年俸之类的薪酬,往往将年轻人拉到一条安定的轨辙之内,而不去开发他自己的灿烂多彩的世界。

别为找不出自己的长处而烦恼,先发掘自己到底有些什么吧!

一个穷希腊人到雅典一家银行去应征一个守卫的工作,人家问他会不会写字,他摇摇头说,只会写自己的名字。他没有得到工作,只好借了点儿钱,渡海来到美国。

若干年后, 一位希腊大企业家在华尔街的豪华办公室召开了记者招待会,结尾时一位记者对他说:“你该写本回忆录了。”

“不可能,”这位绅士笑道,“我根本不会写字。”记者大吃一惊。

他接着说:“任何事情都有得必有失。如果我会写字,今天我就仍然是个守卫而已。”

第二,志向要大,想法要宏伟,做法要大方,梦想也要远大。

你自己做的模子有多大,你所能发展的价值就有那么多。想做一个好家庭主妇、好厨子、精练的木匠,不需要付出太多的精力来期盼。有很多人一事无成,就是由于他们错估了自己的能力,妄自菲薄,以至于成就也就缩小了。一块价值 5 元的生铁铸成马蹄铁后,可以值 10 块半;若制成工业上的磁针之类,必值 3000 多元;倘若制成手表发条以后,身价即跳跃至 25 万元之多。

你,也正是如此。

一次,我受托为圣约翰医院征募 40 万元。那些董事会的成员们如凯兹等人,都认为我担当此事绝无问题,但我实在觉得很难胜任,这里几百元,那里几百元的,就算有个上千的,这工作要多久才完成得了!我突然很想向他们承认,我不像他们所想象的那么伟大。

我已快要向他们开口说:“我不行——”这时火光一现,刹那间,我发觉我必须完成此事。只要变一下方法就得了,不要用那个小法子,干脆找上两千个人,每个人捐 200 元,就用这个大办法。

于是,我写了一封连锁信给我认为出得起的那些人,并再列了一份候补的名单,一旦连锁信中的某人不愿投资,就从候补人中选出两个递补上去;若这两个不行,再找四个。最后,我终于完成了这个我以为不可能做到的事。

第三,诚实。

在我们每个人的意念中,都具有比不欺骗,不说谎,不偷窃更积极的道德观。我的母亲在餐桌上总是耳提面命两句古老的成语,一是莎士比亚的:“你若对自己诚实,日积月累,就无法对别人不忠了。”另一则是史考特的:“我们一开始撒谎，就陷入了紊乱的网罗里！”

自欺的人愈会欺人。只要一开始欺哄别人，此后将永无止境。的确，有时候我们不能毫无遮掩，但是几乎所有的现代精神医学理论都深信，自欺将是潜意识中烦扰的根源。

就我个人来说，我相信母亲的这两句老生常谈，胜过如今的镇定剂。

第四，热忱。

在我的经验中，热忱是完成任何事情都不可缺少的条件。你或许有才华，但才华也必须借热切的精神，才能发挥尽致。热忱是一种无穷无尽的动力，因此，你需要以智慧克制它，善用它，以求更臻完美。

倘若你以热忱来生活，你将不知道生命的怠惰为何事。建造过伦敦52座教堂的建筑师兰恩爵士，在86岁时退休。此后的5年内，他仍尽心于学问，努力追求文学、天文学及宗教上的知识。古罗马政治家凯图，到了80岁还学习希腊文；而希腊的历史学家布拉塔克，几乎已近衰老之年才开始研习拉丁文。意大利的作曲家威尔第，到了七八十岁，还作出了像《奥塞罗》、《孚斯塔夫》这样不朽的歌剧。除了热忱，还有什么能使生命延续得如此多彩多姿？

每一个人都会面临困境，是什么力量促使他们通过试炼，不断地努力工作并祷告呢？那就是生命的热忱。你必须把全部的热忱投注在生命中的一切上面——宗教、工作、家庭、消遣。只有如此，生命源源不绝的力量才能涌现出来，鼓励你不断地进步。

第五，不要让你所拥有的东西占据了你的心思意念。

我曾经拥有一切，但事实上也是什么都没有。在我的《圣经》中，并未提到“钱”是万恶之根；事实上，有对金钱的贪欲之心才是，不只是对金钱，对所有物品皆是如此。

但倘若你发现，你失去某样东西以后好像就活不下去了，那么你最好把这件东西丢掉。如此，你才能获得真正的自由。

我们都晓得贪心的猴子的故事。它把手伸进窄口瓶，满满抓了一把核桃，结果手抽不出来，但它还是不肯放松一点儿。我们都会笑它：“蠢东西！这样永远都拿不到东西的。把手稍松开一点儿不就得了吗？”我们都会这么笑它，可是我们是不是也会像它那样呢？

第六，不要过于忧虑。

成功的生活是平衡的，无论在思想、行为、休息、娱乐各方面都是如此。懂得生活艺术的人，既不会工作到累得要死的地步，也不至于玩乐到精疲力竭的地步。已成习惯的忧虑者是不平衡的，就像只衔了根骨头的狗一样。所谓“问题”，就是一种促使我们要去寻找解答的困扰，而找到了答案之后，我们就该平静下来，无论身心皆应如此，不然我们就只会继续困扰下去。如果你已尽了一天当尽之责，太阳已沉落西山，而你还在焦虑不已，这样将毫无用处。

我们都希望问题能照自己的意愿尽快解决，但事实上，忧虑不能解决任何问题。我们可以借着祈祷、思考、行动来解决问题，而不要光是忧虑，否则只会扩大问题，产生出怨恨和自怜。

第七，不要依恋过去。

不要老是悔恨，也不要老是渴望，否则就等于把自己捆绑在过去的记忆中。昨日已去，如何从昨日的过错中吸取教益，这才是明智之举。攀附在过去的光荣事迹上是不可救药的愚笨，你将会画地自限，无法自拔。未来是无限的；过去的经验，不过是今日的基础罢了。一个走路常常回头后顾的人，是很容易失足跌到阴沟里去的。

第八，尊重别人，而不要轻视任何人。

随便找个人举例好了，假定他此刻正站在公园大道的第50街等转换绿灯吧，他是个什么样的人呢？站在高处观望的统计学家认为他只不过是群众中的一分子，生物学家认为他属于人类，化学家眼中的这个人只是一大堆物质而已。

我们多半仅从外表看人，盲目地以貌取人，往往不能亲切地去透彻知道对方的卓越之处、他的理想、他的痛苦，甚或他的优缺点。若我们能多去了解别人，那么我们就更能体会什么叫做：爱我们的邻舍，就如爱自己一样。

第九，承担起世界的责任。

关心国内外的政治情况，关心人民的意愿，为此而努力不懈，奋斗不已。

为何要如此呢？

所谓民主政治，就是全体人民的共同参预。一个标榜"民有、民治、民享"的政府，不可能不让民众参预国家大事。

不论你个人的生活成功与否，作为一个公民、一个选民，你都有权利塑造世界，决定世事的方向。那么，你一个人能做些什么呢？你能与世人共同合作，创造更幸福美满的社会。

第十，不断祷告，充满自信。

1945年6月，维吉尼亚步兵连在南太平洋某地区迷失了方向。眼前是浓密的灌木丛林，无路可走，随时有呼啸的子弹穿过丛林飞来，还有敌人藏匿其内。走着走着，目标越来越暴露，情势越来越危急。

"向最高的主呼喊吧！" 为首之人叫了出来，"看看我们可不可以获得帮助！"

几分钟后，支援来到，他们获救了，找到了出路，脱离了险境。没有人说得出情势究竟是如何改变的，只能用奇迹来解释。这样的奇迹很可能也发生在恺撒、俾斯麦，甚至福煦将军的身上。是什么救了他们呢？是所谓的"无线电话机”。

这种“无线电话机”的由来已久,可以追溯至远古。是什么呢？就是祷告。我们可以在任何时候向这位最高的主发出恳求,同时也不必担心它会嫌我们的恳求根本不重要,或者自惭我们怎么能常常向它求助。

祷告是一种与神的交通,你可以随时向神倾诉,无论昼夜,神随时会听到你的心声。你需要帮助,你需要鼓励,你可以自由自在地向神发出呼告,你可以将自己无上的喜悦与神分享。

我个人深深感到,这些心得都是成功的轮轴,而祷告则是其中心的枢纽。若缺少了与神的亲密交往,我们就什么都不是了。因为《圣经》上说,人是“比天使微小一点儿,以荣耀和名誉为冠冕”。

如果能把握这些生活的艺术,你必能成功。

把快乐从上帝那里抢回来——心态篇

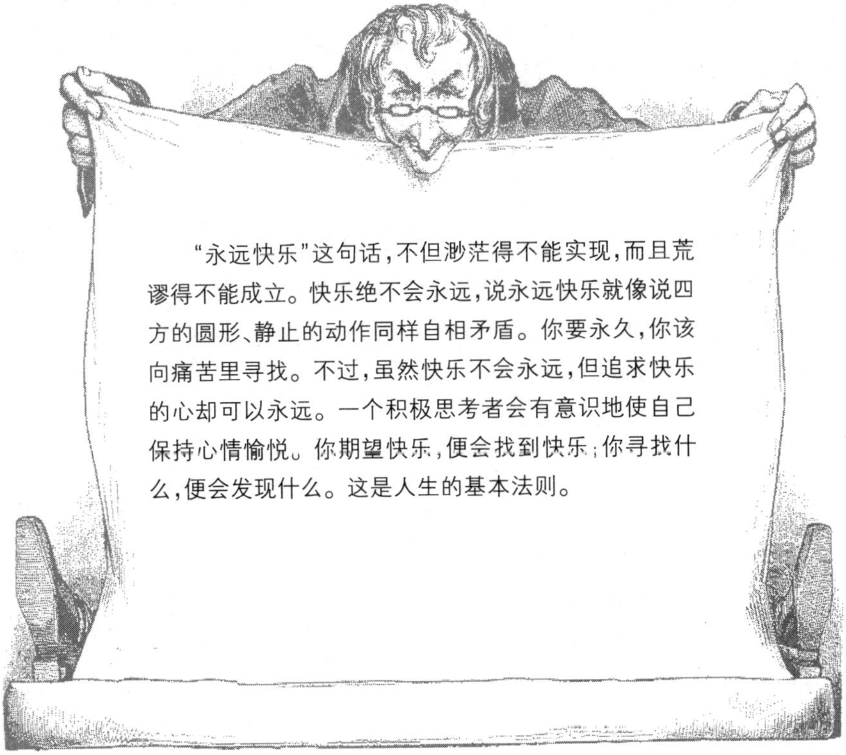

把快乐从上帝那里抢回来

◇[澳大利亚]安德鲁·马修斯

安德鲁·马修斯，澳大利亚畅销书作家、漫画家，国际级演说家，以边演讲边画漫画著称。他的足迹踏遍世界四大洲，他曾出现在2000多家电台和电视台的节目中，受到人们的广泛欢迎。他的演讲以启发人的心志为主，激励人们用积极向上、乐观豁达的心态面对生活和工作。其作品包括《我变快乐了》、《跟随你的心》、《轻松自在交朋友》、《快乐箴言》、《做个快乐少年人》等，均由活泼的语言和幽默风趣的漫画构成，至今已被译成21种文字，销往全球50多个国家，总销售量达到数百万册。

你有没有期望过你的钱可以多一点儿？你的样子好看点儿？考试过得轻松点儿？或者，你的父母是其他人，是的，更出色的人？

你是不是觉得没有人了解你？你是不是问过，爱情到底是个什么东西？你是不是怀疑过自己：我为什么这么不正常？

——恭喜你，你即将变得很快乐！

生活中，我们会碰到无数问题，这些问题不到关键时刻不会爆发出来。我们终日轻轻松松，若无其事，可是，一旦问题变得严重了，麻烦就会占据你所有本该快乐的时间。这种时候怎么办？我们要去解决它。之后，我们的生活就比出现问题以前变得更好。

你或许会问：有的问题是可以解决的，有的问题根本解决不了！是的，比如你根本没有可能换自己的父母，没有什么办法改变自己的容貌。可是，这又算什么呢？上帝给你的一切都有它的道理，你在一方面欠缺，这或许会促进你在其他方面超人一等。你不是有钱人的后代，或许是有钱人的祖先。

我的朋友约翰·福佩天生没有手臂，但他获得了传播学硕士学位，还到世界各地的公司和学校演讲。他从来不会问：“为什么我天生就没有手臂？”他只问自己：“我怎样去克服它呢？”所有你用手来做的事——梳理头发、点钱、开车、开门——他都用脚来做。与约翰到中国餐馆吃饭是一件有趣的事。当其他人用刀叉吃饭——他们认为用筷子实在太难了——约翰却表演他的一流筷子技巧,而且是用脚趾!约翰说:“我接受我自己。没有了这些挑战,我就不会成为今天的我。”

无疑,他是快乐的。

有人问我,你是不是也从苦难中走出来的?噢,NO,我没有经历太多苦难,我所遇到的麻烦与有些人经历的贫穷和疾病比起来,简直是微乎其微的。我小时候个子比较矮,好多孩子都取笑我。18 岁那年,我的个子慢慢高了,于是麻烦就没了。当然,如果我一直没有高起来,我也不会因此烦恼的,我可能当不了跳高运动员,但是我还可以像现在一样当个作家。

有的朋友说,你的书畅销全世界,光版税也够你花的了,你当然会快乐了!我没有钱,怎么能快乐起来?噢,这实在是个严重的问题,我想说的是,经济和一个人的快乐程度确实有关,但这不是唯一的。想想看,你现在挣的钱可能是以前的两倍,但是你的快乐程度也许并没有以前的两倍。我觉得,金钱只要能够支付你最基本的用度就可以了,比如衣食住行。如果你连这最基本的钱都挣不到,那就不是我们应该讨论的问题了,问题一定出在你的身上。

事实上,一切关于不快乐的追问都是有意义的,这表明我们有向上的精神。OK!那我们还有什么理由不快乐呢?或许你会觉得今天的不快乐会换来明天的快乐,因此,你宁肯在不快乐中日日消磨,这是错误的!快乐应该就在当下!你所要关注的是怎么样把你每天的 24 小时过好。只要你有这样的信念,一定会赢得源源不断的快乐。相反,如果你想得过多,你的包袱就太沉重了。如果你总是担心你未来的生活,你生命里就有不能承受之重了。

这世界上,随时都可能快乐的人大概只有上帝一个,还等什么,把本该属于你的快乐从他那里抢回来吧!

把吹口哨的心情找回来

◇[美]爱默生

活着是一件多么好的事!多么愉快的早晨!我从未感到如此开心!我想今天一定会是美好的一天。

这话听起来可能有点儿奇怪，但我今天早上确实感到如此。我很快乐，觉得很舒服，今天我准备享受诸多生活乐趣。当我走在大街上，如果像年轻时那样吹口哨，我也不觉得奇怪。

想想看吧！在纽约的街道上，我已经好久没有听到有人吹口哨了！这并不是我一个人的感想。有一天，我去找朋友比尔·亚瑟谈天，他是著名的《展望》杂志的总编。“你是否注意到，走在麦迪逊大街上竟没有一个吹口哨的人？”他问我。他是在南部的肯塔基州长大的。他说，他记得他小时候的人比起现在的人会找乐子，生活有趣得多。为什么会这样呢？如果你也如此，你该如何把过去的那种想吹口哨的心情找回来，成为你此刻的生活态度呢？你该如何找回内心深处那种自然的、毫不做作的乐趣？我最近听说，有一个有名的精神医师，正在进行一项“积极心理”的计划。每次当他要描述自己希望获得的结果时，他总是要谈到他的狗。他说：“每天下班回家，我的狗总是很高兴地来迎接我，又叫又跳，非常高兴。这和我白天在医院里所看到的病人忧伤、沮丧的脸，恰好相反。我的狗知道如何享受生活，这也应是我们对待生活的方式。”

当然，我不是建议大家像狗一样到处又跑又跳。我知道有些人如果表露出过分的快乐，会让人感到滑稽。我常常怀疑，这样的人的快乐是装出来的。但是我们也知道有少数人是发自内心感到高兴的。这便是关键所在。所谓真正的乐趣并不是表面上的，或随处可见的，而是一种发自内心的感觉。你是因为你的处境和你所做的事感到无比的幸福。你如果暗中注意这种人，就可以发现他们总是在唱歌或吹口哨。

让我重复一次，今天我真的感到快乐，我想我可以说出感到快乐的原因。昨天是个晴朗的星期天，下午我和太太露丝还有小女儿丽莎一起散步。我们在　起很快乐，玩得很开心。

我们沿着公园走上第5大道，步履轻快，挺胸抬头，兴致高涨。“抬头挺胸走路真有趣！”我们齐声说。

我们走了约一英里的路，觉得全身舒畅，充满活力。我们走过第5大道上的莱特大厦和汉姆博物馆时，丽莎说：“看，多美啊！”以前我从没想到过这些建筑物有多特别，丽莎一说，我便扭头又看了一次，这时，我才真正了解了伟大的建筑以及注入到这个建筑中的人生乐趣。它高高的尖顶直入云霄，真正传达着一种振奋、快乐和活力。我第一次觉得自己开始喜欢上它了，而这可能是我当时的一种发自内心的感觉。

这真是关键所在。当你觉得心情愉快时，你会情不自禁地表现出快乐的神情，同时会欣赏万物，心中的幸福感也油然而生。心理学家亨利·C·林克博士说，当他看到病人沮丧时，他会要他沿着街道疾走一阵。“快快地走，绕街道走十圈。”林克博士说，“这样走的话，可以锻炼大脑的活动中心，使你的血液从情绪中心流泻出去。而当你走回来后,你会变得较理性,而且比较能接受积极思想。”

你的身体健康状况,与你能否享受生活有关系。当你精神振奋、心境开阔、容光焕发时,生命便也呈现出新的意义。适量的运动及休息,是心情愉快的必要因素。我读过的一篇文章说,有些科学家最近对他们所谓的“大剂量催眠剂”做过实验。他们让那些易疲倦和上了年岁的人服用这些药物,帮助他们休息。结果发现,这些人的生理功能增强、寿命延长、疾病消失了。当然,他们也焕发了新的活力,找到了生命的乐趣。

所以,要获得人生更大的乐趣,首先要感觉正确。而要想使自己的感觉正确,必须好好对待自己的身体。

第二步是思想正确。要好好对待自己的心灵,积极地思考。一个积极思考者常会有意识地使自己保持心情愉悦。你期望快乐,便会找到快乐;你寻找什么,便会发现什么。这是人生的基本法则。开始寻找快乐吧,你一定不会失望。

不要让小事使你垂头丧气

◇[美]戴尔·卡耐基

人活在世上只有短短几十年,却浪费了很多时间,去发愁一些一年之内就会忘了的小事。

给你讲一个最富戏剧性的故事,主人公叫罗勃·魔尔。

“1945 年 3 月,我在中南半岛附近 276 英尺深的海下,学到了一生中最重要的一课。当时,我正在一艘潜水艇上。我们从雷达发现一支日军舰队——一艘驱逐护航舰、一艘油轮和一艘布雷舰——朝我们这边开来。我们发射了 3 枚鱼雷,都没有击中。突然,那艘布雷舰直朝我们开来(一架日本飞机,把我们的位置用无线电通知了它)。我们潜到 150 英尺深的地方, 以免被它侦察到,同时作好应付深水炸弹的准备,还关闭了整个冷却系统,和所有的发电机器。

“3 分钟后,天崩地裂。6 枚深水炸弹在四周炸开。把我们直压海底——276 英尺的地方、深水炸弹不停地投下,整整 15 个小时,有十几二十个就在离我们 50 英尺左右的地方爆炸——若深水炸弹距离潜水艇不到 17 英尺的话，潜艇就会炸出一个洞来。当时，我们奉命静躺在自己的床上。保持镇定。我吓得无法呼吸，不停地对自己说：‘这下死定了……’潜水艇的温度几乎有100℃，可我却怕得全身发冷，一阵阵冒冷汗。15个小时后攻击停止了，显然那艘布雷舰用光了所有的炸弹后开走了。这15个小时，在我感觉好像有1500万年。我过去的生活一一在眼前出现，我记起了做过的所有的坏事和曾经担心过的一些很无聊的小事。我曾担忧过，没有钱买自己的房子，没有钱买车，没有钱给妻子买好衣服。下班回家，常常和妻子为一点儿芝麻事吵架。我还为我额头上一个小疤——一次车祸留下的伤痕——发过愁。

“多年之前，那些令人发愁的事，在深水炸弹威胁生命时，显得那么荒谬、渺小。我对自己发誓，如果我还有机会再看到太阳和星星的话，我永远不会再忧愁了。在这15个小时里，我从生活中学到的，比我在大学念四年书学到的还要多得多。”

我们一般都能很勇敢地面对生活中那些大的危机，却常常被一些小事搞得垂头丧气。拜德先生也发觉了这一点。他手下的人能够毫无怨言地从事危险而又艰苦的工作，“可是，我却知道，有好几个同房的人彼此不说话，因为怀疑别人把东西放乱，占了自己的地方。有一个讲究空腹进食细嚼健康法的家伙，每口食物都要嚼28次。而另一人一定要找一个看不见这家伙的位子坐着，才吃得下去饭。”

权威人士认为，“小事”如果发生在夫妻生活里，还会造成“世界上半数的伤心梦”。芝加哥的约瑟夫·沙巴士法官，在仲裁过4万多件不愉快的婚姻案件之后说道：“婚姻生活之所以不美满。最基本的原因往往都是一些小事。”

罗斯福夫人刚结婚时“每天都在担心，因为她的新厨师做得很差”。可是如果事情发生在现在，“我就会耸耸肩膀把这事给忘了”。好极了，这才是一个成年人的做法。就连最专制的凯瑟琳女皇，对厨师做坏了饭，也只是付之一笑。

一次，我们到芝加哥一个朋友家吃饭，分菜时他有些小事没有做好。大家都没在意，可是他妻子却马上当着大家的面就跳起来指责他：“约翰，你怎么搞的！难道你就永远也学不会分菜吗？”她又对大家说：“老是一错再错，一点儿也不用心。”也许他确实没有做好，可我真佩服他能和他的妻子相处二十年之久。说心里话，我宁愿只吃一两个抹上芥末的热狗——只要能吃得舒服——也不愿意一边听她啰嗦，一边吃北京烤鸭。

不久，我和妻子邀请了几个朋友来吃晚餐。客人快到时，妻子发现有三条餐巾和桌布颜色不配。她后来告诉我：“我发现另外三条餐巾送去洗了。客人已到门口，我急得差点儿哭了出来。我埋怨：‘为什么会有这么愚蠢的错误让它毁了我整个一晚上？’我突然想到，为什么要毁了我呢？我走进去吃晚饭，决心享用一番。我情愿让朋友们认为我是一个比较懒散的家庭主妇,也不愿意他们认为我是一个神经质的脾气不好的女人。而且。据我所知,根本没有一个人注意到那些餐巾。”

大家都知道:“法律不会去管那些小事。”人也不应该为这些小事忧愁。

实际上,要想克服一些小事引起的烦恼,只要把看法和重点转移一下就可以了。——让你有一个新的、开心点儿的看法。我的朋友作家荷马·克罗伊告诉我,过去他在写作的时候,常常被纽约公寓热水灯的响声吵得快要发疯了。“后来,有一次我和几个朋友出去露营,当我听到木柴烧得很旺时的响声,我突然想到:这些声音和热水灯的响声一样,为什么我会喜欢这个声音而讨厌那个声音呢,回来后我告诫自己:

“火堆里木头的爆裂声很好听,热水灯的声音也差不多。我完全可以蒙头大睡,不去理会这些噪音。结果,头几天我还注意它的声音,可不久我就完全忘记了它。

“很多小忧虑也是如此。我们不喜欢一些小事,结果弄得整个人很沮丧。其实,我们都夸张了那些小事的重要性……”

狄士雷里说:“生命太短促了,不要再只顾小事了。”

“这些话,”安德列·摩瑞斯在《本周》杂志中说,“曾经帮助我经历了很多痛苦的事情。我们常常因一些小事,一些本该不屑一顾的小事,弄得心烦意乱……我们生活在这个世界上只有短短的几十年,而我们浪费了很多不可能再补回来的时间,去为那些一年之内就会忘掉的小事发愁。我们应该把我们的生活只用于值得做的行动和感觉上。去想伟大的思想,去体会真正的感情。去做必须做的事情。因为生命太短促了,不该再顾及那些小事。”

名人吉布林和他舅舅打了维尔蒙有史以来最有名的一场官司。吉布林娶了一个维尔蒙的女子,在布拉陀布造了一所漂亮房子,准备在那安度余生。他的舅舅比提·巴里斯特成了他最好的朋友,他们俩一起工作,一起游戏。

后来,吉布林从巴里斯特手里买了一点儿地,事先商量好巴里斯特可以每季度在那块地上割草。一天,巴里斯特发现吉布林在那片草地上开了一个花园,他生起气来,暴跳如雷,吉布林也反唇相讥,弄得维尔蒙绿山上的天都黑了。

几天后,吉布林骑自行车出去玩时,被巴里斯特的马车撞在地上。这位曾经写过“众人皆醉,你应独醒”的人也昏了头,告了官,巴里斯特被抓了起来。接下去是一场很热闹的官司,结果使吉布林携妻永远离开了美国的家。而这一切,只不过为了一件很小的事——一车干草。

哈瑞·爱默生·富斯狄克讲过这样一个故事:“在科罗拉多州长山的山坡上,躺着一棵大树的残躯。自然学家告诉我们,它曾经有过400多年的历史。

在它漫长的生命里，曾被闪电击中过14次，无数狂风暴雨侵袭过它，它都能战胜它们。但在最后，小队甲虫的攻击使它永远倒在地上。那些甲虫从根部向里咬，渐渐伤了树的元气。虽然它们很小，却是持续不断地攻击。这样一个森林中的巨木，岁月不曾使它枯萎，闪电不曾将它击倒，狂风暴雨不曾将它动摇，却因一小队用大拇指和食指就能捏死的小甲虫，终于倒了下来。”

我们不都像森林中那棵身经百战的大树吗，我们也经历过生命中无数狂风暴雨和闪电的袭击，也都撑过来了，可是却让忧虑的小甲虫咬噬——那些用大拇指和食指就可以捏死的小甲虫。

几年前，我和怀洛明州公路局局长查尔斯·西费德先生，以及其他朋友一起去参观洛克菲勒在提顿国家公园中的一栋房子。我的车转错了一个弯，晚到了一个小时。西费德先生没有钥匙，所以他在那个又热、又有好多蚊子的森林中等了整整一个小时。我们到的时候，在多得可以让圣人发疯的蚊子中，西费德先生正在吹一支折下的白杨树枝做成的小笛子。

要在忧虑毁了你之前，先改掉忧虑的习惯，第一条规则就是：

“不要让自己因为一些应该丢开和忘掉的小事烦恼，要记住：生命太短促了。”

没有永远的快乐

◇钱钟书

钱钟书（1910~1998），现代著名学者、作家。江苏无锡人，生于诗书世家，自幼受传统经史教育；中学擅长中、英文，数理成绩极差，报考清华大学时数学仅得15分，但因国文成绩突出，英文获得满分，1929年被清华大学外文系破格录取。这一时期他刻苦学习，广泛接触世界各国的文化学术成果。1933年毕业，1935年与杨绛结婚，同年考取公费留学生资格，在牛津大学英文系攻读两年，又到法国巴黎大学进修法国文学一年。学成回国，先后在多所大学任教。他深入研读过中国的史学、哲学、文学经典，同时研究西方新旧文学、哲学、心理学等，著有多部享有声誉的学术著作，如《谈艺录》、《宋诗选注》、《管锥篇》等；散文和小说也很出色，长篇小说《围城》，可谓家喻户晓。

“永远快乐”这句话，不但渺茫得不能实现，并且荒谬得不能成立。快乐绝不会永久。我们说永远快乐，正好像说四方的圆形、静止的动作同样地自相矛盾。在高兴的时候，我们的生命加添了迅速、增进了油滑。像浮士德那样，我们空对瞬息即逝的时间喊着说：“逗留一会儿吧！你太美了！”那有什么用？你要永久，你该向痛苦里去找。不讲别的，只要一个失眠的晚上，或者有约不来的下午，或者一课沉闷的听讲——这许多，比一切宗教信仰更有效力，能使你尝到什么叫做“永生”的滋味。人生的刺，就在这里，留恋着不肯快走的，偏是你所不留恋的东西。

快乐的人生，好比引诱小孩子吃药的方糖，更像跑狗场里引诱狗赛跑的电兔子。几分钟或者几天的快乐赚我们活了一世，忍受着许多痛苦。我们希望它来，希望它留，希望它再来——这三句话概括了整个人类努力的历史。在我们追求和等候的时候，生命又不知不觉地偷度过去。也许我们只是时间消费的筹码，活了一世不过是为那一世的岁月当殉葬品，根本不会享受到快乐。但是我们到死也不明白是上了当，我们还理想死后有个天堂，在那里——感谢上帝，也有这一天！我们终于享受到永远的快乐。你看，快乐的引诱，不仅像电兔子和方糖，使我们忍受了人生，而且仿佛钓钩上的鱼饵，竟使我们甘心去死。这样说来，人生虽然痛苦，却并不悲观，因为它终抱着快乐的希望；现在的账，我们预支了将来去付。为了快活，我们甚至于愿意慢死。

第一次害病，觉得是一个“可惊异的大发现”。对于这种人，人生还有什么威胁？这种快乐把忍受变为享受，是精神对于物质的大胜利。灵魂可以自主——同时也许是自欺。能一贯抱这种态度的人，当然是大哲学家，但是谁知道他不也是个大傻子？

是的，这有点儿矛盾。矛盾是智慧的代价。这是人生对于人生观开的玩笑。

快乐何必无穷大

◇刘白羽

刘白羽（1916~2005），北京通州人。现代小说家、散文家。1936年毕业于北平民国学院文学系，后从事文学创作。次年在上海参加文化界救亡协会。1938年入延文艺工作团，同年加入中国共产党。1940年后任延文艺界抗敌协会中共支部书记、重庆《新华日报》副刊编辑、新华通讯社军事记者，参加临江、辽沈、平津、渡江等战役。1950年任中国人民解放军总政治部文化部副部长，参加编辑的长纪录片《中国人民的胜利》获斯大林文学奖。1953年后，历任中国作协书记处书记，文化部副部长，总政治部文化部部长、顾问，中国作协第一至三届副主席，中国文联第一至四届委员，国际笔会中国笔会中心副会长。有《刘白羽散文选》、《刘白羽小说选》。

一家房地产开发商把所开发的商品房品牌确定为“快乐无穷大”，想来是为了摆脱动辄号称“花园”、“广场”的命名风气，别出心裁，颇为有趣。

人的生活是否幸福，究竟以什么为衡量的标准？名声、地位、财富、健康？……各人取舍不同，当然，也有想“鱼”与“熊掌”兼得的。不过，现在世界上大多数人都把“安康”作为普适性标准——生活在和平环境里，有一份安稳的工作（如有一桩自己喜欢的事业更好），身体健康，人际和谐，则幸哉福哉。这是从总体上说。从人的心理角度看，人的生命其实是存在于连续不断的情绪之中，甚至于在睡眠时，潜意识里的情绪也依然在螃蟹吐泡般地生灭着。因此，有人提出，快乐便是幸福，“快乐无穷大”商品房名称，由此推衍，无可厚非。

快乐无价。快乐是人的心理情绪中的黄金。笑一笑，十年少（“少年”之“少”）。笑口常开，安康福泰。追求快乐，享受快乐，是天赋人权。但是，人对快乐的追求，是否有必要推至无穷大的地步？无数前人、旁人的前车之鉴，都昭示着我们，乐极生悲，纵欢致祸。倘若一个人除了快乐而没有了其余的情绪，那他要么是傻子,要么是疯子,在那种情况下,笑笑笑,至少会导致十年少("减少"健康生命的"少")。

我们常在文章里看到"打破心头五味瓶"的说法。一个生命活体,就其所装载的心理情绪而言,确实很像一个"五味瓶"。哪五味?酸、甜、苦、辣、咸。这是以味觉打比方,直接说情绪,则是喜、怒、哀、乐、怨。其实,"五味"的"五",是言其多的意思,人的心理情绪,岂止五种而已。我们常用的词汇里,把人生际遇和心理情绪合起来说的很多:悲欢离合、爱恨情仇、苦乐忧喜、愁怨嗔怒、愉悦舒畅、生死歌哭……一个健康的生命,他的心理情绪应该是"五味俱全"而又不会"打破瓶子"。难道只保留一味——快乐,或者只保留一类——喜、乐、悦、畅,不是更好吗?我以为,那并不好,因为,人活在世上,应该有正义感,而正义感常常是与对贪污腐败、邪恶堕落的愤怒、鄙夷、痛心等情绪联系在一起的;我们的国歌词曲都很激昂,却不是由快乐的情绪构成,那里头主要是宣叙着民族忧患意识;一个人如果只知自己快乐,而罔顾他人的不幸,对自己所置身的群体漠不关心,特别是缺乏一份对世界和平、环境保护的忧患情绪,那至少是"缺心眼儿",不是一个健康美丽的好"瓶子"。以上是从大处说。从小处,自己对自己,毫无愧悔内疚,不能体味怀旧的苦涩,不能氤氲出淡淡的哀愁,不知离别或邂逅时的酸辣,缺乏清夜扪心时的惊悚……那么,人生很难说是完整的,而没有全方位的人生体验,人生滋味不全,也就很难说获得了多大的幸福。

人这个"瓶子"里的"五味"情绪,不应该是均等的,更不应该也不可能僵在那里不波动不翻腾,不互相渗透乃至转化。人的心理情绪的健康,其实也就是把"人生五味"阴阳调和得恰到好处的那么一种状态。这种状态的标志,常常是快乐,特别是"知足常乐",但也不尽然,也可能是"难得糊涂",也可能是"为什么我的眼里常含泪水?因为我对这土地爱得深沉",还可能是"时光惯会把人抛,红了樱桃,绿了芭蕉"式的喟叹,或者是对"同桌的你"的惆怅咏唱……总之,快乐是幸福的必需品,但快乐何必无穷大,因为幸福的滋味不能仅仅是快乐这一种。

一位富翁,他刚从美国拉斯维加斯那边豪赌回来,便到高级俱乐部约朋友先吃鲍翅燕窝,又在夜总会看巴黎"红磨房"式的艳舞,然后是泡药浴、洗桑拿,再全身泰式按摩,再吃港式夜宵,凌晨才驾着名车回到他郊区的豪宅。天亮时,人们发现他淹死在宅后的游泳池里了——经警方调查并非他杀,是否自杀呢?难以判断;而当他还没火化时,与他有关系的一群人已经在为分割其财产而撕破脸争斗了。他仿佛一只气球,把里面的快乐气体膨胀到一定程度后,就陡然崩溃了。这究竟是快乐死,还是痛苦死?

相比之下,小康人家、知足人士的快乐,比较扎实,也容易持久。那快乐基本上属于“琐屑的生活小乐趣”，比如全家人共享一只刚熟的沙瓤大西瓜。鲁迅先生是最具有民族忧患意识的伟人，但他反对在切西瓜时牵强附会地去联想到“列强瓜分中国”。能把自己的心理情绪控制得恰到好处，该在什么情况下深刻沉重，该在什么情况下轻松幽默，融入性情，自自然然，那状态，才是真正的幸福吧！

笑的价值

◇[英]伍尔夫

弗吉尼亚·伍尔夫(1882~1941)，原名弗吉尼亚·斯蒂芬，英国现代著名的小说家、评论家和散文家。生于伦敦，1904年迁居布卢姆斯伯里，后来她家成了“布卢姆斯伯里团体”的活动场所。这个文学团体的成员时常在一起讨论问题，反对当时的社会风尚和文学艺术方面的清规戒律，提倡自由探索，不但对她后来的创作思想和创作技巧有影响，而且对两次世界大战之间的英国文化、思想生活都产生了相当大的影响。1912年结婚，开始写作。1917年，创立“霍格斯出版社”，出版了一些十分重要的作品。她的主要作品有《墙上的斑点》、《海浪》、《到灯塔去》、《雅格的房间》和《达洛卫夫人》，散文集《普通读者》两部。她的小说创作推动了现代小说的发展，创作理论进一步巩固了意识流小说的地位，在文学上的影响经久不衰。

有一种老观念，认为喜剧表现了人性的缺陷，而悲剧则把人描绘得比其本来面目更为崇高。要如实地写人，似乎就得在这两者之间取乎其中，其结果，便是某种说喜剧又太过严肃，说悲剧又不够完美的东西，这，我们可以管它叫幽默。据说，幽默这种东西，是妇女不可企及的。妇女要么是悲剧式的，要么是喜剧式的。而那造成一位幽默家的特殊合成，只有在男人身上才能找到。不过，进行实验总是要担风险的，男性体操健将为了获得幽默家的高瞻远瞩，登上他的姐妹们可望而不可及的塔尖，站在那儿保持平衡，却时常会丢人现眼地歪向一边，不是一头栽进小丑的滑稽表演，就是摔落到一本正经的平庸硬地上，那儿，说句公道话，才真是他悠闲自在、得其所哉的场所。或许，悲剧这种必不可少的要素，在莎士比亚的时代并不那么平庸，因此，现今人们必须拿出一种体面的替代物，它抛开了血和剑，而换成头戴高顶礼帽，身着长礼服，这时它才显得神采奕奕，仪态万方。这，我们可以称之为庄严精神。如果精神具有性别的话，那么这精神无疑是男性的。喜剧呢，它是属于风雅女神和文艺女神的性别。当那位庄严的绅士迈步上前致以问候时，她望他一眼，不禁哑然失笑，再望一眼，便笑得前仰后合，不能自已，于是只得跑开，一头钻到姐妹们怀里去藏起她的笑。

可见，幽默来到世间，是十分难得的，为了获得幽默，喜剧需要作一番拼搏。单纯的笑，如我们在小孩子或痴女人嘴上听到的那种笑声，名声是糟糕的。人们把那看成是傻气和轻佻的声音，既非出自见识，也非发自情感。它不携带信息，不提供知识；它是一种无词的发声，犹如狗吠或羊咩，因而，对于人这样一个发明了语言的物种来说，如此表达自已，是有失身份的。

然而，有一些事物，是在语言之外却又不亚于语言的，笑，便是其中之一。因为，笑尽管没有言词，却是除人以外任何动物都发不出来的。

一只狗，躺卧在炉前地毯上，因痛苦而呜咽或因欢乐而吠叫，我们自会明了它的意思，而不觉有什么怪异之处；然而，设若它放声开怀大笑呢？设若，当你走进房间，它不是用摇尾吐舌来表示见到你时应有的欢愉，而是发出一串格格的笑声——咧着大嘴笑——笑得浑身直哆嗦，显出极度开心的种种神态呢？那样，你的反应必是惊惧和恐怖，如同听到禽兽口吐人言一般。高于我们人类的存在物发出笑声，我们也同样无法设想。笑声，似乎主要是而且纯然是属于男人和女人的。笑是我们内在的喜剧精神的流露，而喜剧精神则涉及怪癖、反常和偏离世所公认的常规的行径。喜剧精神通过突如其来的自发的笑加以评论，而这笑是因何而起，我们几乎莫名其妙，它何时发生，也难以说清。如果我们花点儿时间好好想一想，把喜剧精神打下的这种印记作一番剖析，我们无疑会发现，大凡表象为喜剧的事物，基本上都是悲剧性的；当我们唇边露出微笑时，眼里却已热泪盈眶。这一点，——这是班扬说过的话——原是世所公认的幽默的定义。

但喜剧性的笑却不携有眼泪的重负。再说，和真正的幽默相比，喜剧性的笑虽功能较微，但它在生活和艺术中的价值却怎样估计都不为过。幽默是顶峰；只有最罕见的才智才能登上塔尖，鸟瞰整个人生的全景。而喜剧则徜徉于大街小巷，反映着琐细的偶发的事件——它那面明察秋毫的小镜子，映照出在它前面走过的人们身上无伤大雅的瑕疵和怪癖。笑这种东西，比其他任何东西都更能帮助我们保持平衡感；它时时都在提醒着：我们不过是人，而人，既不会是完美的英雄，也不会是十足的恶棍。一旦我们忘却了笑，看人看事就会不成比例，失去现实感。狗们不会笑，倒也是件幸事，因为，假如它们会笑，它们就会意识到，做一只狗，会受到多么严重的局限。男人和女人呢，在文明的水准上恰恰够一定的高度，有资格被委以理解自己的弱点的能力，并且被赋予嘲弄这些弱点的工具。然而我们，由于受到一大堆生硬笨重的知识的压迫，现正面临着丧失这种宝贵特权，或者把它从胸中挤出去的危险。

要做到能够嘲笑一个人，你首先必须就他的本来面目来看他。财富、地位、学识等等这一切身外之物，都不过是一种浮面的积累所得，切不可让它们磨钝喜剧精神那快刀割肉的利刃。孩子们往往比成年人更具识人的慧眼，这已是惯见的事，而且我相信，妇女对人的性格的裁夺，就是到了末日审判那天也不致被否决。可见，妇女和儿童，是喜剧精神的主要执行官，这是因为，他们的眼睛没有被学识的云翳所遮蔽，他们的大脑也没有因塞满书本理论而窒息，因而人和事依旧保存着原有的清晰轮廓。

我们现代生活中所有那些生长过速的丑恶的赘疣，那些华而不实的矫饰，世俗因袭的正统，枯燥乏味的虚套，最害怕不过的就是笑的闪光，它有如闪电，灼得它们干瘪蜷缩起来，露出了光森森的骨骸。正因为孩子们的笑具有这样的特性，那些自惭虚伪不实的人才惧怕孩子；或许也正是由于同样的原因，在以学识见长的行当里，妇女们才遭人白眼相待。她们之所以危险，是因为她们会嘲笑，就像汉斯·安徒生童话中那个孩子，当长辈们都朝着国王的那件并不存在的辉煌袍服顶礼膜拜时，他却直说国王是光着身子的。我们的大作家们以华美的词章而扬名，我们的小作家们则堆砌词藻，陶醉于多愁善感的缠绵情调，这便在下层人们中造成那些耸人听闻的招贴画和哭哭啼啼的通俗剧。我们热衷于参加葬礼，探望病人，远胜于参加婚礼和喜庆；我们头脑中总摆脱不掉一个信念，认为眼泪里含有某种美德，而黑色是最相宜的服色。真的，没有什么比笑更难做到，但也没有什么比笑更难能可贵的了。

笑是一把刀，它既修剪，又整枝，它使我们的行为举止、言词文笔合乎分寸，真挚诚恳。

快乐的期待

[英]塞缪尔·约翰逊

塞缪尔·约翰逊(1709~1784),英国文学评论家、词典编纂家、诗人、散文作家。出生于利奇菲尔德一个书商家庭。1728年入牛津大学,因健康不佳辍学。28岁去伦敦谋生,受书商雇用,写英国议会中辩论摘要,为杂志撰文,也自编单张的小品文周刊。他是英国18世纪中叶以后的文坛领袖。1764年,他与文友在伦敦成立文学俱乐部,聚集了文学家、戏剧表演家、画家和政界名人,定期聚会,谈文论政,影响了一代的文学趣味与文化风尚。约翰逊是最受敬仰的人物,人们争相传诵他的妙语雄辩。

最明亮的欢乐火焰大概都是由意外的火花点燃的。人生道路上不时散发出芳香的花朵,也是从偶然落下的种子自然生长起来的。

设计一场欢乐是很难如愿的。如把一些有聪明才智的人士和妙趣横生的幽默家,从遥远的地方邀请来会聚一堂;他们一到便会接受赞赏者的欢呼与喝彩。然而他们面面相觑,沉默吧,心中有愧,说话吧,又有点儿顾虑;人人都觉得不大自在,终于愤恨起给自己施加痛苦的人了,乃决意对这种毫无价值的欢乐聚会表示冷漠态度。酒,可以燃起人的仇恨,也可以把阴郁变成暴躁,直到最后大家都弄得不欢而散为止。他们退到一个较为隐蔽的地方去发泄自己的愤慨,但谁知又在那儿被人们注意地听见了,于是他们的重要性又得以恢复,他们的性情也变好了,使用诙谐的言行,使整个夜晚充满喜悦。

快乐总是一种瞬时印象产生的结果。最活跃的想象,有时在忧郁的冷淡影响下,也将会变得呆钝;但在某些特殊场合,又需要诱发心情突破原来的境界,驰骋放纵,这时就用不着什么非凡的巧妙言辞,只消凭借机遇就行了。因此,才智和勇气必定满意地与机遇共享荣誉。

其他种种快乐同样也是不可确知的。心境不佳的补救方法一般就是变换环境;差不多每个人都经历过旅行的快乐,就是这种快乐使期待得到满足。从理论上说做到这一点,对旅行的人来说是没有什么困难的。阴影和阳光由他任意支配,他无论歇于何处,都会遇上丰盛的餐桌和快活的容颜。在出发日期到来以前,他便一直沉溺于这些向往之中,然后他雇了四轮旅行马车,开始朝着幸福的境界前进。

才走几里路,他就得到教训,知道行前是想象得太美了。路上风尘仆仆,天气十分闷热,马跑得慢,赶车的人粗暴野蛮。他多么渴望午餐时刻的到来,以便吃饱了休息。但旅店拥挤不堪,他的吩咐也无人理睬。他只好将令人倒胃口的饭菜狼吞虎咽地吃了下去,然后上车继续赶路,另寻快乐。到了夜晚,他找到一间较为宽敞的住所,但是,总是比他预期的要坏。

最后他踏上故乡的土地,决意走访故旧谈心消遣,或以回忆青梅竹马的情景为乐事。于是他在一个朋友家门口停下来,打算以出人意料的拜访来得到乐趣。可惜,他要不是自报家门,主人就不认识他了。经过一番解释,主人才记起他来。他自然只能受到冷淡的接待和礼节上的宴请,于是他不得不匆匆告辞,另访一位友人。不料那位朋友又因事外出,远走他方,眼见房屋空空,只好怅然离去。这种意料不到的失望真叫人懊恼不已,原因在于未能预见到。后来他又走访了一家,那家人因不幸的事个个愁容满面,甚至都把他视为讨厌的不速之客,好像认为他不是来拜访,而是来奚落他们的。

找到预期要找的人或地方很不容易。凭借幻想和希望绘出美好画景的人,将得不到什么快乐;希望作机智谈话的人,总想知道他的声誉应归功于什么私见。希望虽然常受欺骗,但却非常必要,因为,希望本身就是幸福,尽管它常遭挫折,但这种挫折毕竟不比希望破灭那样可怕。

我要笑遍世界

◇[美]奥格·曼狄诺　安　辽/译

奥格·曼狄诺(1924~1996)是当今世界撰写自我帮助方面书籍最流行最有灵感的作家,著有14本书,销量超过3000万册,被译成18种语言。成千上万的来自生活中各行各业的人们,都盛赞奥格·曼狄诺改变了他们的生活,从他的书中得到了神奇的力量。他的书充满智慧、灵感和爱心。他的著作包括:《世界上最伟大的奇迹》、《世界上最伟大的推销员》、《世界上最伟大的成功》等。

我要笑遍世界。

只有人类才会笑。树木受伤时会流“血”,禽兽会因痛苦和饥饿而哭嚎哀鸣,然而,只有我才具备笑的天赋,可以随时开怀大笑。从今往后,我要培养笑的习惯。

笑有助于消化,笑能减轻压力,笑是长寿的秘方。现在我终于掌握了它。

我要笑遍世界。

我笑自己,因为自视甚高的人往往显得滑稽。千万不能跌进这个精神陷阱。虽说我是造物主最伟大的奇迹,我不也是沧海一粟吗?我真的知道自己从哪里来,到哪里去吗?我现在所关心的事情,十年后看来,不会显得愚蠢吗?为什么我要让现在发生的微不足道的琐事烦扰我?在这漫漫的历史长河中,能留下多少日落的记忆呢?

我要笑遍世界。

当我受到别人的冒犯时,当我遇到不如意的事情时,我只会流泪诅咒,却怎么笑得出来?有一句至理名言,我要反复练习,直到它们深入我的骨髓,让我永远保持良好的心境;这句话,传自远古时代,它们将陪我渡过难关,使我的生活保持平衡。这句至理名言就是:这一切都会过去。

我要笑遍世界。

世上种种到头来都会成为过去。心力衰竭时,我安慰自己,这一切都会过去;当我因成功洋洋得意时,我提醒自己,这一切都会过去;穷困潦倒时,我告诉自己,这一切都会过去;腰缠万贯时,我也告诉自己,这一切都会过去。是的,昔日修筑金字塔的人早已作古,埋在冰冷的石头下面,而金字塔有朝一日,也会埋在沙土下面。如果世上种种终必成空,我又为何对今天的得失斤斤计较?

我要笑遍世界。

我要用笑声点缀今天,我要用歌声照亮黑夜;我不再苦苦寻觅快乐,我要在繁忙的工作中忘记悲伤;我要享受今天的快乐,它不像粮食可以贮藏,更不似美酒越陈越香。我不是为将来而活,今天播种今天收获。

我要笑遍世界。

笑声中,一切都显露本色。我笑自己的失败,它们将化为梦的云彩;我笑自己的成功,它们回复本来面目;我笑邪恶,它们远我而去;我笑善良,它们发扬光大。我要用我的笑容感染别人,虽然我的目的自私,但这确是成功之道,因为皱起的眉头会让顾客弃我而去。

我要笑遍世界。

从今往后，我只因幸福而落泪，因为悲伤、悔恨、挫折的泪水毫无价值，只有微笑可以换来财富，善言可以建起一座城堡。

我不再允许自己因为变得重要、聪明、体面、强大而忘记如何嘲笑自己和周围的一切。在这一点上，我要永远像小孩子一样，因为只有做回小孩子，我才能尊敬别人；尊敬别人，我才不会自以为是。

我要笑遍世界。

只要我能笑，就永远不会贫穷。这也是天赋，我不再浪费它。只有在笑声和快乐中，我才能真正体会到成功的滋味；只有在笑声和欢乐中，我才能享受到劳动的果实。如果不是这样的话，我会失败，因为快乐是提味的美酒佳酿。要想享受成功，必须先有快乐，而笑声便是那伴娘。

我要快乐。

我要成功。

泪与笑

◇[黎巴嫩]纪伯伦　白　莲/译

卡里·纪伯伦(1883~1931)，诗人、散文家、画家，生于黎巴嫩北部山乡卜舍里。学过阿拉伯文、法文和绘画，曾创办《真理》杂志。1908年发表小说《叛逆的灵魂》激怒当局，作品遭到查禁焚毁，本人被逐赴美。后去巴黎艺术学院学习绘画和雕塑，曾得艺术大师罗丹的奖掖。1911年重返波士顿，次年长住纽约。有短篇小说集《草原新娘》、《叛逆的灵魂》，长篇小说《折断的翅膀》，散文《音乐短章》，散文诗集《泪与笑》、《暴风雨》、《先驱者》、《先知》、《沙与沫》、《人之子耶稣》、《先知园》、《流浪者》，诗集《行列圣歌》，散文集《疯人》，诗剧《大地诸神》、《拉撒路和他的情人》，以及《珍闻与趣谈》、《与灵魂私语》等。《先知》为其代表作，书中有他自绘的插图。

我不想用人们的欢乐将我心中的忧伤换掉，也不愿让我那发自肺腑怆然而下的泪水变成欢笑。我希望我的生活永远有泪与笑：泪会净化我的心灵，让我明白人生的隐秘和它的奥妙;笑使我接近我的人类同胞,它是我赞美主的标志、符号。泪使我借以表达我的痛心与悔恨;笑则流露出我对自己的存在感到幸福和欢欣。

我愿为追求理想而死,不愿百无聊赖而生。我希望在自己内心深处,有一种对爱与美如饥似渴的追求。因为在我看来,那些饱食终日、无所事事者是最不幸的人,不如行尸走肉;在我听来,那些胸怀大志、有理想、有抱负者的仰天长叹是那样悦耳,胜过管弦演奏。

夜幕降临,花朵将瓣儿收拢,拥抱着它的渴慕进入梦乡。清晨到来,它张开芳唇,接受太阳的亲吻。花的一生就是渴慕与结交的一生,就是泪与笑的一生。

海水挥发,蒸腾,聚积成乌云,在山山水水的上空飘浮。一旦遇到清风,则哭泣着向田野纷纷而落,而后它汇进江河之中,又回到大海它故乡的怀抱。云的一生就是分别与重逢,就是泪与笑。人也是如此:他脱离了那崇高的精神境界,而在物质的世界中蹒跚;他像云朵一样,经过了悲愁的高山,走过了欢乐的平原,遇到死亡的寒风,于是回到他的出发点,回到爱与美的大海中,回到主的身边。

人的一生是泪与笑的一生。泪水能够洗涤人们的心灵,笑声能够增进人们的心灵沟通。欢声笑语,生离死别,这就是生活的本质。我们没有必要用人们的欢乐代替自己的悲苦,否则就会失去自我。我们也没有必要戴上伪善的面纱,强颜欢笑,那样做会玷污自己的灵魂。欢乐的时候,我们尽情地大笑;悲痛的时候,我们就用眼泪尽情宣泄。一切顺其自然,这才能达到至真至善至美。读了这篇文章,你得到什么启示?

痛苦的成因

◇[法]让·雅克·卢梭　于海波/译

让·雅克·卢梭(1712~1778),法国著名启蒙思想家、哲学家、教育家、文学家,出生于瑞士日内瓦,是18世纪法国大革命的思想先驱。哲学上主张感觉是认识的来源,坚持"自然神论",强调人性本善，信仰高于理性。社会观上坚持社会契约论，提出“天赋人权说”，主张建立资产阶级的“理性王国”，自由平等，反对大私有制及其压迫。教育上主张教育目的在培养自然人，反对封建教育戕害、轻视儿童，提高儿童在教育中的地位，顺应儿童的本性，让他们的身心自由发展，反映了资产阶级和广大劳动人民从封建专制主义下解放出来的要求。主要著作有《论人类不平等的起源和基础》、《社会契约论》、《爱弥儿》、《忏悔录》和《漫步遐想录》等。

我们并不知道绝对的幸福或绝对的痛苦是什么样子，生活中它们往往交织在一起。我们无法领略纯粹幸福和纯粹痛苦的感觉，也不可能在同一时刻感受两种不同情绪。正如我们的身体在不断变化一样，我们的心灵、我们的情感也是在不断变化之中。人人都感受过幸福和痛苦，只是程度不同罢了。谁遭受的痛苦最少，谁就是最幸福的人；谁感受的快乐最少，谁就是最可怜的人。但是，痛苦总是多于快乐，这是我们大家的共识。在这个世界上，只能消极地看待人生的幸福，其衡量的标准是：痛苦少的人就应当算是幸福的人了。

一切痛苦的感觉都离不开摆脱痛苦的愿望，一切快乐的感觉同样离不开享受快乐的愿望。因此，愿望达不到的时候就意味着缺乏快乐，而缺乏快乐的时候痛苦必然会随之而来，所以，产生痛苦的真正原因是愿望和能力的不相称，当一个人的能力无限扩大了他的愿望时，他就会变成一个绝对痛苦的人。

那么，人真正的幸福道路在哪里呢？准确地说，幸福不在于降低我们已有的欲望，因为如果我们的欲望少于我们的能力，那么一部分能力就会被闲置不用，我们就不能完全享受所有的一切；幸福也不在于扩大我们的能力，因为如果我们的欲望也同样按照更大的比例增加的话，我们会感到更加痛苦。因此，问题的关键在于减少我们的能力所达不到的欲望，让能力和意志两者之间得到充分的平衡。当人自身的一切力量都得到充分合理地运用时，心灵才能保持平静安宁，生活才能纳入稳定合理的轨道。

大自然总是向着最好的方面去发展，它按照自己的规律安排人。最初，它只赋予人维持生存所必需的欲望和满足这种欲望的足够能力，把其余的能力通通都储藏在人的心灵深处。

只有需要的时候才加以发挥。在这种原始的状态下，能力和欲望得到某种机械的平衡，人不会感到痛苦。那些潜在的能力一旦开始作用，其中最为活跃的想象力立刻觉醒过来并领先发展。

想象力能够把那些好的或坏的愿望展现在我们的面前，让我们生发出满足欲望的希望，如此一来我们的欲望便开始无限地繁衍变化，以至于我们无法接近它。那个看起来似乎伸手可及的目标，在想象力的作用下目标迅速地向前跑去，我们只能在后面追赶。当我们就要追上它的时候，却发现它变成另外的样子，远远地出现在我们的前面。我们曾经的努力都化为乌有，只好重新设定目标，且目标变得越发遥不可及。就这样循环往复，我们筋疲力尽却仍然无法达到尽头，我们越接近享受的时候，幸福离我们越遥远。

与之相反的情况是，人越是接近他的自然状态，能力和欲望的差别就越小，达到幸福的路程也就随之缩短。一个人近乎一无所有的时候，他的痛苦也最小，因为痛苦的成因不在于缺少什么东西，而在于对那些东西某种需要的感受。

真实的世界是有界限的，而想象力的世界却毫无止境；我们既然不能扩大真实的世界，因此只能限制想象中的另一个世界；正是它们之间的差别和距离，产生了让我们感到极为烦恼的许多痛苦。除了年龄、健康和良知以外，人生的幸福是随着各人的看法不同而不同的；身体的痛苦和良心的谴责是客观存在的，而我们心中所谓的痛苦却是从想象中来的。其实，人人都知道这个道理，我同意这种说法。不过，运用这个原理却有很大的不同，我所要阐述的就是有关运用的问题。

我们说人是“柔弱”的，“柔弱”这个词所表达的是一种生存关系。凡是体力超过其需要的，即使是一只昆虫也是强大的；凡是需要超过其体力的，即使是一头大象、一只狮子，或者是一个胜利者、一个英雄、一个神，也是很柔弱的。不了解自己的能力而任意蛮干的天使，比按照自己的天性安详生活的凡人还要柔弱。对自己现在的力量感到满足的人，就是强者；如果想超出自己的能力行事，就会变得很柔弱。不要以为你的功能扩大了，你的体力也随之增大；如果你的狂妄自大超出了你的体力，反而会使你的体力减少。我们要像蜘蛛永远待在网子的中央那样，自觉地待在能力所及的范围中央，我们要经常量量自己的能力范围有多大，这样就始终能满足需要，因此不会产生柔弱的感觉，因此也就不会有烦恼和抱怨了。

一切动物都只运用所必需的能力，唯独人的能力尚有余富。正因为有多余的能力，才使人平添了种种不幸。一个人用双手生产的物质财富超过了自身的需要，他原本就没有太多的奢望，因此他是满足的、幸福的。凡沃兰说过：“巨大的需要产生于巨大的财富。如果一个人想要获得他所缺少的东西，最好的办法就是舍弃他已有的东西。”由于我们不断地想要增加幸福，才使我们的幸福变成了痛苦。一个人如果把标准定在“只要健康地活着”的话，他就会生活得很愉快，同时也会生活得很善良，因为做坏事对他没有任何好处。

独　语

◇何其芳

何其芳(1912~1977),现代诗人、散文家、文学评论家。原名何永芳,四川万县人。1935年毕业于北京大学哲学系,1938年到延安鲁迅艺术学院任教,不久加入中国共产党。结集出版的主要作品有:诗集《预言》、《夜歌》(后改名《夜歌和白天的歌》),作品集《刻意集》,散文集《还乡杂记》、《星火集》及其续编等。建国后,他主持筹建文学研究所(今属中国社会科学院),曾任副所长、所长,《文学评论》主编、中国作家协会书记处书记、中国科学院哲学社会科学部委员。出版有《关于现实主义》、《西苑集》、《关于写诗和读诗》、《没有批评就不能前进》、《论〈红楼梦〉》、《诗歌欣赏》、《文学艺术的春天》以及六卷本《何其芳文集》等著作。何其芳早期诗作艺术精致,色彩绚丽,以清新柔婉见长;参加革命后诗歌变为平易朴实,乐观豪放。

设想独步在荒凉的夜街上一种枯寂的声响固执地追随着你,如昏黄的灯光下的黑色影子,你不知该对它珍爱却是不能忍耐了:那是你脚步的独语。

人在孤寂时常发出奇异的语言,或是动作。动作也是语言的一种。

决绝地离开了绿蒂的维特,独步在阳光与垂柳的堤岸上,如在梦里。诱惑的彩色又激动了他做画家的欲望,遂决心试卜他自己的命运。他从衣裳里摸出一把小刀子,从垂柳里掷入河水中。若是能看见它的落下他就将成为一个画家,否则不。那寂寞的一挥手使你感动吗?你了解吗?

我又想起了一个魏晋人物,他爱驱车独游,到车辙不通之处就痛哭而返。

绝顶登高,谁不悲慨地一长啸呢?是想以他的声音填满宇宙的寥廓吗?等到追问时怕又只有沉默地低首了。我曾经走进一个古代的建筑物,画檐巨柱都争着向我有所诉说,低小的石栏也发出声息,像一些坚忍的深思的手指在上面呻吟,而我自己倒成了一个化石了。

或是昏黄的灯光下,放在你面前的是一册杰出的书,你将听见里面各个人物的独语。温柔的独语,悲哀的独语,或者狂暴的独语。黑色的门紧闭着:一个永远期待的灵魂死在门内,一个永远找寻的灵魂死在门外。每一个灵魂是一个世界,没有窗户。而可爱的灵魂都是倔强的独语者。

我的思想倒不是在荒野上奔驰。有一所落寞的古老的屋子,画壁漫漶,阶石上铺着白藓,像期待着最后的脚步:当我独自时我就神往了。

真有这样一个所在,或者是在梦里吗?或者不过是两章宿昔嗜爱的诗篇的糅合,没有关联的奇异的糅合:幔子半掩,地板已扫,死者的床榻常春藤影在爬;死者的魂灵回到他熟悉的屋子里,朋友们在聚餐,嬉笑,都说着“明天明天”,无人记起“昨天”。

这是颓废吗?我能很美丽地想着“死”,反不能美丽地想着“生”吗?

我何以而又太息“去者日以疏,生者日以亲”?是慨叹着人忘记了我,还是我忘记了人呢?

“这里是你的帽子”,或者“这里是你的纱巾,我们出去走走吧”,我还能顺口说出这样的句子。而我那温和的沉默的朋友,我更记起他:他屋里有一个古怪的抽屉,精致的小信封,装着丁香花。或是不知名的扇形的叶子,像为着分我的寂寞而展示他温柔的记忆,墙上是一张小画片,翻过背面来,写着“月的渔女”。

唉!我尝自忖度:那使人温暖的,我不是过分缺乏了它就是过分充溢了它。两者都是足以致病的。

印度王子出游,看见生老病死,遂发自印度人的宏愿。我也倒想有一树菩提之阴,坐在下面思索一会儿。虽然我要思索的是另外一个题目。

于是,我的目光在窗上徘徊了,天色像一张明晦的脸压在窗前,发出令人窒息的呼吸。这就是我抑郁的缘故吗?而又,在窗格的左角,我发现一个我的独语的窃听者了:像一个鸣蝉蜕弃的躯壳,向上蹲伏着,噤默地,噤默地,和着它一对长长的触须,三对屈曲的瘦腿。我记起了它是我用自己的手描画成的一个昆虫的影子,当它迟徐地爬到我窗纸上,发出孤独的银样的鸣声,在一个过逝的有阳光的秋天里。

最苦和最乐

◇梁启超

梁启超(1873~1929),字卓如,号任公,又号饮冰室主人,广东新会人。中国近代维新派领袖,政治家、思想家、学者和文学家。12岁中秀才,17岁中举,有“神童”之称,后拜康有为为师。1895年赴京会试,参与“公车上书”。次年在上海主编《时务报》,发表《变法通议》,编辑《西政丛书》,主讲长沙“时务学堂”,积极鼓吹和推动维新运动。1898年入京,参加“变法维新运动”,百日维新失败后东渡日本,初编《清议报》,继编《新民业报》,介绍西方资产阶级学说。辛亥革命后曾出任袁世凯司法总长。1916年策动蔡锷组织护国军反袁,又组织研究系与段祺瑞合作,出任财政总长。五四运动时期,发表倡导文体改良的《诗界革命》、《小说界革命》。他一生爱国、维新,以其“龙卧虎跳之才”,左右或影响近现代史的风云变幻。其著作编为《饮冰室合集》。

人生什么事最苦呢?贫吗?不是;失意吗?不是;老吗?死吗?都不是。我说人生最苦的事,莫苦于身上背着一种未来的责任。人若能知足,虽贫不苦;若能安分(不多作分外希望),虽失意不苦;老、病、死,乃人生难免的事,达观的人看得很平常,也不算什么苦。独是人在世间一天,便有一天应该做的事;该做的事没有做完,便像是有几千斤重担压在肩头,再苦莫过于此。为什么呢?因为受那良心责备,要逃躲也没处逃躲呀。

答应人办一件事没有办,欠了人的钱没有还,受了人的恩惠没有报答,得罪了人没有赔礼,这就连这个人的面也几乎不敢见;纵然不见他的面,睡里梦里都像有他的影子来缠着我。为什么呢?因为觉得对不住他呀,因为自己对于他的责任还没有解除呀。不独是对于一个人如此,就是对于家庭,对于社会,对于国家,乃至对于自己,都是如此。凡属我受过他好处的人,我对于他便有了责任。凡属我应该做的事,而且力量能够做得到的,我对于这件事便有了责任。凡属我自己打主意要做一件事,便是现在的自己和将来的自己立了一种契约,便是自己对于自己加一层责任。有了这责任,那良心便时时刻刻监督在后头,一日应尽的责任没有尽,到夜里头便是过的苦痛日子。一生应尽的责任没有尽,到死也是带着苦痛往坟墓里去。这种苦痛却比不得普通的贫、病、老、死,可以达观排解得开。所以我说,人生没有苦痛便罢;若有苦痛,当然没有比这个更重的了。

翻过来看,什么事最快乐呢?自然责任完了,算是人生第一件乐事。古语说得好,“如释重负”;俗语亦说的是,“心上一块石头落了地”。人到这个时候,那种轻松、愉快,真是不可以言语形容。责任越重大,负责的日子越久长,到责任完了时,海阔天空,心安理得,那种快乐还要加几倍哩。大抵天下事,从苦中得来的乐,才算是真乐。人生须知道负责任的苦处,才能知道有尽责任的乐处。这种苦乐循环,便是这有活力的人间一种趣味。倘若不尽责任,受良心责备,这些苦都是自己找来的。反过来,处处尽责任,便处处快乐;时时尽责任,便时时快乐。快乐之权,操之在己。孔子所以说“无入而不自得”,正是这种作用。

然则为什么孟子又说“君子有终身之忧”呢?因为越是圣贤、豪杰,他负的责任便越是重大;而且他常要把种种责任来揽在身上,肩头的担子,从没有放下的时节。曾子还说:“任重而道远……死而后已,不亦远乎?”那仁人、志士的忧民、忧国,那诸圣、诸佛的悲天、悯人,虽说他是一辈子感受苦痛,也都可以。但是他日日在那里尽责任,便日日在那里得苦中真乐,所以他到底还是乐,不是苦呀。

有人说:“既然这苦是从负责任而生的,我若是将责任卸却,岂不是就永远没有苦了吗?”这却不然,责任是要解除了才没有,非不是卸了就没有。人生若能永远像两三岁小孩,本来没有责任,那就本来没有苦。到了成长,那责任自然压在你头上,如何能躲?不过有大小的分别罢了。尽得大的责任,就得大快乐;尽得小的责任,就得小快乐。你若是要躲,倒是自投苦海,永远不能解除了。

烦闷的解救法

◇宗白华

宗白华(1897~1986),原名之櫆,字伯华,江苏常熟人,祖籍浙江杭州。哲学家、美学家、诗人。早年曾加入少年中国学会,毕业于同济大学。1919 年在上海主编《时事新报》文艺副刊《学灯》。次年赴德留学,先后在法兰克福大学和柏林大学学习哲学、美学、历史哲学。1925 年回国历任东南大学、南京大学、北京大学哲学系教授、中华全国美学学会顾问。

他被誉为“融贯中西艺术理论的一代美学大师”,开创了独特的“散步美学”。对于美学研究,主张不能脱离艺术的创造和欣赏,脱离自己民族丰富的美学遗产,同时要有所比较。主要著作有《美学与意境》、《美学散步》、《歌德研究》、《论中西书法之渊源与基础》等;译著有康德《判断力批判》、《欧洲现代画派画论选》、《海涅生活与艺术》等;主要论文有《中国艺术意境之诞生》、《中国诗画中所表现的空间意识》。

现在中国有许多的青年,实处于一种很可注意的状态,就是对于旧学术、旧思想、旧信条都已失去了信仰,而新学术、新思想、新信条还没有获着,心界中突然产生了一种空虚,思想情绪没有着落,行为举措没有标准,不知怎么才好,这就是所谓“青年的烦闷”。

这种青年烦闷的状态,以及由此状态产生的现象,一方面对于一切怀疑,力求破坏;另一方面,又对于一切武断,急求建设。遇着这种时期,陷入这种状态,就不得不自谋解救的方法,以求早入稳健创造的境地。

这解救的方法,本也不少。譬如建立新人生观、新信条等类。但这都纡远了一点儿。须有科学哲学的精神研究,不是一时可以普遍的。我们现在须要筹出几种“具体的方法”,将这方法传播给烦闷的青年,待他们自己应用这种方法去解救他们的苦闷。我现在本着我一时的观察,想了几条方法,写出来引动大众的讨论,希望还得着更周密完备的计划,以解决这青年烦闷的问题。

唯美的眼光

唯美的眼光,就是我们把世界上社会上各种现象,无论美的、丑的、可恶的、龌龊的、伟丽的自然生活以及鄙俗的社会生活,都把它当做一种艺术品看待——艺术品中本有表写丑恶的现象的——因为我们观览一个艺术品的时候,小己的哀乐烦闷都已停止了,心中就得着一种安慰,一种宁静,一种精神界的愉乐。我们若把社会上可恶的事件当做一个艺术品观,我们的厌恶心就淡了。我们对于一种烦闷的事件作艺术的观察,我们的烦闷也就消了。所以,古时悲观的哲学家就把人世看做一半是“悲剧”,一半是“滑稽剧”,这虽是他悲观的人生观,但也正是他的艺术眼光,为他自己解嘲。但我们却不必做这种消极的、悲观的人生观。我们要持纯粹的唯美主义，在一切丑的现象中看出美来，在一切无秩序的现象中看出秩序来，以减少我们厌恶烦恼的心思、排遣我们烦闷无聊的生活。

这还是消极的一方面说。积极的方面，也还有许多的好处：

我们常作艺术的观察，又常同艺术接近，就会渐渐地得着一种超小己的艺术人生观。这种艺术人生观就是把"人生生活"当做一种"艺术"看待，使它优美、丰富、有条理、有意义。总之，就是把我们的一生生活，当做一个艺术品似的创造。这种"艺术式的人生"，也同一个艺术品一样，是很有价值、有意义的人生。有人说，诗人歌德的"人生 Life"，比他的诗还有价值，就是因为他的人生同一个高等艺术品一样，是很优美、很丰富、有意义、有价值的。

我们持了唯美主义的人生观，消极方面可以减少小己的烦闷和痛苦，而积极的方面，又可以替社会提倡艺术的教育和艺术的创造。艺术教育，可以高尚社会人民的人格。艺术品是人类高等精神文化的表示，这两种贡献也就不算小了。

总之，唯美主义，或艺术的人生观，可算得青年烦闷解救法之一种。

研究的态度

怎样叫做研究的态度？当我们遇着一个困难或烦闷的事情时，我们不要就计较它对于切已利害，以致引起感情的刺激、神经的昏乱，而平心静气，用研究的眼光分析这事的原委、因果和真相，知这事有它的远因、近因，才会产生这不得不然的结果。我们对于这切己重大的事，就会同科学家对于一个自然对象一样，只有支配处置的手续，没有烦闷喜怒的感情了。

譬如现在的青年，对于各种社会现象，都用这种研究眼光去考察，不作一时的感情冲动，不当抱盲目的悲观，或过激的愿望。这样，青年的烦闷，一定可以减去不少。因这客观研究事实是不含痛苦的，是排遣烦闷的，而同时于事实上有极大的利益。

所以，研究的眼光和客观的观察，也是青年烦闷解救法的一种。

积极的工作

我们人生的生活，本来就是"工作"。无工作的人一生，是极无聊赖的人生，是很烦闷的人生。有许多青年的烦闷，就是为着没有正当适宜的工作而产生的。

所以，我以为，正当的积极的"工作"，是青年解救烦闷与痛苦的最好方法。青年最危险的时候，就是完全没有工作的时候。这时候，最容易发生幻想、烦闷、悲观、无聊。

以舒适为目的

◇[英]赫胥黎

托马斯·亨利·赫胥黎(1825~1895),英国著名博物学家,达尔文进化论最杰出的代表。

他因为严谨的治学风范和正直的品格,在英国学术界一直享有盛誉。1851 年被选入英国皇家学会,1854 年被聘为皇家矿业学校的博物学教授,1881~1885 年间担任英国皇家学会会长。他的一生曾先后接受过 53 个外国科学学会授予的荣誉称号。主要著作有《人类在自然界的位置》、《脊椎动物解剖学手册》、《无脊椎动物解剖学手册》、《进化论与伦理学》等。《进化论与伦理学》被我国清朝学者严复译为《天演论》,对中国影响很大,成为了“五四”前后中国新青年追求科学、真理的必读书籍。

我们要得到什么总不免要付出些代价,所以,要舒服就要以失去别的同样有价值甚至是更为有价值的东西作为代价。一位有钱人盖房子一般总是首先考虑他未来的住所是否舒服。他要花一大笔钱。因为舒适的代价是很高的:在美国,人们常说“水暖俱全,房屋出售”。在洗澡间、暖气设备和带软垫的家具等等上面,花了这笔钱,他就觉得他的房子是十全十美的了。要是在以前的时代,像他这样的人首先会考虑他的房子是否华丽,是否能给人以深刻印象——换句话说,就是先考虑美观再考虑舒服。我们同代人花在浴室和暖气上的钱在过去就会花在大理石楼梯、宏伟的外表、壁画、一套套金碧辉煌的房间和绘画雕像上。16 世纪教皇们的居住条件的不舒服在一位现代银行家看来会是不能容忍的。但是他们有拉斐尔的壁画,他们有西斯汀教堂,还有镶着古代雕塑的长廊。难道因为梵蒂冈没有浴室、暖气和软椅子,我们就应当觉得教皇们很可怜了吗?我有点儿觉得我们当前要求舒服的热情是有点儿过分了。虽然我个人也爱好舒服,但我曾住过不具有任何现代设备的房子而感到很快乐。东方人,甚至于南欧人是不大知道什么叫舒服的,他们的生活和我们祖先在几世纪前的生活差不多,可是虽然缺少我们那一套复杂而价值高昂的软绵绵的奢侈品,他们似乎生活得也很好。

我是个守旧派,仍然相信有高雅的也有低俗的东西,我看不出不能提高人们思想境界的物质进步有什么道理。我喜欢能节省劳力的装置,因为它们可以使人们省下时间去从事脑力活动(但是这是因为我喜欢脑力活动,有许多人可不喜欢这样,他们喜爱节省脑力的装置就和喜欢自动洗碟机和缝纫机一样)。我喜欢迅速而方便的交通,因为扩大人们可以活动的范围就会扩大他们的心胸。同样我也觉得寻求舒适是正当的,因为那样就可以丰富精神生活。不舒适会打扰思想的活动:身上又冷又酸痛的人要用脑子也是困难的。舒适是达到目的的手段,可是当前的世界却把它当做一种目的,一种绝对好的东西。也许有一天大地会被变成一张巨大的软垫床,人的躯体在上面打盹,而人的心灵却被压在下面,像苔丝蒂梦娜那样地被憋死了。

今天我要学会控制情绪

◇[美]奥格·曼狄诺

潮起潮落,冬去春来,夏末秋至,日出日落,月圆月缺,雁来雁往,花飞花谢,草长瓜熟,自然界万物都在循环往复的变化中,我也不例外,情绪会时好时坏。

今天我要学会控制情绪。这是大自然的玩笑,很少有人窥破天机。每天我醒来时,不再有旧日的心情。昨日的快乐变成今日的哀愁,今日的悲伤又转为明日的喜悦。我心中像有一只轮子不停地转着,由乐而悲,由悲而喜,由喜而忧。这就好比花儿的变化,今天绽放的喜悦也会变成凋谢时的绝望。但是我要记住,正如今天枯败的花儿蕴藏着明天新生的种子,今天的悲伤也预示着明天的欢乐。

今天我要学会控制情绪。我怎样才能控制情绪,以使每天卓有成效呢?除非我心平气和,否则迎来的又将是失败的一天。花草树木,随着气候的变化而生长,但是我为自己创造天气。我要学会用自己的心灵弥补气候的不足。如果我为顾客带来风雨、忧郁、黑暗和悲观,那么他们也会报之以风雨、忧郁、黑暗和悲观,而他们什么也不会买。相反地,如果我为顾客献上欢乐、喜悦、光明和笑声,他们也会报之以欢乐、喜悦、光明和笑声,我就能获得销售上的丰收,赚取成仓的金币。

今天我要学会控制情绪。我怎样才能控制情绪，让每天充满幸福和欢乐？我要学会这个千古秘诀：弱者任思绪控制行为，强者让行为控制思绪。每天醒来当我被悲伤、自怜、失败的情绪包围时，我就这样与之对抗：沮丧时，我引吭高歌；悲伤时，我开怀大笑；病痛时，我加倍工作；恐惧时，我勇往直前；自卑时，我换上新装；不安时，我提高嗓音；穷困潦倒时，我想象未来的富有；力不从心时，我回想过去的成功；自轻自贱时，我想想自己的目标。

总之，今天我要学会控制自己的情绪。从今往后，我明白了，只有低能者才会江郎才尽，我并非低能者，我必须不断对抗那些企图摧垮我的力量。失望与悲伤一眼就会被识破，而其他许多敌人是不易觉察的。它们往往面带微笑，招手而来，却随时可能将我摧毁。对它们，我永远不能放松警惕。自高自大时，我要追寻失败的记忆；纵情享受时，我要记得挨饿的日子；洋洋得意时，我要想想竞争的对手；沾沾自喜时，不要忘了那忍辱的时刻；自以为是时，看看自己能否让风住步；腰缠万贯时，想想那些食不果腹的人；骄傲自满时，要想到自己怯懦的时候；不可一世时，让我抬头，仰望群星。

今天我要学会控制情绪。有了这项新本领，我也更能体察别人的情绪变化。我宽容怒气冲冲的人，因为他尚未懂得控制自己的情绪，就可以忍受他的指责与辱骂，因为我知道明天他会改变，重新变得随和。我不再只凭一面之交来判断一个人，也不再因一时的怨恨与人绝交，今天不肯花一分钱购买金篷马车的人，明天也许会用全部家当换取树苗。知道了这个秘密，我可以获得极大的财富。今天我要学会控制自己的情绪。我从此领悟了人类情绪变化的奥秘。对于自己千变万化的个性，我不再听之任之，我知道，只有积极主动地控制情绪，才能掌握自己的命运。

独 之 趣

◇徐志摩

徐志摩(1896~1931)，现代诗人、散文家。名章垿，笔名南湖、云中鹤等，浙江海宁人。著有诗集《志摩的诗》、《翡冷翠的一夜》、《猛虎集》、《云游》，散文集《落叶》、《巴黎的鳞爪》、《自剖》、《秋》，小说散文集《轮盘》，戏剧《卞昆冈》（与陆小曼合写），日记《爱眉小札》、《志摩日记》，译著《曼殊斐尔小说集》等。他的作品已编为《徐志摩文集》出版。

徐诗字句清新，韵律谐和，比喻新奇，想象丰富，意境优美，神思飘逸，富于变化，并追求艺术形式的整饬、华美，为新月派的代表诗人。其散文也取得不亚于诗歌的成就，其中《自剖》、《想飞》、《我所知道的康桥》、《翡冷翠山居闲话》等都是传世的名篇。

做客山中的妙处，尤在你永不须踌躇你的服色与体态，你不妨摇曳着一头的蓬草，不妨纵容你满腮的苔藓；你爱穿什么就穿什么，扮一个牧童，扮一个渔翁，装一个农夫，装一个走江湖的桀卜闪，装一个猎户；你再不必提心整理你的领结，你尽可以不用领结，给你的颈根与胸膛一半日的自由，你可以拿一条这边艳色的长巾包在你的头上，学一个太平军的头目，或是拜伦那埃及装的姿态；但最要紧的是穿上你最旧的旧鞋，别管他模样不佳，他们是顶可爱的好友，他们承着你的体重却不叫你记起你还有一双脚在你的底下。

这样的玩顶好是不要约伴，我竟想严格的取缔，只许你独身；因为有了伴多少总得叫你分心，尤其是年轻的女伴，那是最危险最专制不过的旅伴，你应得躲避她像你躲避青草里一条美丽的花蛇！平常我们从自己家里走到朋友的家里，或是我们执事的地方，那无非是在同一个大牢里从一间狱室移到另一间狱室去，拘束永远跟着我们，自由永远寻不到我们；但在这春夏间美秀的山中或乡间你要是有机会独身闲逛时，那才是你福星高照的时候，那才是你实际领受，亲口尝味，自由与自在的时候，那才是你肉体与灵魂行动一致的时候。朋友们，我们多长一岁年纪往往只是加重我们头上的枷，加紧我们脚胫上的链，我们见小孩子在草里在沙堆里在浅水里打滚作乐，或是看见小猫追他自己的尾巴，何尝没有羡慕的时候，但我们的枷，我们的链永远是制定我们行动的上司！所以只有你单身奔赴大自然的怀抱时，像一个裸体的小孩扑入他母亲的怀抱时，你才知道灵魂的愉快是怎样的，单是活着的快乐是怎样的，单就呼吸单就走道单就张眼看耸耳听的幸福是怎样的，因此你得严格的为己，极端的自私，只许你，体魄与性灵，与自然同在一个脉搏里跳动，同在一个音波里起伏，同在一个神奇的宇宙里自得。我们浑朴的天真是像含羞草似的娇柔，一经同伴的抵触，他就卷了起来，但在澄静的日光下，和风中，他的姿态是自然的，他的生活是无阻碍的。

你一个人漫游的时候，你就会在青草里坐地仰卧，甚至有时打滚，因为草的和暖的颜色自然的唤起你童稚的活泼；在静僻的道上你就会不自主的狂舞,看着你自己的身影幻出种种诡异的变相,因为道旁树木的阴影在他们纡徐的婆娑里暗示你舞蹈的快乐;你也会得信口的歌唱,偶尔记起断片的音调,与你自己随口的小曲,因为树林中的莺燕告诉你春光是应得赞美的;更不必说你的胸襟自然会跟着曼长的山径开拓,你的心地会看着澄蓝的天空静定,你的思想和着山壑间的水声,山罅里的泉响,有时一澄到底的清澈,有时激起成章的波动,流,流,流入凉爽的橄榄林中,流入妩媚的阿诺河去……

并且你不但不须约伴,每逢这样的游行,你也不必带书,书是理想的伴侣,但你应得带书,是在火车上,在你住处的客室里,不是在你独身漫步的时候。什么伟大的深沉的鼓舞的清明的优美的思想的根源不是可以在风籁中,云彩里,山势与地形的起伏里,花草的颜色与香息里寻得?自然是最伟大的一部书,葛德说,在他每一页的字句里我们读得最深奥的消息。并且这书上的文字是人人懂得的;阿尔帕斯与五老峰,雪西里与普陀山,莱茵河与扬子江,茵梦湖与西子湖,建兰与琼花,杭州西溪的芦雪与威尼市夕照的红潮,百灵与夜莺,更不提一般黄的黄麦,一般紫的紫藤,一般青的青草同在大地上生长,同在和风中波动——他们应用的符号是永远一致的,他们的意义是永远明显的,只要你自己性灵上不长疮瘢,眼不盲,耳不塞,这无形迹的最高等教育便永远是你的名分。这不取费的最珍贵的补剂便永远供你的受用;只要你认识了这一部书,你在这世界上寂寞时便不寂寞,穷困时不穷困,苦恼时有安慰,挫折时有鼓励,软弱时有督责,迷失时有指南针。

心灵的交流

◇[美]爱默生　龙　婧/译

对于整个人类来说,似乎存在着一个共同的心灵,它就像是一个通道,每个人都可以由此走向精神的栖息地。但是,人是有差异的,所以这样的人也就是千差万别的,但最终的结果却是殊途同归。只要人培养了理性思考的能力,那么他就会成为自己行动和精神的主人。著名哲学家柏拉图的生活就是思考,他能够进行独立的思考,圣人感觉到的体验,他也可以有所感受。总而言之,对于任何人在任何时候的思维活动,他都能够有自己的领悟和理解。所以，一旦踏上这块神圣的“土地”——人类共同的心灵，他实际上也就是在体验历史长河的一切活动。这个时候，人的心灵就拥有独特的力量——可以说，也只有人才拥有这种至高无上的力量。

从这个意义上来说，历史就是人类心灵活动的真实记录，它的内容可以反映人类走过的岁月，而文明的程度则正是人类天才的体现；另一方面，人类也只有用历史才能够阐明自己的聪明才智。人类的精神和灵魂从一开始就是从每一个适当的事件中展现出来的，它从容不迫、无休无止地把每一种才能，每一种思想，每一种情感，尽情地显露于历史之中。但是，思想总是会早于历史事实表现出来，因为所有的事实都是以规律的形式早就存在于人的心灵之中的，这正是人的伟大之处。另外，环境有时也可以起到决定性的作用，在大自然的威力之下，规律有时候却并不是都可以行得通的。

一个人的经历其实就是一部历史事实的百科全书。一片郁郁葱葱的森林，有时候就是包含在一粒橡树的种子里。在第一个进化的人的身上，实际上已经孕育了埃及、希腊、罗马、高卢、大不列颠王国和美利坚合众国。从一个时代到另一个时代，从氏族社会到王国、帝国，从共和国到民主制——这些无非是将一个人的精神放大成为整个世界的精神，把一个人的精神成长拓展为整个人类的精神走向成熟的过程。

通常情况下，普遍的性质可以从具体的人和物上得到反映，这也就使得这些人和物具有了特殊的价值。因为人生包含着历史长河中的普遍规律，这也使得人生显得高深莫测，不可欺骗。为了人类能够正常地生活，我们制定了种种刑罚和律令，于是所有的法律也就有了存在的理由，就好像是法律本身是至高无上权威的代表，它能够或多或少地反映出人类生活的本质。私有财产禁锢了人的灵魂，也掩盖了人的精神世界，而且在本能的支配下，从一开始我们就用锋利的剑和严酷的法律还有强大的国家机器来保护自己的财产。对于这样的事实，我们哪怕有只是一点儿的清醒认识，也会受益无穷。就像光明和我们应该享有的权利是一样重要的，就像请求教育、公正、仁慈一样是正当的。这是人与人之间形成友谊和产生爱情的基础，也是人类自助品格和做出辉煌业绩的基础。

我们在阅读历史书籍时，应该表现出高出古人一筹的能力。在阅读史学家、诗人、传记作家的精彩描写时——不管是描写僧侣的寺庙和帝王的宫殿里发生的事情，还是记述人类意志的胜利和天才的创意，都不会让我们感到无所适从，感到古人的成就是高不可攀的，更不会觉得这些书只是写给那些更高等的人看的，自己只是斗胆拿起来阅读的。真正的感觉应该是安然地享受作品所体现出来的伟大。莎士比亚对于威风的国王的描述，即便是那个坐在角落里阅读的小孩，也可以有同样风光的感觉，好像就是在写他自己。我们会对历史上任何伟大的时刻产生共鸣，无论是伟大的发现还是英勇的抵御外来的侵略，或是人类创造的丰功伟绩，我们都会为之欢呼——他们探索了海洋，发现了陆地，这些全都是为了我们；而如果我们生活在那个时代，我们也会这样做的。

我们对地位、身份、性格也保持着同样的兴趣。我们崇拜并渴望成为富人，因为在表面上他们拥有自由的行动、无上的权力和优雅的风度。我们觉得这些都是人类所固有的东西，因此，古希腊哲学家、东方智者、现代作家的人生感悟，在每个读者看来，好像都是说出了自己的心声，表达了自己的思想。即使是他没有说出来或者没有想到的，读者也终将想到并表达出来。一切文学作品都是智者性格的刻画和描摹，书籍、纪念碑、图画、会话等都是历史的画像。每一位读者都可以从中看到自己正在形成的外在相貌和内在的品质。沉默寡言的人或雄辩家都会赞颂他，主动与他接近，好像觉得自己总是在被提及，无论走到哪里都能够得到激励。

然而一个真正的积极向上的人是根本不需要这样被“提及”与“赞颂”的，他们所追求的是真正的进步和真实的自我。

一支小小的蜡烛就能战胜黑暗——品德篇

在这个物欲社会中安于清贫、坚守自己做人的良心、坚守自己理想的人越来越少，冷漠的黑暗冰冷了温存的德性。但善就是人性中发光的东西。作为一种本能，无论被挤压到什么样的角落，它都会发光，而越是用心体会的人，就越能被它的光芒照亮与温暖。像洪战辉那样的人，像特里莎修女那样的人，是通体透亮的，因为，他们敢于如此彻底地服从自己天性中“善的冲动”。

如果黑暗笼罩了我，我决不害怕，也决不诅咒，我会点亮自己内心的蜡烛！

因为“全世界的黑暗也不能使一支小蜡烛失去光辉”。

美丽的微笑与爱(节选)

◇[印度]特里莎

特里莎(1910~1997)生于斯科普里(今属马其顿共和国),阿尔巴尼亚族。1928年赴爱尔兰都柏林加入天主教罗莱特修女会,1931年被派往印度加尔各答,1948年加入印度国籍。1950年罗马教廷批准她建立"仁爱传教修女会",竭力帮助最穷苦者。1979年因慈善活动获诺贝尔和平奖。逝世后印度政府为其举行国葬。

她创建的组织有4亿多的资产,世界上最有钱的公司都乐意捐款给她;有7000多名正式成员,还有数不清的追随者和义务工作者分布在100多个国家;她认识众多的总统、国王、传媒巨头和企业巨子,并受到他们的仰慕和爱戴……

她把一切都献给了穷人、病人、孤儿、孤独者、无家可归者和垂死临终者,从12岁起直到87岁去世,从来不为自己、而只为受苦受难的人活着……

她,被称为"贫民窟的圣人"的特里莎,也被世人亲切地称为"特里莎嬷嬷"。

如果我们可以为穷人建立家庭,我想越来越多的爱将会传播开来,而且我们将能够通过这种体谅他人的爱而带来和平。

穷人是非常好的人。一天晚上,我们外出,在街上带回了四个人,其中一个奄奄一息——我告诉修女们说:你们照料其他三个,我照顾这个濒危的人。这样,我为她做了我的爱所能做的一切事情。我将她放在床上,她的脸上露出了如此美丽的微笑。她握住我的手,只是说"谢谢您",随后就死了。

我情不自禁地在她的面前审视我的良心,我自问:如果我处在她的位置上,会说些什么呢?我的回答很简单。我会试图引起别人对我的一点儿关注,我会说:我饥寒交迫,奄奄一息,痛苦不堪等,但是,她给我的要多得多——她将其感激之爱给了我。然后她死了,脸上还带着微笑。我们从阴沟里带回来的那个男人也是这样。他快要被虫子吃掉了,我们把他带回了家。“在街上我活得像动物,但我将像天使一样死去,因为我得到了爱和照料。”真是太好了,我看到了那个男人的伟大,他能说出那样的话,能够那样地死去:不责备任何人,不辱骂任何人,与世无争。像一位天使——这便是我们的人民的伟大之处。因为我们相信耶稣所说的话——我饥肠辘辘——我无衣蔽体——我无家可归——我不为人要,不为人爱,不为人管——而你却对我做了。

我认为,我们并不是真正的社会工作者。在人们的眼中,我们或许是在从事社会工作,但是,我们实际上是在世界的中心沉思冥想的人。我想,在我们的家庭里,我们不需要枪炮弹药来进行破坏或者带来和平——我们只需要团结起来,彼此相爱,将和平、喜悦和活力带回家庭。这样,我们将能够战胜世界上现存的一切邪恶。

我准备以获得的诺贝尔和平奖金，努力为很多无家可归的人建立家庭。因为我相信,爱开始于家庭。如果我们可以为穷人建立家庭,我想越来越多的爱将会传播开来,而且我们将能够通过这种体谅他人的爱而带来和平,给穷人带来福音,这些穷人首先是我们自己家里的穷人,其次是我们国家和世界上的穷人。为了做到这一点,我们的修女、我们的生命就必须同祷告紧密相连。因为在今天的世界上有如此之多的痛苦……当我从大街带回一个饥肠辘辘的人时,给他一盘米饭、一片面包,我就心满意足了,因为我已经驱除了那个人的饥饿。但是,如果一个人露宿街头,他感到不为人要,不为人爱,恐惧不安,被我们的社会所抛弃——这样的贫困如此充满伤害,如此令人无法忍受,我发现这是极其艰难的……

因此,让我们经常以微笑相见,因为微笑是爱的开端。一旦我们开始彼此自然地相爱,我们就想做点儿事情了。

嫉妒是惑人心智的情欲

◇[英]弗朗西斯·培根　俞　静/译

弗朗西斯·培根(1561~1626),英国哲学家,第一个提出“知识就是力量”的人,被尊称为哲学史和科学史上划时代的人物。马克思称他是“英国唯物主义和整个现代实验科学的真正始祖”。他不但在文学、哲学上多有建树，在自然科学领域里，也取得了重大成就。他是一位经历了诸多磨难的贵族子弟，复杂多变的生活经历丰富了他的阅历，随之而来的，使他的思想成熟，言论深邃，富含哲理。《新工具》是培根的主要哲学著作之一，首次发表于1620年。培根本计划写一部大书，名为《伟大的复兴》，分为六个部分，《新工具》是其中的第二部，但未能完成。

在人类的各种情欲中，有两样东西最能让人的心智受到诱惑，这就是爱情与嫉妒。这两种感情都能激发出强烈的欲望，创造出虚幻的意象，并且足以蛊惑人的心灵——如果真有巫蛊这种事的话。

因此，在《圣经》中把“嫉妒”叫做“邪恶之眼”，占星术士则把灾星称做是“凶相”。而且还有人认为，被嫉妒者最为春风得意的时候，就是嫉妒的火眼伤人最厉害的时候。这一方面是由于这种情况促使嫉妒之火更加强烈；另一方面是在这种情况下被嫉妒者的情绪溢于言表，也就最容易受到打击。

抛开这些玄妙的说法，让我们来看看哪种人最容易嫉妒别人，哪种人最容易招来别人的嫉妒，以及哪种嫉妒属于公妒，哪种嫉妒属于私妒，它们之间有何不同。

没有道德的人必定会嫉妒有道德的人。因为人的心灵如果不能从自身的优点中汲取养料，就注定要从别人那里寻找缺点来作为养料。而嫉妒者往往是自己既没有优点，又看不到别人的优点的，因此他只能用败坏别人幸福的办法来让自己得到一丝安慰。当一个人自身缺乏某种美德的时候，他就一定要贬低别人的这种美德，以求实现两者之间的平衡。

爱管闲事又好打听别人的闲话之人，通常是爱嫉妒别人的人。他们之所以特别关心别人，并非因为事情与他们的切身利害有关，而是为了通过发现别人的不愉快，来使自己得到一种赏心悦目的愉快。

每一个埋头于事业和工作的人，根本没有时间去嫉妒别人。嫉妒这种四处游荡的情欲，只有游手好闲的人才能用。有句古话说得好：“多管闲事必定没安好心。”

一个后起之秀最容易遭到贵族元老的嫉妒，因为他们之间的距离被改变了，别人的上升使他们产生了自己被降低的错觉。

身上具有某种难以克服的缺陷的人或自卑的人——如残疾人、宦官、老年人或私生子，是容易嫉妒别人的。由于自己的缺陷无法补偿，使用损害别人来寻求一种心理上的平衡。当这些缺陷落在一个具有伟大品格的人身上时，这种情形才不会发生，因为高尚的品格可以使缺陷转化为荣誉。肩负着残疾的耻辱去成就伟大的事业,人们为此会惊叹不已,历史上的纳西斯、阿盖西劳斯和铁木尔都是这样的伟人。

经历过巨大的不幸和磨难的人,也容易产生嫉妒,同为这种人乐于把别人的失败看做对自己过去所经历的痛苦的补偿。

怀有强烈的虚荣心的人,一旦看到别人在事业上强于他,也会为此产生嫉妒。所以自己很喜爱艺术的阿提安皇帝,就非常嫉妒诗人、画家和艺术家,因为他们居然在这些方面超过了他。

最后,在同事之间当有人被提升的时候,也容易引起嫉妒,因为如果别人出于某种优越表现而得到提升, 就等于映衬出了其他人在这些方面的无能,从而刺伤了他们。同时,彼此越了解,这种嫉妒心将越强。人可以允许一个陌生人的发迹,却坚决不能原谅一个身边人的上升,所以该隐只是由于嫉妒就杀死了他的亲兄弟亚伯。

我们再来讨论一下哪些人能够避免嫉妒。

我们已懂得,嫉妒总是来自以自我与别人的比较,如果没有比较就没有嫉妒。所以皇帝通常是不被人嫉妒的,除非对方也是皇帝。一个有崇高美德的人,他的美德愈多,别人对他的嫉妒将愈少,因为他们的幸福来自他们自己的艰苦奋斗,那是他们应该得到的。

一般来说,出身微贱的人一旦飞黄腾达必定会遭人嫉妒,直到人们逐渐习惯了他的新地位为止。富家子弟也容易招到他人的嫉妒,因为他并没有任何付出却能坐享其成。

与此相反,世袭贵胄称号的人却不容易受到嫉妒,因为他们优越的谱系已被世人所承认。同样,一个循序渐进缓慢高升的人,也不会招来嫉妒,因为他们的提升被看做是自然的,不被察觉的。

那种在饱经艰难之后才获得的幸福是不太招人嫉妒的,因为人们看到这种幸福是如此的来之不易,甚至产生了同情,而同情心是医治嫉妒的灵丹妙药。所以老谋深算的政治家,当他们处于高高在上的地位时,总是在向人诉苦,吟唱着一首"正在活受罪"的咏叹调。其实他们未必真的如此受苦,这只是钝化别人嫉妒锋芒的一种策略。

但是,只有当这种人的负担不是自己招揽上身时,这种诉苦才会真被人同情。否则,没有比一个出于往上爬的野心而四处揽事做的人更招人嫉恨的了。

此外,对于一个大人物来说,如果他能利用自己的优越地位来保护他的下属们的利益,那么这也等于是筑起了一道防止嫉妒的有效堤防。

需要强调的是,骄傲自大的人物也是非常容易招到嫉妒的。这种人总想在任何场合显示自己的与众不同之处:或者大肆铺张地炫耀,或者力图压倒一切竞争者。其实真正的聪明人宁可给人类的嫉妒心留下点儿余地,有意让别人在无关紧要的事情上占上风。

然而,另一方面也要看到,对于享有某种优越地位的人来说,与其狡诈地掩饰,莫如坦率诚恳地放开(只是千万不要表现出骄矜与浮夸),这样招来的嫉妒会小一些。因为对于前一种人,似乎更显示出他是没有价值因而不配享受那种幸福的,他们的作假简直就是在教唆别人来嫉妒自己。

现在归纳一下已经说过的。我们在开始时说过,嫉妒有点儿接近于巫术,是蛊惑人心的。那么要防止嫉妒,也就不妨采用点儿巫术,就是把容易招来嫉妒的妖气转嫁到别人身上。由于深得其中要领,有许多明智的大人物,一旦遇到抛头露面出风头的事情,大多请别人替自己去登台表演,这样一来,嫉妒就落在别人身上了。而世界上从来就不缺这种愿意替人出风头的角色。

信　任

◇[美]安迪·鲁尼　胡　梅/译

安迪·鲁尼,美国收视率最高的新闻节目"60分钟"的评论员,同时也是最受欢迎的畅销书作家。

"60分钟"自1968年创建以来,收视率一直排在前十位。在瞬息万变的电视媒介中,像"60分钟"这样能够保持37年长盛不衰的节目是极其罕见的,而这一成功,在某种程度上也应归功于安迪·鲁尼的个人魅力。幽默、尖锐的新闻评述风格不仅让他赢得了观众的心,还使他成为了优秀的作者。由他执笔的4本书都跻身于美国的畅销书榜。贴近生活的取材,敏锐精辟的观点,极具人文精神的评论,以及幽默风趣的语言是此书的最大特点。另外,由于作者对美国社会的各个方面都做了深入的剖析,所以本书还是了解美国社会和生活的窗口。

昨天,我从宾西法尼亚州的哈里斯堡前往本州80英里外的莱韦斯堡。天色已晚,我急着驱车赶路,不曾想,我的车竟然有好几次被迫跟在缓缓行进的大卡车后面，我焦急不安地紧握着方向盘。

车子总算驶入了空旷的高速公路。当我即将通过一个丁字路口时，突然前面亮起了红灯，我急忙把车刹住，然后向四下观望，公路上一辆车也没有，至少一英里之内没有第二辆车，而我的车却停在那里，等待红灯变成绿灯。

我对自己竟然没有闯红灯而感到懊悔，那个地区根本就没有警察，我开车闯过去一点儿事也不会有，根本不用担心会被拘捕。

天色较晚的时候，终于到了莱韦斯堡。12点左右上床睡觉的时候，这个问题又一次出现在我的脑海里。我想我之所以停住了车，是因为这是我们大家彼此必须遵守的合约：我们大家都相互信任，无论是谁无论在什么时候都不能闯红灯。

我们在相互信任的基础上做正确的事，听起来让人感到惊奇，但我们确实这样做了。信任是我们的首要愿望，我们不能无缘无故地不相信别人，更不能相互猜忌，这是我们的性格和作风。

彼此信任是维系社会秩序的前提，因为一个良好的社会结构取决于相互信任，而不是相互猜疑。如果我们中的大多数人相互不信任，甚至互相猜忌怀疑，这个社会会因此而变得一团混乱。在意大利，人们认为向政府纳税是一件可怕的事，许多人虽然牢骚满腹却依然按时交税，不仅仅是因为国家税务局运用了法律手段，还因为他们认为：我们必须支付应该支付的税款。

言而有信，说来就来，说交付就交付，说付款就付款，在许多事情上，我们信守诺言并坚信对方所言，如果我们言而无信就是违背了常规。我们做事也常有不认真或不可靠的时候，这些都被视为背信弃义的行为。假如某个人或某个组织辜负了大家的信任，就会遭到唾弃，就会从此失去民心。

我们把钱存入银行是因为我们信任银行，谁都不会每天到银行去查看我的钱是否还在那里，所以当大家听说某某银行伪造假账、侵吞公款便格外的气愤。同样道理，我们在超市买一罐咖啡或一瓶牛奶，也不会回家称称够不够分量。生活中没有时间去猜疑你所遇到的每一个人或与你做生意的每一家公司。

认真观察我们的周围不难发现，忠厚老实的人，涉世不深的人，那些相信别人像自己一样诚实的人，比疑心重重的人生活得更加幸福美满，更加充实乐观。他们偶尔也会上当受骗，但是仍然比谁也不相信的人要幸福。而且，自己讲诚信并信任他人的人成功的机会也相对要多。

想到这里，我不禁为自己在路口因红灯而停车感到骄傲。为了让大家都知道从哈里斯堡到莱韦斯堡的路上我的表现多么出色，我非得一吐为快不可。

鸟与人

◇[埃及]陶菲格·哈基姆　杨言洪/译

陶菲格·哈基姆(1899~1987),埃及小说家,戏剧家。生于布海拉省的迪林贾特,卒于开罗。1924年毕业于开罗法律学校,在校开始创作。后留学法国,获法学博士学位。回国后在政府任职,后任国家图书馆馆长、埃及驻联合国科教文组织代表、埃及作家协会主席等。是埃及现实主义小说代表作家之一,自传体长篇小说《灵魂归来》为成名作。写有《乡村检察官手记》等十几部小说。他写了约80种戏剧,包括哲理剧、社会剧和历史剧,融合东方宗教哲学和法老时代文化传统,借鉴欧洲古典戏剧和现代戏剧,对阿拉伯现代戏剧的形成、发展作出了贡献。剧作有《洞中人》、《山鲁佐德》、《俄狄浦斯王》、《食者有其粮》等。他于1958年获国家文学表彰奖,1977年获地中海国家最佳思想家、文学家称号。

小鸟问它的父亲:“世上最高级的生灵是什么?是我们鸟类吗?”

老鸟答道:“不,是人类。”

小鸟又问:“人类是什么样的生灵?”

“人类……就是那些常向我们巢中投掷石块的生灵。”

小鸟恍然大悟:“我知道啦!……可是,人类优于我们吗?他们生活得比我们幸福吗?”

“他们或许优于我们,却远不如我们生活得幸福!”

“为什么他们不如我们幸福?”小鸟不解地问父亲。

老鸟答道:“因为在人类心中生长着一根刺,这根刺无时不在刺痛和折腾着他们,他们自己为这根刺起了个名字,管它叫做‘贪婪’。”

小鸟又问:“贪婪?贪婪是什么意思?”

“我了解人类,也见识过他们内心那根贪婪之刺,你也想亲眼见识见识吗?”

“是的，爸爸，我想亲眼见识见识。”

“这很容易，若看见有人走过来，赶快告诉我，我让你见识一下人类内心那根贪婪之刺。”

少顷，小鸟便叫了起来：

“爸爸，有个人走过来啦！”

老鸟对小鸟说：

“听我说，孩子。待会儿我要自投罗网，主动落到他手中，你可以看到一场好戏。”

小鸟不由得十分担心，说：“如果您受到什么伤害……”

老鸟安慰它说：“不要担心，孩子，我了解人类的贪婪，我晓得怎样从他们手中逃脱。”

说罢，老鸟飞离小鸟，落在来人身边。那人伸手便抓住了它，乐不可支地叫道：“我要把你宰掉，吃你的肉！”

老鸟说道：“我的肉这么少，够填饱你的肚子吗？”

那人说：“肉虽然少，却鲜美可口！”

老鸟说：“我可以送你远比我的肉更有用的东西，那是三句至理名言，假如你学到手，便会发大财！”

那人急不可耐：“快告诉我，这三句名言是什么？”

老鸟眼中闪过一丝狡黠的目光，侃侃说道：

“我可以告诉你，但是有条件：我在你手中先告诉你第一句名言；待你放开我，我便告诉你第二句名言；待我飞到树上之后，才会告诉你第三句名言。”那人一心想尽快得到三句名言，好去发大财，便马上答道：“我接受你的条件，快告诉我第一句名言吧！”

老鸟不疾不徐地说道：“这第一句名言便是：莫惋惜已经失去的东西！根据我们的条件，现在请你放开我。”于是那人便松手放开了它，老鸟落到离他不远的地面继续说道：

“这第二句名言便是：莫相信不可能存在的事情！”说罢，它边叫着边振翅飞上树梢。

“你真是个大傻瓜，如果刚才把我宰掉，你便会从我腹中取出一颗重达30米斯卡勒价值连城的大宝石。”

那人闻听，懊悔不已，把嘴唇都咬出血了。他望着树上的鸟儿，仍惦记着他们方才谈妥的条件，便又说道：

“请你快把第三句名言告诉我！”

狡猾的老鸟讥笑他说：

“贪婪的人啊，你的贪婪之心遮住了你的双眼。既然你忘记了前两句名言,告诉你第三句又有何益?难道我没告诉你:‘莫惋惜已经失去的东西,莫相信不可能存在的事情’吗?你想想着,我浑身的骨肉羽翅加起来不足30米斯卡勒,腹中怎会有一颗重量超过30米斯卡勒的大宝石呢?”

那人闻听此言,顿时目瞪口呆,好不尴尬,脸上的表情煞是可笑……

一只鸟儿就这样耍弄了一个人。老鸟回望着小鸟说:“孩子,你现在可亲眼见识过了?”

小鸟答道:“是的,我真的见识过了,可这个人怎会相信在您腹中有一颗超过您体重的宝石,怎会相信这种根本不可能存在的事情呢?”

老鸟回答说:“贪婪所致,孩子,这就是人类的贪婪本性!”

懒惰是一种毒药

◇[英]塞缪尔·斯迈尔斯　徐文强/译

塞缪尔·斯迈尔斯(1812~1904),英国19世纪伟大的道德学家,社会著名改革家和散文随笔家,写过许多脍炙人口的人生随笔作品,如《自己拯救自己》、《品格的力量》、《金钱与人生》、《人生的职责》等,这些作品在全球畅销一百多年而不衰,改变了亿万人民的命运,塑造了近现代西方道德文明的精神风貌。

英国《观察家》杂志的评论说:“斯迈尔斯先生为人类的社会生活贡献了非常优秀的精神食粮。他以犀利而又睿智的笔调向我们揭示了人生的目标、生活的目的、生命的服从、生活的激情、生命的力量、良心的自由、信仰的伟大等人生的真谛,把上苍赋予我们的脆弱的自然生命塑造并升华成了具有高贵品格和坚强意志的精神生命。”

无论是对个人还是对一个民族而言,懒惰都是一种堕落的、具有毁灭性的东西。懒惰、懈怠从来没有在世界历史上留下好名声,也永远不会留下好名声。懒惰是一种精神腐蚀剂,因为懒惰,人们不愿意爬过一个小山冈;因为懒惰,人们不愿意去战胜那些完全可以战胜的困难。因此,那些生性懒惰的人不可能在社会生活中成为一个成功者，他们永远是失败者。

成功只会光顾那些辛勤劳动的人们。懒惰是一种恶劣而卑鄙的精神重负。人们一旦背上了懒惰这个包袱，就只会整天怨天尤人、精神沮丧、无所事事，这种人完全是一种对社会无用的卑鄙之人。

英国圣公会牧师、学者、著名作家伯顿给世人留下了一本内容深奥却十分有趣的书——《忧郁的剖析》。约翰逊说，这是唯一一本使他每天提早两个小时起来拜读的书。伯顿在书中提出了许多特别独到而精辟的论断。他指出：精神抑郁、沮丧总是与懒惰、无所事事联系在一起的。“懒惰是一种毒药，它既毒害人们的肉体，也毒害人们的心灵。”伯顿说，“懒惰是万恶之源，是滋生邪恶的温床；懒惰是七大致命的罪孽之一，它是恶棍们的靠垫和枕头；懒惰是魔鬼们的灵魂……一条懒惰的狗都遭人唾弃，一个懒惰的人当然无法逃脱世人对他的鄙弃和惩罚。再也没有什么事情比懒惰更加不可救药的了。一个聪明然而却十分懒惰的人本身就是一种灾祸，这种人必然成为邪恶的走卒，是一切恶行的役使者，因为他们的心中已经没有劳动和勤劳的地位，所有的心灵空间必然都让恶魔占据了，这正如死水一潭的臭水坑中的各种寄生虫、各种肮脏的爬虫都疯狂地生长一样，各种邪恶的、肮脏的想法也在那些生性懒惰的人们的心中疯狂地生长，这种人的心思灵魂都被各种邪恶的思想腐蚀、毒化了……我完全可以大胆地说：无论是男人还是女人，只要他们的心灵被懒惰这一恶神占据了，那么，不管他处在什么样的情形或条件之下，他就永远不可能从精神上感到满足，他也绝对不可能成为一个忠诚的伙伴，当然，他也不可能真正幸福、愉快——即使让他们拥有他们所奢求的一切财富和运气，让他们尽情地满足自己的欲望——只要他们生性懒惰、无所事事、游手好闲、好吃懒做，他们就永远不可能真正满足，也永远不可能感到真正的快乐和幸福，而总是感到厌烦、恼火，他们总是病态地憎恨一切、厌恶一切、总是感到不舒服，他们就只能总是叹息，悲伤，他们的心中就只会有滚滚阴云，而不会有一片蓝天，他们总是感到莫名的悲哀。总希望自己离开这不可思议的莫名其妙的世界——他们心中的种种缥缈的幻觉、怪想都随同他们一同散去。”

……

那些游手好闲、不肯吃苦耐劳的人总是有各种漂亮的借口，他们不愿意好好地工作、劳动，却常常会想出各种主意和理由来为自己辩解。“路上有老虎、狮子”、“那山太难爬了”，或者“那没必要试——我已经试过多次了，都没有成功，无须再试了”。针对这种种诡辩，塞谬尔·罗米利先生曾写信给一位年轻人说：“我很严肃地认为，你这懒惰行为，所谓没有时间等等，都只是一种借口，你总是用种种漂亮的借口来为自己辩解，我看你最根本的一条就是不肯努力，不肯下工夫，你的理论就是这样：每一个人都会把他能干的事情干好的。如果有哪一个人没有干好自己的事情，这表明他不胜任这件事情。你没有写文章表明你不能够写，而不是你不愿意写；你没有这方面的爱好证明你没有这方面的才干。这就是你的理论体系，一个多么完整的理论体系啊！如果你这个理论体系能为大众普遍接受的话，它将会产生多大的负作用啊。”

确实，一心想拥有某种东西，却害怕或不敢或不愿意付出相应的劳动，这是懦夫的表现，无论多么美好的东西，人们只有付出相应的劳动和汗水，才能懂得这美好的东西是多么的来之不易，因而愈加珍惜它，人们才能从这种“拥有”中享受到快乐和幸福，这是一条亘古不易的原则。即使是一份悠闲，如果不是通过自己的努力而得来的，这份悠闲也就并不甜美。不是用自己劳动和汗水换来的东西，你就没有为它付出代价，你就不配享用它。德国文艺理论家、剧作家莱辛深深地相信：不思进取、游手好闲和死气沉沉是一种致命的毒药。

休闲必须与辛苦的工作紧紧连接在一起才有价值：在紧张的劳作之余稍事休憩，放松一下自己，然后再工作，再劳动，这样的休憩和悠闲才显得有意义，才不会是纯粹的无聊。离开劳动的纯粹休息或无所事事，这只能导致空虚和抑郁，正如过度饱食总会让人不舒服一样，过度的悠闲也于身心无益。无论是无所事事的富人，还是游手好闲的穷人，他们都只会感到空虚、寂寞、抑郁、苦闷，任何人一旦脱离了劳动，他就远离了幸福。有一位年逾四十的乞丐，他总感到精神空虚，无事可干，最后进了监狱，他在法国的布尔热监狱已经待了8年。他在自己的右臂上文了一句这样的话：“过去已经欺骗了我，现在正在戏弄我，折磨我，将使我恐惧不已。”对于天底下所有的好逸恶劳的人来说，这句话可以说是他们共同的心声。

一个追求完美的人

◇[美]沃尔特·皮特金　夏燕文/译

沃尔特·皮特金(1839~1951)，美国著名心理学家、记者、作家。曾任美国哥伦比亚大学新闻学教授和大英百科全书美国分册的主编。14岁开始靠给人送货谋生，16~18岁帮助政府部门在底特律的波兰人居住区进行在校学生状况调查，为自己赚得了跨入大学校门的第一笔学费，后一直靠勤工俭学坚持学业。他广泛涉猎各种知识，学习了希腊语、拉丁语、法语、德语、希伯来语、阿拉伯语等多种语言，一直从事哲学与心理学领域的研究。他一生完成了多部著作，涉及个人成长学习、生活与心理等多个方面。《人生四十才开始》这本书当年出版后即被评为《纽约时报》年度畅销书，改变了很多美国人的生活态度与人生观。

亨利·谢拉德在底特律中学教希腊语。他有财产，本来不必教书，只因为喜欢这一行，才坚持要教书的。从里到外，他都是一个古怪的人。他身高6英尺，不修边幅，红褐色的头发粗密、蓬乱，脸骨和牙齿的不协调布局构成了他的面容，上面闪着一对目光锐利的眼睛。皱乱的衣服上沾满了薄薄一层粉笔末。他骨瘦如柴，像一个会走路的稻草人，是一个穿着宽松裤子的神话似的人物。

我投到他门下学习时，刚16岁，易受影响，渴望知道更多的东西。像一个铁匠锤打铁砧一样，他严格教育了我整整两年。

谢拉德是一个追求完美的人。他总是跟教育部门和其他教师过不去，因为他不肯妥协。在教育上，他有自己的理想和追求这些理想的方式，不管遇到多大困难，他都想走自己的路。

他最喜欢用的教学方式是使人丢脸，给人一个意想不到的难堪。然而，他先给受罚的学生充分的机会，去达到谢拉德要求的百分之百的正确。倘若再犯错误，他就不客气了。

开讲的第一天，谢拉德严肃地注视了我们很长时间。然后，他用极温和的语调说："这么说，你们想学希腊语了？当然，这是一个值得赞赏的愿望，但是我希望你们知道你们面临的是什么，我有言在先：我可是一个不满足于一般好的人。我不是在开玩笑。我不喜欢好的学生，只喜欢最优秀的学生；我不喜欢较好的译文，只喜欢最正确的译文。你或是知道某事，或是不知道；或是能做一件事，或是不能做。我将尽心尽力教你们希腊语，我也要求你们尽心尽力来学它。现在说说学习步骤。你们每天的学习成绩必须达到最优的，发音必须达到最准确的，翻译必须达到最佳的。为了使你们在学习上达到炉火纯青的程度，我要求你们把每一个纠正过来的词在黑板上写十遍。如果作了如此纠正后，你们还犯这个错误，就必须把纠正过的词写上一百遍。现在我们开始上课。"

就这样，我开始了一生中有决定意义的两年学习生活。谢拉德的那一套办法激起了我的兴趣。倘若一个人能达到完美的程度，甚至在一件小事上，他难道不可能在另一件事上，然后又在其他事上达到尽善尽美吗？待到他在许多事上都做到了尽善尽美，那将是十分了不起的。

其他学生战战兢兢地去上课，而我就像去看角斗士搏斗，去看基督教徒被扔向狮子那样去上课。当狮子吼叫着冲向我时，我咧嘴笑笑，然后狮子眨眨眼走了。我知道我的回答是完全正确的。

有时，为了纠正一个重音上的错误，我写满一黑板句子后，自己全部擦掉，再重写一遍，这使得狮子目瞪口呆。想想吧，别人被迫写十遍的东西，我却要写二十遍。在回家路上，我常常在许多包装纸上抄满希腊语句子，就是为了斗垮他的把戏，但愿他知道这些！

他用蓝铅笔改正我们每天交上去的卷子，在严重错误的地方写上十分不客气的评语，他从不忽略一行。我想象不出他是怎样做到这些的。然而，年复一年，他毫不犹豫地一直这样做。

第二年，我们开始攻读《荷马史诗》，每天要准确无误地背下五行。每天起床后，从第一本书的第一行背到这一天的定额。若发音上稍有错误，我们就得全部从头开始。当必须重读二百行时，你会变得很厌烦。我学习散文或诗歌很吃力，尤其厌烦背整部作品，心里有某种抵触情绪。但是，亨利·谢拉德逼着我一行一行他读完《伊利亚特》的头两卷，使我在那年年底，从头到尾吟诵出来，并像对英语那样，完全掌握了它。

我对付并且打赢了这场追求完美的游戏。但是谢拉德拍我肩膀了吗？他说过“干得好，小伙子”了吗？没有。他要你继续追求。

在一个闷热潮湿的6月天里，我们正读着《伊利亚特》的最后几行，谢拉德合上书，向窗外望望，然后慢慢地向门口走去。他离去了，从此，我再也没有见到过他。

但是现在，半个世纪以后，我还是根据他的标准来衡量人——无论是教师还是学生，或是其他什么人，“任何值得做的事，都值得做好；任何值得做好的事，都值得做得尽善尽美”。

学了希腊语后，我决定学写作。在学希伯来语、阿拉伯语和社会学时，我都努力用这种方法学，按着谢拉德的要求。

每一个人的一生中至少应该有一次受到一个疯狂追求完美的人的影响。只有这样，普通人才能认识到自己惊人的潜力。观察一个完全献身给一个最崇高理想的人，胜过受一番教育。一个人因为只热爱最完美的东西，所以才是“一般好”的仇敌。懂得这一点，你就可能憎恨一知半解、一技半能、三心二意，就可能在你心中点燃起追求完美的热情火焰。

谢拉德教的大部分希腊语我已忘掉了，然而令我终生难忘的是那种追求完美的热情。

性格是本性雕刻在我们身上的东西

◇[法]伏尔泰　于海波/译

伏尔泰(1694~1778),原名弗郎梭阿·马利·阿鲁埃,18世纪法国资产阶级启蒙运动的旗手,被誉为“思想之王”、“法兰西最优秀的诗人”。他的文学作品,著名的有史诗《亨利亚德》、《奥尔良少女》,悲剧《欧第伯》、喜剧《放荡的儿子》,哲理小说《老实人》;历史著作有《路易十四时代》、《论各民族的风俗与精神》等;哲学代表作有《哲学辞典》、《形而上学论》和《牛顿哲学原理》。其中最有影响的是《哲学通信》,被人称为“投向旧制度的第一颗炸弹”。伏尔泰信奉自然权利说,认为“人们本质上是平等的”,要求人人享有“自然权利”,但又认为财产权利的不平等是不可避免的。

性格一词来源于希腊语,意为印记、雕刻的意思,表明性格是本性雕刻在我们身上的东西。我们能够改变性格吗?这个问题很复杂。如果我有一个鹰钩鼻和一双猫头鹰的眼,用面罩就可以把它们遮住。而对于由本性所决定的性格,怎么可能把它隐藏起来呢?

一个本性暴躁、行为乖戾的人去晋见法国国王弗朗索瓦一世,陈述自己遇到的不公正遭遇。面对至高无上的国王、气度非凡的大臣,这个人不由自主地低下头,粗野的表情变得柔和了,粗暴的声音变得温和了,甚至有些手足无措。他谦卑地说出了自己的事情,人们被他的表面现象所迷惑,以为他像大臣们一样文雅而有教养。可是,如果弗朗索瓦一世善于观察人的表情,就会很容易地从他虽然低下却燃烧着愤怒之火的眼睛里,从他肌肉紧绷的面孔上,从他紧闭的嘴唇上发现,这人并不像他表面上伪装出来的那么温和善良。后来,这个人同国王一起去了帕维亚,不幸在那里被俘,一起被带到马德里囚禁起来。国王弗朗索瓦一世的威严在这里丝毫不起作用,因为他们之间的地位平等——囚犯。这一天,他给国王脱马靴,脱的时候动作野蛮粗暴,因遭遇不幸而变得性情暴躁的国王不由得发起火来。没想到这个人一怒之下竟然杀死国王，然后把他的靴子扔出了窗外。

教皇西克斯图斯五世天生性格暴躁、固执己见、独断专行、鲁莽冲动、刚愎自用、傲慢无礼，在他执政初期的时候这种状况似乎有所改善。当他逐渐享有一些声誉后，便旧病复发，开始对侍者无故发火，甚至拳脚相加。在他做威尼斯宗教法庭审判官期间，经常蛮横地乱用职权。他成为红衣主教后一心想当教皇，这种狂热迫使他把自己的本性和性格都隐藏起来，装出一副谦卑有礼、体弱多病的样子。当他终于登上教皇的宝座后，马上就恢复了原来的本性，由于长期的压抑甚至更加变本加厉，成为历史上最傲慢、最专制的一位教皇。

即使你用干草叉把天性赶走，它仍会迅速回来。宗教和道德对天性的力量有约束作用，但它们不能消灭它。酒鬼在修道院里每餐只能喝一杯苹果酒，虽然不能喝醉，但他永远无法改变嗜酒为命的秉性。

年龄增长能让人的个性减弱，但是不会有本质上的改变。老年是一株退化了的果树，结出的果实依然是同一个品种；梨树和栎树虽然被节疤和青苔覆盖、被虫蛀得千疮百孔，但它还是栎树或梨树。如果我们能改变性格，就会重新为自己塑造一个性格，真正成为本性的主人。我们能为所欲为吗？可以做一下尝试，让懒惰的人参与更多的劳动，让鲁莽冲动的人沸腾的灵魂变得冷漠，让一个天生缺乏鉴赏力和听觉迟钝的人对音乐和诗歌发生兴趣；你无论怎样努力都不会获得成功，就像一个先天双目失明的人无法重见光明一样。我们可以完善、减轻或隐藏本性所留在身上的一切，但我们不能增加原来根本没有的东西。

有人告诫农夫："池塘里的鱼太多了，它们的成长会受到影响；田里的草太少，牲口太多，它们会瘦下去。"随后不久，恰好狗鱼吃掉池塘里一半的鲤鱼，狼吃掉一半的羊，剩下的鱼和羊都长肥了长大了。他应该感到庆幸吗？这个农民就是你自己。你的一种感情吞没了其他种感情，你误认为自己战胜了自己。一个90岁的老将军偶尔发现年轻的军官因争风吃醋而发生骚乱，他不禁训斥道："先生们，这就是我给你们树立的榜样吗？"我们难道不像这个老将军吗？

自律是一切美德的基石

◇[英]塞缪尔·斯迈尔斯　徐文强/译

自我克制只不过是勇气的另外一种表现形式而已，它甚至被认为是品格的精髓。莎士比亚正是基于人类品质中的这一美德而将人类界定为“瞻前顾后”的动物。自我控制是人类与纯粹动物的根本区别之所在。事实上，不能进行自我控制，就不会有真正的人。

自我克制是一切美德的根本。如果一个人任由冲动和激情支配，那么，从那一刻起，他也就完全放弃了他的道德自由。他就会随波逐流，成为追赶时代潮流的强烈欲望的奴隶。

因为道德自由，因为优于动物，人类才能抵制本能的冲动。人类之所以能抵制本能的冲动，仅仅是因为人类具有良好的自我控制能力。正是这种自我控制能力才真正区分了物质生活和道德生活，也正是这种自我控制能力构成了品格的主要基础。

在《圣经》中，赞誉之词并不给予那些“攻城掠地”的强者，而专给那些能“主宰自己灵魂”的十分坚强的人们。这些十分坚强的人，能自觉地对其思想、言论和行为施加有效的控制。在严格的自律、自尊和自制面前，那些使社会堕落、那些容易使人沦为可耻罪犯的邪恶欲望十有八九都能得到有效遏制。时时检点自己的行为，时刻注意纯洁自己的心灵，你就会日渐成为一个圣洁的、有道德的、懂得自我节制的人。习惯往往决定一个人的品质，根据意志力的强弱，习惯或者是一个人的仁慈的主人，或者是一个人的残忍的暴君。一方面，我们也许会成为习惯的快乐的臣民；但另一方面，我们说不定也会成为习惯的奴性十足的奴隶。习惯既能使我们走向成功之路，也能使我们走向毁灭的深渊。

认真严格的训练能够培养良好的习惯。很多习惯都能通过系统的训练形成，这真是令人惊奇的事。即使那些最没有希望的人，街上的流氓、无赖和那些邋遢肮脏、整日面朝黄土背朝天的乡村小伙，只要给予他们严格的训练，他们也可以不容置疑地成为勇敢、坚强和富于自我牺牲精神的人。又如，在战场上，或者甚至在航海时非常危急的关头——诸如“沙拉·桑兹”号起火或“伯克哈德”号遭到严重损坏时，那些训练有素的人，往往能临危不乱，往往能在此危急关头向世人展示其真正勇敢和英雄的品质。

细心严谨的人总能严格自律和自我克制，他总是清醒地对邪恶保持警惕。在邪恶的时代，他能积德行善，他能顺从死神，他能忍受一切；经历这一切之后，他能勇敢地站起来，反对灵魂的邪恶，反对黑暗世界的统治者；他能使他的信念坚如磐石，他能孜孜不倦地乐善好施；在适当的季节，如果不是衰弱不堪的话，他将会获得收获。生意人也绝对需要服从严格的管理制度。做生意，也像生活一样，需要道德力量的影响才能成功。生活上和生意上的成功并非在很小的程度上依赖于控制情绪和严格的自律，这种严格的自律不仅能使一个明智的人控制他自己，而且还能使他支配别人。克制和自我控制能使生活之路变得平坦，能开辟许多道路，如果没有这种克制和自我控制，就不能开辟这些道路。自尊也一样，因为当人们尊重他们自己时，他们通常也会尊重其他人的人格。

宽恕，一种至高无上的爱

◇[印度]莫·甘地　徐翰昭/译

莫·甘地(1869~1948)，印度现代民族解放运动的著名领袖，现代民族资产阶级政治学说——甘地主义的创始人，在印度被尊称为“圣雄”。他创造了一种独特的争取印度民族独立解放的方式——“非暴力不合作运动”，包括两部分内容：“非暴力抵抗”和与英国殖民者“不合作”的态度。在为祖国独立解放而奋斗的同时，他也为消除种姓制度、消灭印度教和伊斯兰教之间的纷争而斗争。他周游全国，到处演讲，常为此绝食。这位身体消瘦、神情疲倦而坚毅的老人常冒着生命危险调解两个教派的争端。1947 年 6 月，印度半岛建立了两个独立的主权国：印度和巴基斯坦。经过长期的斗争，印度人民终于获得独立。在成立印度联邦制宪会议上，甘地被称为“过去 30 年来的向导和哲学家，印度自由的灯塔”，英国驻印总督蒙巴顿则称他为“印度自由的建筑师”。

我和一个亲戚都染上了抽烟的嗜好。我们抽烟不是因为它能带来好处，也不是喜欢香烟的味道，只觉得吞云吐雾的时候很享受。我的叔叔有这个嗜好，我们看见他抽烟，便想学他的样子。可是我们俩没钱买烟，只好偷偷捡叔叔扔掉的烟头抽。烟头并不是经常有的，而且每只抽不了多长时间。为了买烟，我们开始偷窃佣人的零用钱，拿去吸印度土烟卷。我们不敢在长辈面前抽烟，只能偷着买偷着抽。这样的情景持续了几个星期，后来我们听说，有一种植物的梗里面有许多小孔，可以当烟吸，于是我们又开始抽这种烟了。

即使这样仍然不能满足我们的需要。我们日益感觉到不自由，没有长辈的许可就不能做任何事，这使我们无法忍受。最后，我们觉得活着是一件烦恼的事，为了摆脱这种烦恼便决定去自杀！听说服毒药没有痛苦，但是到哪里可以找到毒药呢？我们听说闹阳花子是一种有效的毒药，便到丛林中去寻找，竟然被我们找到了。我们认为夜里自杀最好，于是来到克达济神庙里，先把酥油放在神灯上，再到神坛前参拜，然后找了一个僻静的角落准备自杀。

然而，我们的勇气很快就消失了。如果我们死不了怎么办？自杀究竟有什么好处？缺少自由为什么不能将就？一边想一边吞下两三粒花子。他吃完以后晶莹的泪珠布满了双颊，把手中那张悔过书都弄湿了。他看悔过书的时候是坐着的，后来又躺下了。看到他内心痛苦的样子，我情不自禁地哭了起来。如果我是一个画家，今天还能把当时的情景画下来，它在我的记忆中仍然非常生动。那些出于慈爱的珍珠般的眼泪，涤净了我的心灵，并且洗掉了我心中的罪恶。只有经历过这种爱的人，才能体会什么叫做爱。正如圣诗所说的：只有受过爱之箭伤的人，才晓得爱的力量。

对于我，这是“非暴力”的一堂实务课。当时我以为这不过是一种父爱，今天才懂得这是纯粹的“非暴力”。当这种“非暴力”包括一切的时候，所有的东西都起了变化，它的力量是无限的。

这种至高无上的饶恕，对我父亲来说，并不是生性如此的。我以为他一定会生气，斥责，并自击其额。然而他却异常的平静，我相信这是因为我坦白悔过的缘故。坦白悔过加上永不再犯的诺言，如果在一个有权利接受的人跟前陈述，实在是一种最纯洁的忏悔。我知道这样的悔过让我的父亲感到我长大了，也让他对我增加了无限的慈爱。

才能、热诚与成功

◇[美]奥里森·马登　陈　伟　向德行/译

《成功》杂志在美国无人不晓，它通过创造地传播成功学改变了无数美国人的命运。而《成功》的创办人就是奥里森·马登(1848~1924)博士，他被公认为美国成功学的奠基人和最伟大的成功励志导师。他撰写了大量鼓舞人心的著作，包括《一生的资本》、《思考与成功》、《伟大的励志书》、《成功的品质》、《高贵的个性》等等。马登的著作和他所倡导的成功原则改变了世界各地千百万贫苦人民的命运，使他们由一贫如洗变为百万富翁，从无名之辈变为社会名流。

成功与其说是取决于人的才能，不如说取决于人的热诚。这个世界为那些具有真正的使命感并具有自信的人大开绿灯，到生命终结的时候，他们依然热情不减当年。无论出现什么困难，无论前途看起来是多么的暗淡，他总是相信能够把心目中的理想图景变成现实。

正是热诚，使赛勒斯·菲尔德在13年的失败以后，成功地在大西洋海底铺设了电缆。正是热诚，使史蒂文森的火车机车到达了胜利的终点，尽管不断地有人苛刻指责他；正是热诚，使富尔顿的“蠢物”(汽船)在哈得逊河上成功试航，让那些议论纷纷的人感到惊讶；正是热诚，使帕特里克·亨利发表了让每个学生都喜欢朗读的热情洋溢的爱国演说；正是热诚，或者说爱国的热忱，使谢尔曼将军胜利地把敌人追击到海边。

有句话说得好，所有的自由、改革和政治上的成就，都是由那些富有热诚的民族创造的。

热诚，使我们的决心更坚定；热诚，使我们的意志更坚强！它给思想以力量，促使我们立刻行动，直到把可能变成现实。不要畏惧热诚。如果有人愿意以半怜悯半轻视的语调把你称为狂热分子，那么就让别人这么干吧。一件事情如果在你看来值得为它付出，如果那是对你的努力的一种挑战，那么，就把你能够发挥的全部热诚都投入到其中去吧，至于那些指手画脚的议论，则大可不必理会。笑到最后的人，才笑得最好。成就最多的，从来不是那些半途而废、冷嘲热讽、犹豫不决、胆小怕事的人。

一个人要是把他的精力高度集中于他所做的事情(他是如此虔诚地投入其中)，他是根本没有工夫去考虑别人对他有什么想法的，而世人也终究会承认他的价值。

对你所做的工作，要充分认识到它的价值和重要性，它对这个世界来说是不可或缺的。全身心虔诚地投入到你的工作中去，把它当做作特殊的使命，把这种信念深深植根于你的头脑之中，要知道这就是上帝召唤你做的一件事！

有了热诚，纵然岁月霜染我们的头发，夺走我们的青春活力，我们依然能保持年轻人的精神风貌。它是老年时的光荣，就好像是青春的魅力一样；它甚至可以使一个老年人比年轻人更有力量。格莱斯顿 80 岁时，与有着相同理想的 25 岁年轻人相比，拥有十倍的活力。俾斯麦 80 岁的时候是多么的精力充沛！帕默斯顿勋爵 75 岁的时候第二次出任英国首相，81 岁逝世时还在首相的任上。伽利略 75 岁时，眼睛瞎了，身体十分虚弱，却依然每天工作，修正钟摆定律。使老年人充满活力的正是一个人内心如火的热诚。人们对白发垂髫者的尊敬在于，他们尽管身体虚弱、行动迟缓，却依然有一颗火热的心。《奥德赛》是一个双目失明的老人创作的，那个老人就是荷马。

"我写作并不是跟上帝的安排和意志作对，"弥尔顿说，当时他年迈眼花，贫穷艰苦，"但我心中的希望没有丝毫的减退，我将坚持到底，继续向前！"当他描写伊甸园里的第一对情侣的恋情时，岁月正无情地侵蚀着他的生命。

约翰逊博士最伟大的著作之一《诗人的生活》，是他 78 岁时写成的；牛顿写作他新定律的论纲时已经 83 岁了；柏拉图 81 岁逝世时还在著书立说；汤姆·斯科特在 86 岁时开始他的希伯来研究；詹姆士·瓦特 85 岁时还在学习德语；萨默维尔夫人完成她的《分子与显微科学》时已经 89 岁了；洪堡完成他的《宇宙论》时已 90 岁了，一个月后他就与世长辞了。

就像美一样，源源不断的热诚，使你永葆青春，让你的心中永远充满阳光。它固然是上天的馈赠，然而也是可以通过培养得到的。记得有一位伟人如此警告说："请用你的所有，换取对这个世界的理解。"我要这样说："请用你的所有，换取满腔的热情。"

热诚给懦弱者以新的勇气，给心灰意冷者以新的希望，给意志坚强之人以更强大的力量！

七个自我

◇[黎巴嫩]纪伯伦　廖　欣/译

万籁寂静的夜里,我半睡半醒地躺着,我的七个自我坐在一起,小声交谈。第一个自我说:“在这儿,在这个疯子身上,我寄居了很多年,整日无所事事,只能白天不断地咀嚼他的痛苦,晚上以他的悲伤自娱。我再也忍受不了这种命运了,现在我必须反抗。”

第二个自我说:“你的命运比我好多了,老兄。我只能是这个疯子的欢乐的化身。我为他的笑而笑,为他的幸福而歌唱,为他有见地的想法而用欢快的舞步跳舞。我倒的确应该反抗这无聊的生活了。”

第三个自我说:“我呢?我这喜欢受虐的化身,被狂野的激情之火和奢欲所驾驭,我的命运又如何呢?我,我这充满病态热情的化身才应该反抗这疯子。”

第四个自我说:“我,与你们相比,算是最悲惨的,我别无选择,只有仇恨和嫌恶。我,暴风雨的化身,降生于地狱黑洞里的我,才应该反抗这个疯子。”

第五个自我说:“不,该是我,思考的我,幻想的我,饥饿的我,注定要无休止地寻找未知的事物和尚未发明的事物。应该反抗的是我,而不是你们。”

第六个自我说:“我,工作的我,值得同情的劳动者,有着坚忍的手,渴望的眼睛,把日子编织得绚丽多彩,创造出各种新事物和永恒的形式。正是我,这个孤独者,应该反抗这个不知休息的疯子。”

第七个自我说:“你们都要反抗这个人,真是不可思议。因为你们每个人都有一种既定的命运。啊,我能像你们其中之一,有既定的命运就好了!我一无所有,我是无所事事的化身,坐在无声的空虚里,而你们都在忙着建筑生活。邻居们,到底是你们,还是我,应该反抗呢?”

第七个这样说了,其他六个都同情地看着他,什么也没可说。夜越来越深了,大家一个接着一个心甘情愿地睡着了。

但第七个自我还在观察、凝视着那藏在一切事物背后的虚无。

治疗嫉妒的药方

◇[英]罗　素

伯特兰·罗素(1872~1970),英国哲学家、数学家、逻辑学家。曾就读于剑桥大学三一学院,1893年获数学荣誉学士学位一级,改学哲学,次年获道德哲学荣誉学士学位一级。毕业后到德国学经济,受马克思主义影响。回国后在伦敦大学任教。1903年发表《数学原理》,并以论文《几何学基础》获三一学院研究员职位。1908年当选皇家学会会员。1912年发表《哲学问题》。一战期间,因参加和平主义者的活动,被处罚金,革职入狱。在狱中撰写《数理哲学导论》(1919)。1920年访问中国和苏联,著有《布尔什维主义的实践和理论》一书。1946年完成巨著《西方哲学史》。1950年获诺贝尔文学奖。晚年反对帝国主义侵略战争,曾参与召开国际战争罪审判法庭。生前最后三年出版了一生最优秀的著作之一《自传》。

使人不幸福的最主要的潜在原因,除了忧虑之外,下一个也许就是忌妒了。忌妒,可以说是人类最普遍的、最根深蒂固的一种情感。我们可以很明显地从还不满一岁的幼儿那里发现这种心理,因而这种心理必须引起每一位教育工作者的充分的重视。对一个孩子表示些微的偏爱,而对另一位稍有冷落,这立即就会被后一个孩子觉察出来,并引起憎恨。一个家庭里如果有几个孩子,做父母的就必须对每个孩子都绝对公平、始终一贯。但是儿童表露自己的忌妒和猜忌(忌妒的一种特殊形式)情感,比大人们更加直截公开一些。这种情绪在成年人那儿和在孩子们那儿一样普遍。就以女佣为例吧。我记得当我家的一位已婚的女佣人怀孕时,我们便让她别提重物了,这么一来,哪个女佣都不愿提重物了,结果凡是需要拎的重物,都得我们自己动手。忌妒是民主的基础。赫拉克利特曾经宣称,以弗所的公民们都应该被吊死,因为他们说过:“我们当中谁也不许出人头地。”希腊城邦国家的民主运动,几乎完全是由这种热情激起的。现代民主的兴起也是这样。

在普通的体面妇女中，忌妒起着一种相当大的作用。如果你正坐在地铁中，一位打扮入时的妇女正巧沿着车厢走过，这时请看其他妇女的眼光吧。你会看见，每一个女人，除了那几个打扮更为入时的女人以外，都会用带着恶意的眼光看她，会绞尽脑汁地想法贬损她。对流言蜚语的爱好就是这种普遍的恶意的表现；只要是有关别的女人的坏话，即便没有丝毫根据，也会马上被人相信。一种高尚的道德也起着同样的作用：那些有机会去触犯这一道德的人被人忌妒，并且对他们的恶行的惩罚被认为是一种美德。这种特殊形式的美德是对忌妒的一种奖掖。

然而，同样的情况确确实实也可以在男人中间看到，不同之处在于，女人把所有其他的女人都看做自己的竞争对手，而男人一般只对那些与自己同一个职业的男人有这种情感。读者们，你们是否也曾如此冒失，以至于在一位艺术家面前称赞另一位艺术家？你是否曾经在一位政治家面前称赞与他同属一个党派的另一位政治家？你是否曾经在一位埃及学家面前称赞另一位埃及学家？如果你这么说过，那么十有八九，你会引起那种猜忌情感的爆发。在莱布尼茨和惠更斯的通信中，有一部分信对传闻的牛顿患精神病一事表示悲叹。他们互相写道："无与伦比的天才牛顿先生竟然失去理智，变得糊涂起来，这岂不令人伤感？"这两位著名的人士，在一封接一封的信中，显然是在幸灾乐祸同时掉下几滴鳄鱼泪来。事实上，他们所假心假意为之哀叹的事情，根本没有发生，只不过是牛顿的少数古怪行为引起了这样一些谣言。

在通常的人性的所有特点中，忌妒是一种最不幸的情绪。不仅忌妒者希望别人不幸，只要不受惩罚，他就会付之行动，而且他自己也因忌妒而遭受不幸。他不是从自己的所有物中引出快乐，而是从别人的所有物中引出痛苦。只要能力允许，他就会设法剥夺别人的优点长处，仿佛这样干就能使他自己得到这些优点长处。如果这种情感任其泛滥，它就会对任何美德，甚至对最有用的特殊技巧的运用造成致命的伤害。为什么一个医生应该坐汽车去看他的病人，而工人只能走路上班？为什么科学研究者可以在一间温暖的房子里度过他的时光，而别人都得面对大自然的狂风暴雨？为什么一个具有重大价值的非凡才能的人，就可以免去他日常繁杂的家务劳动？对这些问题，忌妒缄口不语。不过，幸运的是，人性中有一种补偿性的情感，即羡慕情感。无论谁，如果他想增进自己的幸福，就必须增加羡慕情感，消除忌妒情感。

有什么方法可以治疗忌妒呢？对于圣人来说，药方就是无私精神，尽管即使在圣人的身上，对于其他圣人的忌妒也并不是绝对不可能的，举个例子来说吧，我怀疑圣西门·斯提来特一旦知道还有一个圣人能够在一条更窄的木柱上站得更为长久，他是否会觉得通体畅快。不过，别去说那些圣人吧。对于普通的饮食男女来说，治疗忌妒的唯一方法就是幸福；但麻烦的是，忌妒本身乃是幸福的一大障碍。我认为,人在此时遭受的不幸极大地刺激了忌妒心的形成。一个孩子发现自己的兄姐比自己更受人喜爱,便形成了忌妒的习惯。一旦走入社会,他就去寻找那些以自己作为牺牲对象的不公正现象,只要这类现象一发生,他就立即觉察出来;如果没有发生,他也会想象出它们的存在来。这种人必然是不幸福的,变得被朋友们所摒弃,因为他们不可能时刻提醒自己,以免做出那种被假想的微小过失来。开始时,他认为没有人喜欢自己,后来他用自己的行为证实了自己的看法。儿童时代的另一个不幸是,孩子虽有父母却得不到父母的疼爱,这也会导致相同的结果。在自己家里虽然没有受到过分宠爱的兄弟姐妹,但孩子会发现别人家的小孩比起自己来,受到了更多的父母之爱。这会引起他忌恨别的孩子,仇恨自己的父母;长大以后,他便会认为自己成了依希玛利。有几种幸福是人天生的自然权利,要是被剥夺了这些幸福,人人都必然变得乖戾暴躁。

但是忌妒的人也许会说:"告诉我幸福是治疗忌妒的良方有什么好处?只要我继续有忌妒心,我就不能找到幸福;你们却告诉我,在我找到幸福之前,我是不会抛弃忌妒心的。"但是现实生活永远不会有如此强的逻辑性。仅仅认识到某人自身的忌妒心的原因,就是在治疗的道路上迈进了一大步。比较性思维习惯是一个致命的弱点。当任何快乐的事情发生时,都应该去尽情地享受,不要停下来想:同别人可能会碰到的事情比较起来,自己的事情并不怎么叫人快乐。"是的,"忌妒的人往往会说,"今天的天气多么灿烂,春意盎然,鸟儿在尽情地歌唱,鲜花在烂漫地盛开。但我知道,西西里的春天更要美丽一千倍,赫利孔丛林中的鸟儿歌唱得更清脆动听,沙伦的玫瑰比我家花城的玫瑰盛开得更鲜艳妩媚。"经他这么一想,阳光失去了光芒,鸟儿的歌声变成了无聊的嘈杂,鲜花似乎都不值得一看。对生活中其他方面的快乐他也采取同样的态度。"是的",他去自言自语,"我心中的姑娘是可爱的,我爱她,她也爱我,但是希巴女王一定可爱美丽得多!唉,要是我有所罗门王那样的机会该多好呀!"所有这些比较都是毫无意义的,愚蠢之极的!不管是把希巴女王还是隔壁邻居当作自己不满的原因,两者都是无益的。对于聪明人来说,他绝不会因为别人拥有自己没有的东西,就停止享受自己已有的东西。事实上,忌妒是一种缺陷,部分是道德上的,部分是智力上的,它永远看不见事物本身,而只看见事物之间的关系。让我打个比方吧。我挣的工资已经足够我花费了。我应该满足了,但这时我又听说,某个一点也不比我高明的人,挣的工资却是我的两倍。如果我是一个忌妒的人,霎时,我对自己拥有的东西的满足感便消失了,我深深地陷入一种不公正感之中。治疗这一切的有效办法是心理修养,即使自己不去想无益的事情的习惯。说到底,又有什么比幸福更值得忌妒?要是我能治好自己的忌妒心,我就能获得幸福,从而变得被别人忌妒。那个挣的工资比我高两倍的人，毫无疑问他也被同样的心思困扰着，因为另一个人反过来比他挣的工资还多两倍。这种情况可以无限递进。如果你渴望荣耀，你可能会忌妒拿破仑，但拿破仑忌妒恺撒，恺撒忌妒亚历山大，而亚历山大，我敢说，忌妒海克力斯。而后者根本就不曾存在过！因而仅仅通过成功的获得，你不能摆脱忌妒心，因为在历史上或在传说中，总有一些人比你更为成功。你可以通过享受自己得到的快乐，通过去做自己必须要做的事，通过避免将自己与想象中的、可能是相当虚假的、比自己更加幸运的人相比较，来摆脱忌妒心。

当然，忌妒是与竞争紧紧联系在一起的。我们对自己认为毫无希望达到的幸运是不会忌妒的。在那个社会等级森严固定的时代，最下等的阶层是不会去忌妒上等阶层的，因为贫富之间的界限被认为是由上帝指定的。乞丐不会忌妒百万富翁，即使他们会忌妒那些比自己更为成功的乞丐。

现代世界中社会地位的变动不居，以及民主和社会主义的平等学说，极大地拓展了忌妒的范围。在现在看来，这是一种邪恶，但是为了达到一种更为公正的社会制度，这种邪恶必须忍受。当对不平等进行一种理性的思考时，除非它们是基于一种应得价值的高度，否则便会被视为不公正。一旦这种不平等被视为不公正，除了把它消除，对由此引起的忌妒是没有其他解决办法的。我们的时代因此是一个忌妒心起着奇特作用的时代。

穷人忌妒富人，穷国忌妒富国，女人忌妒男人，坚守贞操的女人忌妒那些虽然不守贞操、却并未因此遭受惩罚的女人。一方面，忌妒的确是不同阶层、民族、国家、性别之间公正关系的主要推动力；但在另一同样确实的方面，这种作为忌妒结果的公正很可能是一种极坏的公正，因为这种公正与其说是增加了不幸者的快乐，毋宁说减少了幸运者的欢乐。在个人生活中起着严重破坏作用的热情在公共生活中起着同样的作用。因此别以为从忌妒这样的邪恶情感中会产生出什么好的结果。那些出于理想主义的原因，希望在我们的社会制度中实现深刻的变革，或希望社会公正得到极大发展的人，必须去寻求其他的力量——而不是忌妒心——来促进这些变革的发生。

安　详

◇王　蒙

王蒙，当代著名作家。原籍河北，1934年生于北京。20世纪50年代任青年团干部，1955年发表第一篇小说《小豆儿》，1956年以《组织部新来的青年人》引起轰动，1957年因这篇小说被划为右派。1962年到北京师范学校任教。1963年赴边疆生活工作，进行思想改造，曾任汉语翻译。1978年调回作协北京分会。1979年平反。1983年开始任《人民文学》主编。1986年当选中共中央委员，任中国作协副主席、书记处书记，同年6月任文化部部长。出版小说集、长篇小说、评论集等多本。其创作一直求变求新，领风气之先，其中《最宝贵的》、《悠悠寸草心》、《春之声》、《蝴蝶》、《相见时难》先后获全国优秀短、中篇小说奖。他也曾获得意大利的蒙德罗文学奖和日本创作学会的"和平文化奖"等。

我很喜欢、很向往的一种状态，叫做——安详。

活着是件麻烦的事情，焦灼、急躁、忿忿不平的时候多，而安宁、平静、沉着有定的时候少。

常常抱怨旁人不理解自己的人糊涂了。人人都渴望理解，这正说明理解并不容易，被理解就更难，用无止无休的抱怨、理解、辩论、大喊大叫去求得理解，更是只会把人吓跑的了。

不理解本身应该是可以理解的。理解"不理解"，这是理解的初步，也是寻求理解的前提。你连别人为什么不理解你都理解不了，你又怎么能理解别人？一个不理解别人的人，又怎么要求旁人的理解呢？

不要过分地依赖语言。不要总是企图在语言上占上风。语言解不开的事实可以解开。语言解开了而事实没有解开的话，语言就会失去价值，甚至于只能添乱。动辄想到让事实说话的人比起动不动就想说倒一大片的人更安详。

不要以为有了这个就会有那个。不要以为有了名声就有了信誉。不要以为有了成就就有了幸福。不要以为有了权力就有了威望。不要以为这件事做好了下一件事也一定做得好。

有人崇拜名牌,有人更喜欢挑剔名牌;有人承认成就,更有人因为旁人的成就而虎视眈眈;有人渴望权力,也有无数只眼睛盯着你权力的运用。一个成功可以带来一连串成功,也可以因为你的狂妄恣肆而大败特败。没有这一面的道理,只有那一面的道理,就没有戏看了。

安详属于强者,骄躁流露幼稚。安详属于智者,气急败坏显得可笑。安详属于信心,大吵大闹暴露了其实没有多少底气。

安详也有被破坏的时候,喜怒哀乐都是人之常情。问题是,喜完了怒完了哀完了乐完了能不能及时回到安详状态上来,如果动不动就闹腾,如果动不动就要拽住每一个人,论述自己的正确,如果要求自己的配偶自己的孩子自己的下属无休止地论证自己是多么多么地好,如果看到花没有按自己的意愿开果没有按自己的尺寸长就伤心顿足;您应该寻求心理医生的帮助。

安详方能静观。观察方能判断。明断方能行动。有条有理,不慌不乱,如烹小鲜,庶几可以谈学问矣。

童年常听到一种俗话:形容一个人气急败坏为“急得抓蝎子”。如果您对,急什么?如果您差劲,越躁越没有用。动不动摆出一副抓蝎子的样子,以为这种样子可以动人唬人,实属可叹可恶。《红楼梦》里的赵姨娘就是个动辄“抓蝎子”的人,我要以她为戒。一个人的能力有大小,至少不必活得那么痛苦,给旁人带来那么多的不快。

宽恕之心

◇[澳大利亚]安德鲁·马修斯

“一只脚踩扁了紫罗兰,它却把香味留在那脚跟上,这就是宽恕。”

我们常在自己脑子里预设了一些规定,认为别人应该有什么样的行为。如果对方违反规定,就会引起我们的怨恨。其实,因为别人对“我们”的规定置之不理,就感到怨恨,不是很可笑吗?

大多数人都一直以为,只要我们不原谅对方,就可以让对方得到一些教训，也就是说："只要我不原谅你，你就没有好日子过。"其实，倒霉的人是我们自己：一肚子窝囊气，甚至连觉也睡不好。

下次觉得怨恨一个人时，闭上眼睛，体会一下你的感觉，感受一下你的身体，你会发现：让别人自觉有罪，你也不会快乐。

一个人爱怎么做就怎么做，能明白什么道理就明白什么道理。你要不要让他感到愧疚，对他都差别不大——但是却会"破坏你的生活"。万事不由人，台风带来豪雨，你家地下室变成一片泽国，你能说"我永远也不原谅天气"吗？万一海鸥在你的头上排泄，你会痛恨海鸥吗？既然如此，又为什么要怨恨别人呢？我们没有权力控制风雨和海鸥，也同样无权控制他人。老天爷不是靠怪罪人类来运作世界的——所有对别人的埋怨、责备都是人类造出来的。

谈到宽恕，首先就要原谅父母。天下没有十全十美的父母，他们当然并不完美。而且当年你还小的时候，市面上也还没有现在流行的一百分父母之类的育儿经，令尊令堂除了自己摸索门路外，还有许许多多其他事要操心！不论他们有什么不对的地方，都已经是陈年往事了。只要你一天不能原谅父母，就一天不能心安理得地过日子。

你或许会问："如果有人做了非常恶劣的事，我还要原谅他吗？"

我有一个朋友，名叫山迪·麦葛利格。1987 年 1 月，一名精神病患者持枪冲进他家，射杀了他三个花样年华的女儿。这场悲剧使山迪陷入痛苦的深渊，几乎没有人能体会他的悲痛与愤怒。

随着时间的流逝，他在朋友的劝慰下体会到，要使自己的生活步上常轨，唯一的办法是抛开愤怒，原谅那名凶手。目前，山迪把所有时间用来帮助别人获得心灵的平静及宽恕他人。从他的经验可以证明，即使是遭逢剧变所引起的怨恨，在人性中也依然可以释怀。如果你问山迪，他会告诉你，他抛开愤怒是为了自己，希望自己好好活下去。

我发现，和山迪经验相似的人大致可以分成两种：第一种人始终生活在愤怒及痛苦的阴影下，第二种人却能得到超乎常人的同情心与深度。

令人心碎的事、大病、孤寂和绝望每个人都难以幸免。失去珍贵的东西之后，总有一段伤心的时期。问题是，你最后到底变得更坚强还是更软弱？

谦　逊

◇[苏联]苏霍姆林斯基

苏霍姆林斯基(1918~1970),苏联教育家。参加过卫国战争,1942年负重伤后,回到热爱着的教育岗位,1948年到1970年间一直是巴甫雷什中学的校长。在长期的教学工作和教育研究中,著有41部专著和小册子,600多篇论文,约1200篇文艺作品——供孩子们阅读的故事和童话。其中许多著作已经译成30多种文字在国内外出版。他生前是乌克兰共和国的功勋教师、苏联教育科学院通讯院士,曾获得两枚列宁勋章、多枚乌申斯基和马卡连柯奖章,被人们称为"教育思想泰斗"。他的书被称为"活的教育学"、"学校生活的百科全书",他所领导的巴甫雷什中学被列为世界上著名的实验学校之一。

人们称谦逊为一切美德的皇冠,因为它将自觉的纪律、天职、义务以及意志的自由和谐地融会到一起。

要善于正确看待自己的优缺点。无论人家怎样夸奖你,你都要明白,你还远不是个尽善尽美的人。你要懂得,人们赞扬你,多半是要求你这样进行自我教育:怎样才能做得更好。如果你不再进行自我锻炼和自我教育——那就是一种自高自大的表现。

学习是你品格表现的最重要领域。谦逊是生活理想形成过程中很重要的东西。你应当正确看待自己,冷静地估计自己能做些什么,在对未来提出主张和计划的时候,你越是谦逊,为克服困难和达到似乎不可能达到的目标时,你身上表现出来的毅力就越大。

凡是能够谦逊地估计自己能力的人,在掌握知识时都会获得很大的成就。

谦逊是爱好劳动、尽心竭力、坚定顽强的亲姊妹。夸夸其谈的人从来不是勤奋的劳动者。脑力劳动是一种需要非常实际、非常清醒、非常认真的劳动,而这一切又构成谦逊的品德——谦逊好像是天平，人用它可以测出自己的分量。傲慢具有很大的危险性——这是现代人常见的通病，它往往表现在：把对于某种复杂事物的模糊的、肤浅的、表面的印象当做知识。

做一个谦逊的人——就是说要做一个对别人的微小缺点宽宏大量的人，假如这些缺点并不能对社会构成危险的话。要是每个人对别人严格要求时都以这条规则为准绳，要是每个人不但善于要求别人，而且善于不去注意别人的小缺点，善于体谅、宽容，那么，人们的生活就会轻松得多——我们每个人是这样，整个社会也是这样。许多不幸之所以发生，都是由于很多人只对别人要求严格，而对自己则不然，即所谓严以待人，宽以律己。正因为这样，在生活中才发生了人与人之间的争吵、冲突、家庭悲剧，也因此出现了不幸的儿童。人们称谦逊为一切美德的皇冠，因为它将自觉的纪律、天职、义务以及意志的自由和谐地融会到一起。一个谦逊的人如果将自己身上一切值得赞扬的东西都看做是应该的、理所当然的，那么他就会将纪律当做真正的自由，并且为之努力奋斗。

点燃蜡烛

◇[加纳]科菲·安南

科菲·安南1938年生于加纳库马西市，先后就读于加纳库马西理工大学、美国明尼苏达州麦卡莱斯特学院、日内瓦高等教育大学、美国麻省理工学院，曾获得经济学学士和管理学硕士学位，精通英、法语和数种非洲语。20世纪60年代起先后在联合国各办事处和世界卫生组织工作。1974年中东“十月战争”后任联合国驻开罗紧急部队民事长官。20世纪80年代初调回联合国总部历任人事和财政部门的领导工作。1986年任联合国助理秘书长。1990年海湾战争后负责同伊拉克谈判。1993年3月任联合国维和副秘书长，曾作为负责前南地区的联合国秘书长特使和赴北约特使。1996年12月17日，被任命为联合国第七任秘书长。1997年1月1日正式就职，任期5年。2001年6月联大通过安理会提名安南连任秘书长，任期至2006年12月31日。同年与联合国同获诺贝尔和平奖。

在我的孩提时代，看见一架飞机在天上飞来飞去是件非常稀罕的事情，接到几英里之外的一个电话亦是如此。我们没有电视，计算机更是听都没听说过。这仅仅是50年以前。

你们长大成人的这个世界却完全不同。只要轻点鼠标，来自不同大洲的人们就可以交谈。发送电子邮件只是几秒钟的事情，不管你是居住在美国、日本、非洲还是南美。

这是一件了不起的事情。一个重要的事实是：世界只有一个，这是我们的世界。在这个世界上，我们都是通过互相学习才走向成熟的。

直到21岁我才发现这一点。当时我来到美国，到圣保罗的麦卡莱斯特学院学习。我来自一个热带国家，所以发现在明尼苏达州的冬季穿上厚重的衣服是多么的臃肿和不便。尽管我接受了这一点，但当我感到寒冷时我还是下决心不戴耳套，我认为它们丑陋不堪。然后，某一天我出去吃饭，耳朵几乎冻掉了。告诉你们，我赶紧买了一副大得不能再大的耳套。

从这次经历中我得知，不要假装比当地人知道得还多，要多听多看。

计算机和调制解调器有助于世界各地的人进行交流。我们也许拥有不同的宗教、不同的语言和不同的肤色，但我们同属于人类。我们拥有同样的基本价值观念。

设想一下，如果你看到一辆高速行驶的汽车向一名年龄比你小的儿童冲过来，你怎么办？你不会停下来想一想，你会毫不犹豫地冲上去救那个孩子——尽管这意味着让你自己身处险境。你会成为英雄。这是人类的本能。这就是为什么我们说那些为人正派、乐于助人的人富有人情味，而称那些对别人做下坏事的人没有人情味的原因。我们知道，人类本性有恶的一面，但我们还知道人类可以超越这一点。我们愿意认为好的一面才是人类真正的一面，这就是为什么我们谈论“人权”的原因。而“人权”是我们中的每个人都有权从同在一片蓝天下的人们那里得到的东西。

50多年前，有一位女士名叫埃莉诺·罗斯福，就是她帮助我们理解了这一点。她的丈夫富兰克林·罗斯福是美国总统。在第二次世界大战期间，正是他领导盟国进行自卫，抵御来犯的邪恶的人。这些恶人使成千上万的人沦为奴隶、命丧黄泉，并且一心想支配他人。

罗斯福总统希望这段历史永远不要重演，于是他帮助成立了一个组织。在这个组织里，各国可以聚到一起，化干戈为玉帛，和平解决他们的问题。这个组织就是联合国。我如今的工作就是确保联合国继续执行这个至关重要的任务。

令人悲哀的是，富兰克林·罗斯福事业未竟就已撒手人寰。但埃莉诺希望把这项工作继续下去。她认识到只把各国领导人聚集在一起是不够的，确保普通人受到各自政府的正确对待也是十分重要的。

于是，埃莉诺与来自许多国家的人起草了一份重要文件——《世界人权宣言》。它的主旨是人类应该自由地按自己的方式生活，只要不损害他人的利益。

你们也许会问我："这行得通吗？人人都会按照《宣言》的规定来为人处世吗？"我老实告诉你们："不会。"目前对这个世界上的许多人来说，所处的环境各不相同。某些人生活优裕，衣食无忧，而他们的邻居却食不果腹。许多社区生活在和平之中，而生活在附近社区中的许多人却被战争夺去了生命。某些儿童之间尽管远隔重洋，但可以通过电子邮件进行交流，而有些孩子由于无法上学而目不识丁。

而且，我不得不遗憾地说，孩子们仍在憎恨或者害怕他们邻居的教育中长大，仅仅是因为邻居们说不同的语言，或者去不同的教堂。

也许会有人说："如果情况几乎没有发生什么变化，那么拥有这样一份宣言还有什么意义呢？"因为只有当足够多的人决定为改变局势尽一份力时，情况才会变得更好。

让我告诉你们一个例子：地雷。

地雷是十分可怕的武器。它们埋藏在地下，人一旦踩到上面，就会被炸得血肉横飞。战争结束了，地雷却留了下来。几年后，仍有无辜的人们深受其害——或丢掉性命，或肢体残缺。受害的常常是孩子们。当他们在田间地头戏耍，或者在小巷曲径上奔跑嬉闹时，不幸就会踩上地雷。

许多人希望阻止这种事情发生，于是他们在互联网上互相联络，发起了国际禁止地雷运动。他们组织开会，发送成千上万封信件和邮件。结果，去年许多国家签署了一项条约，承诺不再制造或者销售地雷。

我担心我们仍要花很长的时间才会使地雷完完全全从这个世界上消失。但这项条约表明，只要普通人为了一个共同的目的聚集一堂，局面就可以改观。这使我回到这样一个令人鼓舞的问题上："为了使世界变得更美好，我能做些什么？"

对所有的孩子们，我的回答是：看看你的周围。去了解那些与你的生活方式迥异的人，发现你与他们的共同点。当你发现某些事情不对头时，不管问题有多大，都要想一想："能不能改变一点？我们如何才能携手合作？"由于计算机技术，你们如今可以在世界各地找到志同道合的人。

许多年前，人们在提到埃莉诺时说："她会点燃一根蜡烛，而不是诅咒黑暗。"我希望有朝一日，这种说法也适用到你们身上。

正　义

◇朱自清

朱自清(1898~1948),散文家,诗人。原名自华,号秋实,后改名自清,字佩弦。原籍浙江绍兴,生于江苏东海,后随祖父、父亲定居扬州。1919年2月发表新诗处女作《睡罢,小小的人》。他是五四运动的参加者,受五四浪潮的影响走上文学道路。1923年发表长诗《毁灭》,写过《桨声灯影里的秦淮河》等优美散文。1925年8月到清华大学任教,开始研究中国古典文学,创作以散文为主。1927年写了脍炙人口的名篇《背影》、《荷塘月色》。1931年留学英国,漫游欧洲,回国后写成《欧游杂记》。1932年9月任清华大学中文系主任。1937年抗战爆发,随校南迁至昆明,任西南联大教授,讲授《宋诗》、《文辞研究》等课程。这一时期曾撰写散文《语义影》。1946年返京,任清华大学中文系主任。北京解放前夕,因贫病辞世。

人间的正义是在哪里呢?

正义是在我们的心里!从明哲的教训和见闻的意义中,我们不是得着大批的正义么?但白白的搁在心里,谁也不去取用,却至少是可惜的事。两石白米堆在屋里,总要吃它干净;两箱衣服堆在屋里,总要轮流穿换;一大堆正义却扔在一旁,满不理会;我们真大方,真舍得!看来正义这东西也真贱,竟抵不上白米的一个尖儿,衣服的一个扣儿。——爽性用它不着,倒也罢了,谁都又装出一副发急的样子,张张皇皇的寻觅着。这个葫芦里卖的什么药?我的聪明的同伴呀,我真想不通了!

我不曾见过正义的面,只见过它的弯曲的影儿——在"自我"的唇边,在"威权"的面前,在"他人"的背后。

正义可以做幌子,一个漂亮的幌子,所以谁都愿意念着它的名字。"我是正经人,我要做正经事",谁都向他的同伴这样隐隐的自诩着。但是除了用以"自诩"之外,正义对于他还有什么作用呢?他独自一个时,在生人中间时,早忘了它的名字,而去创造"自己的正义"了!他所给予正义的,只是让它的影儿在他的唇边闪烁一番而已。但是,这毕竟不算十分孤负正义,比那凭着正义的名字以行罪恶的,还胜一筹。可怕的正是这种假名行恶的人。他嘴里唱着正义的名字,手里却满满的握着罪恶;他将这些罪恶送给社会,粘上金碧辉煌的正义的签条送了去。社会凭着他所唱的名字和所粘的签条,欣然受了这份礼;就是明知道是罪恶,也还是欣然受了这份礼!易卜生《社会栋梁》一出戏,就是这种情形。这种人的唇边,虽更频繁的闪烁着正义的弯曲的影儿,但是深藏在他们心底的正义,只怕早已霉了,烂了,且将毁灭了。在这些人里,我见不着正义!

在亲子之间,师傅学徒之间,军官兵士之间,上司属僚之间,似乎有正义可见了,但是也不然。卑幼大抵顺从他们长上的,长上要施行正义于他们,他们诚然是不"能"违抗的——甚至"父教子死,子不得不死"一类话也说出来了。他们发见有形的扑鞭和无形的赏罚在长上们的背后,怎敢去违抗呢?长上们凭着威权的名字施行正义,他们怎敢不遵呢?但是你私下问他们,"信么?服么?"他们必摇摇他们的头,甚至还奋起他们的双拳呢!这正是因为长上们不凭着正义的名字而施行正义的缘故了。这种正义只能由长上行于卑幼,卑幼是不能行于长上的,所以是偏颇的;这种正义只能施于卑幼,而不能施于他人,所以是破碎的;这种正义受着威权的鼓弄,有时不免要扩大到它的应有的轮廓之外,那时它又是肥大的。这些仍旧只是正义的弯曲的影儿。不凭着正义的名字而施行正义,我在这等人里,仍旧见不着它!

在没有威权的地方,正义的影儿更弯曲了。名位与金钱的面前,正义只剩淡如水的微痕了。你瞧现在一班大人先生见了所谓督军等人的劲儿!他们未必愿意如此的,但是一当了面,估量着对手的名位,就不免心里一软,自然要给他一些面子——于是不知不觉的就敷衍起来了。至于平常的人,偶然见了所谓名流,也不免要吃一惊,那时就是心里有一百二十个不以为然,也只好姑且放下,另做出一番"足恭"的样子,以表倾慕之诚。所以一班达官通人,差不多是正义的化外之民,他们所做的都是合于正义的,乃至他们所做的就是正义了!——在他们实在无所谓正义与否了。呀!这样,正义岂不已经沦亡了?却又不然。须知我只说"面前"是无正义的,"背后"的正义却幸而还保留着。社会的维持,大部分或者就靠着这背后的正义罢。但是背后的正义,力量究竟是有限的,因为隔开一层,不由的就单弱了。一个为富不仁的人,背后虽然免不了人们的指摘,面前却只有恭敬。一个华服翩翩的人,犯了违警律,就是警察也要让他五分。这就是我们的正义了!我们的正义百分之九十九是在背后的,而在极亲近的人间,有时连这个背后的正义也没有!因为太亲近了,什么也可以原谅了,什么也可以马虎了,正义就任怎么弯曲也可以了。背后的正义只有存生疏的人们间。生疏的人们间，没有什么密切的关系，自然可以用上正义这个幌子。至于一定要到背后才叫出正义来，那全是为了情面的缘故。情面的根柢大概也是一种同情，一种廉价的同情。现在的人们只喜欢廉价的东西，在正义与情面两者中，就尽先取了情面，而将正义放在背后。在极亲近的人间，情面的优先权到了最大限度，正义就几乎等于零，就是在背后也没有了。背后的正义虽也有相当的力量，但是比起面前的正义就大大的不同，启发与戒惧的功能都如搀了水的薄薄的牛乳似的——于是仍旧只算是一个弯曲的影儿。在这些人里。我更见不着正义！

人间的正义究竟是在那里呢？满藏在我们心里！为什么不取出来呢？它没有优先权！在我们心里，第一个尖儿是自私，其余就是威权，势力，亲疏，情面等等；等到这些角色一一演毕，才轮得到我们可怜的正义。你想，时候已经晚了，它还有出台的机会么？没有！所以你要正义出台，你就得排除一切，让它做第一个尖儿。你得凭着它自己的名字叫它出台。你还得抖擞精神，准备一副好身手，因为它是初出台的角儿，捣乱的人必多，你得准备着打——不打不成相识呀！打得站住了脚携住了手，那时我们就能从容的瞻仰正义的面目了。

我的心灵没有说谎的嗜好

◇[法]蒙　田　蒙　克/译

蒙田(1533~1592)，文艺复兴时期法国思想家，散文作家，启蒙运动以前法国的一位知识权威和批评家，也是一位人类感情的冷峻的观察家，亦是对各民族文化，特别是西方文化进行冷静研究的学者。他的随笔内容广泛，说理明畅生动，有“蒙田式散文”之美称。他的主要著作是三卷本的《随笔集》，内容包罗万象，大至社会人生，小至草木鱼虫，随意挥洒，汪洋恣意。他的作品风格影响了卢梭、培根、莎士比亚以及爱默生等，被公认为伟大的作家、写随笔的巨匠。

我宁可自己所有的事情都遭致失败，也不愿放弃自己的信念以追求事情的成功，因为我对如今十分入时的虚伪美德深恶痛绝，没有一种比它更卑鄙、更无耻。这种卑躬屈膝的恶习，用一种假面具来伪装打扮自己，不让别人看见其真实面目。我们这个时代的人已学会了背信弃义，他们不得不说假话，说过的话也不讲信用，而且也不会遭到良心的谴责。心灵高尚的人不会掩饰自己的思想，而是敞开心扉，让人看到自己的心灵深处，至少这一切都充满了人情味。

亚里士多德认为，心灵的高尚之处在于能公开说出自己的爱恨，能十分坦诚地评论各种事情，能为了真理不顾到人的赞成或反对。

这些都是美德的基本部分。为了美德必须爱美德。有人说真话，是因为某些原因而不得不这样做，或是因为这样对他更有利，在无关紧要的情况下说实话的人不能算作诚实人。我的心灵没有说谎的嗜好，一想到说谎就会恶心。

我有一种廉耻之心，如我说了谎话，良心就会备受折磨。有时我也说谎话，那是在我遇到意外，无法进行仔细辨析的情况下才说的。

不需在任何时候都把自己的想法和盘托出，这样做是愚蠢的，但你所说的都应是真实的，否则就是别有用心。那些没完没了地说谎和弄虚作假的人，他们唯一能获得的好处，就是即使讲了实话，大家也不会信任他们。

谎话只能欺骗别人一次两次，把弄虚作假变成自己的习惯并以此为荣，如同某些君王一样，假如他们的衬衫知道了他们的真实意图，他们就把它扔进火里，还说谁不会弄虚作假，谁就不会统治。倘若失去了诚实，那么这个人越聪颖机智，就越是可恶、可疑。既然这些人所说的话人们都不相信，真不明白他们在与别人交往时究竟指望些什么。谁对其理不诚实，对谎话也不会诚实。

有些人在评论某位君王时，只谈论他处理国家事务时获得的利益，而忽视了他为维护自己的信义和良心而作的努力。但他们的意见只适合那些用背信弃义的方法处事的君王。实际上，君王们常常会使用这种方法去媾和或缔结条约。利益使他们做出第一件背信弃义的事，但这第一次获利却给他带来了难以数计的损害。因背信弃义，这位君王失去了与其他君王的良好关系，并再也无法与他们达成一致意见。

才智与品质

◇[英]查斯特菲尔德　黄　蓓　吴瑞君/译

查斯特菲尔德勋爵(1694~1773),英国著名政治家、外交家及文学家。曾就读于剑桥大学,并游学欧洲大陆,1726年继承爵位,1728年出使荷兰,曾任爱尔兰总督及国务大臣等职位。与他同时代的文学家波普、艾略特、爱迪生、斯威夫特等过往甚密。他写的《查斯特菲尔德勋爵给独生子菲利浦的信》是世界第一本充满人间亲情和智慧的人际关系与礼仪经典,成为有史以来最受推崇的家书,被誉为"一部使人脱胎换骨的道德和礼仪全书"。牛津大学出版社更是将其列入该社《世界经典》之一。这本书世世代代流行于英国上流社会,被誉为绅士们的"教科书"。

我不能肯定上帝是否赐予了你聪慧，但我希望上帝在赐予你智慧的同时,也给予了你最基本的判断是非的能力,使你的聪慧都用在恰当的地方,就如同要求你把剑好好地插在剑鞘中,而不是胡乱地挥舞一样。如果你拥有了这样的聪慧,即使你不刻意地运用,它都会自然而然地流露出来。要知道,在这种情况下,即使真理被颠覆,你所具备的聪明才智也会不断寻求答案以证明真理所在。

聪慧是一种闪光耀眼的才能,以至于每个人都会称颂它而且绝大多数人想得到它。但人们又敬畏它,除了已经拥有它的人以外,极少有人爱慕它。每个人都必然拥有自身的聪慧之处,但与此同时,也必须承认他人也有其个人的独到之处。若将个人的聪慧运用于讽刺他人,这就是一种非常不道德的行为。在讽刺他人的过程中,或许可以表现出一个人的聪明才智,但只有蠢人才会认为讽刺本身就是聪慧。一个真正拥有聪明才智的人,一定会找到更多、更合适的方法来表现自己。

愈是聪明的人愈应该向他人展现出自己良好的本质和优雅的言行举止,使人们不得不承认你所具备的优良品质确实难能可贵。你要学会以集体中其他成员的言行标准来要求自己。自由交谈的时候,他人能够接受的是一个言行自由的交流环境,而不能忍受任何一个人以自我为中心的侃侃而谈。

智慧之光是那样耀眼非凡,其特征很难被确切地描述出来。如果你有值得称道之处,不要只相信自己所听到的,你还应当相信自己的眼睛,你会从一个精良集体中其他成员的脸色中判断出,他们的赞许和批评才是对你最确切的评价。当然,你需要仔细地观察,从而判断自己到底是不是他们正寻求、期盼并从在某种意义上说是会和他们共同进退的那种人。就算你是,这也不能完全证明你的才智。所以,不能单凭别人的笑容或几句好话就眉飞色舞。

智者所展现出的聪明才智与其所得总不会相差很大。因此,只有满足于自己良好的感性和理性思维判断力,才能使你在这群同样出色的人当中长久地受到欢迎。如果你发挥出的聪明才智有些出人意料,也不要刻意地想让自己继续发挥超常。你要牢记一点,也许你会因为自己的才智而受到他人的敬慕;但是,只有你具备了良好的品质,你才能真正被人爱戴。

善　　良

◇王　蒙

善良似乎是一个早就过了时的字眼。在生存竞争中,在各种各样的人际关系中,利益原则与实力原则似乎早已就代替了道德原则。

我们当然也知道某些情况下一味善良的不足恃。我们听过不少关于善良即愚蠢的寓言故事。东郭先生,农夫与蛇,善良的农夫与东郭先生是多么可笑呀。故事告诉我们,如果你的对象是狼或者蛇,善良就是自取灭亡,善良就是死了活该,善良就是帮助恶狼或是毒蛇,善良就是白痴。

但我们也不妨想一想,那些需要帮助的人当中,那些等待着向他们伸出善良的援助之手的冻僵者或是重伤者当中,有多大比例是毒蛇或者恶狼。我们还要问,宇宙万物中,有多大比例是毒蛇和恶狼。为了有限的毒蛇和恶狼而不惜将一切视为毒蛇和恶狼,不惜以对付毒蛇与恶狼的法则为自己的圭臬,请问这是一种什么疾病?

我们还可以问一下,我们以对待毒蛇和恶狼的态度对待过的那些倒霉蛋当中,又有多少人是经得住时间考验的当真的毒蛇和恶狼。如果说,面对毒蛇和恶狼而一味善良便是糊涂的农夫或东郭先生;那么面对并非毒蛇或恶狼的人却是坚决以对待毒蛇或恶狼的态度对待之,我们成了什么了呢?是不是我们自己有点向蛇或狼靠拢呢?

善良与凶恶相对的时候,前者显得是多么稚弱而后者显得是多么强大呀。凶恶会毫不犹豫地向善良施出毒手,而善良却处于不设防乃至不抵抗的地位。凶恶是无所不为的,凶恶因而拥有各种各样的武器;而善良是有所不为的,善良的武器比凶恶少得多。善良常常败在凶恶手下。

然而人们还是喜欢善良,欢迎善良,向往善良。善良才有幸福,善良才能和平愉快地彼此相处,善良才能把精力集中在建设性的有意义的事情上,善良才能摆脱没完没了的恶斗与自我消耗,善良才能实现健康的起码是正常的局面,善良才能天下太平。

这就是善良的力量。善良的力量就在于她是人的。她属于人,她属于历史属于文明属于理性属于科学。她属于更文明更高尚更发展得良好的人,它属于更文明更民主更发展更富强的社会。

凶恶每"战胜"一次善良就把自己压缩了一次,因为它宣告了自己的丑恶;善良每败于凶恶一次,就把自己弘扬了一次,因为它宣扬了自己的光明。

善良也是一种智慧,是一种远见,是一种自信,是一种精神力量,是一种精神的平安,是一种以逸代劳的沉稳;是一种文化,是一种快乐,一种乐观。

善良可以与天真也可以与成熟的超拔联系在一起。多数情况下善良之不为恶非不能也,是不为也。善良的人不是不会自卫和抗争,只是不滥用这种"正当防卫"的权利罢了。往往是这样,小孩子是善良的,真正渗透了人生与世界的强大的人也是善良的,而一瓶子不满半瓶子晃荡的人最不善良。

君子坦荡荡,小人常戚戚。恶人更是常常四面楚歌,如临大敌,其鸣也凄厉,其行也荒唐,其和也寡,其心也惶惶。而善良者微笑着面对现实,永远不丧失对于世界和人类、祖国、友人、理想的信心。

我喜欢善良。我不喜欢凶恶。我认为即使自以为是百分之百地代表着真理和正义也不应该滥恶,滥恶本身就不是正义了。我相信,国人终归会愈来愈善良而不是相反,在例如"文革"当中,凶恶不是已经出尽风头了么?凶恶不是披尽了"迷彩服"了吗?后来又怎么样了呢?

忍耐与宽容

◇[日]松下幸之助　肖秀清/译

你爱吃鱼，我爱吃肉，虽然嗜好各有不同，但缘分安排我们一桌共食，我们也都吃到了自己喜欢的东西，这很好。

如果我们能承认品质各有差异的客观存在，便会对彼此的差异感到快乐。你有你的思考方式，我有我的思考方式，若是我们都能互相学习，彼此宽容，就能一团和气。

无论彼此有何不同，你我都各有长处与缺点，如果我们能学习别人的长处，赞美别人的长处；努力改正自身的缺点，含蓄地指出别人的缺点，即可共同提高水平。不必去批评责难，也不必互相排斥，更不用怀疑别人是否出了毛病。能做到此境界者，才是真正的君子。

砂糖是甜的，精盐是咸的。它们是味道的两极，互为正反，如果想要使食物尝起来是甜的，只要加点儿糖就可以了。然而事实上若我们再加入些盐，反而更能增强砂糖的甜度与味道。这是因为调和了互为正反的两种味道而产生的一种新鲜滋味，这正是造物主绝妙的安排。

事物都有对立，都有正反。有对立的关系，我们才能感受到自己的存在，才能体会得出那种类似砂糖里加入了盐的滋味。

所以，与其苦思如何去排除那些挥之不去的东西，还不如苦思如何去接纳、调和它们。如此，必能产生新的天赐美味，而康庄大道也就在我们面前展开了。

一般人往往认为人与人之间的关系，可以凭自己的意志来促成或断绝。但事实并非如此，人与人之间的关系，并不是个人的“意志”或“希望”所能左右的，而是由一种超越个人的意志或希望的力量来决定的。

明白了这个道理，就应该珍惜自己的人际关系，心中常怀感激之情，在任何不平或不满之前，先以谦虚的态度想到彼此的缘分，然后以喜悦的心情，热忱的态度对待对方。如果每个人都能这样，必然可以产生坚强无比的力量，使社会由黑暗变为光明。

人与人相互依靠而生活，而从事工作。这世界上各类人都有，因此，唯有养成忍耐与宽容的品性，才能适应这个社会。

勇者无畏

◇[德]康　德

伊曼努尔·康德(1724~1804)，出生于哥尼斯堡(今俄罗斯加里宁格勒)。是德国18世纪伟大的古典唯心主义哲学家，也是世界十大思想家之一。他是善于交际和通情达理的人，是社交场合的灵魂，他是马克思主义的来源之一的德国古典哲学的奠基人，并且为被称之为唯物辨证法的哲学大厦奠定了基础；他被称为哲学史上哥白尼式的革命家。从1781年开始，他发表了震惊世界的“三大批判”论著——《纯粹理性批判》、《实践理性批判》和《判断力批判》。

有胆色的人是不惊慌的人；有勇气的人是考虑到危险而不退缩的人。在危险中仍能保持勇气的人是勇敢的，轻率的人则是莽撞的，他敢于去冒险是因为他不知道危险。知道危险而敢于去冒险的人是胆大的，在显然没有可能达到目的时去冒最大的风险，这是胆大包天。土耳其人将他们的勇士称为亡命鬼，而怯懦则是不名誉的气馁。

惊慌并不是容易陷入恐惧的习惯性特征，因为那种特征被称为胆怯，而是一种状态、一种偶然因素，多半是由于依附于身体上的原因，在一个突然遇到的危险面前觉得不够镇定。当一位统帅身穿睡衣仓卒之间得知敌人已经逼近时，他也许会在刹那间让血液凝在心房里；而如果某位将军胃里有酸水的话，他的医生会因此将他看做是一个胆小怯懦的人。

但是，胆色总是一种气质特点，而勇气是建立在原则上，并且是一种美德。这样，理性可以给一个坚毅的人以大自然有时也拒绝给他的力量。

战斗中的惊慌甚至让人产生有益的排便，这导致一个讽刺性的西方成语。但是请注意，在战斗口令发出时慌忙跑进厕所的那些水手，后来在战斗中却是勇敢的。甚至在苍鹭准备与飞临它上空的猎鹰战斗的时候，人们也会发现同样的情况。

忍耐并非勇敢。忍耐是女人的美德,因为它拿不出力量反抗,而是希望通过习惯来使受苦变得不明显。因此在外科手术刀下或在痛风病和胆结石发作时呻吟的人,在这种情况下并不是怯懦或软弱,这就好像人们行走时磕碰到一块当街横着的路石一样,这时人们的咒骂不过是一种愤怒的发泄,自然本能在这种发泄中尽力用喊叫将堵在心头的血液分散开来。

但美洲的印第安人却表现出一种特殊类型的忍耐,当他们被包围的时候,他们扔下手中的武器,平静地任人宰割,而不请求饶恕。在这里,欧洲人在这种情况下一直抵抗到最后一个人死去,是否表现出更多的勇气呢?在我看来,这只不过是一种野蛮人的虚荣,据说因为他们的敌人不能强迫他们以啼哭或叹息来证明他们的屈服,这样就保全了他们的种族荣誉。

给予的富有

◇[美]弗罗姆

弗罗姆(1900~1980),美国心理学家,新精神分析学派社会文化学派的代表人物之一。出年生于德国法兰克福一个犹太人家庭。他先后在法兰克福、海德堡和慕尼黑大学学习,22岁获得博士学位。毕业后他去柏林精神分析研究所研究弗洛伊德的学说。1928年他去法兰克福精神分析研究所和社会研究所工作,加入法兰克福学派。1934年受纳粹迫害,迁居美国,加入美国籍,先后在哥伦比亚、耶鲁和纽约大学任教。1946年他创建了怀特精神分析和心理学研究所。49岁时他应邀到墨西哥大学任教,创立墨西哥精神分析研究所。1971年他到瑞士居住直到去世。弗罗姆一生勤奋,著述丰富,主要著作有《逃避自由》、《健全的社会》、《自我的追寻》、《爱的艺术》等。他毕生在认识人、改造人、美化人,他开展了现代社会的心理革命,对精神分析的发展做出了重要贡献。

在物质方面,给予意味着自己的富有。不是一个人有很多他才算富有,而是他给予人很多才算富有。生怕丧失什么东西的贮藏者,如果撇开他物质财富的多少不谈,从心理学角度来说,他是一个贫穷而崩溃的人。不管是谁,只要他能慷慨地给予,他就是个富有的人。他把自己的一切给予别人,从而体验到自己生活的意义和乐趣。只有那种连最低生活需要也满足不了的人不能从给予的行动中得到乐趣。

然而,日常经验表明:一个人所认为的最低需要,取决于他的性格特征,就像他所考虑的最低需要取决于他的实际财产一样。众所周知,穷人要比富人乐于给予。但是贫穷得超过某种限度的人是不可能给予的。同时,要求贫穷者给予是卑劣的。这不仅是因为贫困而给予会直接给贫困者带来痛苦,而且是因为它会使贫困者丧失了给予的乐趣。

然而,给予最重要的意义并不在于物质方面,而尤其在于人性方面。一个人能给予另一个人什么东西呢?他把自己的一切给予别人,把自己已有的最珍贵的东西给予别人,把自己的生命给予别人。

这不一定意味着他为别人牺牲自己的生命,指的是他把自己身上存在的东西给予别人,把自己的快乐、兴趣、同情心、谅解、知识、幽默、忧愁——把自己身上存在的所有东西的表情和表现给予别人。在他把自己的生命给予别人的时候,他也增加了别人的生命价值,丰富了别人的生活。通过提高自己的生存感,他会提高别人的生存感。他不是为了接纳才给予。给予本身就是一种强烈的快乐。在给予中,他不知不觉地使别人身上的某些东西得到新生,这种新生的东西又给自己带来了新的希望。在真诚的给予中,他无意识地得到了别人给他的报答和恩惠。

给予暗示着让别人也成为给予者,双方共同分享他们已使某些东西得到新生的快乐。由于在给予的行为中某种东西产生,因此涉及给予行为的双方,对他们看到的新生活非常感激。尤其是就爱而言,这意味着爱是一种能产生爱的力量。软弱无能是难于产生爱的。

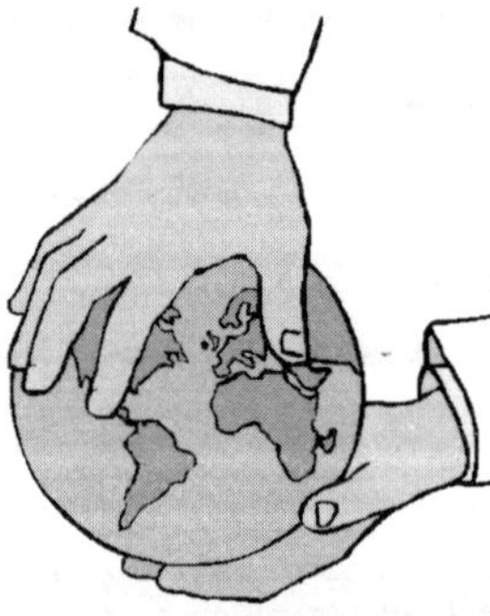

良好的教养及其表现形式

◇[英]查斯特菲尔德

亲爱的孩子：

从你诞生之日起，我就制订了一个重大的目标——把你培养成尽可能完美的人。为了实现这个目标，我不惜投入大量的精力和财力，让你接受最好的教育。因为我深信，正是教育造就了伟人的高贵品质。

还在你很小的时候，我就尽力培养你的美德和荣誉感，直到你真正懂得它们的内涵，并且自觉地将其融入日常的言行举止当中，用行动来诠释美德和荣誉感的内在美。这方面的规则就像语法知识一样需要你死记硬背，而且我相信，你对这些已经有了明确、深刻的理解。事实上，这些规则简单明了，只需具备一定的理解能力，并且加以适当地训练就可以掌握。沙夫茨伯里伯爵曾说过，他之所以坚守道德，完全是为了自己，不在乎别人知不知道；而他之所以洁身自好，也是为了自己，不在乎别人是否看得见。因此，当你学会理性地看问题时，我就不再写信跟你讨论关于美德和荣誉的问题，因为你可以在自身的行动中体验它们的重要性。我只是郑重其事地提醒你，一定要注意自己的言行举止，千万不要染上恶习或者做出有辱身份的事；否则，就像掉进污泥或者火坑里，难以自拔。

除了美德和荣誉之外，我还希望你尽可能全面地掌握各种实用的知识，这不单是为了我，也是为哈特先生，更重要的是为你自己。你目前掌握的专业知识远比我期望的多，而且我也有理由相信，你会以实际行动向我证明，你并没有辜负我的期望。

那么，孩子，请养成良好的教养吧，这是现阶段我对你唯一的期望，也是我唯一的建议、劝告和请求。没有良好的教养，你所有的品质都将是不完善的、黯淡无光的，甚至在某种程度上可以说一无是处，没有任何意义。现在我很担心，并且有充分的理由相信，你在这方面做得还不够。因此，接下来我想就这个问题跟你好好谈谈。

有位我俩共同的朋友曾给良好的教养下过一个公正的定义：具备健全

的理智和良好的本性，为了他人能自我否定、自我检讨，同时又希望得到对方的宽恕和谅解。对此，我深信不疑(这是无可争议的)，可是事实却让我大吃一惊。许多人格健全、本性善良的人(我认为你也具备这两点)并不具备良好的教养。

那么，良好的教养具体有哪些表现方式呢?事实上，它并没有固定、统一的格式，会因人、因时、因地而变化，并且只有通过观察和亲身体验才能获得；可是，所有的良好教养，就其本质而言都是一致的。

在特定的社会里，良好的教养就像高尚的品德，对整个社会起着团结和保障的作用。正如国家制定法律用来保障高尚品德的推行，或者至少用来抵制不道德行为产生的负面影响。同样地，人们制订某些特定的道德规范(普遍被大众认可)以保障良好的教养、惩罚不良的行为。其实，我认为对不道德行为的惩罚与对缺乏教养的表现的惩罚并不像人们一开始想的那样有着天壤之别。一个不道德的人，侵犯了他人财产，就该判处绞刑；一个缺乏教养的人，冒犯或打扰了他人宁静和舒适的私生活，就该被逐出社会。彼此彬彬有礼、懂得关心他人、愿为别人牺牲自我，这已经成为文明人之间约定俗成、严格遵守的契约，正如国王和臣民之间管理与服从的关系。不管是谁，若是违背了这项契约，就会丧失所有契约中规定的特权。在我看来，做好事固然能让人开心，而举止文明、有礼则更能愉悦人心。除了赞颂亚里斯泰迪斯之外，我最想歌颂的就是良好的教养。在这里，我想和你探讨一下它的表现形式。

第一种表现形式——从容自若地表达对上司的敬意

几乎没有人不会对自己的上司——比如国王、王子、地方上的显赫人物——表现出适当的尊敬。可是，不同的人表达敬意的方式也不尽相同。时尚人士和处事老练的人，能够在各个方面从容自若地表达对上司的敬意；而不习惯与上流人士交往的人，在表达敬意的时候就显得极为笨拙。然而，我还从来没见过哪个素质极差的人——经常懒散地坐着吹口哨、老是抓耳挠腮、言行下流猥琐——能够在他所看重的社交圈里待下去。在上流圈子里，需要注意以从容、自然、优雅的方式表达对人的敬意。这点你可以通过亲自观察和体验学得。

第二种表现形式——同辈之间应该平等相处

无论是谁，若想被某个群体所接纳，首先应做到与其他成员平等相处。

若是社交圈中没有令人敬畏之人，那么成员往往表现得散漫无礼、恣意妄为；尽管不会太过离谱，可是毕竟有损形象。既然社交圈中不存在德高望重的人，那么每位成员都可以标榜自己具备文雅的举止和良好的修养。所以，你要牢记，成员之间可以轻松自在地相处，但是万万不可粗心大意、放松警惕。假如有人跟你交谈，可是表达不清或者态度轻浮，这可比粗鲁更加恶劣，对你而言，这简直是一种残忍的折磨。此时，你可以对他所说的话表现得毫不在意，把他当成傻瓜看待。对妇女也应如此。不管她们身份如何，考虑到性别因素，男人应该多关心她们，时时表现出绅士风度；关心她们小小的愿望、好恶、想法甚至毫不相干的东西，经常奉承她们；要是可能的话，不妨揣摩一下她们的心思。绝不要一味地贪图小便宜，比如总是挑选最好的位置，专吃最美味的菜肴，等等；相反，应该谦虚礼让，先人后己，这样别人也会对你礼让三分。这样的例子举不胜举，若是你的理智还无法让你认识到这些，那么良好的本性将会让你意识到它们的重要性，而你自身的兴趣也会在行动中强化这种认识。

第三种表现形式——与最亲密的人相处也需要良好的举止

人们与最亲密的朋友、熟人或者下属相处的时候，往往表现得更加轻松自然，这使得我们的家庭生活和社交生活更为舒适自在。可是，这种轻松和自由也有一定的限度，绝对不允许逾越。对那些地位低下的人，你一旦过分疏忽或粗心，将是对他们的冒犯或伤害；与朋友在一起，如果跨越了界限，那么原先轻松自在的谈话也会不欢而散，因为过度的自由往往导致言行放肆、不计后果。

事实胜于雄辩，那么我就给你举个例子吧。假设你我两人单独相处，我相信你会给我以无限的自由——就像你我在其他社交圈中享有的一样，而且我也相信你会像其他人一样给我完全的自由。尽管如此，你有没有想过这种自由是不是应该有个限度呢?是的，我认为自由应该有一定的限度。我会约束自己，对你表现出良好的言行举止，对其他人也是如此。假如你跟我说话的时候，我明显表现出漫不经心的态度，而且自始至终都在考虑别的事情；假如我跟你在一起时，经常哈欠连天，甚至发出打鼾声或者随意打断你的话，那么我肯定认为自己是头野兽，举止粗鲁无礼，而且也不指望你还会跟我继续交往。不，我绝不会这么做的。即使是最亲密、最熟悉的关系，也需要良好的言行举止来巩固和维持。如果日夜厮守的夫妻或情人，彼此毫无顾忌，不再彬彬有礼、相互谦让，那么他们之间的这种亲密很快就会退化为低俗的关系，而且不可避免地导致相互憎恶或轻视。哪怕是圣人也有其阴暗的一面，若是轻率地表现出来,也会被视为缺乏教养。当然,我与你相处时不会过于讲究礼节,那只会破坏我俩的关系。我会尽量展现自己最好的一面,首先就是行为得体,如此,我们才能保持良好的父子关系。

关于良好的教养,我已经说得够多了,还是暂且搁笔吧。以后,我还会经常跟你讨论这个问题,以便让你铭记在心。现在,我用几句话来做个总结:

只有渊博的学识,缺乏良好的教养,这种人迂腐至极,不会受人欢迎;他的学识只适于束之高阁,派不上任何用场。

缺乏教养的人,不适合待在上流社交圈中,也不会受到上流人士的欢迎。结果,他自己也很快厌恶这个圈子,后来干脆退出,过着离群索居的生活;或者更糟的是,他甘愿沦落到与下等人为伍。

缺乏良好教养的人, 完全做不成大事, 也无法在上流社交圈继续待下去。

亲爱的孩子,恳请你牢记我的这番教诲,并且付诸行动,哪怕只短短的半天时间也行。仔细观察有教养之人的言行举止,尽量模仿,不,要努力超越他们。你要相信,良好的教养之于世间所有的品质,就像仁慈之于基督教的美德那样重要。希望你用良好的教养装点自己的优秀品质,而不是掩饰缺点和不足。

思想的力量不可估量——哲思篇

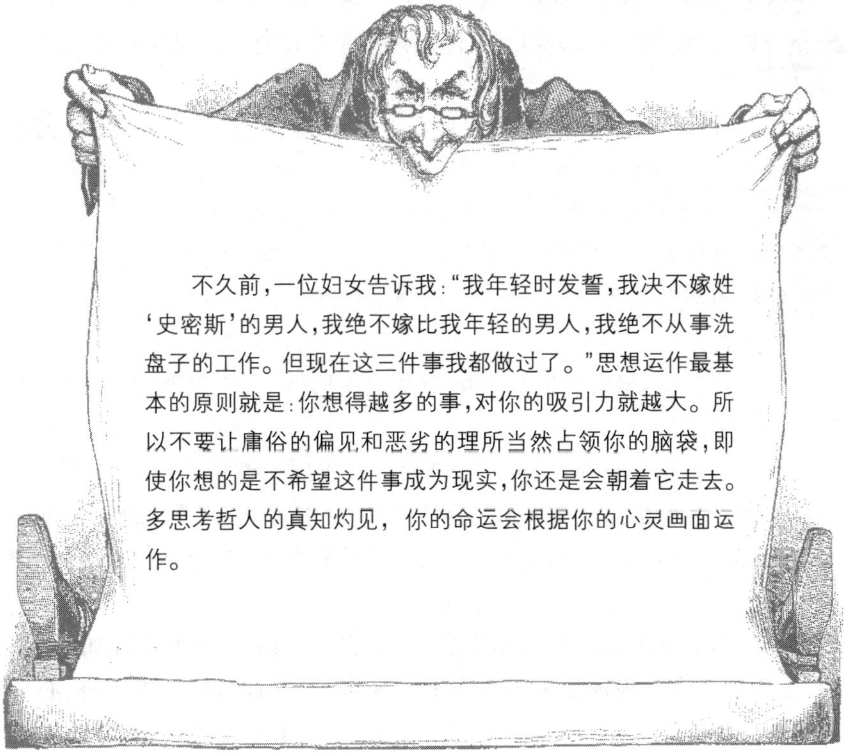

不久前，一位妇女告诉我："我年轻时发誓，我决不嫁姓'史密斯'的男人，我绝不嫁比我年轻的男人，我绝不从事洗盘子的工作。但现在这三件事我都做过了。"思想运作最基本的原则就是：你想得越多的事，对你的吸引力就越大。所以不要让庸俗的偏见和恶劣的理所当然占领你的脑袋，即使你想的是不希望这件事成为现实，你还是会朝着它走去。多思考哲人的真知灼见，你的命运会根据你的心灵画面运作。

思想的力量

◇[澳大利亚]安德鲁·马修斯

我们先研究一下思想如何影响人生。思想运作最基本的原则就是:你想得越多的事,对你的吸引力越大。

不久前,一名妇女告诉我:“我年轻时发誓,我决不嫁姓‘史密斯’的男人,我决不嫁比我年轻的男人,我也决不从事洗盘子的工作。但现在这三件事我都做过了。”

你是否也常听说类似的事?你是否也曾陷入完全违背你心意的处境?

规则就是:“常想某件事,就会促使它实现。”即使你想的是不希望这件事成为事实,你还是去朝着它走去。这是因为心灵只能被诱导去做某事,却不能接受诱导不去做某事。如果我对你说:“别去想一头身上有紫色斑点、大耳朵、戴太阳镜的粉红色大象。”你一定会满脑子想着这么一头怪象。

你可曾告诉自己:“我一定要忘掉这件事。”然后果然就忘掉了?你的心思一直努力做到遗忘,但它实际做到的却是记住那件事,比你说“我要记住那件事”的效果还好。

了解了心灵运作的情形后,我们对自己或别人说任何话之前都必须三思。如果你对小侄儿说:“别从树上摔下来啊!”事实上,你等于是在帮助他从树上摔下来。如果你对自己说:“我可别忘掉带那本书。”你至少已经在忘记它的途中了。

这是因为心灵是根据画面运作的。在你自言自语“我不想忘记带那本书”时,心里就会出现一幅你忘了带那本书的画面。尽管你口中说着不要,心头那幅画面却萦绕不去,结果你就真的忘了带书。但你对自己说的是“我要记得带那本书”,心头就会浮现你记得带书的画面,你记住的机会也大得多。

感到束手无策的父母,其实可以给孩子灌输积极的心灵画面,多使用正面的语言,情况就会改善。“不要叫”可以用“请安静”代替;“不准把意大利面酱弄到你最好的衬衫上”改为“吃饭要小心点儿”。两种说法的差距或许微不足道,但最后的结果却有天壤之别。

同样的原理,也可以解释为什么你会把一件伤心事牢记15年,没忘掉半点细节。你开新车的第一天,就把车头撞得稀烂,你心头多半是想着:“我千万不可把车身撞出凹痕!”这念头非常危险,你最好只提醒自己“小心驾驶”就够了。

在大型比赛中夺魁的网球好手,一定总是想着:“我要得到这一分,这球是我的!”没接到球的人,心中的想法则是:“我可别漏接了这个球。”

同样,总说“我不想生病”的人,会面临一场格外艰苦的奋斗,老想着“我不要过寂寞的生活”、“我不想破产”、“希望这次事情不至于搞砸”的人,往往就会落入他们一心想避免的困境。

幸福的秘密

◇[巴西]保罗·科埃略　孙成敖/译

保罗·科埃略1947年出生于巴西里约热内卢。当今巴西拥有读者最多的一位作家,其作品已被译成39种语言,在74个国家和地区出版发行,至1998年,共售出2100余万册,仅仅数年之间,他便步入世界畅销书作家的行列,成为继诺贝尔文学奖得主、《百年孤独》的作者加西亚·马尔克斯之后拥有读者最多的拉丁美洲作家。由于其在文学创作上所取得的成就,保罗·科埃略不止一次获得法国、意大利、美国、澳大利亚、南斯拉夫、爱尔兰等国家颁发的文学奖,1996年被法国政府授予艺术与文学骑士勋章,1998年被巴西政府授予里约布兰科骑士勋章。代表作为寓言小说《牧羊少年奇幻之旅》。

有位商人,把儿子派往世界上最有智慧的人那里,去讨教幸福的秘密。这位少年历尽艰辛,走了40天终于找到了智者那美丽的城堡。

我们的主人公走进了城堡,没有遇到一位圣人。相反,却目睹了一个热闹非凡的场面:商人们进进出出,每个角落都有人在进行交谈,一支小乐队在演奏轻柔的乐曲,一张桌子摆满了那个地区的美味佳肴。智者正一个个地同所有的人谈话,所以少年必须要等上两个小时才能轮到。

智者认真地听了少年所讲的来访原因,但说此刻他没有时间向少年讲解幸福的秘密。他建议少年在他的宫殿里转上一圈,两个小时后再来找他。

“与此同时我要求你办一件事,”智者边说边把一个汤匙递给少年,并在里面滴进了两滴油,“当你走路时,拿好这个汤匙,不要让油洒出来。”

少年开始沿着宫殿的台阶上上下下,眼睛始终盯着汤匙不放。两个小时之后,他回到了智者面前。

“你看到我餐厅里的波斯地毯了吗?看到园艺大师花了十年心血创造出来的花园了吗?注意到我图书馆那些美丽的羊皮卷文献了吗?”智者问道。

少年感到十分尴尬,坦率承认他什么也没看到,他当时唯一关注的只是智者交付给他的事,即不要让汤匙里的两滴油洒出来。

“那你就转回去见识一下我这里的种种珍奇之物吧,”智者说道,“如果你不了解一个人的家,你就不能信任他。”

少年轻松多了,他拿起汤匙重新回到宫殿里漫步。这一次他注意到了天花板和墙壁上悬挂的所有艺术品,观赏了花园和四周的山景,看到了花儿的娇嫩和每件艺术品都被精心摆放在恰当的位置上。当他再回到智者面前时,少年仔细地讲述了他所见到的一切。

“可是我交给你的两滴油在哪里呢?”智者问道。

少年朝汤匙望去,发现油已经洒光了。

“那么,这就是我要给你的唯一忠告,”智者说道,“幸福的秘密在于欣赏世界上所有的奇观异景,同时永远不要忘记汤匙里的两滴油。”

我要用全身心的爱来迎接今天

◇[美]奥格·曼狄诺　安　辽/译

我要用全身心的爱来迎接今天。

因为,这是一切成功的最大秘密。强力能够劈开一块盾牌,甚至毁灭生命,但是只有爱才具有无与伦比的力量,使人们敞开心扉。在掌握爱的艺术之前,我只算商场上的无名小卒。我要让爱成为我最大的武器,没有人能抵挡它的威力。

我的理论，他们也许反对；我的言谈，他们也许怀疑；我的穿着，他们也许不赞成；我的长相，他们也许不喜欢；甚至我廉价出售的商品都可能使他们将信将疑，然而我的爱心一定能温暖他们，就像太阳的光芒能融化冰冷的冻土。

我要用全身心的爱来迎接今天。

我该怎样做呢？从今往后，我对一切都要满怀爱心，这样才能获得新生。我爱太阳，它温暖我的身体；我爱雨水，它洗净我的灵魂；我爱光明，它为我指引道路；我也爱黑夜，它让我看到星辰。我迎接快乐，它使我心胸开阔；我忍受悲伤，它升华我的灵魂；我接受报酬，因为我为此付出汗水，我不怕困难，因为它们给我挑战。

我要用全身心的爱来迎接今天。

我该怎样说呢？我赞美敌人，敌人于是成为朋友；我鼓励朋友，朋友于是成为手足。我要常想理由赞美别人，绝不搬弄是非，道人长短。想要批评人时，咬住舌头，想要赞美人时，高声表达。

飞鸟，清风，海浪，自然界的万物不都在用美妙动听的歌声赞美造物主吗？我也要用同样的歌声赞美她的儿女。从今往后，我要记住这个秘密。它将改变我的生活。

我要用全身心的爱来迎接今天。

我该怎样行动呢？我要爱每个人的言谈举止，因为人人都有值得钦佩的性格，虽然有时不易察觉。我要用爱摧毁困住人们心灵的高墙，那充满怀疑与仇恨的围墙。我要架一座通向人们心灵的桥梁。

我爱雄心勃勃的人，他们给我灵感；我爱失败的人，他们给我教训；我爱王侯将相，因为他们也是凡人；我爱谦恭之人，因为他们非凡；我爱富人，因为他们孤独；我爱穷人，因为穷人太多了；我爱少年，因为他们真诚；我爱长者，因为他们有智慧；我爱美丽的人，因为他们眼中流露着凄迷；我爱丑陋的人，因为他们有颗宁静的心。

我要用全身心的爱来迎接今天。

我该怎样回应他人的行为呢？用爱心。爱是我打开人们心扉的钥匙，也是我抵挡仇恨之箭与愤怒之矛的盾牌。爱使挫折变得如春雨般温和，它是我商场上的护身符：孤独时，给我支持；绝望时，使我振作；狂喜时，给我平静。这种爱心会一天天加强，越发具有保护力，直到有一天，我可以自然地面对芸芸众生，处之泰然。

我要用全身心的爱来迎接今天。

我该怎样面对遇到的每一个人？只有一种办法，我要在心里默默地为他祝福。这无言的爱会闪现在我的眼神里，流露在我的眉宇间，让我嘴角挂上微笑,在我的声音里响起共鸣。在这无声的爱意里,他的心扉向我敞开了。他不再拒绝我推销的货物。

我要用全身心的爱来迎接今天。

最主要的,我要爱自己。只有这样,我才会认真检查进入我的身体、思想、精神、头脑、灵魂、心怀的一切东西。我绝不放纵肉体的需求,我要用清洁与节制来珍惜我的身体;我绝不让头脑受到邪恶与绝望的引诱,我要用智慧和知识使之升华;我绝不让灵魂陷入自满的状态,我要用沉思和祈祷来滋润它;我绝不让心怀狭窄,我要与人分享,使它成长,温暖整个世界。

我要用全身心的爱来迎接今天。

从今往后,我要爱所有的人,仇恨将从我的血管中流走。我没有时间去恨,只有时间去爱。现在,我迈出成为一个优秀的人的第一步。有了爱,我将成为伟大的推销员,即使才疏智短,也能以爱心获得成功;相反,如果没有爱,即使博学多识,也终将失败。

我要用全身心的爱来迎接今天。

有自卑感这样的东西吗

◇[印度]奥　修

奥修(1931~1990)早年以极其优异的成绩毕业于印度沙加大学哲学系,曾经获得全印度辩论冠军。在印度杰波普大学担任了9年哲学教授之后,周游各地演讲,从弗洛伊德到老子、庄子和禅,从古尔捷耶夫到佛陀,从耶稣基督到泰戈尔……根据他的演讲已经出版了650多种书,并被译成30多种文字行销世界各地。

他所有演讲的核心就是“静心”,就是“禅”,他主张人们要自己去体验真理,去达到真实,而不是从别人那里获得知识和信仰。“静心”是生命,“禅”是生活,它是生命的辉煌的旅程。

真的有像自卑感这样的东西吗?

没有像自卑感这样的东西,只有“自我”(ego)的现象。因为有自我的现象，所以有两件事是可能的。如果你是自我主义的，你一定会把你自己跟别人比较，自我没有比较无法存在，因此如果你真的想抛弃自我，你就要抛弃比较，你将会感到惊讶：自我跑到哪里去了？有比较，它就存在，它只存在于比较之中。

比方说，你经过一座花园，你碰到一棵很大的树。比较：那棵树这么大，突然间你就变得很小。如果你不比较，你就会去享受那棵树，根本没有问题。那棵树很大，那又怎么样！就让它大吧！你并不是一棵树。还有其他的树并没有那么大，但是他们并没有遭受自卑感之苦。我从来没有看过一棵树有遭受自卑感或优越感之苦，即使是最高的树——黎巴嫩的西洋杉，即使是那种树也没有遭受优越感之苦，因为比较并不存在。

人创造出比较，因为自我唯有持续用比较来滋润才可能存在，但是这么一来，你就会有两个结果：有时候你会觉得优越，有时候你会觉得低劣。感觉低劣的可能性比感觉优越的可能性来得更大，因为世界上有无数的人，有些人比你更美，有些人比你更高，有些人比你更强，有些人似乎比你更聪明，有些人比你更博学多闻，有些人比你更成功，有些人比你更有名，有些人这样，有些人那样；如果你一直跟别人相比，你将会产生一个很大的自卑情结。它并不存在，它是你创造出来的。那些更疯狂的人，他们会遭受优越感之苦。他们非常疯狂，所以当他们在比较的时候，他们看不出有无数的人在很多方面是不同的，在很多方面是比较优越的。他们的心神太过于集中在自我，所以他们对任何比较优越的东西都保持封闭，他们总是去看那些比较低劣的。据说人们喜欢跟在某些方面比他们低劣的人在一起，它可以给他们很大的滋润。人们喜欢支持他们的自我的人。更疯狂的人会遭受优越感之苦，因为他总是会选择那些使他觉得优越的东西，但是他知道他自己在耍一个诡计，他怎么能够欺骗他自己呢？他知道他只选择那些使他觉得优越的点，他知道他所没有选择的是什么，它们就在旁边，他知道得很清楚，所以他的优越感总是在动摇，它建筑在沙滩上，那个房子随时都会垮掉。他会受焦虑之苦，因为他将房子建筑在沙滩上。

耶稣说：不要将你的房子建筑在沙滩上，要找一块石头。神智比较健全的人会遭受自卑感之苦，因为他会往四周看，他会注意周遭所发生的一切，然后他会开始觉得他是比较低劣的。

但这两者都是自我的影子，是自我的两面，较优越的人在内在深处也是携带着自卑感，而那些有自卑感的人在内在深处也是带着优越感，他想要成为优越的。

只要想想：第三次世界大战发生了，其他每一个人都从世界上消失，只有问这个问题的人被留下来，坐在普那的可利工公园……这样你会觉得比较优越或比较低劣吗？你将只会是你自己，因为没有人可以比较。

神秘家就是一个知道“他就是他自己”的人，他按照他自己的光来生活，他创造出他自己的空间，他有他自己的自性，他对他自己完全满意，因为如果没有比较，你也无法不满足。他不是一个自我主义者，他不可能如此，自我需要比较，自我是靠比较来维生的。他只是做他自己的事，玫瑰就是玫瑰，莲花就是莲花，有些树很高，有些树很矮，但是每一样东西都按照它现在这样存在。

只要去看，不要比较，那么优越感在哪里呢？自卑感在哪里呢？自我在哪里呢？这一切源自哪里呢？

时　间

◇沈从文

沈从文(1902~1988)，原名沈岳焕，苗族，湖南凤凰县人。14岁投身行伍，浪迹湘川黔边境地区；1923年开始文学创作；抗战爆发后到西南联大任教，1946年回到北大任教。建国后在中国历史博物馆和中国社会科学院历史研究所工作，主要从事中国古代服饰的研究，病逝于北京。

他一生共出版了《石子船》、《从文子集》等30多种短篇小说集和《边城》、《长河》等6部中长篇小说，是具有特殊意义的乡村世界的主要表现者和反思者。他认为“美在生命”，虽身处于虚伪、自私和冷漠的都市，却醉心于人性之美，其创作风格趋向浪漫主义。他的小说，融写实、纪梦、象征于一体，语言格调古朴，句式简峭、主干凸出，单纯、厚实、传神，具有浓郁的地方色彩，充满了对人生的隐忧和对生命的哲学思考，给人教益和启示。

一切存在严格地说都需要“时间”。时间证实一切，因为它改变一切。气候寒暑，草木荣枯，人从生到死，都不能缺少时间，都从时间上发生作用。

常说到“生命的意义”或“生命的价值”。其实一个人活下去真正的意义和价值，不过占有几十个年头的时间罢了。生前世界没有他，他无意义和价值可言的；活到不能再活死掉了，他没有生命，他自然更无意义和价值可言。

正仿佛多数人得愚昧与少数人的聪明，对生命下的结论差不多都以为是“生命的意义同价值是活个几十年”，因此都肯定生活，那么吃，喝，睡觉，吵架，恋爱……活下去等待死，死后让棺木来装殓他，黄土来掩埋他，蛆虫来收拾他。

生命的意义解释得即如此单纯，“活下去，活着，倒下，死了”。未免太可怕了。因此次一等的聪明人，同次一等的愚人，对生命的意义同价值找出第二种结论，就是“怎么样来耗费这几十个年头”。虽更肯定生活，那么吃，喝，睡觉，吵架，恋爱……然而生活得失取舍之间，到底就有了分歧。这分歧一看就明白的。大而言之，聪明人要理解生活，愚蠢人要习惯生活。聪明人以为目前并不完全好，一切应比目前更好，且竭力追求那个理想。愚蠢人对习惯完全满意，安于现状，保证习惯。（在世俗观察上，这两种人称呼常常相反，安于习惯的被称为聪明人，怀抱理想的人却成愚蠢家伙。）

两种人即同样有个“怎么来耗费这几十个年头”的打算，要从人与人之间寻找生存的意义和价值，即或择业相同，成就却不相同。同样想征服颜色线条作画家，同样想征服乐器音声作音乐家，同样想征服木石铜牙及其他材料作雕刻家，甚至于同样想征服人身行为作帝王，同样想征服人心信仰作思想家或教主，一切结果都不会相同。因此世界上有大诗人，同时也就有蹩脚诗人，有伟大革命家，同时也有虚伪革命家。至于两种人目的不同，择业不同，那就更容易一目了然了。

看出生命的意义同价值，原来如此如此，却想在生前死后使生命发生一点儿特殊意义和永久价值，心性绝顶聪明，为人却好像傻头傻脑，历史上的释迦、孔子、耶稣，就是这种人。这种人或出世，或入世，或革命，或复古，活下来都显得很愚蠢，死过后却显得很伟大。屈原算得这种人另外一路，历史上这种人可并不多。可是每一时间或产生一个两个，就很像样子了。这种人自然也只能活个几十年，可是他的观念，他的意见，他的风度，他的文章，却可以活在人类的记忆中几千年。一切人生命都有时间的限制，这种人的生命又似乎不大受这种限制。

话说回来，事事物物要时间证明，可是时间本身却又像是个极其抽象的东西，从无一个人说得明白时间是个什么样子。时间并不单独存在。时间无形，无声，无色，无臭。要说明时间的存在，还得回过头来从事事物物去取证。从日月来去，从草木荣枯，从生命存亡找证据。正因为事事物物都可为时间作注解，时间本身反而被人疏忽了。所以多数人提问到生命意义同价值时，没有一个人敢说“生命意义同价值，只是一堆时间”。

“前不见古人,后不见来者”,这是一个真正明白生命意义同价值的人所说的话。老先生说这话时心中的寂寞可知!能说这话的是个伟人,能理解这话的也不是个凡人。目前的活人,大家都记得这两句话,却只有那些从日光下牵入牢狱,或从牢狱中牵上刑场的倾心理想的人,最了解这两句话的意义。因为说这话的人生命的耗资,同懂这话的人生命的耗费,异途同归,完全是为事实皱眉。却胆敢对理想倾心。

他们的方法不同,他们的时代不同,他们的环境不同,他们的遭遇也不相同;相同的是他们的心,同样为人类向上向前而跳跃。

一个偏见

◇钱钟书

偏见可以说是思想的放假。它是没有思想的人的家常日用,而是有思想的人的星期日娱乐。假如我们不能怀挟偏见,随时随地必须得客观公平、正经严肃,那就像造屋只有客厅,没有卧室,又好比在浴室里照镜子还得做出摄影机头前的姿态。魔鬼在但丁《地狱篇》第二十七出中自称:“敝魔生平最好讲理。”可见地狱之设,正为此辈;人生在世,言动专求合理,大可不必。当然,所谓正道公理压根儿也是偏见。依照生理学常识,人心位置,并不正中,有点儿偏侧,并且时髦得很,偏倾于左。古人称偏僻之道为“左道”,颇有科学根据。不过,话虽如此说,有许多意见还不失禅宗洞山《五位颂》所谓“偏中正”,例如学术理论之类。只有人生边上的随笔、热恋时的情书等等,那才是老老实实、痛痛快快的一偏之见。世界太广漠了,我们圆睁两眼,平视正视,视野还是褊狭得可怜,狗注视着肉骨头时,何尝顾到旁边还有狗呢?至于通常所谓褊见,只好比打靶的瞄准,用一只眼来看。但是,也有人以为这倒是瞄中事物红心的看法。譬如说,柏拉图为人类下定义云:“人者,无羽毛之两足动物也。”可谓客观极了!但是按照希腊来阿铁斯(Diogenes Laertius)《哲人言行录》六卷二章所载,偏有人拿着一只拔了毛的鸡向柏拉图去质问。博马舍(Beaumarchais)《趣姻缘》(*Mariage de Figaro*)里的丑角说:“人是不渴而饮,四季有性欲的动物。”我们明知那是贪酒好色的小花脸的打诨,而也不得不承认这种偏宕之论确说透了人类一部分的根性。偏激二字，本来相连；我们别有所激，见解当然会另有所偏。假使我们说："人类是不拘日夜，不问寒暑，发出声音的动物。"那又何妨？

禽啭于春，蛩啼于秋，蚊作雷于夏，夜则虫醒而鸟睡，风雨并不天天有，无来人犬不吠，不下蛋鸡不报。唯有人用语言，用动作，用机械，随时随地做出声音。就是独处一室，无与酬答的时候，他可以开留声机，听无线电，甚至睡眠时还发出似雷的鼻息。语言当然不就是声音，但是在不中听，不愿听，或者隔着墙壁和距离听不真的语言里，文字都丧失了圭角和轮廓，变成一团忽涨忽缩的喧闹，跟鸡鸣犬吠同样缺乏意义。这就是所谓"人籁"！断送了睡眠，震断了思想，培养了神经衰弱。

这个世界毕竟是人类主宰管领的。人的声音胜过一切。聚合了大自然的万千喉舌，抵不上两个人同时说话的喧哗，至少从第三者的耳朵听来。唐子西《醉眠》诗的名句"山静如太古"，大约指着人类尚未出现的上古时代，否则山上住和尚，山下来游客，半山开饭店茶馆，决不容许那座山清静。人籁是寂静的致命伤，天籁是能和寂静溶为一片的。风声涛声之于寂静，正如风之于空气，涛之于海水，是一是二。每日东方乍白，我们梦已回而困未醒，会听到无数禽声，向早晨打招呼。那时夜未全消，寂静还逗留着，来庇荫未找清的睡梦。数不清的麻雀的鸣噪，琐碎得像要啄破了这个寂静；鸟鹊的声音清利像把剪刀，老鹳鸟的声音滞涩而有刺像把锯子，都一声两声地向寂静来试锋口。但是寂静似乎太厚实了，又似乎太流动了，太富于弹性了，给禽鸟啼破的浮面，立刻就填满。雄鸡引吭悠扬的报晓，也并未在寂静上划下一道声迹。慢慢地，我们忘了鸟啭是在破坏寂静；似乎寂静已将鸟语吸收消化，变成一种有声音的寂静。此时只要有邻家小儿的啼哭，楼上睡人的咳嗽，或墙外早行者的脚步声，寂静就像宿雾见了朝阳，破裂分散得干净。人籁已起，人事复始，你休想更有安顿。在更阑身倦，或苦思冥想时，忽闻人籁嘈杂，最博爱的人道主义者，也许有时杀心顿起，恨不能灭口以博耳根清净。禽兽风涛等一切天籁能和寂静相安相得，善于体物的古诗人早已悟到。《诗经》："萧萧马鸣，悠悠旆旌"，下文就说明"有闻无声"；可见马嘶而无人喊，不会产生喧闹。《颜氏家训》也指出王籍名句"蝉噪林愈静，鸟鸣山更幽"，就是"有闻无声"的感觉；虫鸟鸣噪，反添静境。雪莱诗《赠珍尼——一个回忆》(*To Jane-A Recollection*)里，描写啄木鸟，也说鸟啄山更幽。柯尔律治(Coleridge)《风瑟》诗(*Eolian Harp*)云："海声远且幽，似告我以静。"假使这个海是人海，诗人非耳聋头痛不可。所以我们常把"鸦鸣雀噪"来比人声喧哗，还是对人类存三分回护的曲笔。常将一群妇女的说笑声比于"莺啼燕语"，那简直是对于禽类的侮辱了。

寂静并非是声响全无。声响全无是死，不是静；所以但丁说，在地狱里，连太阳都是静悄悄的(Dove il soltace)。寂静可以说是听觉方面的透明状态,正好像空明可以说是视觉方面的静穆。寂静能使人听见平常所听不到的声息,使道德家听见了良心的微语(still small voice),使诗人们听见了暮色移动的潜息或青草萌芽的幽响。你愈听得见喧闹,你愈听不清声音。惟其人类如此善闹,所以人类相聚而寂不作声,反欠自然。例如开会前的五分钟静默,又如亲人好友,久别重逢,执手无言。这种寂静像怀着胎,充满了未发出的声音的隐动。

人籁还有可怕的一点。车马虽喧,跟你在一条水平线上,只在你周围闹。惟有人会对准了你头脑,在你顶上闹——譬如说,你住楼下,有人住楼上。不讲别的,只是脚步声一项,已够教你感到像《红楼梦》里的赵姨娘,有人在踹你的头。每到忍无可忍,你会发两个宏愿。一愿住在楼下的自己变成《山海经》所谓"刑天之民",头脑生在胸膛下面,不致首当其冲,受楼上皮鞋的践踏。二愿住在楼上的人变得像基督教的"安琪儿"或天使,身体生到腰部而止,背生两翼,不用腿脚走路。你存心真好,你不愿意楼上人像孙膑那样受刖足的痛苦,虽然他何尝顾到你的头脑,顾到你是罗登巴赫所谓"给喧闹损伤了的灵魂"?

闹与热,静与冷,都有连带关系;所以在阴惨的地狱里,太阳也给人以寂寥之感。人声喧杂,冷屋会变成热锅,使人通身烦躁。叔本华《哲学小品》(*Parerga und Paralipomena*)第二百七十八节中说,思想家应当耳聋,大有道理。因为耳朵不聋,必闻声音,声音热闹,头脑就很难保持冷静,思想不会公平,只能把偏见来代替。那时候,你忘掉了你自己也是会闹的动物,你也曾踹过楼下人的头,也曾嚷嚷以致隔壁的人不能思想和睡眠,你更顾不得旁人在说你偏见太深,你又添了一种偏见,又在人生边上注了一笔。

美

◇[印度]泰戈尔　白开元/译

泰戈尔(1861~1941),印度著名诗人、作家、艺术家和社会活动家。毕生辛勤工作,在文艺界的各个领域都取得了成就。他的创作成就极高,一生共写了50多部诗集,12部中篇小说和长篇小说,

100 多篇短篇小说，20 多部剧本；此外，还写了很多歌曲，《人民的意志》于 1950 年被定为印度国歌。他的创作不但在印度文学史上占有极重要的地位，而且也是世界文化艺术之库中不可多得的瑰宝。1913 年获得诺贝尔文学奖，英国政府封他为爵士。

夕阳坠入地平线，西天燃烧着鲜红的霞光，一片宁静轻轻落在梵学书院婆罗树的枝梢上，晚风的吹拂也便弛缓起来。一种博大的美悄然充溢我的心头。

认识到真实的美，美的崇高，不是件容易的事。我们摒弃许多东西，把许多厌烦的东西推得远远的，对许多矛盾视而不见，在合乎心意的狭小范围内，把美当做时髦的奢侈品。我们妄图让世界艺术女神沦为婢女，羞辱她，失去了她，同时也丧失了我们的福祚。

撇开人的好恶去观察，世界本性并不复杂，很容易窥见其中的美和神灵。将察看局部发现的矛盾和形变，搀入整体之中，就不难看到一种恢弘的和谐。

然而，我们不能像对待自然那样对待人。周围的每个人离我们太近，我们以特别挑剔的目光夸大地看待他的小疵。他短时的微不足道的缺点，在我们的感情中往往变成非常严重的过错。贪欲、愤怒、恐惧、忧愁妨碍我们全面地看人，而让我们在他人的小毛病中摇摆不定。所以我们很容易在寥廓的暮空发现美，而在俗人的世界却不容易发现。

今日黄昏，不费一点儿力气，我们见到了宇宙的美妙形象。宇宙的拥有者亲手把完整的美捧到我们的眼前。如果我们仔细剖析，进入它的内部，扑面而来的是数不清的奇迹。此刻，无垠的暮空的繁星间飞驰着火焰的风暴，若容我们目睹其一部分，我们必定目瞪口呆。用显微镜观察我们前面那株姿态优美的斜倚星空的大树，我们能看清许多脉络，树皮的层层褶皱，枝桠的某些干枯、腐烂的部位成了虫豸的巢穴。站在暮空俯瞰人世，映入眼帘的一切，都有不完美和不正常之处。然而，不抛弃一切，广收博纳，卑微的，受挫的，变态的，全部拥抱着，世界坦荡地展示自己的美。

整体即美，美不是荆棘包围的窄圈里的东西，造物主能在静寂的夜空毫不费力地向世人昭示。

强大的自然力的游戏惊心动魄，可我们在暮空却看到它是那样宁静，那样绚丽。同样，伟人一生经受的巨大痛苦，在我们眼里也是美好的，高尚的。我们在完满的真实中看到的痛苦，其实不是痛苦，而是欢乐。

当我们完美地认识真理时，我们才真正地懂得美。完美地认识了真理，人的目光才纯净，心灵才圣洁，才能不受阻挠地看见世界各地蕴藏的欢乐。

时光的流逝

◇[智利]米斯特拉尔　孙柏昌/译

加夫列拉·米斯特拉尔(1889~1957),智利女诗人。父亲早故,自学成才。少年时即酷爱文学艺术,14岁开始发表诗作,以《死的十四行诗》一举成名。1922年第一部诗集《绝望》出版,跻身诗坛。此后陆续问世的诗集和散文集有《柔情》、《白云朵朵》、《智利掠影》、《母亲的诗》、《有刺的树》、《葡萄压榨机》等。1922年赴墨西哥考察并参加教育改革工作。1934年起进入外交界,先后担任智利驻西班牙等国领事,晚年出任驻联合国特使。1945年获诺贝尔文学奖,成为拉丁美洲获得该项奖金的第一位作家。她的创作题材在1938年后面向广阔的生活,反映了受压迫、被遗弃的人们的困苦,对资本主义社会不合理现象作了一定的揭露和抨击。晚年思想境界较高,艺术技巧益臻圆熟。

奉献出你的劳动成果吧:你的布,你的砖,你的陶罐或你的诗。

今天,除了正在流逝的一刻,你已没有更多的时光。此刻,你只能拥有你的心脏的这几下跳动,拥有你的嘴巴发出的这次呼吸,拥有你的眼睛此刻的光亮。也许,死神已把你的双脚粘进了它那天鹅绒般柔软的蛛网,向上爬,向上爬……

但愿挺立于你头上的死神正在窥探你的这种意识,没有让你束手待毙,而是让你心情激动。人们把你当成一件易碎的器皿,而你的奇迹却正是这种脆弱。某些树木比你的生命长五倍,但给予你的却只有几天美好的时光。

你觉得,此刻你的意识是那么敏锐而冷静;从躯体流向四肢的血液的波动是那样的欢快,一直抵达你那因渴望而颤抖的手指。拿起你的手帕或你的脸盆。

赶快留下一幅你的生命在劳动中的画像吧。除了不知不觉地在编织坚固的麻布,在紧紧握住就要砍断的砖块,没有比你的这幅画像更真实的了。画出你那勇敢的表情，你那意志的侧影，画出你的赞美和你的狂热吧。

此刻，别让阳光白白地照着你的脊背；回报你在垄沟前吸吮的那一口充满丰收气息的风吧。回报这一切吧。这是人对万物最好的回赠。它们给予你的暖洋洋的午休和香甜的果实，你让它们在谷地里树起崭新的形象。我清楚，要做永远的回报，就是从不欺骗生活，用一只手索取，用另一只手奉献。古代的骑士就是这样的人，《圣经》里坚强的妇女也是这样的人。她们回报，总是回报！

今天，你从自己的心底说出这句话，你燃烧着热望和宝贵的焦灼。

要做一把你母亲坐的椅子，此刻，你若是木匠。为了让小妹妹睡得安详，你把她的枕头里塞满毛线，许许多多的夜晚，你是个女仆。在你的教室里，为了让你教的知识注入学生的躯体，此刻，你是个老师。逝去的时光，你看，是不是非常美好！

这是一条你的正在滑落的血脉，无论你消耗过还是不曾消耗过，给你留下的已经很小很弱。因为自从我们诞生的那一天，时间就是一个不易察觉的背叛的伤口，如同那暗藏着细微裂缝的杯子，一滴滴地滴出我们胸中的血。你所要做的一切正在急促地敲击着你的胸口，而你却觉察不到了。

渐

◇丰子恺

丰子恺(1898~1975)，画家、文学家、美术和音乐教育家。原名丰润、丰仁。浙江桐乡人。1914年在杭州浙江省第一师范学校跟李叔同学习音乐和绘画。1918年秋，李叔同出家对他的思想影响甚大。1919年毕业后与同学数人创办上海专科师范学校，任图画教师。1921年到日本学习绘画、音乐和外语。次年回到浙江上虞春辉中学教授图画和音乐，与朱自清、朱光潜等结为好友。1924年首次发表画作《人散后，一钩新月天如水》。其后他的画在《文学周报》上陆续发表，并冠以“漫画”的题头，中国始有“漫画”一词。1924年在上海创办立达中学，次年成立立达学会，参加者有茅盾、陈望道、叶圣陶、郑振铎、胡愈之等人。1929年被开明书店聘为编辑。1931年，第一本散文集《缘缘堂随笔》由开明书店出版。“七七事变”后举家逃难。解放后曾任中国美术家协会主席、上海中国画院院长、上海对外文化协会副会长等职。

使人生圆滑进行的微妙的要素，莫如“渐”；造物主骗人的手段，也莫如“渐”。在不知不觉之中，天真烂漫的孩子“渐渐”变成野心勃勃的青年；慷慨豪侠的青年“渐渐”变成冷酷的成人；血气旺盛的成人“渐渐”变成顽固的老头子。因为其变更是渐进的，一年一年地、一月一月地、一日一日地、一时一时地、一分一分地、一秒一秒地渐进，犹如从斜度极缓的长远的山坡上走下来，使人不察其递降的痕迹，不见其各阶段的境界，而似乎觉得常在同样的地位，恒久不变，又无时不有生的意趣与价值，于是人生就被确实肯定，而圆滑进行了。假使人生的进行不像山险而像风琴的键板，由do忽然移到re，即如昨夜的孩子今朝忽然变成青年；或者像旋律的“接离进行”地由do忽然跳到mi，即如朝为青年而夕暮忽成老人，人一定要惊讶、感慨、悲伤、或痛感人生的无常，而不乐为人了。故可知人生是由“渐”维持的。这在女人恐怕尤为必要：歌剧中，舞台上的如花的少女，就是将来火炉旁边的老婆子；这句话，骤听使人不能相信，少女也不肯承认，实则现在的老婆子都是由如花的少女“渐渐”变成的。

人之能堪受境遇的变衰，也全靠这“渐”的助力。巨富的纨袴子弟因屡次破产而“渐渐”荡尽其家产，变为贫者；贫者只得做佣工，佣工往往变为奴隶，奴隶容易变为无赖，无赖与乞丐相去甚近，乞丐不妨做偷儿……这样的例子，在小说中，在实际上，均多得很。因为其变衰是延长为十年二十年而一步一步地“渐渐”地达到的，在本人不感到甚么强烈的刺激。故虽到了饥寒病苦刑笞交迫的地步，仍是熙熙然贪恋着目前的生的欢喜。假如一位千金之子忽然变了乞丐或偷儿，这人一定愤不欲生了。

这真是大自然的神秘的原则，造物主的微妙的工夫！阴阳潜移，春秋代序，以及物类的衰荣生杀，无不暗合于这法则。由萌芽的春“渐渐”变成绿荫的夏，由凋零的秋“渐渐”变成枯寂的冬。我们虽已经历数十寒暑，但在围炉拥衾的冬夜仍是难于想象饮冰挥扇的夏日的心情；反之亦然。然而由冬一天一天地、一时一时地、一分一分地、一秒一秒地移向夏，由夏一天一天地、一时一时地、一分一分地、一秒一秒地移向冬，其间实在没有显著的痕迹可寻。昼夜也是如此：傍晚坐在窗下看书，书页上“渐渐”地黑起来，倘不断地看下去（目力能因了光的渐弱而渐渐加强），几乎永远可以认识书页上的字迹，即不觉昼之已变为夜。黎明凭窗，不瞬目地注视东天，也不辨自夜向昼的推移的痕迹。儿女渐渐长大起来,在朝夕相见的父母全不觉得,难得见面的远亲就相见不相识了。往年除夕,我们曾在红蜡烛底下守候水仙花的开放,真是痴态!倘水仙花果真当面开放给我们看,便是大自然的原则的破坏,宇宙的根本的摇动,世界人类的末日临到了!

“渐”的作用,就是用每步相差极微极缓的方法来隐蔽时间的过去与事物的变迁的痕迹,使人误认其为恒久不变。这真是造物主骗人的一大诡计!这有一件比喻的故事:某农夫每天朝晨抱了犊而跳过一沟,到田里去工作,夕暮又抱了它跳过沟回家。每日如此,未尝间断。过了一年,犊已渐大,渐重,差不多变成大牛,但农夫全不觉得,仍是抱了它跳沟。有一天他因事停止工作,次日再就不能抱了这牛而跳沟了。造物的骗人,使人留连于其每日每时的生的欢喜而不觉其变迁与辛苦,就是用这个方法的。人们每日在抱了日重一日的牛而跳沟,不准停止。自己误以为是不变的,其实每日在增加其苦劳!

我觉得时辰钟是人生的最好的象征了。时辰钟的针,平常一看总觉得是“不动”的;其实人造物中最常动的无过于时辰钟的针了。日常生活中的人生也如此,刻刻觉得我是我,似乎这“我”永远不变,实则与时辰钟的针一样的无常!一息尚存,总觉得我仍是我,我没有变,还是留连着我的生,可怜受尽“渐”的欺骗!

“渐”的本质是“时间”。时间我觉得比空间更为不可思议,犹之时间艺术的音乐比空间艺术的绘画更为神秘。因为空间姑且不追究它如何广大或无限,我们总可以把握其一端,认定其一点。时间则全然无从把握,不可挽留,只有过去与未来在渺茫之中不绝地相追逐而已。性质上既已渺茫不可思议,分量上在人生也似乎太多。因为一般人对于时间的悟性,似乎只够支配搭船乘车的短时间;对于百年的长期间的寿命,他们不能胜任,往往迷于局部而不能顾及全体。试着乘火车的旅客中,常有明达的人,有的宁牺牲暂时的安乐而让其坐位于老弱者,以求心的太平(或博暂时的美誉);有的见众人争先下车,而退在后面,或高呼“勿要轧,总有得下去的!”“大家都要下去的!”然而在乘“社会”或“世界”的大火车的“人生”的长期的旅客中,就少有这样的明达之人。所以我觉得百年的寿命,定得太长。像现在的世界上的人,倘定他们搭船乘车的期间的寿命,也许在人类社会上可减少许多凶险残惨的争斗,而与火车中一样的谦让,和平,也未可知。

然人类中也有几个能胜任百年的或千古的寿命的人。那是“大人格”,“大人生”。他们能不为“渐”所迷,不为造物所欺,而收缩无限的时间并空间于方寸的心中。故佛家能纳须弥于芥子。中国古诗人(白居易)说;“蜗牛角上争何事?石火光中寄此身。”英国诗人 Blake 也说:“一粒沙里见世界,一朵花里见天国;手掌里盛住无限,一刹那便是永劫。”

让幸福和大地相连

◇[英]罗 素

我并不喜欢用玄乎隐秘的语言,但是这里如果我不用听上去有些诗意的而不是科学的语言,我就不知道怎么来表达我要说的意思。

不管我们怎么认为,我们总是大地的造物,我们的生命就是大地生命的一部分,就像动植物一样,我们也从它身上汲取营养。大地生命的节奏是缓慢的,对它来说,秋天和冬天同春天和夏天一样重要,休息和运动一样重要。对儿童来说,比成人更为重要的是,同地球生命的潮汐涨落保持某种联系。通过无数世代,人的躯体已经适应了这种节奏,基督教在其复活节里也体现出这一状况。

我见过一个两岁的孩子,他一直生活在伦敦,有一回他第一次被带到葱绿的乡间去散步,时间是冬天,一切都是湿漉漉的,道路泥泞难行。在成人眼中,并没有什么可引人注目的,但是在孩童的眼里却闪出奇异欣喜的光彩,他在潮湿的土地上跪了下去,把脸埋到青草里,嘴中发出快乐高兴的咿呀叫声。他所体验的那种欢乐是原始的,质朴的,又是广泛的。那种得到满足的机体需要是如此强烈,那些这种需要得不到满足的人很少是精神完全健全的。

有许多快乐,我们举赌博作为一个例子吧,它本身没有和大地的联系因素。这一类快乐一旦停止下来,就会使人感到无聊不满,渴望着什么,却从不知道自己究竟要什么。这种快乐带给我们的是不能称作幸福的。另一方面,那些把我们和大地的生命连接起来的快乐里,则有着使人得到极大满足的东西,在它们停止以后,我们带来的幸福依然存在,尽管其强烈程度比起那些更令人兴奋的放荡胡闹来要低一些。

这中间的区分差别,可以有从最简单的到最文明的长长一串行业。刚才提到的两岁幼儿便显示了与大地的生命融为一体的最原始的可能形式。但是在高一级的形式上,同样的情况则可以见诸诗歌。使得莎士比亚的抒情诗如此卓越感人的便是因为诗中充满了使两岁幼儿拥抱草地的同样一种欢乐。请读一下"听,听,云雀","来到金黄的沙滩上",你会发现,那两岁的孩子只能以口齿不清的叫喊显示出来的感情,在这些诗里以更为文明的形式表现了出来。或者,我们再来看看爱情和纯粹的性爱之间的差别。爱情是这样一种体验,它使我们整个身心得到复苏新生,恰像植物久旱之后受雨露滋润一样。但是没爱情的性爱全然不属于这种情况。在瞬间的肉体快感过去以后,随之而来的是疲惫、厌恶、生命是空虚的这类意识。爱情是大地生命的一部分,没有爱情的性爱却不属于此。

当代的城市人所遭受的那样一种厌烦,是与他们同大地生命的分离密切相关的。这种分离使得生活变得灼热、无聊而又干枯,犹如沙漠中的朝圣远行。在那些富裕有钱、可以自己选择生活方式的人中,他们所遭受的那种特别难以忍受的厌烦,正像它看上去显得很荒谬一样,是由于他们对厌烦的恐惧而产生的。在逃避产出型的厌烦时,他们成了另一种更为严重的厌烦(愚滞型)的牺牲品。幸福的生活在很大程度上必定是一种宁静安逸的生活,因为只有在宁静的气氛中,真正的快乐幸福才能得以存在。

创造宣言

◇陶行知

陶行知(1891~1946),著名教育家。安徽歙县人。1914年毕业于金陵大学,后留学美国哥伦比亚大学。他的一生是在人民涂炭、国家多难、民族危急之秋度过的。他以“捧着一颗心来,不带半根草去”的赤子之忱,与劳苦大众休戚与共,与共产党人亲密无间,为人民的教育事业,为中国的民族解放和民主斗争事业鞠躬尽瘁,奋斗终生,做出了不可磨灭的贡献。他创立的“生活教育”学说,内涵宏富,论述精当,与当前的社会主义教育学息息相通,集中了古今中外教育家的思想精华,奠定了我国人民教育家改革和发展的思想基础。他逝世时,宋庆龄称他是“万世师表”。他学识丰富,人格高尚,堪称中国近现代教育史上的“一代巨人”,是人民教师的楷模。陶行知不仅属于中国,也属于世界。

创造主未完成之工作,让我们接过来,继续创造。

宗教家创造出神来供自己崇拜。最高的造出上帝，其次造出英雄之神，再其次造出财神、土地公、土地婆来供自己崇拜。省事者把别人创造的现成之神来崇拜。

恋爱无上主义者造出爱人来崇拜……

美术家如罗丹，是一面造石像，一面崇拜自己的创造。

教育者不是造神，不是造石像，不是造爱人。他们所要创造的是真善美的活人，真善美的活人，是我们的神，是我们的石像，是我们的爱人。教师的成功，是创造出值得自己崇拜的人。先生之最大的快乐，是创造出值得自己崇拜的学生。说得正确些先生创造学生，学生也创造先生，学生先生合作而创造出值得彼此崇拜之活人。倘若创造出丑恶的活人，不但是所塑之像失败，亦是合作塑像者之失败。倘若活人之塑像是由于集体的创造，而不是个人的创造，那么这成功失败也是属于集体，而不是仅仅属于个人。在一个集体当中，每一个活人之塑像，是这个人来一刀，那个人来一刀，有时是万刀齐发，倘使刀法不合乎交响曲之节奏，那便是处处创痕。

教育者也要创造值得自己崇拜之创造理论和创造技术。活人的塑像和大理石的塑像有一点儿不同，刀法如果用得不对，可以万像同毁，刀法如果用得对，则一笔下去，万龙点睛。

有人说：环境太平凡了，不能创造。平凡无过于一张白纸，八大山人挥笔画他几笔，便成为一幅名贵杰作。平凡也无过于一块石头，到了菲迪亚斯、米开朗基罗的手里，可以成为不朽的塑像。

有人说：生活太单调了，不能创造。单调无过于坐监牢，但是就在监牢中产生了《易经》卜辞，产生了《正气歌》，产生了苏联的国歌，产生了《尼赫鲁自传》。单调又无过于沙漠了，而雷赛布(Lesseps)竟能在沙漠中造出苏伊士运河，把地中海与红海贯通起来。单调又无过于开肉包铺子，而竟在这里面产生了平凡而伟大的平老静。

可见平凡单调，只是懒惰者之遁辞。即已不平凡不单调了，又何须乎创造。我们是要在平凡中造出不平凡；在单调上造出不单调。

有人说：年纪太小，不能创造，见着幼年研究生之名而哈哈大笑。但是当你把莫扎尔特、爱迪生及冲破父亲数学层层封锁之帕斯卡尔(Pascal)的幼年研究生活翻给他们看，他又只好哑口无言了。

有人说：我是太无能了，不能创造。可是鲁钝的曾参，传了孔子的道统；不识字的惠能传了黄梅的教义。惠能说："下下人有上上者。"我们岂可以自暴自弃呢！可见，无能也是藉口。蚕吃桑叶，尚能吐丝，难道我们天天吃的米饭，除了造粪之外，便一无贡献吗？

有人说山穷水尽，走投无路，陷之绝境，等死而已，不能创造。但是遭遇八十一难之玄奘,毕竟取得佛经;粮水断绝,众叛亲离之哥伦布,毕竟发现了美洲大陆;冻饿病三重压迫之下,莫扎尔特写下了《安魂曲》。绝望是懦夫的幻想。歌德说:没有勇气,一切都完。是的,生路是要勇气探出来,走出来,造出来的。这只是一半真理;当英雄无用武之地,他除了大无畏之斧还得有智慧之剑、金刚之信念与意志才能开出一条生路。古语说:穷则变,变则通,要有智慧才知道怎样变得通,要有大无畏之精神及金刚的信念与意志,才变得出来。

所以处处是创造之地,天天是创造之时,人人是创造的人,让我们至少走两步退一步向着创造之路迈进吧!

像屋檐水一样,一点一滴,滴穿阶沿石。点滴的创造固不如整体的创造,但不要轻视点滴的创造而不为,望着大创造从天而降。

……

创造之神,你回来呀!……只要你肯回来,我愿意把一切——我们的汗,我们的血,我们的心,我们的生命——都献给你,当你看见满山的树苗在你的监护之下,得到我的汗、血、心、生命的灌溉,一根一根的都长成参天的大树,你不高兴吗?创造之神,你回来呀!只有你回来,才能保护参天大树之长成。

罗丹说:“恶是枯干。”汗干了,血干了,热情干了,僵了,死了,死人才无意于创造,只要有一滴汗,一滴血,一滴热情,便是创造之神所爱住的行宫,就能开创造之花,结创造之果,繁殖创造之森林。

我的信念

◇[法]居里夫人　剑　捷/译

居里夫人(1867~1934),原名玛丽·斯可罗多夫斯卡,法国物理学家、化学家,原籍波兰,最早荣获诺贝尔奖的女性。1891年在巴黎大学理学院求学,1893年获物理学硕士学位,次年又获数学硕士学位。她与居里先生密切合作,研究出两种新的比铀具有更强放射性的化学元素:钋和镭,1903年,居里夫妇和贝克勒尔共同获得了诺贝尔物理学奖。1911年再获诺贝尔化学奖。

她终生为人类的幸福献身科学,从不计较个人的私利和荣誉,先后获得奖金10种之多、奖章16种之多，以及100多个名誉头衔。1914年，镭学研究所在巴黎落成，她开始在此主持居里实验室工作，培养出许多颇有成就的科学家。一战期间，她利用X光设备诊救伤病员，因长期在艰苦的条件下进行紧张的放射性元素研究，致使有毒物质侵害了她的健康，晚年身患多种疾病。1934年7月4日因白血病逝世。

生活对于任何一个男女都非易事，我们必要有坚韧不拔的精神；最要紧的，还是我们自己要有信心。我们必须相信，我们对一件事情是有天赋的才能，并且，无论付出任何代价，都要把这件事情完成。当事情结束的时候，你要能够问心无愧地说："我已经尽我所能了。"

有一年的春天里，我因病被迫在家里休息数周，我注视着我的女儿们所养的蚕，结着茧子。这使我极感兴趣，望着这些蚕固执地、勤奋地工作着，我感到我和它们非常相似，像它们一样，我总是耐心地集中在一个目标。我之所以如此，或许是因为有某种力量在鞭策着我——正如蚕被鞭策着去结它的茧子一般。

在近五十年来，我致力于科学的研究，而研究基本上是对真理的探讨。我有许多美好快乐的回忆。少女时期我在巴黎大学，孤独地过着求学的岁月；在那整个时期中，我丈夫和我专心致志地，像在梦幻之中一般，艰辛地在简陋的书房里研究，后来我们就在那儿发现了镭。

我在生活中，永远是追求安静的工作和简单的家庭生活。为了实现这个理想，所以后来我要竭力保持宁静的环境，以免受人事的侵扰和盛名的渲染。

我深信在科学方面，我们是有对事而不是对人的兴趣。当比埃尔·居里和我决定应否在我们的发现上取得经济上的利益时，我们都认为这是违反我们的纯粹研究观念。因而我们没有申请镭的专利，也就抛弃了一笔财富。我坚信我们是对的。诚然，人类需要寻求现实的人，他们在工作中，获得最大的报酬。但是，人类也需要梦想家——他们对于一件忘我的事业的进展，受了强烈的吸引，使他们没有闲暇，也无热诚去谋求物质上的利益。我的唯一奢望，是在一个自由国家中，以一个自由学者的身份从事研究工作，我从没有视这种权益为理所当然的，因为在24岁以前，我一直居住在被占领和蹂躏的波兰。我估量过法国自由的代价。

我并非生来就是一个性情温和的人。我很早就知道，许多像我一样敏感的人，甚至受了一言半语的呵责，便会过分懊恼，他们尽量隐藏自己的敏感。从我丈夫的温和沉静的性格中，我获益匪浅。当他猝然长逝以后，我便学会了逆来顺受。我年纪渐老了，我愈会欣赏生活中的种种琐事，如栽花、植树、建筑，对诵诗和眺望星辰，也有一点儿兴趣。

我一直沉醉于世界的优美之中，我所热爱的科学，也不断增加它崭新的远景。我认定科学本身就具有伟大的美。一位从事研究工作的科学家，不仅是一个技术人员，并且他是一个小孩，在大自然的景色中，好像迷醉于神话故事一般。这种魅力，就是使我终生能够在实验室里埋头工作的主要因素了。

论见名人

◇[英]毛　姆　小　舟/译

威廉·索默塞特·毛姆(1874~1965)，英国小说家、戏剧家、文艺评论家。生于巴黎，自幼父母相继去世，由伯父接回英国。1897 年发表第一部长篇小说《兰贝斯的丽莎》。1903~1933 年，他创作了近 30 部剧本，深受观众欢迎。1908 年，伦敦有四家剧院同时上演他的四部剧作，形成空前盛况。最著名的剧本是 1921 年创作的《圆圈》。他的主要成就在小说方面，重要的小说有《月亮与六便士》、《寻欢作乐》、《刀锋》等。1952 年，英国牛津大学授予他名誉博士称号。1954 年，英女王授予他“荣誉侍从”称号，并成为皇家文学会的成员。

许多人热衷于见名人，我始终不得其解。在朋友面前吹嘘自己认识某某名人，由此而来的声望只能证明自己的微不足道。名人个个练就了一套处世高招，无论遇上谁，都能应付自如。他们给世人展现的是一副面具，常常是美好难忘的面具。但他们会小心翼翼地掩盖自己的真相。他们扮演的是大家期待的角色，演得多了，最后都能演得惟妙惟肖。如果你以为他们在公众面前的表演就是他们的真实自我，那你就傻了。

我自己就喜欢一些人，非常喜欢他们。但我对人感兴趣一般不是因为他们自身的缘故，而是出于我工作的需求。正如康德劝告的那样，我从来没有把认识某人作为目的，而是将其当做对一个作家有用的创作素材。比之名流显士，我更加关注无名小卒。他们常常显得较为自然真实，他们无须再创造另一个人物形象，用它来保护自己不受世人干扰，或者用它去感动世人。他们的社交圈子有限，自己的种种癖性也就越有可能得到滋长。因为他们从来没有引起公众的关注，也就从来没有想到过要隐瞒什么。他们会表露他们古怪的一面，因为他们从来就没有觉得有何古怪。

总之，作家要写的是普通人。在我们看来，国王、独裁者和商界大亨等都是不符合条件的。去撰写这些人物经常是作家们难以抗拒的冒险之举，可为此付出的努力不免以失败告终，这说明这些人物都过于特殊，无法成为一件艺术作品的创作根基，作家也不可能把他们写得真真切切。老百姓才是作家的创作沃土，他们或变幻无常，或难觅其二，各式人物应有尽有，这些都给作家提供了无限的创作素材。大人物经常是千人一面，小人物身上才有一组组矛盾元素，是取之不尽的创作源泉，让你惊喜不断。就我而言，如要在孤岛上度过一个月，我宁愿和一名兽医相守，也不愿同一位首相做伴。

供年轻人使用的短语与哲理(节选)

◇[英]王尔德

王尔德(1854~1900)是19世纪英国最伟大的艺术家之一，以其剧作、诗歌、童话和小说名世。在风流才子那颓废唯美、猖狂放浪的表面姿态下，是一颗纯美纯善、永难泯灭的童心，而这可贵的童心一经与卓绝才智结合，便诞生了《王尔德童话》。它不仅为作者奠定了文学声名的基石，更成为世界文学宝库中的传世佳作。其语言纯正优美堪称典范，其意境高洁悠远益人心智，值得每一童稚未凿的孩子、每一位葆有赤子之心的成年人认真阅读。

邪恶是由好人发明的神话，以说明他人的古怪的吸引力。

穷人一旦具备了个人姿态，贫穷问题便不难解决了。

看到灵魂与肉体间差别的人是两者均不具备的人。

一个做工考究的扣眼是艺术与自然的唯一联系。

宗教在被证实为真实之时就将死亡。

科学是已死宗教的记录。

教养良好之士辩驳他人；智慧贤明之士辩驳自己。

枯燥是因为严肃进入了晚年。

在所有不重要的事情当中，风度，而非诚意，必不可少；在所有重要的事情当中，风度，而非诚意，必不可少。

一个人若是讲了真话，那是他肯定自己迟早会被发现。享乐是人生的唯一追求。快乐比什么都更会衰老。

一个人只有不付账单，不能期望活在商家的记忆中。

犯罪非皆卑下，但是粗卑皆为犯罪。

粗卑是他人之所为。只有浅薄的人了解自己。

时间是金钱的浪费。

人总该有一点儿不可理喻之处。

对偶尔的些许装束过分，唯一的补偿方式是永远的绝对过分的教育。

过早成熟就是十全十美。

雄心是失败的唯一避难所。

在考场上，愚人提出问题，智者无法回答。

人应当要么是一件艺术品，要么戴一件艺术品。

表面品质是唯一能够持久的。

人的深层本质很快即被发现。

以往的时代是因年代错误而留存于史书之中的。

老年人相信一切，中年人怀疑一切，青年人了解一切。

十全十美的条件是无所事事，十全十美的目标是永葆青春。

只有伟大的风格大师才能成功地做到朦胧模糊。

小　丑

◇[俄]屠格涅夫　黄纬经/译

屠格涅夫(1818~1883)，俄国19世纪批判现实主义作家。著有长篇小说《罗亭》(1856)、《贵族之家》(1859)、《前夜》(1860)、《父与子》(1862)、《烟》(1867)、《处女地》(1859)。其中《罗亭》是他的第一部长篇小说，塑造了继奥涅金、皮却林之后又一个“多余的人”形象。他是一位有独特艺术风格的作家，既擅长细腻的心理描写，又长于抒情。小说结构严整，情节紧凑，人物形象生动，尤其善于细致雕琢女性艺术形象，而他对旖旎的大自然的描写也充满诗情画意。代表作为《父与子》。

世间曾有一个小丑。

他长时间都过着很快乐的生活；但渐渐地有些流言传到了他的耳朵里，说他被公认为是个极其愚蠢的，非常鄙俗的家伙。

小丑窘住了，开始忧郁地想：怎样才能制止那些讨厌的流言呢？

一个突然的想法，终于使他愚蠢的脑袋瓜开了窍……于是他一点儿也不拖延，把他的想法付诸行动。

他在街上碰见了一个熟人——接着，那熟人夸奖起一位著名的色彩画家……

“得了吧！”小丑提高声音说道，“这位色彩画家早已经不行啦……您还不知道这个吗？我真没想到您会这样……您是个落后的人啦。”

熟人感到吃惊，并立刻同意了小丑的说法。

“今天我读完了一本多么好的书啊！”另一个熟人告诉他说。

“得了吧！”小丑提高声音说道，“您怎么不害羞？这本书一点儿意思也没有；大家老早就已经不看这本书了，您还不知道这个？您是个落后的人啦。”

于是，这个熟人也感到吃惊——也同意了小丑的说法。

“我的朋友某君是个非常好的人啊！”第三个熟人告诉小丑说，“他真正是个高尚的人！”

“得了吧！”小丑提高声音说道，“某君明明是个下流东西！他抢夺过所有亲戚的东西，谁还不知道这个呢？您是个落后的人啦！”

第三个熟人感到吃惊，也同意了小丑的说法，并且不再同那个朋友来往。总之，人们在小丑面前无论赞扬谁和赞扬什么，他都一个劲地驳斥。只是有时候，他还以责备的口气补充说道：“您至今还很相信权威吗？”

“好一个坏心肠的人！一个好毒辣的家伙！”他的熟人们开始谈论起小丑了，“不过，他的脑袋瓜多么不简单！”

“他的舌头也不简单！”另一个人又补充道，“哦，他简直是个天才！”

末了，一家报纸的出版人请小丑到他那儿去主持一个评论专栏。

于是，小丑开始批评一切事和一切人，一点儿也没有改变自己的手法和趾高气扬的神态。

现在，他——一个曾经大喊大叫反对过权威的人——自己也成了一个权威了，而年轻人正在崇拜他，而且害怕他。

他们，可怜的年轻人，该怎么办呢？虽然一般地说，不应该崇拜……可是，在这儿，你试试不再去崇拜吧——你就将是个落后的人啦！

在胆小的人们中间，小丑们是能很好地生活的。

对恐惧要怎么办

◇[印度]奥　修

恐惧要怎么办？我被它弄得团团转，觉得很疲倦，它是否能够被控制，或是被扼杀？要怎么做？

它没有办法被扼杀，也没有办法被控制，它只能够被了解。在此，“了解”是关键词，只有了解能够带来突变，其他没有办法。如果你要试着去控制你的恐惧，它将会受到压抑，它会进入你的深处，它将不会有所帮助，只会把事情弄复杂。当它浮现，你能够压抑它，那就是控制，你可以压抑它；你可以将它压抑得很深，使它完全从你的意识消失，然后你将永远不会觉知到它，但是它将会留在最下层的部分，它会产生一个拉力，它会支配你，它会操纵你，它会以一种间接的方式来操纵你，使你不会觉知到它。但是这样一来，危险就更深了，这样你就甚至无法了解它。

所以恐惧不必被控制，不必被扼杀，其实它也是无法被扼杀的，因为恐惧包含一种能量，而能量是无法被摧毁的。你有没有观察过？在恐惧当中你有非常大的能量，就好像在愤怒当中，你也可以有那么大的能量，它们两者是同一个能量现象的两面。愤怒是侵略性的，恐惧是非侵略性的，恐惧是负面状态的愤怒，愤怒是正面状态的恐惧。当你愤怒的时候，你有没有注意到，你变得多么有力，你有多么大的能量？当你愤怒的时候，你可以丢一块你平常抱不动的大石头；当你愤怒的时候，你的力量可以增人三四倍，你可以做出一些不生气的时候做不到的事。

或是，在恐惧的时候，你可以跑得非常快，甚至连奥林匹克选手都会觉得嫉妒。恐惧产生能量，恐惧是能量，而能量无法被摧毁，一点点能量都没有办法从存在中被毁灭。这一点必须经常记住，否则你会做错事情。你无法摧毁任何东西，你只能够改变它的形式。你无法摧毁一颗小石头，一颗极小的沙粒也无法被摧毁,它只能够被改变形式。你无法摧毁一滴水,你可以将它转变成冰,你可以蒸发它,但是它仍然会维持,它会停留在某处,它无法离开存在。

你也无法摧毁恐惧,多少年来,人们一直都这样在做,人们一直试着要去摧毁恐惧、摧毁愤怒、摧毁性、摧毁贪婪,摧毁这个,摧毁那个,整个世界一直继续在努力,结果如何?人变成杂乱的一团,没有什么东西被摧毁,一切都依然存在,只是事情变得更复杂。不需要去摧毁任何东西,因为本来就没有东西可以被摧毁,那么必须做什么呢?

你必须了解恐惧,恐惧是什么?它如何升起?它来自哪里?它的讯息是什么?洞察它,不要有任何判断,唯有如此,你才会了解。

恐惧是什么?首先,恐惧总是围绕在某些欲望的周围,你想要变成一个有名的人,想要变成世界上最有名的人——这样就会有恐惧,如果你没有办法达到怎么办?恐惧就产生了,这样一来,恐惧就以一个欲望的副产品而来临:你想要变成世界上最有钱的人,如果你不成功怎么办?你开始颤抖,恐惧就产生了。你占有一个女人,你在害怕,或许明天你就无法占有,她或许会去找别人,她是活的,她可以走,只有死的女人不会走;但她还是活的,你只能够占有一具尸体,那样就没有恐惧了,尸体将来还是会在那里。你能够占有家具,这样做不会有恐惧,但是当你试着去占有一个人,恐惧就产生了。谁知道?昨天她不是你的,而今天她是你的,谁知道?明天她将是别人的,因此恐惧就会升起。恐惧是由占有的欲望而升起的,它是一项副产品,因为你想要占有,因此才会有恐惧;如果你不想占有,那么就没有恐惧。如果你没有欲望说你未来要成为这个或成为那个,那么就没有恐惧。如果你不想上天堂,那么就没有恐惧,那么教士就无法使你恐惧;如果你不想去任何地方,那么就没有人能够使你恐惧。

如果你开始生活在当下这个片刻,恐惧就消失了,恐惧是透过欲望而来的,所以,基本上,是欲望产生恐惧。

洞察它,每当有恐惧,看看它来自哪里,是什么欲望在产生这个恐惧,然后看看它的无用性。恐惧的来临是因为有其他事情,你必须洞察那些事情,对它们的洞察将会开始改变事情。所以,请你不要问它如何能够被控制或被扼杀,它不是要被控制的,也不是要被扼杀的。它不能够被控制,也不能够被扼杀,它只能够被了解,让了解成为你唯一的法则。

竞　争

◇[英]罗　素

如果你随便问一个美国人,或是一个英国商人,在他的生活中,什么是对快乐的最大的妨碍?他会说:“生存竞争。”他这话是肺腑之言,他相信确是这样。当然,生存竞争是确实存在的。但试问一下,他们这一生活阶层的人中,有几个是死于饥饿的?再试问一下,在他的朋友破产以后,会发生什么情况。谁都明白,一个破产商人,在物质享受方面,比起一个从来还没富裕到有可能破产的人来,条件要好得多。所以,人们平常说的生存竞争,实际上是追求成功的竞争。他们在竞争中感到可怕的,不是第二天早晨起来能否吃到早饭,而是他们将不能战胜自己的对手。

试想一下这种人的生活吧。我们假定,他有一套华丽的住宅,一位美丽的妻子以及可爱的孩子们。清晨,当所有的家人尚在梦中,他一觉醒来,急急忙忙地赶往办公室。那儿他的职责就是展示自己作为一个大经理的风度才干;他下颚紧绷,说话明快果断,旨在给除公务员以外的每个人留下一副精明强干、谨慎持重的印象。他口授信函,和许多要人通话联系,研究市场行情,然后与某位正在或试图与他办交易的人共进午餐。下午,一样的事情继续进行。筋疲力尽地回到家里,又赶着换好衣装去赴晚宴。餐桌上,他和另一些同样疲劳的男士还得在女宾面前装作快活高兴的样子,而这些女宾还丝毫没有倦意。谁也说不准还要过几个小时,这个可怜的忙人才能摆脱这种场面。直到最后,他才得以入睡,让绷紧的神经得以松弛几个小时。

这些人的工作日就像是一场百米赛跑,但是这场赛跑的唯一目标却是坟墓。那种适合于百米赛跑的全神贯注,在这儿最终达到了极点。他对自己的儿女有什么了解?平时他呆在办公室里,星期天则在高尔夫球场度过。他对妻子了解多少?当他清晨离开她时,她仍在睡梦中,整个晚上,他和妻子出席社交活动,这种场合里是不可能进行亲密交谈的。他在男人中也许没有一个真实可信的朋友,尽管他可能会有许多故作亲密的朋友。春华秋实,他只有在它们对市场带来影响时才有所感觉。他或许足迹遍布许多国家,但眼神中却流露出倦怠之情。对他来说，书籍毫无用处，音乐是故弄玄虚。时光荏苒，他变得越来越孤独；他的全副心思专注到生意事业上，业余生活变得枯燥无味。在欧洲，我见过一个这种类型的中年美国佬，他正和妻子女儿一起旅行。显然是妻儿们劝这个可怜虫该度个假期了，该让女儿们有个机会来看看欧洲。母亲和女儿们兴奋地围着他，向他指点每一处令人惊奇有趣的景象。这位一家之长呢，则显得疲惫不堪、心绪烦乱。此时此刻还在担心办公室里业务进展如何，棒球场上比赛情况怎样。最后他的一家子女人们全对他失去了希望，认为男人们全是怪人。她们从未想过，他正是她们的贪欲的牺牲品。

我认为应该承认，破产所带来的真正的，虽则是非理性的恐惧感常常会进入商人的焦虑意识里。阿诺德·贝奈特笔下的克莱汉格，无论他变得多么富有，却总在担心自己会死在工场里。我毫不怀疑地相信，那些在童年时饱受贫穷折磨的人，常常为一种担心自己的孩子遭受同样的命运的恐惧所困扰；他们还常常产生这种想法，即很难积聚百万钱财来抵挡这一灾难。在创业者一代中，这种恐惧很可能是不可避免的，但对于从来不知一贫如洗为何物的人来说，则很可能没有什么影响。不管怎样，他们只是问题中一个较小的例外而已。

问题的根子在于，人们过分地强调竞争的成功，以至于把它变成幸福的主要源泉。我不否认，成功意识更容易使人热爱生活。但我坚信，成功只能是幸福的构成因素之一，如果不惜以牺牲所有其他一切因素以得到它，那么这个代价实在是太昂贵了。

美国的儿童从小就知道这是唯一重要的事情，如果哪一项教育里没有金钱的价值，他们就不愿意为此下功夫。教育曾经被公认为是一种欣赏和享受能力的训练——我指的是对那些更为高雅的事物的欣赏享受，这对从来没受过教育的人来说是不可接受的。在18世纪，对文学、绘画和音乐的鉴赏情趣，是“绅士”的标志之一。今日我们也许不同意他们的爱好，但至少这是的的确确存在的。现在有钱人则是另一种类型。他从不读书。如果为了扩大自己的声望，他试图建立起一个艺术画廊，那么对于绘画作品的选择他得依靠专家去做；他从中得到的快乐不是对这些作品的欣赏。而是因阻止别的有钱人拥有这些绘画作品而产生的一种快乐。至于音乐，如果他正好是个犹太人的话，他也许真有点欣赏力：否则，就像在其他艺术方面一样，他也没有任何修养。这一切的后果是，他根本不知道如何打发闲暇时光。他变得越来越富，因而挣钱也越来越容易，最后，一天里只要花5分钟，他挣的钱就多得叫他都不知如何去花了。于是这可怜虫反而因为自己的成功无所适从。只要成功本身被当作生活的唯一目的，其结果必然如此。除非一个人懂得获得成功如何去应付它，否则，成功的获得必然使他成为厌烦的猎获品。

现代生活中对于竞争的过分强调，同文明准则的普遍堕落是有关的，这种情况开始于奥古斯都时代之后的罗马帝国。男男女女们已显得没有能力欣赏那些志趣更为高尚的娱乐了。例如，一般的谈话艺术在18世纪的法国沙龙里已发展得臻于完善了，四十年前依然为人们所继承。这是一门非常精致的艺术，为了某种几乎是转瞬即逝的事物，将人的最高潜能发挥到极致。然而，在我们这个时代，还有谁关心这等闲事？十年前，中国的这门艺术还很繁盛，不过在我看来，从那时起，国民党人的如传教士般的狂热早已把它一扫而空了。美好的文学知识在受过教育的人当中很普及，可是今天只有少数几个教授才对此通晓。所有高雅的娱乐都被抛弃了。春天里，几个美国学生带我到他们的校园边上的树林里散步，那里鲜花灿烂，可是我的向导中没有一个能叫出哪怕是其中一种花的名称。这样的知识有什么用？它又不能给任何人带来收入。

问题并不仅仅在于个人方面，个人在他孤立的情况下也不能防止它。问题在于为人们普遍接受的生活哲学，按照这种哲学的看法，生活就是一种奋斗，一场斗争，在这场斗争中，荣誉属于胜利者。这种观点导致了对意志力培养的过分强调，而这是以牺牲各种感觉和才智为代价的。也许，这么说我们是本末倒置了。清教徒中的道德家们在现代总是强调意志的作用，虽然他们本来想强调的是信仰。也许清教主义时代产生了一种这样的人，他们过度发展了意志，却强行压抑了自己的感觉和才智，因而他们把竞争哲学当成最适合自然的哲学。不管怎样，这些现代恐龙，像他们的史前原型一样，他们的巨大的成功就在于不要智慧而要权力。这种成功使得他们到处被人模仿，结果成了世界各地白人的榜样；在今后几百年里，这种情况也许会日盛一日，不过，那些不随时尚的人尽可放心，因为远古恐龙最终并未赢得胜利，它们互相残杀，结果让聪明的旁观者占据了他们的王国。我们的现代恐龙正在毁灭自己。在一般情况下，他们每次婚姻，都只生下两个不到的子女。在这一点上，他们从清教徒那里承袭下来的过于狂热的哲学就显得与世界不怎么适应了。那些对生活感到如此缺乏乐趣，以至于不再关心生儿育女的问题的人，是在生物上注定要灭亡的。过不了多久他们就会被更为快活幸福的新一代人所替代。

把竞争看作生活中的主要事情，这种观点太残酷、太顽固，使人的肌肉太紧张，使人的意志太集中，以至于如果将它当做人生的基础的话，连一二代人都难以延续。经过这样的一段时间，它一定会引起神经疲劳，各种形式的逃避，对快乐的追求同对工作的追求一样紧张艰难——因为松弛宽裕已经不可能了——最后，因为不育症，导致整个家族消亡。不仅工作受到竞争哲学的毒害，休息也一样深受其害。那种安逸闲适、神经松弛的悠闲生活也令人感到厌烦无聊。这一切必然导致连续的加速运转，其自然的结局便是吸毒和崩溃。治疗之方无他，就是承认在一种平衡的生活中，理智的、安逸的快乐享受是必要的。

王蒙的21条人际准则

◇王　蒙

1.不相信那些一见了你就夸奖歌颂个没完没了的人。

2.不相信那些动辄汇报谁谁谁在骂你的人。

3.不讨厌那些曾经公开地与你争论、批评你的人。

4.绝对不布置安排一些人去搜集旁人背后说了你一些什么。

5.绝对不在公开场合，尤其不能在自己的权力影响范围内，即利用自己的权力或者影响召集一些人大谈旁人说了你什么。

6.不回答任何对于你个人的人身攻击，只讨论对于你和你的对手以及更多的人们，对于社会和国家，对于某种学理的建设和艺术的创造确有意义的问题。

7.一般不做自我辩护，但可以澄清一些观点、一些选择、一些是非。

8.一时弄不清或背了黑锅没关系。你还是你，他还是他。一个黑锅也背不起的人只能是弱者。

9.不随便拒绝人，也不随便答应人。不许愿，不吊人家胃口，不在无谓的事情上炫耀实力。

10.不急于表现自己，也不急于纠正旁人，再听一听，再看一看，再琢磨琢磨。

11.不在背后议论张长李短。

12.人际关系是双向的。学人者人恒学之，助人者人恒助之，敬人者人恒敬之，爱人者人恒爱之。同时，说人者人恒说之，整人者人恒整之，害人者人恒害之，耍人者人恒耍之，虚伪应付人者人恒虚伪应付之。

13.绝对不接受煽动，不接受挑拨，绝对不因A的煽动而与B为敌，也不因B的煽动而向着A冲去。

14.在人际关系中永远不考虑从中捞取什么。

15.永远不要以为任何你接触的人比你傻比你笨比你容易上套。

16.对某人某事感到意外时,先从好处想想,可能地做这件事是为了帮助你,至少客观上对你无损,而千万不要立即以故意设想旁人。

17.永远不与任何人包括对你最不友好的人纠缠。你搞你的人际纠纷,我忙我的业务工作。你搞纠纷的结果未必能怎样怎样,我搞业务工作的结果很可能有一些成绩。我的一切成绩都是对你的最好回答,更是对友人的最大安慰。

18.寻找结合点、契合点,而不是只盯着矛盾分歧。视不同意见的人为现实的诤友或候补诤友,而不是小气鬼般地见到意见不一的人就如坐针毡。

19.永远不从个人利害的角度谈论与思考问题,永远不"我、我、我"与人争论,宁可把一切争执学理化而不是搞狗屎化个人化。

20.把人际关系的处理当做一个特殊的课程,从中分析和进一步掌握我们的国情,我们的历史,我们的社会结构,我们的哲学传统与时尚思潮,我们的逻辑学科学文明教养心理健康等等。

21.可以用足气力去学习、去工作、去写作、去装修房屋,乃至去旅游去赛球去玩儿,但是用在人际关系上,用在回应摩擦上,用在对付攻击上,最多只发三分力,最多发力30秒钟,再多花一点儿时间和气力,都是绝对地浪费时间。

寻找理想

◇巴　金

巴金(1904~2005),原名李尧棠、字芾甘,四川成都人。中国文学发展史中的重要人物,现当代小说家、散文家。长篇小说《寒夜》堪称杰作。处女作长篇小说《灭亡》,发表时始用笔名巴金。1929~1937年中,创作了《家》、《海的梦》、《春天里的秋天》、《砂丁》、《萌芽》(《雪》)、《新生》、《爱情三部曲》(《雾》、《雨》、《电》)等中长篇小说,出版了《复仇》、《将军》、《神·鬼·人》等短篇小说集和《海行集记》、《忆》、《短简》等散文集。抗战爆发后,完成《家》的续集《春》、《秋》(合称《激流三部曲》)。被鲁迅称为"一个有热情的有进步思想的作家，在屈指可数的好作家之列的作家”。中华人民共和国成立后，曾任全国文联副主席、中国作家协会主席、中国笔会中心主席、全国政协副主席等职，主编《收获》杂志。他关注和支持繁荣文学创作的各项活动，多次出国参加国际文学交流活动，首倡建立中国现代文学馆。其小说创作最为著称的是取材于旧家庭的崩溃和青年一代的叛逆反抗的作品，《家》就是代表作，奠定了他在现代文学史上的重要地位。

来　信

江苏某县某乡中心小学十位同学4月18日写信给我：

敬爱的巴金爷爷：

我们是十个小学五年级的学生，平均年龄不到11周岁，在学校里都获得了“三好”或“品学兼优”的奖励。但是近年来，我们被一些新的现象迷惑了。爸爸妈妈说话三句不离钞票，社会上常以收入多作为自己的骄傲。有位每月工资是30多元的老师，当我们问她工资多少时，她脸红了。我们有位同学数学考了94分，她呜咽起来，原来爸爸答应她，考了95分可得5元奖金。许多家长都用金钱、新衣、旅游来鼓励我们取得好成绩。有些同学在谈到将来时，往往把单位好、工资高、奖金多作为自己最好的向往；一句话，为金钱工作，为金钱学习，已经成为理所当然的事。这难道就是我们80年代的少年应该追求的理想吗?作为三好学生，我们可以攻克学习上的重重难关，但是在这里，在理想问题上我们成了十只迷途的羔羊。但是我们不甘沉沦，我们决心探索、寻求，我们十个朋友决定开展一个“寻求理想”的活动。

巴金爷爷，我们读过您写的很多书。现在您已上了年纪，可是我们还常常在报纸上、电视里看到您在忙碌地工作。我们想您那里一定有一种神奇的力量，有打开我们心灵窗户的神秘钥匙，因此，我们想向您请教，当您伏案写作的时候，您想的是什么?您写了那么多的书，您追求的是什么?

巴金爷爷，我们知道您很忙，您有很重要的工作，您还需要休息，我们实在不愿意打搅您，但是我们十分需要您的帮助。十只迷途的羔羊向您呼救，请您以最快的速度给我们指点。

祝您长寿。

十个寻找理想的孩子。

写信人的名字我给删掉了。

我的回答

亲爱的同学们：

你们的信使我感到为难。我是一个有病的老人，最近虽然去北京开过会，可是回到上海就仿佛生了一场大病似的，一点儿力气也没有，讲话上气不接下气，写字手指不听指挥，因此要“以最快的速度”给你们一个回答，我很难办到。我只能跟在你们背后慢慢地前进，即使远远地落在后面，我还可以努力追赶。但要带着你们朝前飞奔，不是我不愿意，而是力不能及了。这就说明我不但并无“神奇的力量”，而且连你们有的那种朝气我也没有，更不用说什么“神秘钥匙”了。

不过我看你们也不必这样急，“寻求理想”不是一天两天的事。理想是存在的。可是有的人追求了一生只得到幻灭，有的人找到了它一直坚持到生命的最后一息。各人有各人的目标，对理想当然也有不同的理解。我听广播、看报纸，仿佛人们随时随地都在谈论“理想”仿佛理想在前面等待人，只要你一伸手就可以把它抓住。那么你们为什么还那样着急地向我“呼救”呢？你们不是都有了理想吗？你们在“向钱看”的社会风气中感觉到窒息，不正是说明你们的理想起了作用吗？我不能不问，你们是不是感到了孤独因此才把自己比作“迷途的羔羊”？可是照我看，你们并没有“迷途”，“迷途”的倒是你们四周的一些人。

我常常想，我们生活在其中的社会有时会是十分古怪，叫人难以理解。人们喜欢说，形势大好，我也这样说过。这种说法不是没有道理，我也有自己的经验：根据我耳闻目睹，舍身救人、一心为公的英雄事迹和一人有难八方支援的好人好事，每天都在远近发生。从好的方面看当然一切都好，但要是专找不好的方面看，人就觉得好像被坏的东西包围了。尽管形势大好，总是困难很多；尽管遍地理想，偏偏有人唯利是图。你们说这是“新的现象”，我看风并不是一天两天刮起来的。面对着这种现象，有人毫不在乎，他们说这是支流，支流敌不过主流，正如邪不胜正。即使出现这样的情况，譬如说钞票变成了发光的“明珠”，大家追求一个目标：发财，人人争当“能赚会花”的英雄，又譬如说从喜欢空话、爱听假话,发展到贩卖假药,推销劣货,发展到以权谋私,见利忘义……也不要紧,因为邪不胜正。还有人说,“你不要看风越刮越厉害,不久就会过去的。我们有定风珠嘛!”同他们交谈,我也感到放心,我也是相信邪不胜正的人,我始终乐观。

同学们,请原谅,我不是在这里讲空话。束手等待是盼不到美好的明天的。我说邪不胜正,因为在任何社会里都存在着是与非、光明与阴暗的斗争。最后的胜利当然属于正义,属于光明。但是在某一个时期甚至在较长的一段时期,是也会败于非,光明也会被阴暗掩盖,支流也会超过主流,在这里斗争双方力量的强弱会起大的作用。在这一场理想与金钱的斗争中我们绝不是旁观者,斗争的胜败关系到我们每个人的命运。我们是这个社会的成员,是这个国家的公民。要是我们大家不献出自己的汗水和才智,那么社会的发展和国家的腾飞,也不过是一句空话。我常常想为什么宣传了几十年的崇高理想和大好形势,却无法防止黄金瘟疫的传播?为什么用理想教育人们几十年,那么多的课本,那么多的学习资料,那么多的报刊,那么多的文章!到今天年轻的学生还彷徨无主、四处寻求呢?

小朋友们,不瞒你们说,对着眼前五光十色的景象,就连我有时也感到迷惑不解了。我要问,理想究竟是什么?难道它是虚无缥缈的东西?难道它是没有具体内容的空话?这几十年来我们哪一天中断过关于理想的宣传?那么传播黄金瘟疫的病毒究竟来自何处、哪方?今天到处在揭发有人贩卖霉烂的食品,推销冒牌的假货,办无聊小报,印盗版书,做各种空头生意,为了带头致富,不惜损公肥私、祸国害人。这些人,他们也谈理想,也讲豪言壮语,他们说一套,做另外一套。对他们,理想不过是招牌、是装饰、是工具。他们口里越是讲得天花乱坠,做的事情越是见不得人。“向前看”一下子就变为“向钱看”,定风珠也会变成风信鸡。在所谓“不正之风”刮得最厉害、是非难分、真假难辨的时候,我也曾几次疑惑地问自己:理想究竟在什么地方?它是不是已经被狂风巨浪吹打得无踪无影?我仿佛看见支流压倒了主流,它气势汹汹地滚滚向前。然而即使在这个时候我也没有理由灰心绝望,因为理想明明还在我前面闪光,理想,是的,我又看见了理想。我指的不是化妆品,不是空谈,也不是挂在人们嘴上的口头禅。理想是那么鲜明,看得见,而且同我们血肉相连。它是海洋,我好比一小滴水;它是大山,我不过是一粒泥沙。不管我多么渺小,从它那里我可以吸取无穷无尽的力量。拜金主义的“洪流”不论如何泛滥,如何冲击,始终毁灭不了我的理想。问题在于我们一定要顶得住。我们要为自己的理想献身。

我在20年代写作生活的初期就说过:“把个人的生命连系在群体的生命上面,在人类繁荣的时候,我们只看见生命的连续,哪里还有个人的灭亡?”在30年代中我又说:“我们每个人都有更多的同情,更多的爱,更多的欢乐,更多的眼泪，比我们维持自己的生存所需要的多得多，我们必须把它们分给别人，不这样做，我们就会感到内部干枯。”你们问我伏案写作的时候想的是什么？我追求什么？我可以坦率地回答：我想的就是上面那些话。我追求集体的幸福和繁荣。

五十几年来我走了很多的弯路，我写过不少错误的文章，我浪费了多少宝贵的光阴，我经常感受到“内部干枯”的折磨。但是理想从未在我的眼前隐去，它有时离我很远，有时仿佛近在身边；有时我以为自己抓住了它，有时又觉得两手空空。有时我竭尽全力，向它奔去；有时我停止追求，失去一切。但任何时候在我的前面或远或近，或明或暗，总有一道亮光；不管它是一团火，一盏灯，只要我一心向前，它会永远给我指路。我的工作时间剩下不多，我拿着笔已经不能挥动自如了。我常常谈老谈死，虽然只是一篇短短的“随想”，字里行间也流露出我对人生无限的留恋。我不需要从生活里捞取什么，也不想用空话打扮自己，趁现在还能够勉强动笔，我再一次向读者，向你们掏出我的心：光辉的理想像明净的水一样洗去我心灵上的尘垢，我的心里又燃起了热爱生活、热爱光明的火。火不灭，我也不会感到“内部干枯”……

亲爱的同学们，我多么羡慕你们。青春是无限的美丽，青年是人类的希望，也是我们祖国和人民的希望，这样一个信念，贯串着我的全部作品。理想就在你们面前，未来属于你们。千万要珍惜你们宝贵的时间。只要你们把个人的命运同集体的命运连在一起，把人民和国家的位置放在个人之上，你们就永远不会“迷途”。理想不抛弃苦心追求的人，只要不停止追求，你们会沐浴在理想的光辉之中。不用害怕，不要看轻自己，你们绝不是孤独的！昂起头来，风再大，浪再高，只要你们站得稳，顶得住，就不会给黄金潮冲倒。

这就是一个81岁老人的来迟了的回答。

与人交往需要遵循的原则

◇[英]查斯特菲尔德

亲爱的孩子：

在上一封信中，我跟你讲过应该与什么样的社交圈往来。现在，我想跟你谈谈与人相处的哲学，这是我从切身的经验和观察中得来。我暂且放下手头的事情，跟你谈谈这个话题，相信能够对你产生积极的指导作用。其实，我以前就常给你这方面的提示，只不过是一笔带过而已；现在，我会更加系统地给你讲述。在此，我就不多说仪态和谈吐了……

1.经常与人交谈，每次时间不宜过长。

应该在谈话中多说话，但是每次时间不宜过长；尽管你可能还意犹未尽，可至少保证听的人不会感到厌烦。

2.尽量少讲故事或者不讲，除非它们确实简短、贴切。

讲故事的时候可以省略一些无关紧要的细节，当心不要离题。尽量做到平铺直叙，不要添油加醋。尤其不要强人所难，逼他把故事听完。如果人们不愿继续听下去，那么你最好马上把嘴巴闭上。

大多数爱说话的人往往选那些沉默寡言或近在咫尺的人作为倾诉对象，他们压低嗓门、窃窃私语，跟人聊起来没完没了。这完全是一种缺乏教养的行为，甚至还算得上是一种欺骗。换个角度看，要是这些“残忍的家伙”瞄上了你，那么你就热心地配合他，耐着性子听他把话说完(至少表面上流露出专注的神情)。没有什么比耐心听人说话更贴心，也没什么比听到一半中途离开或流露出不耐烦的情绪更伤害人。

3.顺着别人的话题交谈，不要岔开话题。

假如你确实有才能，可以在每个话题上或多或少地表现出来；否则，最好顺着别人的话题，不失时机地插上几句，不要试图挑起另外的话题。

4.避免与人发生激烈争论。

若是你身处于复杂的群体，记着尽量避免与人发生争论。虽然这种争论只是一时兴起所致，不该影响双方的感情；可实际上，双方产生的厌恶情绪会像阴霾般挥之不去。假如这场争论不幸演变为激烈的争吵，那么你最好说些无伤大雅的笑话及时结束无谓的争吵。我曾经用这种方法平息过一场口角之争。我笑着对他们说，尽管我相信在场的所有人绝不会把这次争吵的内容泄漏出去，不过没法保证路人会不会走漏风声，他们经过的时候可是什么都听见了。

5.避免谈论自己。

不论何时何地，你都要尽量避免在人前谈论自己。人人都有自我表现的欲望，这种骄傲和虚荣是人类的本性。无论是在最有才能的人身上，还是在各种各样利己主义者身上，都有随时发作的可能。

若想避免染上这种恶习，唯一行之有效的方法就是绝不要在他人面前谈论自己。

有时候，你不得不提到自己，那么留心不要说错一个字，否则可能直接或间接地让人误以为你是在博取他的赞赏。你只需展现真实的个性，别人自然会看在眼里；如果你吹得天花乱坠，别人反而会表示怀疑。千万不要想着可以凭三寸不烂之舌掩盖自己的缺点，或者令你更加完美！相反，这么做十有八九只会将你的缺点暴露无遗，使优点变得模糊不清。假如你对自己的事情缄默不语，与世无争，那么你可能得不到应有的赞赏；可要是你一刻不停地吹嘘自己，不管你掩饰得多么巧妙，都会引起别人的厌恶，甚至群起而攻之。

6.外表坦率，内心谨慎。

留心不要让自己看起来过于神秘。这种个性不仅冷漠、不友好，而且容易惹人猜疑。如果别人觉得你很神秘，他们也会对你有所保留，这样你就无法了解他们。最明智的方法就是在坦率、真诚的外表下保持一颗谨慎的心。为了保护自己，你可以示人以坦率，卸去对方的戒备。在你所处的群体中，十有八九你要依靠这种方式去迷惑别人。

内心谨慎和外表坦率同样必要。与人交谈时，眼睛必须直视对方，否则会让他觉得受到冒犯，而且你也失去了察言观色的机会。为了解人们的真情实感，我更相信亲眼所见，而不相信亲耳所闻。因为人们可以说任何我爱听的话，可是他们脸上的表情却不可避免地泄漏了内心的真实想法——这正是我想知道的。

7.莫要散布谣言，也别听信谣言。

绝对不要轻易地散播谣言，也不要轻信别人的诽谤。对他人的诽谤只能满足一时的虚荣心，冷静下来细想之后就会发现对我们有百害而无一利。其实诽谤跟抢劫差不多，听信诽谤的人就像强盗一样可耻。

8.说话方式因人而异。

与不同的人打交道应该采用不同的方式，相信不用我多说你也知道。你总不至于以同样的方式跟国务大臣、主教大人、哲学家、上尉或女士们谈论同一个话题吧！我们应当像变色龙那样能够随时变换颜色，以适应各种场合。这绝不是什么罪恶或可耻的行为，而是一种必要的礼貌，因为这是态度问题，无关乎道德。

9.莫要轻信别人的誓言。

关于誓言，我只说一句。我希望并且相信，在谈话中誓言并非必不可少。有时候，你会听到人们在谈话中夹杂着一些誓言，用以修饰自己的话语。可是，你若是仔细观察，就会发现那些发誓的人并没有为他们的群体带来任何荣誉。这些人往往只是下等官员或者受教育程度不高的人。这种行为不仅愚蠢、缺乏教养，而且丑恶至极，根本不值得推崇。

在结束这封信之前，我还要提醒你，不管你多么小心谨慎地遵从以上提到的处世原则，若是没有美惠三女神的眷顾，它们也会失色不少。不论你想表达什么，要是你说话的时候神情傲慢自大，或者局促不安，或者痴痴傻笑，那么效果肯定相当糟糕。再者，要是你说话嘟嘟哝哝、口齿不清，人们必定难以接受。要是你的风度和谈吐笨拙粗鲁、庸俗不堪，可是有着许多内在的优点，那么人们对你多少还会抱以尊重的态度。在古代，维纳斯和美惠三女神总是时刻相伴左右。贺拉斯告诉我们，若是没有女神相伴，即使是墨丘利也难成大事。

她们并不是无情的女神，只要你锲而不舍地追求，她们定会让你心想事成。

情感，最温暖的心灵鸡汤——情感篇

对人类来说，如同需要空气一样，需要细腻的情感。无私的亲情、体贴的友情、理智的爱情，是心灵的憩息地，在这些情感面前，你不必化妆，不必穿戏服，不必做事情，不必端架子，可以讲真心话，讲泄气话，可以说没出息的话，可以让他知道你很脆弱、很懦弱、很害怕；虽然每次走入人生的前台你会很紧张，很厌恶，但你确知后台有人只会安慰你，不会奚落你，不会耻笑你。

后台朋友

◇林语堂

林语堂(1895~1976),福建龙溪人。1912年入上海圣约翰大学，毕业后在清华大学任教。1919年秋就读于哈佛大学文学系，1922年获文学硕士学位。同年转赴德国莱比锡大学,专攻语言学。次年获博士学位后回国,任北京大学教授、北京女子师范大学教务长和英文系主任。1924年后为《语丝》主要撰稿人之一。1926年到厦门大学任文科主任，次年任外交部秘书。1932年主编《论语》,1934年创办《人间世》,1935年创办《宇宙风》,提倡“以自我为中心,以闲适为格调”的小品文。其后在美国写《吾国与吾民》、《京华烟云》、《风声鹤唳》等文化著作和长篇小说。1944年一度回国到重庆讲学。1945年赴新加坡筹建南洋大学,任校长。1952年在美国与人创办《天风》杂志。1966年定居台湾。1967年受聘为香港中文大学研究教授。1975年被推举为国际笔会副会长。次年在香港逝世。

友情是心灵的休息地,真正的友情只能用心体会、用爱感受。

君子之交,其淡如水。执著而求,咫尺千里。

莎士比亚说:“人生如舞台。”

人的一生有前台,也有后台。前台是粉墨登场的所在,费尽心思化好了妆,穿好了衣服,准备好了台词,端起了架势,调匀了呼吸,一步步踱出去,使出浑身解数:该唱的,唱得五音不乱;该说的,说得字正腔圆;该演的,演得淋漓尽致。于是博得满堂彩,名利双收,踌躇满志而归。

然而,当他回到后台,脱下戏服,卸下妆彩,露出疲惫发黄的脸部时,后台有没有一个朋友在等他,和他说一句真心话,道一声辛苦了,或默默交换一个眼色。这眼色也许比前台的满堂彩都要受用,而且必要!

人有没有这样的朋友,很重要。后台的朋友,是心灵的休息地,在他面前,不必化妆，不必穿戏服，不必做事情，不必端架子，可以说真话，可以说泄气话，可以说没出息的话，可以让他知道你很脆弱、很懦弱、很害怕，每次要走入前台时都很紧张、很厌恶，因为你确知后台朋友只会安慰你，不会耻笑你，不会奚落你。

况且，在他面前你早已没有形象可言了，也乐得继续没形象下去。人生有一个地方，有一个人，在这人面前，可以不必有出息，可以不必有形象，可以暴露弱点，可以是全身弱点，这是很大的解放。有此解放，人可以在解放一阵子之后，重拾勇气，重披戏服，再次化妆，再次端架子，走到前台去扮演好须扮演的角色，做一个人模人样的人物，博得世俗的赞美。

漫谈恋爱

◇丁 玲

丁玲(1904~1986)原名蒋伟，字冰之，湖南临澧人。1927年开始发表小说。处女作《梦珂》、早期代表作《莎菲女士的日记》相继发表后，又继续出版短篇小说集《在黑暗中》、《自杀日记》、《一个女人》和中篇小说《韦护》。之后又发表了《一九三〇年春上海》(之一、之二)、《某夜》、《田家冲》、《水》、《法网》、《消息》、《夜会》、《奔》、《诗人亚洛夫》、《给孩子们》等中、短篇小说及长篇小说《母亲》。1948年，她写成著名的长篇小说《太阳照在桑干河上》。这部名作，是丁玲创作的里程碑，也是中国现代文学史上的突出成就，1951年荣获苏联斯大林文学奖金。

对于恋爱这个题日，即使到这个年龄(指80岁)，我也是很感兴趣的。因为恋爱问题和社会生活的各种现象，特别是和文学有着十分密切的关系。

要从文学和艺术作品中除掉恋爱和爱情，几乎是不可能的。任何文学都要直接或间接地涉及恋爱问题。因此，今天我想对热爱文艺的青年谈谈这个问题。

那么，我主张什么样的爱情呢？直截了当地说吧，我是主张“一见钟情”

的，但要“白头偕老”。我所说的“一见钟情”要附加一个条件，绝不是说不论对什么样的男人或女人都能够“一见钟情”的。我觉得这个“一见钟情”就是许多男女具有的一种特别的“灵感”，也可称为“精神的闪光”，但不是“冲动”之类的东西。——他（她）之所以吸引你，那是因为你的爱好、喜欢的东西，早就储存在那里，所以，一旦在人群中发现他（她），便会引起一种我不叫“冲动”，就叫“灵感”吧。这种储存起来的东西，你自己可能并没有自觉意识，而一旦被触发，就会自然而然地流露出来。我觉得这正如《红楼梦》中宝玉和黛玉初次见面时的情形一样，宝玉说：“哎，我好像在哪里见过你呀！”但你却不能说他们前世并没有结婚哪，没有什么姻缘哪，这样说是没什么意思的。只看一眼就说这个人最合我意，为什么这么说呢？就是觉得好像二人很早以前就认识。这时候就已经开始动心了。

现在有些人找对象有好多条件。一般地说，和人见面后总要考虑一番：这人长相怎样，身高有一米八〇吗？个子高矮，眼睛大小等……是这样吧，可是，那样做有什么意思呢。如果那样的话，你还不如变成木偶，一个可爱的木偶。

假如你真喜欢他（她），你就不会轻易离开他（她）。现在流行的所谓“自由式恋爱”，什么时候分手都行。如果说什么时候分手都行，那么你和谁也不能有真正的爱情。

这里，解释一下我现在为什么喜欢古典小说呢？例如《李娃传》，这是唐代的一部恋爱小说，后来改编为元杂剧，一直流传至今。很多地方剧团都上演过。有一出根据它改编的川剧，两个月前在四川上演，不久前来北京演出。我看了那个剧，过后我反复琢磨，这个剧为什么有那么强的生命力呢？那就是因为这个剧所表现的爱情，是纯洁的，完全没有物质的东西。

李娃（是个妓女）“痴情”、专一地爱着贵公子郑生。郑生对李娃也是一见钟情。为了看她，他倾尽了自己的全部资财，最后终于被从妓院中撵了出来，沦落为同乞食者一样的艺人（被殡仪馆雇用的歌手）。李娃一心一意地等着他，并四处打听他的下落。但是鸨母却绝不让他们相见，将他们完全隔离开。即使这样，李娃仍不死心，终于有一天在街头发现了卖唱的郑生，就把他领回了自己家，让他读书参加科举考试。

郑生本来是名门的贵公子，很用功。但因为他每天光看她的脸，看不进去书，总看着她也不感到厌烦。她的脸是那么美丽，特别是那两个圆而可爱的眼睛相当漂亮。后来，姑娘想他总是这样怎么能看书呢，就把自己那两个美丽的眼睛扎伤了。她这时的感情，真正是一心一意为了郑生。如果你能变好就行，为了你我可以牺牲一切，连自己最宝贵的美丽的眼睛也在所不惜，以此来激励他发愤读书。结果，他考上了状元。他首先决定回去看她，可是，怎么找也找不到她。姑娘的想法是，他出身名门贵族，而自己却是卑贱的妓女。他考中了，我也没必要去他那里了。因而，就这样独自度过了自己一生贫苦的生活。

然而现代，问题和他们的情况不同啦！有人一定会说："没有必要那样做呀""他做了官她为什么离去呢？"但是，如果我们认真考虑一下她的爱情，就会感到她的爱情是纯洁的，没有个人的欲望。一心一意为郑生着想，自己根本就没想当令夫人，或蒙受什么好处。我认为像这样纯洁的爱情，是十分美好的，特别值得尊重。正因为如此，这出戏才千百年来受到广大群众的喜爱。

总之，对于人来说，最重要的是精神，它比金子还可贵。这就是人之所以不同于禽兽的地方。现在，很多人的价值观是错误的，认为没钱的人就没有价值。可是，人的价值，必须由人的心地是善良，还是丑恶，是为人民群众，还是光为自己来断定。如果你真心实意为人民，那么，毫无疑问，你就是一个有价值的人，就能成为一个高尚的人。相反，如果你有很多钱，又总想着满足自己的欲望，那么，到什么时候也满足不了你的欲望，无论是地位、收入。

我认为如前所讲的李娃那样的爱情，就是值得尊重的，我们现在也应该保持的。

同时，我想再谈一下现在流行的所谓"自由恋爱"，这是大家向往的，可是，如果说是"好合好散"，有好合，但实际上不可能有好散。如果是好合，那么就不会散了。散，就是不好的。不管采取什么形式散，反正都是不合适的，不幸的。不用说，去法院离婚也是很不合适的。即使二人都同意散，互相也会怨恨，虽然说能很爽快地分手，但双方心灵上都有创伤，都不痛快，对对方会产生难以忍受的心情。因为难以忍受，所以分手。那已经谈不到好的分手形式了。互相痛苦，如果你感觉不到痛苦的话，那就是你神经麻木，没有感觉了。

如果你不懂恋爱，也没有恋爱生活的话，那么你也不懂生活上的痛苦。你最终就会陷入虚无主义，认为恋爱有什么意思呢，太无聊了。这是因为你原来的恋爱观就是不正常的，没有理想的恋爱观。我想你对恋爱采取不严肃的态度，那么对工作、对社会、对他人也一定会采取同样的态度。

假使随随便便地结婚和离婚，那实在是悲剧。因而，我说现在大家憧憬的这种"自由恋爱"是不好的，不必要的，只能引起社会的不安。这个孩子究竟是谁的孩子呢？如果说谁抚养的就可以归谁吗？这不仅会给社会带来麻烦，引起不安，对本人来说，也会带来长期痛苦。重要的是现在要慎重一些。

如果真有自己相中的是最好的，如果没有靠你偶然相遇恐怕不容易。如果说压根儿就碰不上，或碰见就感到讨厌，那么你暂且还是不要考虑结婚，暂时一个人生活最好。

最后一点就是，一个没有理想的人，绝不会完全给你爱的，因为那样的人是没有资格谈恋爱的，也根本不可能有真正的爱情。

父母与子女

[英]弗朗西斯·培根　王建华/译

父母的快乐、忧伤与恐惧都是不会向子女显露的。他们不会说出自己的快乐,也不能吐露忧伤和恐惧。子女让他们的辛勤劳动变得甜蜜,但也使他们的不幸更加糟糕;子女让他们对生活愈加关爱,也让他们更加忽视死亡的威胁。

动物都是可以生生不息的,但只有人类能通过代代相传留下自己的美名、功绩和德行。当然,我们也会看到那些无子嗣的人也留下了自己的丰功伟业。他们没能让自己的身体通过后代而生生不息,却试图让他们的精神源远流长。因此这类无子嗣的人其实是最关心自己继承者的人。创业者对子女期望是最大的,因为他们不仅把子女看做是家族血统的继承者,还看做是所创事业的继承者。子女不仅是他们的孩子,也是他们的造物。

在多子女的家庭中,父母,尤其是母亲,对子女的爱通常是不同的,有时是不足取的。所罗门曾说:"智慧之子使父亲快乐,不肖之子使母亲蒙羞。"我们会看到在有很多子女的家庭中,一两个最大的孩子受到大家的尊敬,而最小的又受到宠爱,唯有居中的子女会被疏忽遗忘,但他们却往往成了最优秀的。父母对子女的零花钱过于苛吝是不好的,这会使他们变得卑贱,甚至投机取巧,以至于自甘下流,后来有了财富他们也会挥霍无度。父母坚持对子女的权威,但在用钱上不妨宽松,这种方式被证实是最好的。

大人(父母、师长、佣人),绝不应在孩子还小的时候挑起兄弟间的竞争。以至他们成年之后,依然不和,让家庭不安。意大利人对子女、侄子、近亲一视同仁,亲密无间。这是很可取的,实际上这很符合自然情况。有时侄子不是更像他的一位叔伯,而不像父亲吗?这是血缘关系使然。

父母应及早考虑子女将来的职业方向并加以培养,因为此时他们是最易塑造的。但不要太过分地认为,孩子最关注的,也就是他们终生所愿从事的。如果孩子确实有某种超群的天赋,那是应该坚持发展的。但就一般来说,有句格言是很有用的:"挑最好的——习惯会让它变得愉快而容易。"幼子通常比较幸运,但如果他们的兄长被剥夺继承权的话,事情就并非如此了。

细腻的情感

◇[苏联]苏霍姆林斯基

每个年轻人最主要的是要记住,不要用粗野的情感,如喊叫、暴躁、凶狠来填补思想上的空虚。在人的心灵深处,在潜意识里隐藏着一种本能——动物的恐惧心理、凶恶和残忍。一个人越是缺少文化修养,缺少智力和灵感,这些本能就会表现得越频繁,令人感到粗暴无礼。当一个人无法更好地证明自己正确时,他或者直截了当地说,没有什么需要进一步证明的了(一般来说,情感丰富、举止文明的人是这样),或者喊叫起来,用“本能的反抗”来填补思想上的贫乏。要爱惜不管是自己的还是别人的神经系统和情感,要记住,对人类来说,如同需要空气一样,需要细腻的情感。而思想的细腻、智力的丰富,是优雅情感的源泉。情感可以使思想高尚,但是,真正的人的情感不能离开思想而存在。情感来自思想,思想滋润情感,情感寓于思想之中。丰富的思想使人成为人的精神世界中的独立力量,它会使人的行为高尚。

如何培养细腻的情感呢?首先,任何时候都不能忘记,你生活在人们之中,任何时候都不能忘记,同你一起劳动的人都有自己的忧虑、牵挂、思想和感受。要学会尊重每个同你一起生活和劳动的人,这是人的最大技能。细腻的情感,只有在集体中,只有在同你周围的人们不断的精神交流中才能培养起来。

没有比在充满智慧和美感的亲密友谊中能更好地磨砺和锤炼情感了。要在友谊中培养自己的情感。友谊将帮助你培养对周围每个人所特有的本性的细腻情感。

但是,能使人精神丰富,帮助人战胜本能和发展人所特有的本性的真正友谊需要什么呢?需要你个人精神的丰富。只有当你给你的朋友以某种帮助时。你的精神才能变得丰富起来。不能奢望,在建立一个新的集体之后才仅仅几个月就能结识新的朋友,但是真正的友谊终究会建立起来的。你将同他们交流自己的思想、情感、快乐和悲伤。

要珍惜你的情感和培养你的情感。要记住,我们这个时代的人,对来自周围世界的影响,一天一天变得更加敏感。

朋友四型

◇余光中

余光中,当代台湾诗人与散文家。祖籍福建永春,1928年出生于南京。1948年进入厦门大学外文系时开始发表新诗。1952年毕业于台湾大学外文系,1959年获美国爱荷华大学艺术硕士学位。先后任教于台湾、香港多所大学。他“左手为诗,右手为文”,著有诗集《舟子的悲歌》(1952)、《白玉苦瓜》(1974),散文集《左手的缪思》(1963)等各十余部,另外还有评论集《掌上雨》(1967)等。

一个人命里不见得有太太或丈夫,但绝对不可能没有朋友。即使是荒岛上的鲁滨逊,也不免需要一个“礼拜五”。一个人不能选择父母,但是除了鲁滨孙外,每个人都可以选择自己的朋友。照说选来的东西,应该符合自己的理想才对,但是事实又不尽然。你选别人,别人也选你。被选,是一种荣誉,但不一定是一件乐事。来按你门铃的人很多,岂能人人都令你“喜出望外”呢?大致说来,按铃的人可以分为下列四型。

第一型,高级而有趣。

这种朋友理想是理想,只是可遇而不可求。世界上高级的人很多,有趣的人也很多,又高级又有趣的人却少之又少。高级的人使人尊敬,有趣的人使人欢喜;又高级又有趣的人,使人敬而不畏,亲而不狎,交接愈久,芬芳愈醇。譬如新鲜的水果不但甘美可口,而且富于营养,可谓一举两得。朋友是自己的镜子。一个人有了这种朋友,自己的境界也低不到哪里去。东坡先生杖履所至,几曾出现过低级而无趣的俗物?

第二型,高级而无趣。

这种人大概就是古人所谓的诤友,甚至畏友了。这种朋友,有的知识丰富,有的人格高超,有的呢,“品学兼优”像一个模范生。可惜美中不足,都缺乏那么一点儿幽默感，活泼不起来。你总觉得，他身上有那么一个窍没有打通，因此无法豁然恍然，具备充分的现实感。跟他交谈，既不像打球那样，你来我往，此呼彼应，也不像滚雪球那样，把一个有趣的话题愈滚愈大。精力过人的一类，只管自己发球，不管你接不接得住；消极的一类则以逸待劳，难得接你一球两球。无论对手是积极或消极，总之该你捡球，你不捡球，这场球是别想打下去的。这种畏友的遗憾，在于趣味太窄，所以跟你的“接触面”广不起来。天下之大，他从城南到城北来找你的目的，只在讨论“死亡在法国现代小说中的特殊意义”，或是“爱斯基摩人对于性生活的态度”。为这种畏友捡一晚上的球，疲劳是可以想见的。这样的友谊有点儿像吃药，太苦了一点儿。

第三型，低级而有趣。

这种朋友极富娱乐价值，说笑话，他最黄，说故事，他最像；消息，他最灵通；关系，他最广阔；好去处，他都去过；坏主意，他都打过。世界上任何话题他都接得下去，至于怎么接法，就不用你操心了。他的全部学问，就在不让外行人听出他没有学问。至于内行人，世界上有多少内行人呢？所以他的马脚在许多客厅和餐厅里跑来跑去，并不怎么露眼。这种人最会说话，餐桌上有了他，一定宾主尽欢，大家喝进去的美酒还不如听进去的美言那么“沁人心脾”。会议上有了他，再空洞的会议也会显得主题正确，内容充沛，没有白开。如果说，第二型的朋友拥有世界上全部的学问，独缺常识，这一型的朋友则恰恰相反，拥有世界上全部的常识，独缺学问。照说低级的人而有趣味，岂非低级趣味，你竟能与他同乐，岂非也有低级趣味之嫌？不过人性是广阔的，谁能保证自己毫无此种不良的成分呢？如果要你做鲁滨孙，你会选第三型还是第二型的朋友做“礼拜五”呢？

第四型，低级而无趣。

这种朋友，跟第一型的朋友一样少，或然率相当之低。这种人当然自有一套价值标准，非但不会承认自己低级而无趣，恐怕还自以为又高级又有趣呢。然则，余不欲与之同乐矣。

爱情和友谊

◇[法]拉布吕耶尔　程依荣/译

让·德·拉布吕耶尔(1645~1696),法国作家。生于巴黎资产阶级家庭,以继承的遗产买一官职,独身到老。平日除办理公务外,把全部时间都用在著书上。他写《品格论》秘不告人。1688 年这部批评世道人心的书初版问世,引起人们广泛的注意。1688~1696 年,《品格论》重版 9 次,每次重版,他都增加新材料。第 9 版出书时,篇幅已经比初版增加了三倍。该书词藻丰富,变化繁多,是一部技巧圆熟的讽世性散文集,由箴言录式的短章和勾勒某些典型人物肖像的特写两种文体组成,描绘了 17 世纪下半叶的社会风俗,尤以宫廷贵族和暴发户的人物肖像最为出色,是法国文学史上一部划时代的散文名著,对后世影响甚大。18 世纪孟德斯鸠的《波斯人信札》,在文章体例和散文风格上直接承受了《品格论》的影响。

在纯洁的友谊中有一种平庸之辈无法领略的情趣。

爱情是不假思索的感情,由于欲念或软弱,它猝然而生:一颦一笑使我们动情,使我们矢志不移。相反,友谊是随着时间,通过接触和长期的交往逐渐形成的。朋友间多年的默契、善意、情谊、关照和殷勤却比不上一张漂亮的面孔或一只秀美的手刹那间的魅力!

时光的流逝加强友谊,却削弱爱情。

只要爱情存在,它就能依靠自身的力量,而且通过那些有时表面看来似乎应该使它熄灭的东西——如任性、冲突、别离、嫉妒——继续下去。相反,友谊需要栽培。由于缺乏照料、信赖和殷勤,它可能死去。

热烈的爱情较之完美无瑕的友谊更为常见。

爱情和友谊互相排斥。

经历过伟大爱情的人轻蔑友谊,而耕耘崇高友谊的人尚未为爱情贡献任何东西。

爱情以爱情开始,而最诚笃的友谊只能转变成微弱的爱情。

细　芽

◇[俄]列夫·托尔斯泰

列夫·尼古拉耶维奇·托尔斯泰（1828~1910),19 世纪末 20 世纪初俄国最伟大的文学家,世界文学史上最杰出的作家之一。生于贵族家庭，但一直寻求接近人民的道路,1840 年入喀山大学,受到卢梭、孟德斯鸠等启蒙思想家影响。曾在自己领地上做改革农奴制的尝试。1851~1854 年在高加索军队中服役并开始写作。1854~1855 年参加克里米亚战争。长篇小说《战争与和平》是他前期的创作总结。《安娜·卡列尼娜》代表他创作的第二个里程碑。《复活》是他长期思想探索的艺术总结,是他对俄国地主资产阶级社会进行思考和批判最全面、深刻、有力的一部长篇小说。代表作还有自传体小说三部曲。其他作品还有《一个地主的早晨》、《哥萨克》、《塞瓦斯托波尔故事集》、《琉森》等。其创作登上了当时欧洲批判现实主义文学创作的高峰。

爱就是生命本身。但是这个生命不是没有理智的、充满痛苦的、必将死亡的生命,而是幸福无限的生命。我们所有的人早就知道这一点。爱不是理智的结论,不是某种活动的结果,而是生命的愉快活动本身,它就在我们身边,我们大家从可以回忆起来的童年开始就知道这一点,一直到世界上的虚伪学说搞乱了我们的心灵,夺去了我们体验它的可能性。

爱不是对能增加人的肉体的短暂幸福的东西的偏爱,例如对挑选出来的某些人和事物的爱,而是对人之外的幸福的追求;它在人抛弃了动物性躯体的幸福之后仍留在人的心意。

活着的人中间有谁没有体会过这种幸福的感情呢?至少总会有一次。尤其是在童年,当他的心灵还没有被虚伪搅浑,生命还没有被虚伪淹没的时候。在这种情感中,人想去爱一切人:他的父亲、母亲、兄弟、姐妹、凶恶的人、敌人,甚至狗、马、小草。人只有一个愿望——让所有人生活得好,让所有人幸福;而且他更想亲自去做,让所有人生活得好。而为了让所有人永远生活得幸福愉快,他愿献出自己、自己的生命。这就是爱,也只有这才是爱,人的生命就在于此。

这种包容着生命的爱,出现在人的心灵里,就像一株不显眼的细芽出现在与其相似的一大堆杂草的粗芽中一样。人们总是把各种欲望的杂草叫做爱。最初,人们会觉得这个细芽将来可能成为大树,树上将会落满小鸟,同所有别的芽苗完全一样。人们甚至还会更加偏爱那些长得快的杂草的芽苗,却让生命的唯一细芽枯死;然而更经常地发生的是更坏的情形:人们发现这一片芽苗之中有一棵真正的最有生命力的叫做爱的细芽,他们踩死它,开始培育另外的杂苗,并称杂苗为爱。还有比这更糟的:人们用粗鲁的手拔起这棵真正的细芽,高喊:“噢,它在这儿!我们找到它了,我们现在知道它了,我们要使它长大。爱!爱!多么高尚的情感,瞧,它就在这里!”于是人们栽种它,改良它,占有它,揉搓它,以至于细芽还没有长到开花时就死掉了。于是有人说:所有这些都是胡扯、荒诞,都是无聊的感伤。爱的嫩芽,在刚刚出现时是细弱的,是经不起摸碰的,只有长起来的时候,它才强大无比。上面说的那些人所做的一切只能使它遭殃。爱的细芽所需要的只有一样,那就是不要挡住理智的阳光对它的照射,理智的阳光是唯一使它成长的东西。

傅雷家书(节选)

◇傅　雷

傅雷(1908~1966),别名怒庵,上海人,一代翻译巨匠。幼年丧父,在寡母严教下,养成严谨、认真、一丝不苟的性格。早年留学法国,学习艺术理论,得以观摩世界级艺术大师的作品,大大地提高了他的艺术修养。回国后曾任教于上海美专,因不愿从流俗而闭门译书,几乎译遍法国重要作家如伏尔泰、巴尔扎克、罗曼·罗兰的重要作品。数百万言的译作成了中国译界备受推崇的范文,形成了“傅雷体华文语言”。他多艺兼通,在绘画、音乐、文学等方面,均显示出独特的高超的艺术鉴赏力。1957 年被打成“右派”，但仍坚持自己的立场。“文革”中因不堪忍受污辱，与夫人朱梅馥双双含冤自尽，实现了文格与人格的统一。

亲爱的孩子，你回来了，又走了。许多新的工作，新的忙碌，新的变化等着你，你是不会感到寂寞的；我们却是静下来，慢慢的回复我们单调的生活，和才过去的欢会与忙乱对比之下，不免一片空虚——昨儿整整一天若有所失。孩子，你一天天的在进步，在发展：这两年来你对人生和艺术的理解又跨了一大步，我愈来愈爱你了，除了因为你是我们身上的血肉所化出来的而爱你以外，还因为你有如此焕发的才华而爱你：正因为我爱一切的才华，爱一切的艺术品，所以我也把你当做一般的才华(离开骨肉关系)，当做一件珍贵的艺术品而爱你。你得千万爱护自己，爱护我们所珍视的艺术品！遇到任何一件出入重大的事，你得想到我们——连你自己在内——对艺术的爱！不是说你应当时时刻刻想到自己了不起，而是说你应当从客观的角度重视自己：你的将来对中国音乐的前途有那么重大的关系，你每走一步，无形中都对整个民族艺术的发展有影响，所以你更应当战战兢兢，郑重将事！随时随地要准备牺牲目前的感情，为了更大的感情——对艺术对祖国的感情。你用在理解乐曲方面的理智，希望能普遍的应用到一切方面，特别是用在个人的感情方面。我的园丁工作已经做了一大半，还有一大半要你自己来做的了。爸爸已经进入人生的秋季，许多地方都要逐渐落在你们年轻人的后面，能够帮你的忙将要越来越减少；一切要靠你自己努力，靠你自己警惕，自己鞭策。你说到技巧要理论与实践结合，但愿你能把这句话用在人生的实践上去；那么你这朵花一定能开得更美，更丰满，更有力，更长久！

谈了一个多月的话，好像只跟你谈了一个开场白；我跟你是永远谈不完的，正如一个人对自己的独白是终身不会完的；你跟我两人的思想和感情，不正是我自己的思想和感情吗？清清楚楚的，我跟你的讨论与争辩，常常就是我跟自己的讨论与争辩。父子之间能有这种境界，也是人生莫大的幸福。除了外界的原因没有能使你把假期过得像个假期以外，连我也给你一些小小的不愉快，破坏了你回家前的对家庭的期望：我心中始终对你抱着歉意。但愿你这次给我的教育(就是说对和你相处而反映出我的缺点)能对我今后发生作用，把我自己继续改造。尽管人生那么无情，我们本人还是应当把自己尽量改好，少给人一些痛苦，多给人一些快乐。说来说去，我仍抱着“宁天下人负我，毋我负天下人”的心愿。我相信你也是这样的。

1960 年 8 月 29 日

亲爱的孩子，8月20日报告的喜讯使我们心中说不出的欢喜和兴奋。你在人生的旅途中踏上一个新的阶段，开始负起新的责任来，我们要祝贺你，祝福你，鼓励你。希望你拿出像对待音乐艺术一样的毅力、信心、虔诚，来学习人生艺术中最高深的一课。但愿你将来在这一门艺术中得到像你在音乐艺术中一样的成功！发生什么疑难或苦闷，随时向一两个正直而有经验的中、老年人讨教（你在伦敦已有一年八个月，也该有这样的老成的朋友吧？），深思熟虑，然后决定，切勿单凭一时冲动；只要你能做到这几点，我们也就放心了。

对终身伴侣的要求，正如对人生一切的要求一样不能太苛。事情总有正反两面，追得你太迫切了，你觉得负担重；追得不紧了，又觉得不够热烈。温柔的人有时会显得懦弱，刚强了又近乎专制。幻想多了未免不切实际，能干的管家太太又觉得俗气。只有长处没有短处的人在哪儿呢？世界上究竟有没有十全十美的人或事物呢？抚躬自问，自己又完美到什么程度呢？这一类的问题想必你考虑过不止一次。我觉得最主要的还是本质的善良，天性的温厚，开阔的胸襟。有了这三样，其他都可以逐渐培养；而且有了这三样，将来即使遇到大大小小的风波也不致变成悲剧。做艺术家的妻子比做任何人的妻子都难；你要不预先明白这一点。即使你知道"责人太严，责己太宽"，也不容易学会明哲、体贴、容忍。只要能代你解决生活琐事，同时对你的事业感到兴趣就行，对学问的钻研等等暂时不必期望过奢，还得看你们婚后的生活如何。眼前双方先学习相互的尊重、谅解、宽容。

对方把你作为她整个的世界固然很危险，但也很宝贵！你既已发觉，一定会慢慢点醒她；最好旁敲侧击而勿正面提出，还要使她感到那是为了维护她的人格独立，扩大她的世界观。倘若你已经想到奥里维的故事，不妨就把那部书叫她细读一二遍，特别要她注意那一段插曲。像雅葛丽纳那样只知道 love，love，love！的人只是童话中人物，在现实世界中非但得不到 love，连日子都会过不下去，因为她除了 love 一无所知，一无所有，一无所爱。这样狭窄的天地哪像一个天地！这样片面的人生观哪会得到幸福！无论男女，只有把兴趣集中在事业上，学问上，艺术上，尽量抛开渺小的自我（ego），才有快活的可能，才觉得活的有意义。未经世事的少女往往会存一个荒诞的梦想，以为恋爱时期的感情的高潮也能在婚后维持下去。这是违反自然规律的妄想。古语说，"君子之交淡如水"；又有一句话说，"夫妇相敬如宾"。可见只有平静、含蓄、温和的感情方能持久；另外一句的意义是说，夫妇到后来完全是一种知己朋友的关系，也即是我们所谓的终身伴侣。未婚之前双方能深切领会到这一点，就为将来打定了最可靠的基础，免除了多少不必要的误会与痛苦。

你是以艺术为生命的人，也是把真理、正义、人格等等看做高于一切的人，也是以工作为乐生的人；我用不着唠叨，想你早已把这些信念表白过，而且竭力灌输给对方的了。我只想提醒你几点:第一,世界上最有力的论证莫如实际行动,最有效的教育莫如以身作则;自己做不到的事千万勿要求别人;自己也要犯的毛病先批评自己,先改自己的。第二,永远不要忘了我教育你的时候犯的许多过严的毛病。我过去的错误要是能使你避免同样的错误;我的罪过也可以减轻几分;你受过的痛苦不再施之于他人,你也不算白白吃苦。总的来说,尽管指点别人,可不要给人"好为人师"的感觉。奥诺丽纳你还记得巴尔扎克那个中篇吗?她的不幸一大半是咎由自取,一小部分也因为丈夫教育她的态度伤了她的自尊心。凡是童年不快乐的人都特别脆弱(也有训练得格外坚强的,但只是少数),特别敏感,你回想一下自己,就会知道对付你的恋人要如何 delicate,如何 discreet 了。

我相信你对爱情问题看得比以前更郑重更严肃了;就在这考验时期,希望你更加用严肃的态度对待一切,尤其要对婚后的责任先培养一种忠诚、庄严、虔敬的心情!

朋　友

◇[德]尼　采　钱春绮/译

尼采(1844~1900),德国哲学家,唯意志论和生命哲学主要代表之一。他是大学教授,然而他否定其他兢兢业业从事教育的教授工作;他是哲学家,但他异常起劲地反对出现在他以前的诸家哲学。他高喊出一个惊世骇俗的口号:重新估定一切价值!不仅在东方,就是在西方哲学史上,他都是一个有争论的人物。尼采哲学是资本主义社会发展到一定阶段的产物,他以独特的方式预示了现代西方社会中深刻的精神危机。他的思想反映了当时正在形成的垄断资产阶级的要求和愿望,其学说预示了西方社会进入了价值观念根本变化的时代。可以说,不了解尼采,就不可能了解这个世纪的西方哲学思潮、文艺思潮和社会思潮。主要著作有《悲剧的诞生》、《查拉图斯特拉如是说》、《强力意志》等。

“在我身边总有一个多余的人，”隐修者这样想，“原先总是一个人——时间一长，就成了两个人！”

本身的我和对手的我总是过分热心地对话：如果没有一个朋友，那怎么受得了？

对于隐修者，朋友总是第三者：第三者总是阻止二人的对话沉坠入深底的软木。

唉，对于一切隐修者总有太多的深渊。因此隐修者渴望有一个朋友，渴望有个朋友站着的高处。

我们相信他人，暴露出我们想在我们的内心里有个什么可供我们相信的东西。我们渴望一个朋友，这种渴望就是我们的自我暴露。

我们对朋友之爱，常常不过是想借此转移对朋友的嫉妒。我们为了隐匿我们自己有易被攻击的弱点，常常进行攻击，制造敌人。

“至少做我的敌人吧！”——这是想要友谊却没有胆量去乞求的、真正的敬畏之言。

如果你想有个朋友，你也必须愿意为他进行战斗：为了进行战斗，你必须能够做他人的敌人。

你应当把你的朋友当做敌人尊敬。你能很靠近地走向你的敌人而不转向着他吗？

你应当在你的朋友身上发觉有你的最好的敌人。在你跟他敌对时，你的心要跟他保持最大的接近。

你想在你的朋友面前一丝不挂吗？你想让他看到你的真面目，这才算是对朋友的尊敬吗？可是这样一来，他倒希望你去见鬼了！

谁要是毫不隐藏自己，会使人恼火：因此你们有充分的理由，对赤裸裸感到害怕！是的，如果你们是神，你们就可以以穿衣服为可耻！

对于你的朋友，无论你能打扮得怎样美观，总是不够的：因为对于你的朋友，你应当是瞄向超人的箭和憧憬。

你可曾观看在熟睡时的你的朋友——为了要看清他的真面貌？平常在没有入睡时的你的朋友的面貌是怎样的？那是你自己的脸，映在一面粗而不完美的镜子里的你自己的脸。

你可曾观看在熟睡时的你的朋友？看到你的朋友在睡觉时的面孔，你有没有感到吃惊？哦，我的朋友，人是必须要被超越的一种东西。

做一个人的朋友，必须是善于推测和沉默的能手：你不应当想看到一切。你的朋友在没有睡觉时所做的一切，应当由你的梦告诉你。

让推测成为你的同情吧：你要首先知道，你的朋友是否要人同情他。也许他对你感到喜爱的，是你的毫不动摇的眼睛和永远澄明的眼光。

让你把对朋友的同情藏在一个坚硬的壳里，在你咬它时，要咬断你的一颗牙齿。这样，你的同情才具有微妙的甘美的味道。

对于你的朋友，你是新鲜的空气、孤独、面包和药物吗？好些人不能挣脱自己的枷锁，却能做他的朋友的解放者。

你是一个奴隶吗？那你就不能做朋友。你是一个专制者吗？那你就不能有朋友。

在女性的内心里，有一个奴隶和一个专制者藏身太久。因此，女性还没有能力交友，她只知道爱情。

在女性的爱情里，对于她所不爱的一切，存有不公正和盲目性。即使在女性的有意识的爱情里，除了有光之外，还有突然袭击、闪电和黑夜。

女性还没有能力结交：女性至今还是猫咪、小鸟；或者，在最好的情况下，是母牛。

女性还没有能力结交。可是，告诉我，你们男人们，在你们之中到底谁有能力结交呢？

唉，你们男人们啊，你们的灵魂的贫乏，你们的灵魂的吝啬！我甚至愿意给我的敌人，像你们给你们的朋友那样多，而不愿因此变得更贫乏。

有同志关系：但愿有友谊！

查拉图斯特拉如是说。

爱的创作

◇周作人

周作人(1885~1967)，原名周櫆寿，后改名櫆树，字启明、起孟，号知堂。浙江绍兴人。鲁迅二弟。1901年入南京江南水师学堂学习。1906年赴日本留学学习建筑，后走上文学创作道路。1911年回国，曾任浙江省教育司视学，浙江第五中学教员。1917年到北京，先后任北京大学国史编纂处编纂员、文科教授，兼任燕京大学、北京女子师范大学等校教授。1920年底参与筹组文学研究会，倡导为人生而艺术的现实主义文学。1921年后写了许多针砭时弊、批判封建文化的散文。1937年抗战爆发后，任北京大学图书馆馆长、北京大学文学院院长。后任日伪政权的国府委员等职，抗战胜利后因汉奸罪被监禁在南京。新中国诞生后，家居从事翻译与写作。早期散文有《苦茶随笔》、《苦竹杂记》和《风雨谈》等专集。自选的文集有《知堂文集》。

《爱的创作》凡七十一篇，都是近两年内的著作。其中用作书名的一篇关于恋爱问题的论文，我觉得很有趣味，因为在这微妙的问题上她也能显出独立而高尚的判断来。普通的青年都希望一劳永逸的不变的爱，著者却以为爱原是移动的，爱人各须不断的创作，时时刻刻共相推移，这才是养爱的正道。她说：人的心在移动是常态，不移动是病理。幼少而不移动是为痴呆，成长而不移动则为老衰的征候。

在花的趣味上，在饮食的嗜好上，在衣服的选择上，从少年少女的时代起，一生不知要变化多少回。正是因为如此，人的生活所以精神和物质的都有进步。……世人的俗见常以为夫妇亲子的情爱是不变动的。但是在花与衣服上会变化的心，怎么会对于与自己更直接有关系的生活倒反不敏感地移动呢？

就我自己的经验说，这二十年间我们夫妇的爱情不知经过多大的变化了。我们的爱，决不是以最初的爱一贯继续下去，始终没有变动的，固定的静的夫妇关系。我们不断地努力，将新的生命吹进两人的爱情里去，破坏了重又建起，锻炼坚固，使它加深，使它醇化。……我们每日努力重新播种，每日建筑起以前所无的新的爱之生活。

我们不愿把昨日的爱就此静止了，再把它涂饰起来，当做永久不变的爱：我们并不依赖这样的爱。我们常在祈望两人的爱是进化移动而无止息。

倘若不然，那恋爱只是心的化石，不能不感到困倦与苦痛了罢。

我们曾把这意见告诉生田长江君，他很表同意，答说："理想的夫妇是每日在互换爱的新证书的。"我却想这样的说，更适切的表出我们的实感，便是说夫妇是每日在为爱创作的。

凯本德在《爱与死之戏剧》上引用爱伦凯的话说："贞义决不能约束的，只可以每日重新的去赢得。"又说，"在古代所谓恋爱法庭上，武士气质的人明白了解的这条真理，到了现今还必须力说，实在是可悲的事。恋爱法庭所说明的，恋爱与结婚不能相容的理由之一，便是说妻决不能从丈夫那边得到情人所有的那种殷勤，因为在情人当做恩惠而承受者，丈夫便直取去视若自己的权利。"理想的结婚便是在夫妇间实行情人们每日赢得交互的恩惠之办法。凯本德归结说："要使恋爱年年保存这周围的浪漫的圆光，以及这侍奉的深情，便是每日自由给与的恩惠，这实在是一个大艺术。这是大而且难的，但是的确值得去做的艺术。”这个爱术到了现代已成为切要的研究,许多学者都着手于此,所谓爱的创作就是从艺术见地的一个名称罢了。

中国关于这方面的文章,我只见到张竞生君的一篇《爱情的定则》。无论他的文句有怎样不妥的地方,但我相信他所说的“凡要讲真正完全爱情的人不可不对于所欢的时时刻刻改善提高彼此相爱的条件。一可得了爱情上的时时进化的快感,一可杜绝敌手的竞争”这一节话,总是十分确实的。但是道学家见了都着了忙,以为爱应该是永久不变的,所以这是有害于世道人的邪说。道学家本来多是“神经质的”(Neurotic),他的特征是自己觉得下劣脆弱;他们反对两性的解放,便因为自知如没有传统的迫压他必要放纵不能自制,如恋爱上有了自由竞争他必没有侥幸的希望。他们所希冀的是异性一时不慎上了他的钩,于是便可凭了永久不变的恋爱的神圣之名把她占有专利,更不怕再会逃脱。这好像是“出店不认货”的店铺,专卖次货,生怕买主后来看出破绽要来退还,所以立下这样规则,强迫不慎的买主收纳有破绽的次货。真正用爱者当如园丁,想培养出好花,先须用上相当的精力,这些道学家却只是性的渔人罢了。大抵神经变质者最怕听于自己不利的学说,如生存竞争之说很为中国人所反对,这便因为自己没有生存力的缘故,并不是中国人真是酷爱和平;现在反对爱之移动说也正是同样的理由。但是事实是最大的威胁者,他们粉红色的梦能够继续到几时呢。

爱是给予,不是酬报。中国的结婚却还是贸易,这其间真差得太远了。

爱情求证

◇张爱玲

出嫁前,女人考虑最多的是自己爱不爱他;出嫁后,考虑最多的却是自己是不是被爱。

也可这样说,嫁前女人看重的是自己的感情;嫁后看重的则是对方的感情,是安全感。这就如某人将几十年的积蓄存入一家曾令自己倾心的银行,钱一旦送进银行,倾心常常变成担心,担心这笔钱能否保值甚至增值。

安全感何来?自己要费一番苦心。男人的一言一行一举一止都是现成的

“已知条件”，书报杂志上的经验之谈权作“公理”、“定理”，剩下的就是艰难的求证了。

当年，学校里的求证题没完没了，不知愁坏了多少学子；而今，许多走出校门踏入家门的女子却不仅乐于此道，而且乐此不疲。

我帮助不少人求证过，她们都比较信任我。聚在一起在列举婚后的恩恩怨怨是是非非之后，等着我得出结论。推导来推导去常常头昏脑涨，但一般的结论都令人欣喜：“他还是爱你的，只是你还没发现，婚后的爱已经改头换面变了样子。”

有一位非常美丽的女人曾紧紧抓住我的手：“真的吗？你说的是真的？”

我说：“是。”

她松开我的手笑了笑：“幸亏是，否则我就死给他看。”

我大惊：“除了被他爱，你就再没有什么了吗？”

“我是因为爱才活着的，也会因为无爱而死。”

我无言。我想起了上大学之前，我的一个乡村女友，不久前，我曾收到她从乡下寄来的贺卡，贺卡由硬纸自制而成，贺词很别致：

我愿天天做新娘
新郎只有一人

当时她已结婚数月。后来我专程去乡下看她，她仍然梳着两条黑黑长长的辫子，一边喂猪一边同我聊天，然后擦净手，拿出一个精心订制的本子，封面上画着一株破土而出的小芽芽。

我知道这是什么了，很奇怪：“你还写诗？”

“做不了诗人，还做不了业余诗人吗？”

“没想到你还留着辫子。”

“我觉得还是这样好。”

那一整天我们海阔天空地聊，包括今后读书计划，明春的种地打算，甚至腹中胎儿的名字。因为她的愉快，我也相当愉快。

晚上，她丈夫被“请”回父母家去了，我悄悄问：“天天做新娘吗？”

她笑了：“今天不。”

我非常羡慕她，不是那份幸福，而是那份平静和自信。

从这个小村妇的身上，我读懂了，女人的爱情实际上是一份无需求证的证明。它浓烈的芬芳终究会趋于平淡，然而温柔聪慧的女人却懂得将它植入心中，懂得用自己生命中的那分从容和细致来浇灌。这样的爱情，永远保鲜，实在无需任何求证。

论爱情

◇[美]华盛顿　聂崇信等/译

乔治·华盛顿(1732~1799),美国首任总统,独立战争大陆军总司令,美利坚合众国的奠基人。他没读过大学,自学成才。早年当过土地测量员。1752 年成为维农山庄园的主人。曾参加 7 年战争,获中校和上校军衔,积累了军事指挥的经验。1759 年当选为弗吉尼亚议会议员。1789 年,当选为美国第一任总统,组织机构精干的联邦政府,颁布司法条例,成立联邦最高法院。主张上力求在联邦党和民主共和党之间保持平衡,支持成立国家银行来确立国家信用,奠定西部自由土地制度的基础。1793 年再度当选总统。1796 年 9 月 17 日卸任总统,开创美国历史上摒弃终身总统、和平转移权力的范例。次年,回到维农山庄园。因对美国独立做出重大贡献,被尊为“美国国父”。

来函收阅。您的信件文理通顺,字迹美观。显然,只要您高兴,您就能显示出非凡的书写才能。拥有这样优越的条件,如果不予利用,便是您的过错。您若能精心选择主题,就无需害怕恶意批评,因为您思想活跃,描述动人。现在让我谈一谈您的乔治城的舞会。这令人高兴,十分令人高兴。因为在这个美女云集的舞会上,多余的是一位男子。如若舞会上有七十九位小姐而仅有七十八位绅士,尽管其中的一位对“当今的青年”冷漠无情,并坚决“不让任何一个男子给她带来片刻的不安”,那天晚上仍可能出现一些混乱。在这里我要提醒您,现在的男女和过去一样彼此爱慕,这种情况要继续下去,直至事物有了新的变化。您也像别人一样可能发现自己女性的激情是易于提高而难于下降的。切莫过早或太过分地吹嘘您对这种感情的漠视和抵制的能力。人体内不乏激动的因素,尽管能蛰伏一时,却像您的挚友一样和你形影不离,一旦触发,即成熊熊大火。为此原因,特别是我刚读了一篇箴言,我将从其中选出一段念给您听。

爱情通常被认为是一种自发的激情,故持此论者视为不可抗拒。然此仅部分正确。因爱情和一切其他事物一样,如为充分的养料所滋润,则飞速发展;如断绝养料，则窒息于襁褓或成长缓慢。例如，一个才貌双全的女子(男子亦然)，方其未倾心于人时，能使周围的异性神摇目眩，如醉如痴。如若让其结婚，其结果何似？狂热消失，一切重归于平静。原因所在并非她的容颜与魅力有所衰退，而是希望已不复存在。因此，爱情是可能而且应该受到理智的指引。我们不能回避首次印象，却应对它们有所警惕。我与您商讨爱情与婚姻的问题，是想告诉您：当您仍为埃莉诺·帕克·卡斯蒂斯，一位未婚少女之时，您既具有节制爱情的决心，即应坚持这种决心，直到您获得爱情并走上成功之道。

当爱火开始燃烧，您心中充满柔情时，问问您自己，谁是您心灵的闯入者？您完全了解他吗？他有优秀的品格吗？是一个通情达理的人吗？一个聪明的女人和一个笨蛋共同生活确实无幸福可言。他的职业是什么？他是赌徒、纨绔子弟或酒鬼吗？他的财产足够维持您已习惯的生活或您姐姐那样的生活吗？您的朋友对他有反感吗？上述疑问都令人满意地回答后，仍有一重要问题，即您有充分根据认为您占有了他的全部爱情吗？如果没有，多情的心就要与单恋的感情搏斗；矜持、习俗或其他应阻止您这一方面去取得进展。爱情应由男方宣布，不能出自女方的任何请求，始能长久和有价值。有高尚的观念和大方的举止就不会过分拘谨或过分轻浮。举止轻浮的女人用眼色、言词和动作招引别人求爱，然后加以拒绝，其最后的惩罚很少不是在孤寂中死去。这样说可能与事实不会相距太远。

据悉您的大姐现已有了丈夫，而且是最理想的丈夫。我们的未来是光明的，我希望她的未来也是幸福和吉祥的。为他们的幸福的未来，我向她和劳先生谨表最虔诚的祝愿，并向您母亲、斯图尔特博士及全家问候。您的亲密的朋友向您祝福，包括祝福您在需要时会有一位如意丈夫。

论　爱

◇[英]雪　莱　徐文惠/译

雪莱(1792~1822)，英国著名民主诗人，和拜伦齐名的欧洲浪漫主义诗人。其作品热情而富哲理思辨，诗风自由不羁，惯用梦幻象征手法和远古神话题材。最优秀的作品有评论人间事物的长诗《麦布女王》，描写反封建起义的幻想性抒情故事诗《伊斯兰的起义》，控诉曼彻斯特大屠杀的政治诗《暴政的行列》，支持意大利民族解放斗争的政治诗《自由颂》，表现革命热情及胜利信念的《西风颂》，以及取材于古希腊神话，表现人民反暴政胜利后瞻望空想社会主义前景的代表诗剧《解放了的普罗米修斯》等。他以美丽的语言、丰富的想象描绘了一个人人享有自由幸福的新世界的绚丽画面，而且豪迈地预言："如果冬天已经来临，春天还会远吗？"因此，恩格斯赞美雪莱是"天才的预言家"。

什么是爱？要回答这个问题，让我们先问那些活着的人，什么是生活？问那些虔诚的教徒，什么是上帝？

我不知其他人的内心结构，也不知你们——我正与之讲话的你们的内心；我看到在有些外在属性上，别人同我相像，惑于这种形似，当我诉诸某些应当共通的情感并向他们吐露灵魂深处的心声时，我发现我的话语遭到了误解，仿佛它是一个遥远而野蛮的国度的语言。人们给我体验的机会越多，我们之间的距离越远，理解与同情也就愈离我而去。带着无法承受这种现实的情绪，在温柔的颤栗和虚弱中，我在海角天涯寻觅知音，而得到的却只是憎恨与失望。

你垂询什么是爱吗？当我们在自身思想的幽谷中发现一片虚空，从而在天地万物中呼唤、寻求与身内之物的通感对应之时，受到我们所感、所惧、所企望的事物的那种情不自禁的、强有力的吸引，就是爱。倘使我们推理，我们总希望能够被人理解；倘若我们遐想，我们总希望自己头脑中逍遥自在的孩童会在别人的头脑里获得新生；倘若我们感受，那么，我们祈求他人的神经能和着我们的一起共振，他人的目光和我们的交融，他人的眼睛和我们的一样炯炯有神；我们祈愿漠然麻木的冰唇不要对另一颗心的火热、颤抖的唇讥消嘲讽。这就是爱，这就是那不仅联结了人与人而且联结了人与万物的神圣的契约和债券。

我们降临世间，我们的内心深处存在着某种东西，自我们存在那一刻起，就渴求着它相似的东西。也许这与婴儿吮吸母亲乳房的奶汁这一规律相一致。这种与生俱来的倾向随着天性的发展而发展。在思维能力的本性中，我们影影绰绰地看到的仿佛是完整自我的一个缩影，它丧失了我们所蔑视、嫌厌的成分，而成为尽善尽美的人性的理想典范。它不仅是一帧外在肖像，更是构成我们天性的最精细微小的粒子组合。它是一面只映射出纯洁和明亮的形态的镜子；它是在其灵魂固有的乐园外勾画出一个为痛苦、悲哀和邪恶所无法逾越的圆圈的灵魂。这一精魂同渴求与之相像或对应的知觉相关联。

当我们在大千世界中寻觅到了灵魂的对应物，在天地万物中发现了可以无误地评估我们自身的知音(它能准确地、敏感地捕捉我们所珍惜、并怀着喜悦悄悄展露的一切)，那么，我们与对应物就好比两架精美的竖琴上的琴弦，在一个快乐的声音伴奏下发出音响，这音响与我们自身神经组织的震颤相共振。这——就是爱所要达到的无形的、不可企及的目标。正是它，驱使人的力量去捕捉其淡淡的影子；没有它，为爱所驾驭的心灵就永远不会安宁，永远不会歇息。因此，在孤独中，或处在一群毫不理解我们的人群中(这时，我们仿佛遭到遗弃)，我们会热爱花朵、小草、河流以及天空。就在蓝天下，在春天的树叶的颤动中，我们找到了秘密的心灵的回应：无语的风中有一种雄辩；流淌的溪水和河边瑟瑟的苇叶声中，有一首歌谣。它们与我们灵魂之间神秘的感应，唤醒了我们心中的精灵去跳一场酣畅淋漓的狂喜之舞，并使神秘的、温柔的泪盈满我们的眼睛，如爱国志士胜利的热情，又如心爱的人为你独自歌唱之音。因此，斯泰恩说，假如他身在沙漠，他会爱上柏树枝的。爱的需求或力量一旦死去，人就成为一个活着的墓穴，苟延残喘的只是一副躯壳。

友　　情

◇[日]池田大作　叶宗敏/译

池田大作生于1928年，日本创价学会名誉会长、国际创价学会会长。年轻时在第二次世界大战期间度过。1947年夏，他邂逅创价学会领导人户田城圣，成为他的弟子。1960年继承户田城圣出任创价学会第三任会长。迄今，池田大作被誉为世界著名的佛教思想家、哲学家、教育家、社会活动家、作家、桂冠诗人、摄影家、世界文化名人、国际人道主义者。1983年获联合国和平奖，1989年获联合国难民专员公署的人道主义奖，1999年获爱因斯坦和平奖。在中国获得的奖项有：中国艺术贡献奖(1959)，中日友好“和平使者”称号(1990)，“人民友好使者”称号(1992)，中日文化交流贡献奖(1997)。

人在自己的生涯中，要接触各种各样的机缘，结交众多的朋友。但是，不管怎么说,一个人在拼命苦斗时对同甘共苦的朋友的思念,大概是他一生中最为珍贵的吧!

仔细思量一下就会明白:对对方的不信任,实际上就是对自我的不信任。推测对方的内心时,人就像将自己的生命反映到镜子中一样凝视着,再将其投影于对方,从而决定信任或不信任对方。说句极端的话:一切人,只要不做亏心事,相互之间就不会有不信任的余地。

在向着更高的共同目标迈进的时候,人便会寻求一个同心协力的共同精神支柱。我认为:将人们的目光提高到何种程度,能否使其向着那种更高的共同目标,是决定人们之间能否相互信任的关键。在苦于别人不信任自己之前,就自我营造一个能让别人信任的精神内容,当务之急,是用自己的行动向人们呼唤。

友情——它是点缀青春的、圣洁生命的乐曲,是无比美好的青春的赞歌。请诸位把手悄悄地放在胸前,你们一定会感觉到这词语就像火焰一样在胸中燃烧,不,那也许已不再是词语了。

支撑友情的,是尊敬和信赖的观念,是永不背叛朋友的诚实;是朝着一个崇高的理想携手冲破艰难困苦的勇气。

互相结为同志的基础,不是利害关系和好恶感情。它是一种无形而又强固的人性。另外,它也不是统治和随从的上下级关系,而是贯穿着“信赖”二字,向着同一理想携手共进的朋友和朋友之间的坚固盟约。因此,没有比真正的同志团结更为坚固的东西,也没有比真正的同志盟约更加美好的关系,更没有什么像真正同志的激励那样令人鼓舞、温暖人心。有位哲人大声疾呼:“良友、同志就是最亲近的亲戚,就是兄弟。”是的,真正的同志之存在,才是人生至高无上的骄傲。朋友知我心,我也知朋友的心,向着同一目的、胸怀同志向携手共进的美丽的同志之间的爱以及友情,是这世上的无价之宝。

我的同志啊,和民众并肩战斗吧!和民众一起奋进吧!和民众一起生存吧!即使是一个人,也不能让他孤独、烦恼。要在民众之中进行交流,相互激励,营造幸福,为社会做出贡献。

别做情感的奴隶

◇[英]大卫·休谟

大卫·休谟(1711~1776),英国哲学家、历史学家、经济学家与美学家,近代不可知论的著名代表。著有《人性论》(1739~1740)、《人类理解力研究》(1748)和去世后出版的《论灵魂不死》等。

感情过于细腻敏感的人,很容易受偶然事件的左右,每个成功或顺利的事件都使他兴高采烈;而一旦处于逆境或遭到不幸时就垂头丧气,沉溺于强烈的悲伤之中。给他一些恩惠和提拔,就会使他感激涕零;而稍微伤害了他一点,就会招致他的愤怒和怨恨。得到点儿尊重和夸奖,他们会忘乎所以;略受轻蔑,他们就会悲观失望。

不可否认,这样的较有沉稳性格的人有着更多的兴奋和快乐,但自然也有更多的刺骨的忧愁。但是如要权衡一下事情的轻重,我想,如果一个人能完全主宰他自己的气质,就一定宁愿具有沉稳的品格。因为命运的好坏,不是我们自己可以随意支配的。再者说在生活中欢乐的事并不见得比痛苦的事多,这样,敏感的人能尝到欢乐的机会就不一定少于尝到痛苦折磨的机会。这样的人在生活中是很容易不检点、不谨慎的,也就很容易犯错误,而这些错误常常是无可挽回的。

虽然我们不能主宰生活中欢乐的事或痛苦的事,但是我们可以很好地选择我们自己所读的书籍、所参与的娱乐活动、所保持的友情关系。

完美无缺的境界是达不到的,不过每个有智慧的人总把自己的幸福建立在自己的努力上。

对于全靠其他条件才能获得的幸福,如情感敏锐精细的人所追求的那些东西,他不去追求。

传授给儿子(节选)

◇傅　雷

亲爱的孩子,……对恋爱的经验和文学艺术的研究,朋友中数十年悲欢离合的事迹和平时的观察思考,使我们在儿女的终身大事上能比别的父母更有参加意见的条件。……

首先态度和心情都要尽可能的冷静,否则观察不会准确。初期交往容易感情冲动,单凭印象只看见对方的优点,看不出缺点,甚至夸大优点,美化缺点。便是与同性朋友相交也不免如此,对异性更是常有的事。许多青年男女婚前极好,而婚后逐渐相左,甚至反目,往往是这个原因。感情激动时期不仅会耳不聪,目不明,看不清对方;自己也会无意识的只表现好的方面,把缺点隐藏起来。保持冷静还有一个好处,就是不至于为了谈恋爱而荒废正业,或是影响功课或是浪费时间或是损害健康,或是遇到或大或小的波折时扰乱心情。

所谓冷静,不但是表面的行动,尤其内心和思想都要做到。当然这一点是很难。人总是人,感情上来,不容易控制,年轻人没有恋爱经验更难维持身心的平衡,同时与各人的气质有关。我生平总不能临事沉着,极容易激动,这是我的大缺点。幸而事后还能客观分析,周密思考,才不至于使当场的意气继续发展,闹得不可收拾。我告诉你这一点,让你知道如临时不能克制,过后必须由理智来控制大局:该纠正的就纠正,该向人道歉的就道歉,该收篷时就收篷,总而言之,以上两点归纳起来只是:感情必须由理智控制。要做到,必须下一番苦功在实际生活中长期锻炼。

我一生从来不曾有过“恋爱至上”的看法。“真理至上”、“道德至上”、“正义至上”这种种都应当作为立身的原则。恋爱不论在如何狂热的高潮阶段也不能侵犯这些原则。朋友也好,妻子也好,爱人也好,一遇到重大关头,与真理、道德、正义……等等有关的问题,决不让步。

其次,人是最复杂的动物,观察决不可简单化,而要耐心、细致、深入,经过相当的时间,各种不同的事故和场合。处处要把科学的客观精神和大慈大悲的同情心结合起来。对方的优点,要认清是不是真实可靠的,是不是你自己想象出来的,或者是夸大的。对方的缺点,要分出是否与本质有关。与本质有关的缺点,不能因为其他次要的优点而加以忽视。次要的缺点也得辨别是否能改，是否发展下去会影响品性或日常生活。人人都有缺点，谈恋爱的男女双方都是如此。问题不在于找一个全无缺点的对象，而是要找一个双方缺点都能各自认识，各自承认，愿意逐渐改，同时能彼此容忍的伴侣。(此点很重要。有些缺点双方都能容忍，有些则不能容忍，日子一久即造成裂痕。)最好双方尽量自然，不要做作，各人都拿出真面目来，优缺点一齐让对方看到。必须彼此看到了优点，也看到了缺点，觉得都可以相忍相让，不会影响大局的时候，才谈得上进一步的了解；否则只能做一个普通的朋友。可是要完全看出彼此的优缺点，需要相当时间，也需要各种大大小小的事故来考验：绝对急不来！更不能轻易下结论！(不论是好的结论或坏的结论)唯有极坦白，才能暴露自己，而暴露自己的缺点总是越早越好，越晚越糟！为了求恋爱成功而尽量隐藏自己的缺点的人其实是愚蠢的。当然，在恋爱中不知不觉表现出自己的光明面，不知不觉隐藏自己的缺点，不在此例。因为这是人的本能，而且也证明爱情能促使我们进步，往善与美的方向发展，正是爱情的伟大之处，也是古往今来的诗人歌颂爱情的主要原因。小说家常常提到，我们在生活中也一再经历：恋爱中的男女往往比平时聪明，读起书来也理解得快；心地也往往格外善良，为了自己幸福而也想使别人幸福，或者减少别人的苦难，同情心扩大就是爱情可贵的具体表现。刚柔、软硬、缓急的差别要能相互适应调剂。还有许多表现在举动、态度、言笑、声音……之间说不出也数不清的小习惯，在男女之间也有很大作用，要弄清这些就得冷眼旁观慢慢咂摸。所谓经得起考验乃是指有形无形的许许多多批评与自我批评（对人家一举一动所引起的反应即是无形的批评)。诗人常说爱情是盲目的，但不盲目的爱毕竟更健全更可靠。

人生观世界观问题你都知道，不用我谈了。人的雅俗和胸襟气量倒是要非常注意的。据我的经验：雅俗与胸襟往往带先天性的，后天改造很少能把低的往高的水平上提，故交往期间应该注意对方是否有胜于自己的地方，将来可帮助我进步，而不至于反过来使我往后退。你自幼看惯家里的作风，想必不会忍受量窄心浅的性格。以上谈的全是笼笼统统的原则问题。

长相身材虽不是主要考虑点，但在一个爱美的人也不能过于忽视。

交友期间，尽量少送礼物，少花钱：一方面表明你的恋爱观念与物质关系极少牵连；另一方面也是考验对方。事情主观上固盼望必成，客观方面仍须有万一不成的思想准备。为了避免失恋等等的痛苦，这一点“明智”我觉得开头就应当充分掌握。最好勿把对方作过于肯定的想法，一切听凭自然演变。

总之，一切不能急，越是事关重要，越要心平气和，态度安详，从长考虑，细细观察，力求客观！感情冲上高峰很容易，无奈任何事物的高峰(或高潮)都只能维持一个短时间，要久而弥笃的维持长久的友谊可很难了。

除了优缺点，俩人性格脾气是否相投也是重要因素。

人是自身幸福的设计师——人生篇

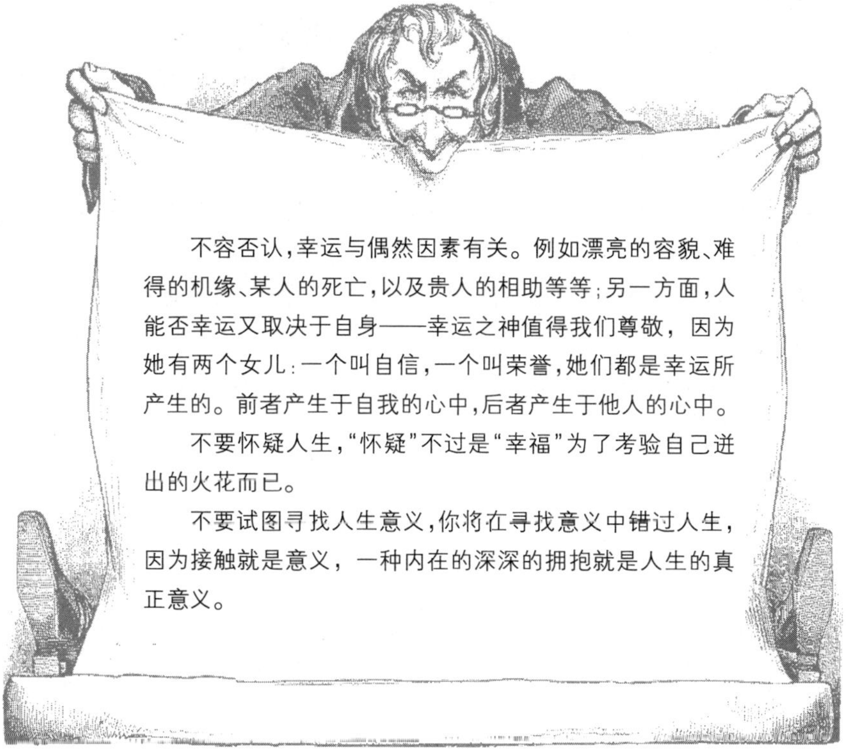

不容否认，幸运与偶然因素有关。例如漂亮的容貌、难得的机缘、某人的死亡，以及贵人的相助等等；另一方面，人能否幸运又取决于自身——幸运之神值得我们尊敬，因为她有两个女儿：一个叫自信，一个叫荣誉，她们都是幸运所产生的。前者产生于自我的心中，后者产生于他人的心中。

不要怀疑人生，“怀疑”不过是“幸福”为了考验自己迸出的火花而已。

不要试图寻找人生意义，你将在寻找意义中错过人生，因为接触就是意义，一种内在的深深的拥抱就是人生的真正意义。

人生的智慧

◇[德]叔本华　韦启昌/译

一

衡量一个人是否幸福，我们不应该向他询问那些令他高兴的赏心乐事，而应该了解那些让他烦恼操心的事情。因为烦扰他的事情越少、越微不足道，那么，他也就生活得越幸福。因为如果微不足道的烦恼都让我们感受得到，那就意味着我们正处于安逸、舒适的状态了——在很不幸的时候，我们是不会感觉到这些小事情的。

我们要提醒自己不要向生活提出太多的要求，因为如果这样做，我们幸福所依靠的基础就变得太广大了。依靠如此广大的基础才可以建立起来的幸福是很容易倒塌的，因为遭遇变故的机会增多了，而变故无时不在发生。在基础方面，我们幸福的建筑物与楼房建筑物正好相反，后者因其广大的基础而变得牢固。因此，避免重大祸害的最有效途径就是考虑到我们的能力、条件，尽可能地减低我们对生活的要求。

二

一般来说，人们最常做的一件大蠢事就是过分地为生活未雨绸缪——无论这种绸缪准备是以何样的方式进行。为将来做详尽的计划首先必须要以得享天年作保证，但只有为数不多的人才可以活至高龄。就算一个人能够享有较长的寿命，但相比订下的计划而言，时间还是太过短暂了，因为实施这些计划总要花费比预计更多的时间。另外，这些计划，一如其他事情，都有太多遭遇阻滞和失败的机会，甚少真能达至成功。最后，就算我们所有的目标都一一实现，我们却忽略了时间在我们身上所带来的变化。

我们当初并不曾想过我们不可能在一生中始终保持创造的能力和享受的能力。因此，这样的情形经常都会发生：我们埋头做事，到了目标实现的时候，我们所取得的成果已经不再适合我们的需要了；或者，我们成年累月为某一工作做准备，但这些准备工夫不为人知地消耗了我们的精力，到头来，我们再也无法进行计划中的工作了。所以，经历长年的拼搏，历尽诸多风险，我们终于获得了财富，但到了这个时候，我们已不再能够享受这些财富了。我们其实就是为了别人苦干了一场。或者，经过积年的艰苦努力，终于如愿爬上了某一职位，但我们却已经无力胜任这一职位的工作了。诸如此类的事情屡见不鲜，这是因为我们所追求的结果来得太晚了。或者，与此相反，我们太迟着手做事情了，也就是说，就我们做出的成就或者贡献而言，时代的趣味已经改变了。新一代的人成长了起来，他们对我们成就的事情不感兴趣；其他的人走了捷径，赶在了我们的前面。种种情形，不一而足。

三

所有局限和节制都有助于增进我们的幸福。我们的视线、活动和接触的范围圈子越狭窄，我们就越幸福；范围圈子越大，我们感受的焦虑或者担忧就越多。因为随着这一范围圈子的扩大，我们的愿望、恐惧、担忧也就相应增加。所以，甚至盲人也不是像他们先验显示的那样不幸，这一点可以通过他们的那种柔和、几乎是愉快的宁静表情得到证明。同时，部分地由于这一规律的原因，我们后半生比起前半生更加凄凉痛苦。因为在我们的一生中，我们关系和目标的范围总是不断伸展。在儿童期，我们的视野只局限于周围的环境和狭窄的关系；到了青年期，视野明显扩大了；进入成人期以后，我们的整个生命轨迹，甚至最遥远的联系、别的国家和民族都被纳入我们的视线之内；在老年期，人们的目光所及包括了后代一辈。所有局限制约——甚至精神方面的——都有助于增进我们的幸福。原因就在于意欲受到的刺激越少，我们的痛苦也就越少。

我们知道，痛苦是肯定的，而幸福纯粹是否定的。限制我们的活动范围就能够消除刺激我们意欲的外在动机，而精神上的制约则可以消除内在的动机。不过，精神上的制约却存在这一不足之处，它为人们的百无聊赖敞开了门户，而无聊却是人们无数痛苦的间接根源——人们为了驱赶无聊，不择手段寻求娱乐、社交、奢华、赌博、酗酒等等，这些给人们带来的只是各式各样的懊悔、不幸以及金钱损失。“人们无事可干的时候难以保持平静。”相比之下，尽可能的外在限制更能增进人们的幸福，这些限制甚至是幸福所必不可少的。对于这一点可以从这一个例子看得出来：田园诗歌——这些唯一着重描绘人的幸福的诗歌——主要地和一成不变地表现那些在狭小的环境过着简朴生活的人们。人们在观看那些所谓的风俗画时会感到某种愉悦之情，其原因也在于此。

因此，我们生活的关系应该尽可能地简单，甚至单调的生活——只要这不至于产生无聊——都会有助于增进我们的幸福，因为这样，我们就更少地感觉到生活，并因此更少地感觉到生活的重负——重负本来就是生活的本质。这样，生活流淌就像一条波澜不兴、漩涡不起的小溪。

四

当我们看到某样东西时，很轻易就会产生这一念头："呀，如果我能拥有它就好了！"我们由此感觉到了有所欠缺。其实，我们更应该经常这样想："呀，如果我失去了某样东西！"我的意思是：有时候我们不妨想象一下在失去我们所拥有的某样东西时，我们将会怎样看待那失去之物。确实，对我们拥有的东西，都应作如是观：无论是财产、健康、朋友、妻子、孩子、我们所爱的人，抑或马匹、爱犬等等。因为，在大多数情况下，只有在失去了某物以后，我们才会知道它的价值。如果读者能够以我在这里推荐的方式看待事物，那么，首先，我们就会马上为我们的拥有感到直接的、比以往都更大的喜悦；其次，我们就会运用各种方式防范失去我们的拥有物。这样，我们就不会拿我们的财产开玩笑，不会激怒我们的朋友，不会让忠诚的妻子受到诱惑，不会疏于注意孩子的健康等等。

通常，为了使现时灰暗的生活生色明快，我们盘算着种种美妙的可能，凭空想象出形形色色的诱人的希望，而所有这些都孕育着失望。一旦它们被残酷的事实击碎，失望肯定就会接踵而至。如果我们更多地考虑可能出现的种种不利，那对我们反而有好处。因为这样做一来会促使我们采取相应的防范措施；另外，一旦意料之中的不好事情并没有发生，那我们就会得到意外的惊喜。在经历一番忧虑以后，我们难道不是明显地变得更加心情舒畅吗？事实上，经常不时地想象一下那些有可能降临在我们身上的巨大不幸和灾难——这倒是一件好事情，我们由此可以更加容易承受那随后实际发生的许多轻微的不幸，因为我们可以以这一点安慰自己：那些巨大的不幸毕竟没有发生。但是，在考虑这条规则时，我们却不要忽略了在这之前的那条规则。

人是自身的设计师

◇[英]弗朗西斯·培根　俞　静/译

不容否认,幸运与偶然因素有关。例如漂亮的容貌、难得的机缘、某人的死亡,以及贵人的相助等等;另一方面,人能否幸运又取决于自身,正如古代诗人所说:"人是自身幸福的设计师。"

很多时候会出现这样的情况,一个人的愚蠢恰好是另一个人的幸运,一方的错误恰好促成了另一方的成功。就像谚语说得那样:"蛇吃蛇,能变龙。"

赏心悦目的外表确实令人赞叹,而深藏未露的才干却能给人带来幸运,这需要一种难以言传的自制和自信。西班牙人称之为"潜能",一个人具有优良的素质,就会在需要的时候把这种素质发挥出来,从而推动幸运的车轮转动就叫"潜能"。

古罗马历史学家李维对同一时代的政治家加图这样评价:"他的精神与肉体同样优美同样博大,因此,无论他的家庭出身是怎样的,他都能够走出一条属于自己的路。"因为加图具有多方面的才能,这说明只要对一个人做深入观察,就可以发现他是否能够得到幸运的垂爱,因为幸运之神虽然盲目却并非无形。

幸运的机会如同夜空中的银河,作为个体它们并不突出和显眼,但组合在一起后的整体却绚烂夺目。同样,一个人如果具备微小的优良品质,最终都能够带来幸运的成功。

意大利人在评论聪明的人时,除了夸赞他的优点之外,还会说他多少有一点儿"傻"气。他们说的是傻气而不是呆气,没有比这更能让人幸运的了。当然,这样的评价对于迷信愚妄的人来说是不幸的,因为他们不会把思考权交付给别人,否则的话他们将一事无成。

意外降临的某种幸运会让人忘乎所以,来之不易的幸运却能够使人成为伟器。

幸运之神值得我们尊敬,因为她有两个女儿:一位叫自信,一位叫荣誉,她们都是幸运所产生的。前者产生于自我的心中,后者产生于他人的心中。

古代的智者为了避免嫉妒，从不夸耀自己的幸运，他们把一切归功于“神”;事实上,只有伟大的人物才能得到神的佑护。恺撒对风浪中的水手说:“请安静,有恺撒坐在你的船上尽管放心!”而苏拉却不敢自称为“伟大”,只称为“幸运”。从历史可以看到,凡把成功完全归于自己的人,结局往往是不幸的。例如,雅典人泰摩索斯总把他在政治上的成就说成是“这决非幸运所赐,而是因为自己高明”。结果,他再做什么事却很少成功了。世间的确有一些人的命运顺畅得有如荷马的诗句,例如,普鲁塔克就曾以泰摩列昂的好运气与阿盖西劳和埃帕米农达的运气相对比。但这种幸运成功的原因,最终还是要从他们的性格中去寻找。

自述励志人生

◇[美]史蒂夫·乔普斯

史蒂夫·乔普斯,美国苹果电脑公司的现任总裁,也是苹果公司的创始人之一。年轻时候脾气火暴,有“硅谷坏小子”的绰号,以致很多苹果职员不敢和他同乘电梯,唯恐电梯未坐完即被炒鱿鱼。而当他二次重返苹果公司时,性情日益平和,却依然保持了娴熟的管理技能和充沛的创新能力。凭着始终不变的信念:“我们不得不说产品需要创新,没有鲜明特色的产品只有一个结果——死亡”,“让创新的轮子转起来,和一帮天才制造出酷毙了的玩意儿!”他把苹果电脑带出了低谷。

点滴成人生

我在里德学院上了6个月的学就选择了休学，不过我是在休学18个月后才决定真正退学的。我为什么选择休学呢?

我生母生我时是位年轻的未婚妈妈。由于正在读研究生,她决定让上过大学的人家收养我。那时,我的养父母也在等待收养的名单上。当我的生母发现,我的养父连高中都没上完,于是,我生母拒绝在认养书上签字。直到几个月后，当我的养父母保证将来一定会让我上大学后，我的生母才最终同意让他们来收养我。

17年后，我真的上大学了。可是当时我非常幼稚地选择了一所学费几乎跟斯坦福一样昂贵的大学。我的养父母是工人阶级，收入不高，他们把所有的积蓄都花在了我的学业上。6个月后，我还是看不出上大学的价值何在。那时候，我不知道这一生要干什么，也不知道上大学对我有什么帮助，况且为了我上大学，我养父母几乎花光了他们所有的积蓄，于是我决定休学。当时这个决定看起来相当可怕，可是现在回过头来看，那可是我这一生中做过的最好的决定之一。

我的大学生活一点儿也不浪漫。我没有宿舍，而是睡在朋友家里的地板上，靠回收可乐罐卖钱果腹。每到星期天晚上，我不得不走7英里的路程，绕过大半个城镇，就是为了去一所教堂吃顿好饭。由于我的好奇与直觉，我所遇到和经历的大部分事物，后来都变成了我人生中的无价之宝。举个例子，当时里德学院可能在教授书法方面是全美最好的大学。校园内的每一张海报和每个抽屉的标签上所写的字都非常漂亮。因为我休学了，所以我可以不按正常的选课程序去上课，于是我决定去学书法。我学了两种字体，学到了在不同字母组合间如何变化字间距，懂得了活版印刷的伟大之处。

我当时也没想过学这些东西能在我的生活中起到什么样的实际作用，不过10年后，当我在设计第一台Macintosh（麦金托什品牌机）时，我想起了当时所学的东西，所以把这些东西都设计进了Macintosh里，这是第一台能打印出漂亮字体的计算机。如果我当时没有对书法学课程着迷的话，Macintosh可能就不会有多种字体了，而且字体间距也不会有多种变化了。由于Windows也使用了Macintosh的字处理技术，所以如果当年我没有这样做的话，大概世界上所有的个人计算机都不会有这些东西，也打印不出现在我们看到的漂亮的字体了。所以你得相信，你现在所体会的一点一滴，将来多少会连接在一起。你得相信某个东西，直觉也好，命运也好，生活也好，因果也好。

有爱就不会失去

我年轻时就知道自己的爱好，在这一点上我是非常幸运的。20岁时，我和一位同事在我父母的车库里开始鼓捣苹果计算机。我们工作非常卖力，苹果电脑公司在10年间从一间车库里的两个小伙子的手中成长为一家员工超过4000人、市值达20亿美元的大公司。30岁时，我们又推出了公司最棒的产品，即Macintosh（麦金托什品牌机）。

一切看起来都是那么地顺利，然而不久我就被公司炒了鱿鱼。你或许会问：怎么会让自己创办的公司把自己给解雇了呢？事情是这样的。当苹果电脑公司发展壮大后，我们聘请了一位在经营公司上有才干的人，他在头几年也确实干得不错。可是我们对于公司未来的发展前景持不同的观点，分歧也越来越大，最后只好分道扬镳，而董事会站在他那边。于是在我30岁那年，公司把我给解雇了。

一连几个月，我真的茫然不知所措，意志消沉，甚至想要离开硅谷。但是我渐渐地发现：这一不愉快的事情丝毫没有改变我的爱好。于是，我决定重新从零开始。

在接下来的5年里，我开了一家叫做NeXT的公司，接着又开了一家叫Pixar的公司。Pixar公司接着制作了世界上第一部电脑动画电影——《玩具总动员》。现在，Pixar公司已成为世界上最成功的动画制作公司了。事情的发展出现了戏剧性的转折，苹果公司后来买下了NeXT公司，于是我回到了苹果公司。我们在NeXT公司开发的技术，后来也成了苹果公司复兴的核心。

我想，如果苹果公司当年没有解雇我的话，这些事情可能一件也不会发生。尽管这味药很苦，可是病人需要它。我深信，唯一使我坚强地走下去的原因，就是我热爱这份工作。工作将占去人生的一大部分，唯一获得真正满足的方法，就是相信你所从事的工作是伟大的；而做伟大工作的唯一方法，就是深爱你所做的事情。所以，在你找到你喜爱的工作之前，一定不要停顿。

顺心而为

我17岁时，曾经读到过一则格言，大意是"如果你把每一天都当成是人生中的最后一天来过，你就会倍加珍惜。总有一天，这会变成现实。"这句话对我影响深远。从那以后，在过去的33年里，我每天早上都会对着镜子问自己："如果今天是我一生中的最后一天，那么我今天要干些什么？"每当连续多天都得到一个"没事可做"的答案时，我就知道必须要改变自己的生活了。

提醒自己快要死了，是我在人生中做出重大决定时所用过的最重要的工具。因为面对死亡时，几乎所有的外界因素、所有的外界期望、所有的荣誉、所有对困难或失败的恐惧，都消失得无影无踪了，只有人生中最重要和最本质的东西才会留下。

大约一年前，我被诊断出患了癌症。一天早上7点半，我做了检查，胰脏内清晰地出现一个肿瘤。我当时连胰脏是什么都不知道。医生告诉我，那几乎可以确定是一种不治之症，我剩下的人生不会超过6个月了。医生建议我回家，好好跟亲人们聚一聚，这是医生告诉病人准备后事的委婉说法。

我整天都在想那个诊断结果。后来的一天晚上，医生给我做了一次活组织切片检查，从喉咙伸入一个内视镜，从胃进入肠子，然后把一根针插进了胰脏，取了一些肿瘤细胞出来。我打了镇静剂，不省人事，我妻子后来跟我说，当医生们用显微镜看过那些细胞后，他们都哭了，因为那是非常少见的一种胰脏癌。我接受了手术，现在已经完全康复了。

经历这件事后，我可以更加肯定地告诉你们：

没有人想死，即使那些想上天堂的人，也不想去死。但是死亡是我们所有人共同的目的地，没有人逃得过。死亡简直就是生命中最好的发明，是生命变化的媒介，送走老人们，给新生代留下空间。

你们的时间有限，所以不要浪费时间按别人的说教生活。不要被信条所惑，盲从信条就是按别人的思考来生活。其实，你的内心与直觉多少已经知道你真正想要成为什么样的人。顺应内在的心声吧，其他任何东西都是次要的。

真正的意义

◇[印度]奥 修 金 晖 王建伟/译

不能用头脑。一旦你用头脑，你就错过要点了。宁静必须在宁静中被理解；个无言的信息必须被无言地理解。如果你试图通过语言、通过头脑会理解它，你就会错过它，你就会误解它。然后你自己的头脑进来了。然后你开始解释它。然后它就变得不纯、变得不一样了。

如果你问："那怎么办呢？"你问的是一个错误的问题。怎么办的问题是从头脑来的。不存在怎么办的问题。你要安静。什么也不要做，不要试图解释它，不要试图用任何方法干涉它——让它传遍你的存在。你或许不能马上识别它，因为它比头脑、比所有来自头脑的识别更广阔。你或许不能确切地知道它是什么，但是也没有这个必要。你或许不能破译、不能解开它的意义，但是也没有这个必要。让无言的信息抵达你无言的中心。它是一次深深的接触，而这种接触就是它的意义。它是一次深深的穿透，而这种穿透就是它的意义。

你经过一个玫瑰花丛，你看着一朵玫瑰花。它的意义是什么呢？如果你开始思考这朵玫瑰花，头脑就进入了，而玫瑰花消失了。然后头脑创造一圈语言、思想和概念的墙，你甚至连那里的玫瑰花也看不见了。

不要试图寻找意义。意义以及老想着意义是头脑的一个病。一朵玫瑰花的意义是什么呢？没有意义。它没有任何意义地开放。它不需要意义来证明自己，它在它的存在中被证明了。你只要让它存在，你也和它一起存在。让玫瑰花穿透你，让玫瑰花的芳香传遍你、充满你，然后突然间，有某种东西在你的存在里面苏醒了——有某种东西出现了。玫瑰花在你的里面做了什么。即使在那个时候，你或许也不能知道玫瑰花究竟做了什么，但是你会感到快乐、喜悦；你会感到自己和未知有过一次接触。你会感到自己获得过一次探查未知的机会。你会感到玫瑰花变成了一扇窗户，一个广阔的天空打开了——在你头脑的墙上有一条裂缝，透进一线光明。不要为意义操心。

当我看着你的时候，你只要看着我！当我给你我的存在时，你就把你的存在给我。保持敞开，让它成为一种接触。它不是一种交流，它是一种共享。我不是在传达一种可以解开、可以破译的信息——不是的。我是在那个姿态中把我自己给你。它比任何所能赋予它的意义都大——你也比任何所能赋予你的意义都大。如果那种接触发生的话，你将感到所有的边界都消溶了。有一个片刻，你不在那里。有一个片刻，你被我占据了——不仅被我占据了，也通过我，被整体占据了。所以，每当我看着你的时候，每当我想透进你的眼睛的时候，每当我敲你的门、敲你的心的时候，打开你的门。

不要试图寻找意义。你将在寻找意义中错过意义——因为接触就是意义，一种内在的深深的拥抱就是意义。

论人的伟大

◇[法]帕斯卡尔　何兆武/译

帕斯卡尔(1623~1662)，法国17世纪最具天才的数学家、物理学家和哲学家，在理论科学和实验科学两方面都做出巨大贡献。几何学上的帕斯卡尔六边形定理、帕斯卡尔三角形，物理学上的帕斯卡尔定理等均是他的贡献。他还创制了世界上第一台计算机，制作了水银气压计。他同时还是概率论的创立人之一。

1670年《帕斯卡尔思想录》一书在法国首版。该书以其论战的锋芒、思想的深邃以及文笔的流畅而成为世界思想文化史上的经典著作，对后世产生了深远影响，被认为是法国古典散文的奠基之作。他是一个宗教色彩十分浓厚的思想家，认为人是完全处于罪孽之中，要靠上帝恩赐才能得到拯救。他也继承了理性主义的传统，对人性、人生、社会、哲学和宗教等问题进行了理性的探讨。

思想形成人的伟大。

人只不过是一根苇草，是自然界最脆弱的东西；但他是一根能思想的苇草。用不着整个宇宙都拿起武器来才能毁灭；一口气、一滴水就足以致他死命了。然而，纵使宇宙毁灭了他，人却仍然要比致他于死命的东西更高贵；因为他知道自己要死亡，以及宇宙对他所具有的优势，而宇宙对此却是一无所知。

因而，我们全部的尊严就在于思想。正是由于它而不是由于我们所无法填充的空间和时间我们才必须提高自己。因此，我们要努力好好地思想；这就是道德的原则。

能思想的苇草——我应该追求自己的尊严，绝不是求之于空间，而是求之于自己的思想的规定。我占有多少土地都不会有用；由于空间，宇宙便囊括了我并吞没了我，有如一个质点；由于思想，我却囊括了宇宙。

人既不是天使，又不是禽兽；但不幸就在于想表现为天使的人却表现为禽兽。

思想——人的全部的尊严就在于思想。

因此，思想由于它的本性，就是一种可惊叹的、无与伦比的东西。它一定得具有出奇的缺点才能为人所蔑视；然而它又确实具有，所以再没有比这更加荒唐可笑的事了。思想由于它的本性是何等地伟大啊！思想又由于它的缺点是何等地卑贱啊！

然而，这种思想又是什么呢？它是何等地愚蠢啊！

人的伟大之所以为伟大，就在于他认识自己可悲。一棵树并不认识自己可悲。

因此，认识自己可悲乃是可悲的；然而认识我们之所以为可悲，却是伟大的。

这一切的可悲其本身就证明了人的伟大。它是一位伟大君主的可悲，是一个失了位的国王的可悲。

我们没有感觉就不会可悲：一栋破房子就不会可悲。只有人才会可悲。

人的伟大——我们对于人的灵魂具有一种如此伟大的观念，以致我们不能忍受它受人蔑视，或不受别的灵魂尊敬；而人的全部的幸福就在于这种尊敬。

人的伟大——人的伟大是那样的显而易见，甚至于从他的可悲里也可以得出这一点来。因为在动物是天性的东西，我们于人则称之为可悲；由此我们便可以认识到，人的天性现在既然有似于动物的天性，那么他就是从一种为他自己一度所固有的更美好的天性里面堕落下来的。

因为，若不是一个被废黜的国王，有谁会由于自己不是国王就觉得自己不幸呢？人们会觉得保罗·哀米利乌斯不再任执政官就不幸了吗？正相反，所有的人都觉得他已经担任过了执政官乃是幸福的，因为他的情况就是不得永远担任执政官。然而人们觉得柏修斯不再做国王却是如此之不幸——因为他的情况就是永远要做国王——以致人们对于他居然能活下去感到惊异。谁会由于自己只有一张嘴而觉得自己不幸呢？谁又会由于自己只有一只眼睛而不觉得自己不幸呢？我们也许从不曾听说过由于没有三只眼睛便感到难过的，可是若连一只眼睛都没有，那就怎么也无法慰藉了。

对立性。在已经证明了人的卑贱和伟大之后——现在就让人尊重自己的价值吧。让他热爱自己吧，因为在他身上有一种足以美好的天性；可是让他不要因此也爱自己身上的卑贱吧。让他鄙视自己吧，因为这种能力是空虚的；可是让他不要因此也鄙视这种天赋的能力。让他恨自己吧，让他爱自己吧：他的身上有着认识真理和可以幸福的能力；然而他却根本没有获得真理，无论是永恒的真理，还是满意的真理。

因此，我要引人渴望寻找真理并准备摆脱感情而追随真理（只要他能发现真理），既然他知道自己的知识是彻底地为感情所蒙蔽；我要让他恨自身中的欲念——欲念本身就限定了他——以便欲念不至于使他盲目做出自己的选择，并且在他做出选择之后不至于妨碍他。

追求生命的充实（原文名为《龙》）

◇巴　金

我常常做梦。无月无星的黑夜里我的梦最多。有一次我梦见了龙。

我走入深山大泽，仅有一根手杖做我的护身武器，我用它来披荆棘，打豺狼，它还帮助我登高山，踏泥沼。我脚穿草鞋，可以走过水面而不沉溺。

在一片大的泥沼中我看见一个怪物，头上有角，唇上有髭，两眼圆睁，红亮亮像两个灯笼。身子完全陷在泥中，只有这个比人头大过两倍的头颅浮出污泥之上。

我走近泥沼用惊奇的眼光看这怪物。它忽然口吐人言，阻止我前进。

“你是什么人？要去什么地方？为什么来到这里？”

“我是一个无名者。我寻求一件东西。我只知道披开荆棘找寻我的道路。”我昂然回答，对着怪物我不需要礼貌。

“你不能前进，前面有火焰山，喷火数十里，伤人无算。”

“我不怕火。为了得到我所追求的东西，我甘愿在火中走过。”

“你仍不能前进，前面有大海，没有船只载你渡过白茫茫一片海水。”

“我不怕水，我有草鞋可以走过水面。为了得到我所追求的东西，甚至溺死，我也情愿。”

“你仍不能前进，前面有猛兽食人。”

“我有手杖可以打击猛兽。为了得到我所追求的东西，我愿与猛兽搏斗。”

怪物的两只灯笼眼射出火光，从鼻孔中突然伸出两根长的触须，口大张开，露出一嘴钢似的亮牙。它大叫一声，使得附近树木马上落下大堆绿叶，泥水也立刻沸腾起泡。

“你这顽固的人，你追求什么东西？”它这样问道。

“我追求生命。”

“生命？你不是已经得到了生命吗？”

“我要的是丰富的、充实的生命。”

“我不明白你的意思。”它摇摇头。

“我活着不能够做一点儿事情，我成天谈着理想，却束着双手看见别人受苦。我不能给饥饿的人一点儿饮食，给受冻的人一件衣服；我不能揩干哭泣的人脸上的眼泪。我吃着，谈着，睡着，在无聊的空闲中浪费我的光阴——像这样的一个人怎么能说是有生命？在我若得不到丰富的、充实的生命，则活着与死亡又有什么区别？”

怪物想了想，仍还摇头说：“我怕你会永远得不到你所追求的东西。或许世界上根本就没有这样的东西罢？”我在它的难看的脸上见到一丝同情了。我说：

“不会没有，我在书本上见过。”

“你这傻子，你居然这样相信书本？”

“我相信，因为书本上写得明白，讲得有道理。”

怪物叹息地摇摆着头：“你这顽强的人，我劝你还是回头走罢。你不知道前面路上还有些什么东西在等着你。”

"我知道,但是我还要往前走。"

"你应该仔细想一下。"

"你为什么这样不厌烦地阻止我?我同你并不熟识。我甚至不知道你的名字。"

"已经有很久没有人提起我的名字了,我自己也差不多忘记了它。现在我告诉你:我是龙,我就是龙。"

我吃了一惊。我望着那张古怪的脸。

"你是龙,怎么会躺在泥沼中?据我所知,龙是水中之王,应该居住在大海里。你为什么又不能乘雷上天?"我疑惑地问道。这时天空响起一声巨雷,因此我才有后一句话。我看看它的身子,黄黑色的污泥盖住了它的胸腹,它的尾巴。泥水沸腾似地在发泡,从水面不断地冒起来难闻的臭气。

龙沉默着,它似乎努力在移动身子,但是它身子被污泥粘着,盖着,压着,不能够动弹。它张开嘴哀叫一声,两颗大的泪珠从眼里掉下来。

它哭了!我惶恐地望着它的头,我想,这和我在图画上看见的龙头完全不像。它一定对我说了假话。它不是龙。

"我也是为了追求生命才到这里来的。"它止了泪开始叙说它的故事。它的话是我完全料想不到的。这对我这是多大的惊奇。

"我和你一样,也不愿意在无聊的空闲中浪费我的光阴。我不愿意在别的水族的痛苦上面安放我的幸福的宝座,我才抛弃龙宫,离开大海,去追求你所说的那个丰富的、充实的生命。我不愿活着只为自己,我立志要去做一些帮助同类的事情。我飞上天空,我又不愿终日与那些飘浮变化的云彩为伍,也不愿高居在别的水族之上。我便落下地来。我要访遍深山大泽,去追寻我在梦里见到的东西。在梦中我的确见过充实的、有光彩的生命。结果我却落在这个泥沼里面,不能自拔。"它闭了嘴,从灯笼眼里流出几滴泪珠,颜色是红的,和血一样。

"你看,现在污泥粘住了我的身子,我要动一下,也不能够。我过不了这种日子,我宁愿死!"它回头去看它的身子,但是眼前仍只是那一片污泥。它苦痛地哀叫一声,血一样的泪又流了下来。它说:"可是我不能死,而且我也不应该死,我躺在这里已经过了多少万年了。"

我的心因同情而痛苦,因恐惧而猛跳。多少万年!这样长的岁月!它怎么能够熬过这么些日子?我打了一个冷噤。但是我还勉强做出镇静的样子再问了一句:"你是怎样陷到污泥里来的?"

"你不用问我这个。你自己不久就会知道,你这顽固的年轻人。"它忽然用怜悯的眼光望我,好像它已经预料着不幸的遭遇就会降临到我的身上一般。

我没有回答,它又说:"我想打破上帝定下的秩序,我想改变上帝的安排,我去追求上帝不给我们的东西,我要创造一个新的条例。所以我受到上帝的惩罚。为了追求生命,我飞过火焰山,我斗过猛兽,我抛弃了水中之王的尊荣,历尽了千辛万难。但是我终于不能逃掉上帝的掌握,而被打落在污泥里,受着日晒、雨淋、风吹、雷打。我的头、我的脸都变了模样,我成了一个怪物。只是我的心还是以前的那一颗,没有丝毫的改变。”

“那么,你为什么阻止我前进,不让我去追寻生命?”

“顽固的人,我不愿你也得着恶运。你是人,你不能活到万年的。你会死,你会很快地死去,你甚至会毫无所获而失掉你现在有的一切。”

“我不怕死。得不到丰富生命我宁愿死去。我不能够像你那样,居然在污泥中熬了多少万年。我奇怪像你这样的生活还有什么值得留恋的?”

“年轻人,你不明白。我要活,我要长久活下去。我还盼望着总有那么一天,我可以从污泥中拔出我的身子,我要乘雷飞上天空。然后我要继续去追寻那丰富的、充实的生命。我的心在跳动,我的意志就不会消灭。我的追求也将继续下去,直到我的志愿完成。”

它说着,泪水早已干了,脸上也再不见痛苦的表情,如今有的却是勇敢和兴奋。它还带着信心一般地问我一句:“你现在还要往前面走吗?”

“我要走,就是火山、大海、猛兽在前面等着我,我也要去!”我坚决地甚至带了点儿热情地回答。

龙忽然哈哈地笑起来。它的笑声还未停止,一个晴空霹雳突然降下,把四周变成一片漆黑。我伸出手也看不见五指。就在这样的黑暗中,我听见一声巨响自下冲上天空,泥水跟着响声四溅,我觉得我站立的土地在摇动了。我的头发昏。

天渐渐地亮开来。我眼前异常明亮。泥沼没有了,我前面是一片草原,新绿中点缀着红白的花朵。我仰头望天。蔚蓝天幕上隐约现出淡墨色的龙影,一身鲜甲还是乌亮乌亮的。

情感人生

◇钱　穆

钱穆(1895~1990),历史学家。字宾四,江苏无锡人。1912年辍学后自学,任教于中小学。1930年因发表《刘向歆父子年谱》被聘为燕京大学国文讲师，后历任燕京大学、北京大学、清华大学、北平师范大学教授。抗日战争时期，先后在西南联合大学、华西大学、四川大学、齐鲁大学任教。抗战胜利后，先后任昆明五华书院文史研究所所长、无锡江南大学文学院院长兼历史系主任。1949 年去香港，创办新亚书院，任院长。1967 年移居台北，任中国文化学院历史所教授、“中央研究院”院士、台北故宫博物院特聘研究员。一生著述颇丰，学术专著达 80 种以上。

人生最真切的，莫过于每一个人自己内心的知觉。知觉开始，便是生命开始。知觉存在，便是生命存在。知觉终了，便是生命终了。让我们根据每一个人内心的知觉，来评判人生之种种意义与价值，这应该是一件极合理的事。

先就物质生活说起，所谓物质生活者，乃指衣食住行等而言，这些只是吾人基层最低级的生活，它在全部生活中，有其反面消极的价值。但人生继此以往，尚大有事在，不能就此认为是人生积极的正面。维持了肉体的生活，才始有人生，然不能说人生只在维持肉体的生存。试先就饮食言，饮食尤其是物质生活肉体生活中最低下的一种，虽说是最基本的，然而并不是最有意义的。没有饮食，便不能有一切的生活；然而饮食包括不尽人生之全部，而且也接不到人生之高处。现在再说衣服，衣服在物质生活上的功效，只是保持体温而已，此上再加一些轻软之感便完了。继此以往，不再有什么了。若人生专为衣着，则你试挑一身舒适的衣装穿上身，一度感到它的轻软温暖便够了，再没有可以使你更进求之的了。一切的衣着，最了不得，在你皮肤的触觉上，永远是那般。至于你穿着盛装出外交际，赴人宴会，那时你内心所感觉的，不仅在保暖上，那已超出了肉体生活物质生活之外，自然又当别论。住与行，依此推知，不再说。

人生在消极的反面的物质生活之上，犹有正面的积极的精神生活。试先言艺术的生活，亦可说是爱美的生活。当人类文化初演之时，在其于肉体生活消极方面稍得满足，便会闯进爱美的人生。我们发现初民的洞壁上往往有精致优美的画图，他们遇到风月佳景，也会在洞外舞唱。不用说，这些都是爱美人生之初现。即就一婴孩言，当他喝饱了奶，安稳地睡在摇篮里，有光明的线条射到他的眼帘，或是和柔的声浪鼓荡他的耳膜，他内心也会发生一种生命的欣喜。渐渐大了，长成了，一切游戏、歌唱、跳舞，活泼泼地，这不是一种艺术的人生吗？所以艺术人生也是与生俱来的。然而这种人生，却能引领你投入深处。一个名厨，烹调了一味菜，不至于使你不能尝。一幅名画，一支名曲，却有时能使人莫名其妙地欣赏不到它的好处。它可以另有一天地，另有一境界，鼓舞你的精神，诱导你的心灵，愈走愈深入，愈升愈超卓。你的心神不能领会到这里，这是你生命之一种缺憾。人类在谋生之上应该有一种爱美的生活，否则只算是他生命之夭折。

其次说到科学人生，也可说求知的人生，此亦与生俱来。初民社会，没有知道用火，但渐渐地发明了用火。没有知道运用器械，但渐渐地发明了各种器械。由石器铜器铁器而渐渐达于运用电，运用原子能。这一连串的进步，莫非是人生求知的进步，即是科学的进步。就初生婴孩言，他只遇到外面新奇的事物，他也早知道张眼伸手，来观察，来玩弄，反复地，甚至于破坏地来对付它，这些都是科学人生求知人生之初现。你具备着一副爱美的心情，你将无所往而不见有美。你具备着一副求知的心情，你将无所往而不遇有知。纵使你有所不知，你也能知道你之不知，这也已是一种知了。所以爱美求知，人人皆能。然而美与知的深度，一样其深无底，将使你永远达不到他的终极之点。人生在此上才可千千万万年不厌不倦无穷无尽不息不已地前进。

再次说到文学人生。艺术人生是爱美的，科学人生是求知的，文学人生则是求真的。艺术与科学，虽不是一种物质生活，但终是人类心灵向物质方面的一种追求与闯进，因他们全得以外物为对象。文学人生之对象则为人类之自身。人类可说并不是先有了个人乃始有人群与社会的，实在是先有了人群与社会乃始有个人的。个人必在人群中乃始有其生存之意义与价值。人将在人群中生活，将在别人身上发现他自己，又将在别人身上寄放他自己。若没有别人，一个人孤零零在此世，不仅一切生活将成为不可能，抑且其全部生活将成为无意义与无价值。

人与人间的生活，简言之，主要只是一种情感的生活。人类要向人类自身找同情，只有情感的人生，始是真切的人生。喜怒哀乐爱恶欲，最真切的发现，只在人与人之间。其最真切的运用，亦在人与人之间。人生可以缺乏美，可以缺乏知，却不能缺乏同情与互感。没有了这两项，哪还有人生？只有人与人之间始有同情互感可言，因此情感即是人生。人要在别人身上找情感，即是在别人身上找生命。人要把自己情感寄放在别人身上，即是把自己的生命寄放在别人身上了。若人生没有情感，正如沙漠无水之地一棵草，礓石瓦砾堆里一条鱼，将根本不存在。人生一切的美与知，都需在情感上生根，没有情感，亦将没有美与知。人对外物求美求知，都是间接的，只有情感人生，始是直接的。无论初民社会，乃及婴孩时期，人生开始，即是情感开始。剥夺情感，即是剥夺人生。情感的要求，一样其深无底。千千万万年的人生，所以能不厌不倦、无穷无尽、不息不止地前进，全借那种情感要求之不厌不倦，无穷无尽，不息不止在支撑，在激变。

然而爱美与求知的人生可以无失败，重情感的人生则必然会有失败。因此爱美与求知的人生不见有苦痛，重情感的人生则必然有苦痛。只要你真觉得那物美，那物对你也真成其为美。只要你对那物求有知，那物也便可成为你之知。因不知亦便是知，你知道你对他不知，便是此物已给你以知了。因此说爱美求知可以无失败，因亦无苦痛。只有要求同情与互感，便不能无失败。母爱子，必要求子之同情反应。子孝母，也必要求母之同情反应。但有时对方并不能如我所要求，这是人生最失败，也是最苦痛处。你要求愈深，你所感到的失败与苦痛也愈深。母爱子，子以同情孝母；子孝母，母以同情爱子，这是人生之最成功处，也即是最快乐处。

你要求愈深，你所感到的成功与快乐也愈深。人生一切悲欢离合、可歌可泣，全是情感在背后做主。夫妇，家庭，朋友，社团，废寝忘食，死生以之的，一切的情与爱，交织成一切的人生，写成了天地间一篇绝妙的大好文章。人生即是文学，文学也脱离不了人生。只为人生有失败，有苦痛，始有文学作品来发泄，来补偿。人类只有最情感的，始是最人生的。只有喜怒哀乐爱恶欲的最真切最广大最坚强的，始是最道德的，也即是最文学的。换言之，却即是最艺术最科学的，也可说是最宗教的。你若尝到这一种滋味，较之喝一杯鸡汤，穿一件绸衣，真将不知有如天壤般的悬隔呀。

请你用你内心的知觉来评判人生一切价值与意义，是不是如我这般的想法说法呢？

一个孤独的人

◇[英]威廉·巴克莱　余也鲁/译

威廉·巴克莱，1907 年出生于苏格兰北部威克的一个教会家庭。1925 年进入格拉斯哥大学研读神学，特别专注于《新约》的研究。1933 年就任雷佛三一堂的牧师。1956 年获得了爱丁堡大学授予的荣誉神学博士，1963 年成为《圣经》批判学的教授。巴克莱的一生写了 60 多本关于《新约》的作品，17 本《新约》注释丛书《每日读经》深受读者喜爱，销量达 300 万册，而《圣经注释》在美国的销售量更高达 5000 万本。

前些时候，我旅行，住在青年会的宿舍里，在布告板上看见一张十分吸引人的剪报，是从加拿大出版的一份报纸上剪下来的。作者没有署名，题目是

《一个孤独的人》,内容如下:

这个人出生在很少为人知的小村落,父母都是犹太人,母亲是个农家女。他在另外一个小村庄里长大,在木匠的店里工作。30岁后开始旅行布道三年之久。

他没有写过一本书,没有担任过什么职务,也没有一所属于自己的房屋,更没有自己的小家。他从没有进过大学,也不曾涉足大的城市。足迹所到的地方,离他出生地最远不逾两百英里。一切和伟大的人物和伟大有密切关系的东西,他全没有;他连一张证书也没有,有的只是他自己。

这世界没有给他丝毫,除了他的人体。年纪很轻的时候,大家就看不起他,反对他。他的朋友抛弃他,其中还有一个出卖了他。他被交到敌人手中,受审判,被人嬉笑、嘲弄。

他被钉在一个木头的十字架上,钉在两个强盗当中。他在世上拥有的唯一的一件外衣,被执刑的士兵拈阄来分。他死后被人从十字架上取下来,埋葬在一个借来的坟墓里。这个坟墓是他的一个朋友让出来的。

一千九百多年后的今天,他已成为人类的中心,世界进步的动力。我敢说,把全世界所有的陆军、海军,所有议会的议员,所有统治过人类的帝王,都加起来,对地球上人类生活的影响力,远远不及这个孤独的人。

这是耶稣一生相当华丽的描写。

艰辛的人生

◇[美]西奥多·罗斯福　徐翰林/译

西奥多·罗斯福(1858~1919),美国第26任总统。一生博览群书,是博物学家、历史学家、演说家,被认为是美国最多才多艺的总统之一。他的著作和翻译甚多,一生所写书信不下15万封,在尺牍文学中有很高的地位,他写的《给孩子们的信》已成为经典名著。他还著有《在西部的胜利》、《1912年海战史》等书。他的著作大部分收入《罗斯福文集》,文集有多种版本,有的达24卷。

一种怠惰安逸的生活,一种仅仅是由于缺少追寻伟大事物的愿望或能力而导致的悠闲,对国家与个人都是没有价值的。

我们不欣赏那种怯懦安逸的人。我们钦佩那种表现出奋力向上的精神的人,那种永不屈待邻人,能随时帮助朋友,但是也具有那些刚健的品质,足以在实际生活的严酷斗争中获取胜利的人。失败是艰难的,但是从不曾努力去争取成功,却更为糟糕。在人的一生中,任何的收获都要通过努力去得到。目前不用做任何努力,只是意味着在过去有过努力的积储。一个人不必工作,除非他或他的祖先曾经努力工作过,并取得了丰厚的收获。如果他能把换取到的此类自由正确运用,仍然做些实际的工作,尽管那些工作是属于另一类的,不论是做一名作家还是将军,不论是在政界还是在探险方面做些事情,都表明他没有辜负自己的好运。

但是,如果他将这段不需从事实际工作的自由时期,不用于准备,而仅仅是用于享乐(尽管他所从事的或许并非邪恶的享乐),那就表明他只是地球表面上的一个赘疣;而且他肯定无法在同僚之中维持自己的地位,如果那种情况再度出现的话。安逸的生活终究并不是一种令人很满意的生活,而且最主要的是,过那种生活的人最终肯定没有能力担当世上的重任。

于个人如此,对国家也是这样。有人说一个没有历史的国家是得天独厚的,这是卑鄙的谎言。一种得天独厚的优越感来源于一个国家光荣的历史。冒险去从事伟大的事业,赢得光荣的胜利,即使其中掺杂着失败,那也远胜于与那些既没有享受多大快乐也没有遭受多大痛苦的平庸之辈为伍(因为他们生活在一种既享受不到胜利也遭遇不到失败的灰暗环境里)。

人(节选)

◇[苏联]高尔基　阮　江/译

马克西姆·高尔基(1868~1936),苏联著名作家,社会主义现实主义文学的奠基人。1892年发表处女作《马卡尔·楚德拉》。早期作品杂存着现实主义与浪漫主义两种风格。现实主义作品如《契尔卡什》、《沦落的人们》、《柯诺瓦洛夫》等，描写人民的苦难生活及他们的崇高品德，表达他们的激愤与抗争。1901 年创作了著名散文诗《海燕之歌》，塑造了象征大智大勇革命者的勇敢的海燕形象，是一篇无产阶级革命战斗的檄文与颂歌，受到列宁的热情称赞。1906 年发表长篇小说《母亲》，反映俄国工人阶级的革命斗争，被视为第一部社会主义现实主义作品。还写有自传体三部曲《童年》、《在人间》、《我的大学》。他也是杰出的社会活动家，组织成立苏联作家协会，并主持召开了全苏第一次作家代表大会，培养文学新人，积极参加保卫世界和平的事业。

……

他疲倦了，步履艰难，不断呻吟；惊恐的心在寻求信仰，并大声乞求爱情给他以温柔的爱抚。

而软弱所孵育的三只鸟儿——沮丧、绝望和忧愁，这三只凶恶而丑陋的鸟儿，围着他的心灵不祥地盘旋，总在那儿忧郁地对他歌唱。歌中唱道，他是一只渺小的甲虫，他的认识有限，思想软弱无力，神圣不可侵犯的骄傲也滑稽可笑，而且无论他干什么，他终究要死亡！

听到这支虚伪而恶毒的歌曲，他那颗破碎的心不停地颤抖；疑虑像针似的刺痛了他的头脑，屈辱的泪珠在眼眶里闪耀……

倘若他内心的骄傲不被激怒，人就会被死亡的威吓逼进信仰的监牢，爱情将含着胜利的微笑，引诱他投入自己的怀抱，向他高声许诺幸福，为的是掩饰自己无法获得自由的悲哀和那贪婪专横的肉欲……

怯懦的希望与谎言结成盟友，对他歌颂宁静之乐，说什么息事宁人就能安享太平。它们用甜言蜜语为昏昏欲睡的灵魂催眠，把他推入甜蜜的懒惰的泥潭，让他落入懒惰的女儿——苦闷的魔爪。

由于种种浅薄的感情的影响，他急忙把下流无耻的谎言的甜蜜毒药塞满自己的大脑和心田。谎言公然教训他，说什么人除了像牲畜一样搭一个安乐窝，再没有别的出路。

但是思想是骄傲的，人对于她弥足珍贵——于是她同谎言展开了一场恶战，而战场就在人的心上。

思想像冤家对头那样追逐着人，像蛀虫那样不知疲倦地蚕食他的头脑；像干旱那样把他的心田变为一片荒漠，又像刽子手那样将他拷打。思想用对于真理的渴念，用对于严峻而睿智的生活真理的渴念，作为振奋精神的清凉剂，不讲情面地把他的心儿抓紧。那真理的成长虽然缓慢，但透过一片昏暗的迷雾却清晰可见，像一朵思想培育出来的火红的小花。

但是，倘若人已经被谎言毒害得不可救药，并忧郁地相信，世上最高的幸福莫过于脑满肠肥，最高的享受莫过于饱食终日、无所用心、坐享人间安乐，那么思想将悲哀地垂下翅膀，成为欣喜若狂的感情的俘虏，昏昏欲睡，让人听凭心去拨弄。

腐朽的庸俗，下贱的苦闷的女儿，犹如传播瘟疫的云雾，从四面八方朝人袭来，用刺鼻的灰色尘埃把他的头脑、心和眼睛蒙住。

倘若没有骄傲和思想，人将不成其为人，他自身的弱点会使他蜕化为禽兽……但是，一旦怒火燃烧，把思想唤醒，人就会独自穿过犹如荆棘丛生的累累错误，只身冲进灼人的多如星火的疑虑，踏着旧真理的瓦砾，继续前进！

庄严、高傲、自由的人，勇敢地正视真理，对自己的怀疑说道："你说我软弱无力，认识有限，这是一派胡言！我的认识在发展！我知道、看见并感觉到认识在我身上发展，我根据痛苦的轻重程度去探测我的认识的增长，如果认识没有增长，我就不会比从前更感到痛苦……

"但是，我每前进一步，我的需求就更多，感受更多，我的见识也更加深广，我的愿望的迅速增长，意味着我的认识在茁壮成长！现在我的认识好比点点星火，那又算得了什么？点点星火可以燎原！将来，我就是照彻黑暗宇宙的熊熊烈焰！而我的使命就是要照亮整个世界，融化世上无数的神秘之谜，达到我和世界之间的和谐，创造我自己内心的和谐。我要把人间照亮，而人间的生活乌七八糟、痛苦万状，布满了不幸、屈辱、痛苦和憎恨，犹如布满了疥疮，我要把人间一切可恶的垃圾统统扫进往日的墓穴！

"各种谬误与过错，犹如一条条绳索，把惊慌失措的人们拴在一起，把他们变成了鲜血淋漓、令人厌恶、互相吞食的野兽，我的使命就是要解开这些绳索！

"思想创造了我，为的是掀翻、摧毁、踏碎一切陈腐、狭隘、肮脏和丑恶的东西，在思想锻造出来的自由、美和对人的尊重的坚固基础上创造新的一切！

"我是苟且偷安、无所作为的死敌，我要让每一个人都成为大写的人！一部分人默默无闻地从事不胜任的奴隶劳动，完全是为了让另一部分人尽情享用面包和各种精神财富，这种生活毫无意义，可耻而又可恶！

"让一切偏见、成见和习惯都见鬼去吧，它们像黏滞的蜘蛛网，缠绕着人们的头脑和生活。它们妨碍生活，强奸人们的意志，我一定要把它们铲除！

"我的武器是思想，而且坚信思想自由、思想不朽以及思想的创造能力永远不断增长——这就是我的力量取之不尽的源泉！

"对我来说，思想是黑暗生活中唯一不会欺骗我的永恒灯塔，是世上无数可耻谬误中的一点灯火。我看见火越燃越旺，逐步把无数秘密彻底照亮，我跟随着思想，在她永不衰竭的光芒照耀下前进，不断向上！迈步向前！

"不论在人间还是在天上，没有思想攻克不了的堡垒，也没有思想震撼不了的圣物！思想创造一切，这就使她拥有神圣而不可剥夺的权力，去摧毁可能妨碍她自由生长的一切。

“我平静地认识到偏见是种种旧真理的外壳，思想一度创造了旧的真理，正是思想的火焰又把它们烧成了灰烬，如今盘旋在生活之上的重重谬误，都是旧真理的灰烬中的产物。

“我还认识到，胜利者并非摘取胜利果实的人，而仅仅是固守在战场上的人……

“我认为生活的意义在于创造，而创造是独立自在而且无穷无尽的！我要前进，要燃烧得更加明亮，更彻底地驱散生活中的黑暗，而牺牲就是对我的褒奖。

“我不需要别的褒奖。我认为，权力是可耻而乏味的，财富是沉重而愚昧的，荣誉是一种偏见，它们来自人们不善于珍重自己，来自人们卑躬屈膝的奴隶习性。

“怀疑？你们不过是思想迸出的火花而已。为了考验自己，思想才用剩余的力量生育你们，并用自己的力量把你们抚养！

“总有一天，我的感情世界将同我永生的思想在我脑中汇合成一团巨大的创造性的火焰，我将用火焰把灵魂里一切黑暗、残暴与凶恶的东西烧光。我将同我的思想已经创造出来和现在创造的神灵一模一样。

“一切在于人，一切为了人！”

于是，他威严而自由地高昂着骄傲的头颅，重新迈开从容而坚定的步伐，踏着已化为灰烬的陈腐偏见，独自在种种谬误构成的灰白色的迷雾里前进。他身后是沉重的乌云般的旧日的灰尘，而前面则是漠然等待着他的无数的谜。它们像太空的繁星不计其数，人的道路也永无止境！

斗志昂扬的人就这样迈步向前！不断向上！永远向前！不断向上！

蜉　蝣

——人生的一个象征

◇[美]富兰克林　夏济安 / 译

我亲爱的朋友，上次在芍丽磨坊举行游园会的那天，我们玩得很痛快。那天良辰美景，到会者各个是风雅仕女。可是你也许还记得，我们在散步的时候，我曾经在路上停留一会儿，落在大家后面。原因是园里有很多蜉蝣的残尸——所谓蜉蝣，是苍蝇一类的小昆虫——有人指给我们看了；而且据说，它们的寿命很短，一天之内，生生死死好几代就过去了。我听后，信步走去，在一片树叶上面，发现了这种小虫有一群之多。它们似乎在讨论什么东西——你知道我是善知虫语的；我和你往来这么久，可是你们贵国美妙的语言我学来学去，始终进步很小，我如何能替自己解嘲呢？只好说我研究虫语用心过度了。现在这些小虫在举行辩论，我好奇心动，不免凑上前去偷听一番。可是虫虽小，它们的心却大，开起口来，都是三四个一起来的，因此听起来很不清楚。偶尔断断续续也可听清一两句，原来它们正在热烈讨论两位外国音乐家的优劣——哪两位？一位是蚋先生，一位是蚊先生。讨论得非常热烈，它们似乎忘记了“昆虫”生命的短促，好像很有把握可以活满一个月似的。你们多快乐呀，我这么想，你们的政府一定是贤明公正，宽仁待民的，你们没有牢骚可发，你们也用不着闹党派斗争，你们竟有闲情逸致在这里讨论外国音乐的优劣。我转过头来，看见另一片树叶上有一头白发的老蜉蝣，它正在自言自语。我听得很有趣，因此把它笔录下来。我的好朋友的深情厚意，我已领受很多，她的清风明月的风度，她的妙音雅奏，一向使我倾倒不已，我这一段笔记，无非博她一粲，聊作报答而已。

老蜉蝣说道：“我们的哲学家，在很久很久以前，以为我们这个宇宙(即是所谓芍丽磨坊)，其寿命不会超过18个小时的。我想这话不无道理，因为自然界芸芸众生，无不依赖太阳为生，但是太阳正在自东向西移动，就在我的这一生，很明显太阳已经落得很低，快要沉到我们地球尽处的海洋里去了。太阳西沉，为大地周围的海洋所吞，世界变成一片寒冷黑暗，一切生命无疑都将灭亡，地球归于毁灭。地球的寿命一共18个小时，我已经活了7个小时了，说起来时间也真不少，足足有420分钟呢！

“我们之中有几个能够如此尽享高寿的呢？我看见好几代蜉蝣出生，长大，最后又死去。我现在的朋友只是些我青年时代朋友的子孙，可是他们本身，咳，现在都已不在‘虫世’了。我追随他们于地下的时候也不远了，因为现在我虽然仍旧步履矫健，但天下无不死之虫，我顶多也只能再活七八分钟而已。我现在还是辛辛苦苦地在这片树叶上搜集蜜露，可是这有什么用呢？我所收藏的我自己是吃不到了。回忆我这一生，为了我们这树丛里同胞的福利，我参加过多少次政治斗争；可是法律无道德配合，政治仍旧不能清明，因此为了增进全体蜉蝣类的智慧，我又研究过多少种哲学问题，‘道德唯微，中心唯危’，我们现在这一族蜉蝣必须随时谨慎警惕，否则一不小心，在几分钟之内，就可以变得像别的树丛里历史较为悠久的别族蜉蝣一样，道德沦亡，万劫不复！我们在哲学方面的成就又是多么渺小！呜呼，我生之有涯而知之无涯。我的朋友常常来安慰我，说我年高德劭，为蜉蝣中之大老，身后之名，必可流传千古。可是蜉蝣已死，还要身后名何用？何况到了第18小时的时候，整个芍丽磨坊都将毁灭，世界末日已临，还谈得上什么历史吗？”

我劳碌一生，别无乐趣，唯有想到世间众生，无分人虫，如能长寿而为公众谋福利者，这是可以引为自慰的；再则听听蜉蝣小姐、蜉蝣太太们的高谈阔论，或者偶然从那可爱的白夫人那里得到巧笑一顾，或者是清歌一曲，我的暮年也得到慰藉了。

我们生来都是旅人

◇[印度]泰戈尔　徐翰昭/译

我坐在路边写作，一时却想不出要写什么。

绿树掩映的路，路边是我的小屋，一束阳光从敞开的窗户走进来，伴着无忧树摇晃的身影站在我的面前，先是扑进我的怀里嬉戏，而后又溜到我的文稿上，临别前在这里留下金色的吻痕。

黎明绽露在我作品的周围。开满鲜花的原野，飘动浮云的太空，湿润的晨风，残留的睡意，在翻开的书页上流连，晨光的爱抚在我手迹周围像长春藤一样蔓延。川流不息的行人在我面前走过，晨光真诚地为他们祝福：祝你们一路顺风。鸟儿鸣唱着祈福的颂歌，象征希望的花朵在路旁竞相开放。即将启程的人们说：不必担心，没有什么可怕的。

苍茫浩翰的宇宙为人们的旅行高唱圣歌，太阳驾着光芒四射的火车在晴空驶过。整个世界仿佛在为天帝的出现而欢呼雀跃。微笑的黎明将臂膀伸向苍穹，为世界指引着通向未来的路。黎明是世界的慰藉与希望，是白昼的礼赞，每天为人间开启金碧辉煌的东方之门，送来天国的福音和润物的甘露。与此同时，天国里的奇花芳菲把凡间的鲜花唤醒。黎明是人世旅程的祝福，真心诚意的祝福。

世间过客的身影隐藏在我的作品中，他们忘却心中的喜怒哀乐，他们抛下生活的沉重负荷。他们的悲欢离合在我的字里行间萌芽，他们留下爱情，忘记曾经的歌。

除了爱,他们一无所有。他们爱脚下的路,爱踩过的路面,渴望留下自己的足迹。他们走过的路旁,盛开着神奇的鲜花,那是临行前洒下的泪水滋润的结果。他们爱同行的路人,因为爱是他们前进的动力,爱是消除旅途疲累的良药。人世间的美景如同母亲的慈爱一样伴随在他们身边,呼唤他们走出心境的黯淡,然后簇拥他们前行。

当爱情被囚禁的时候,旅人便会停止行程。当爱情被葬入坟墓的时候,旅人便成了立在坟前的墓碑。爱情不允许被幽禁,只允许被推着向前,如同船是被驾驶着航行一样。爱情的力量足以粉碎所有的羁绊,在伟大而崇高的爱情影响下,那些渺小的爱情会自动消退。

我倚在窗口望着行进的旅人,看他们开怀大笑,听他们悲伤啜泣。催人泪下的爱情让人为之感动,催发出笑颜的光华。欢笑,泪水,阳光,雨露,让我周围“美”的花园争奇斗艳。

真正的爱是不会让人永远流泪的。当一个人的离去使你潸然泪下时,爱情会把五个人送到你身边。爱情会对你说:细心观察吧,这些人绝对不比那个离去的人逊色。你泪眼滂沱,木然地坐着,甚至万念俱灭,无意继续人生的旅程。然而,你不会永远停留在死亡的身边,爱情最终会取胜,会指引你重新上路。

拂晓,满心喜悦的旅人动身前往远方,在漫长的旅途中如果他们没有爱,是不可能完成这次旅行的。因为他们爱路,所以每迈出一步都会感到快乐,所以才能不停地前进;因为他们爱路,所以每走一步便会产生错觉:已经获得的今后也许再也得不到了,因此便恋恋不舍、流连忘返。就这样,一边走一边获取,一边走一边遗忘,走一步消除一分忧愁。

起初,他们由于惶恐而啜泣。你看,母亲怀抱着婴儿走在人世的路上,是谁把母子联结在一起?是谁通过孩子引导着母亲?是谁把婴儿放在母亲怀里,让道路变得像卧房般温馨?是爱,是爱把母亲脚下的蒺藜变成了鲜花!

可是母亲为什么误解?为什么会认为孩子是她“无限”的终结呢?

漫长的旅途中,风景是那么的不同。在路的一侧,欢乐的孩子们像天使,他们的世界就像天国的乐园,那里有取之不尽的慈爱与抚慰。他们快活地争抢天上的月亮,到处荡漾着欢声笑语。但是,在路的另一侧,同样可爱的孩子却在无助地哭泣。疾病侵入他们的皮肤,损坏他们的肢体。野蛮的成人在不停地虐待他们,纤嫩的喉咙已经发不出声音,哭声消逝在喉咙里。

我们生来都是旅人,假如万能的天帝强迫我们在无尽头的路上跋涉,假如严酷的厄运攥着我们的头发向前拖拽,作为弱者我们又有什么办法呢?启程的时刻,我们听不到远处隐含危险的雷声,只能听见黎明幸福的承诺。我们不顾旅途中的危险和艰辛,我们怀着浓浓的爱心前进。虽然有时会忍受不了,但只要有爱从四面八方伸过手来,我们就有力量前行。让我们学会响应不倦的爱情的召唤,不陷入迷惘,不让惨烈的压迫用锁链将我们束缚!

我坐在络绎不绝的旅人旁边,听着他们的哀泣和欢声,渴望着,沉思着,深爱着。我对他们说:“我把爱作为旅费赠予你们,祝你们一路平安,因为行路的目的只有一个,那就是对于爱的需要。愿大家彼此奉献真爱,在人生的旅途中相互帮助。”

西西弗的神话

◇[法]阿尔贝·加缪

阿尔贝·加缪(1913~1960),法国哲学家、小说家、戏剧家、评论家,存在主义的主要代表之一。出生于阿尔及利亚。父亲在1914年一战时阵亡,母亲带他移居阿尔及尔贫民区,生活极为艰难。加缪靠奖学金读完中学,1933年起以半工半读的方式在阿尔及尔大学攻读哲学。主要作品有《局外人》、《鼠疫》,随笔《西西弗的神话》,剧本《正义者》,小说《堕落》和短篇小说集《流放和王国》等。1957年他成为历史上最年轻的诺贝尔文学奖得主。

加缪的基本思想在于他不仅指出了现实令人心酸、压抑、惨淡的一面,更在于他指出要面对各种矛盾的对峙坚持生活。因而加缪主张:明知世界冰冷,却要尽力地燃烧!他反对悲观与虚无,反对集权与暴力。他颂扬美,颂扬为了爱去忍受苦难。

诸神处罚西西弗不停地把一块巨石推上山顶,而石头由于自身的重量又滚下山去,诸神认为再也没有比进行这种无效无望的劳动更为严厉的惩罚了。

荷马说,西西弗是最终要死的人中最聪明最谨慎的人。但另有传说说他屈从于强盗生涯。我看不出其中有什么矛盾。各种说法的分歧在于是否要赋予这地狱中的无效劳动者的行为动机以价值。人们首先是以某种轻率的态度把他与诸神放在一起进行谴责,并历数他们的隐私。阿索玻斯的女儿埃癸娜被朱庇特劫走。父亲对女儿的失踪大为震惊并且怪罪于西西弗,深知内情的西西弗对阿索玻斯说,他可以告诉他女儿的消息,但必须以给柯兰特城堡供水为条件,他宁愿得到水的圣浴,而不是天火雷电。他因此被罚下地狱,荷马告诉我们西西弗曾经扼住过死神的喉咙。普洛托忍受不了地狱王国的荒凉寂寞,他催促战神把死神从其战胜者手中解放出来。

还有人说,西西弗在临死前冒失地要检验他妻子对他的爱情。他命令她把他的尸体扔在广场中央,不举行任何仪式。于是西西弗重堕地狱。他在地狱里对那恣意践踏人类之爱的行径十分愤慨。他获得普洛托的允诺重返人间以惩罚他的妻子。但当他又一次看到这大地的面貌,重新领略流水、阳光的抚爱,重新触摸那火热的石头、宽阔的大海的时候,他就再也不愿回到阴森的地狱中去了。冥王的诏令、气愤和警告都无济于事。他又在地球上生活了多年,面对起伏的山峦、奔腾的大海和大地的微笑他又生活了多年。诸神于是进行干涉。墨丘利跑来揪住这冒犯者的领子,把他从欢乐的生活中拉了出来,强行把他重新投入地狱,在那里,为惩罚他而设的巨石已准备就绪。

我们已经明白:西西弗是个荒谬的英雄。他之所以是荒谬的英雄,还因为他的激情和他所经受的磨难。他藐视神明,仇恨死亡,对生活充满激情,这必然使他受到难以用言语尽述的非人折磨:他以自己的整个身心致力于一种没有效果的事业。而这是为了对大地的无限热爱必须付出的代价。人们并没有谈到西西弗在地狱里的情况。创造这些神话是为了让人的想象使西西弗的形象栩栩如生。在西西弗身上,我们只能看到这样一幅图画:一个紧张的身体千百次地重复一个动作:搬动巨石,滚动它并把它推至山顶;我们看到的是一张痛苦扭曲的脸,看到的是紧贴在巨石上的面颊,那落满泥土、抖动的肩膀,沾满泥土的双脚,完全僵直的胳膊,以及那坚实的满是泥土的人的双手。经过被渺渺空间和永恒的时间限制着的努力之后,目的就达到了。西西弗于是看到巨石在几秒钟内又向着下面的世界滚下,而他则必须把这巨石重新推向山顶。他于是又向山下走去。

正是因为这种回复、停歇,我对西西弗产生了兴趣。这一张饱经磨难近似石头般坚硬的面孔已经自己化成了石头!我看到这个人以沉重而均匀的脚步走向那无尽的苦难。这个时刻就像一次呼吸那样短促,它的到来与西西弗的不幸一样是确定无疑的,这个时刻就是意识的时刻。在每一个这样的时刻中,他离开山顶并且逐渐地深入到诸神的巢穴中去,他超出了他自己的命运。他比他搬动的巨石还要坚硬。

如果说,这个神话是悲剧的,那是因为它的主人公是有意识的。若他行的每一步都依靠成功的希望所支持,那他的痛苦实际上又在那里呢?今天的工人终生都在劳动,终日完成的是同样的工作,这样的命运并非不比西西弗的命运荒谬。但是,这种命运只有在工人变得有意识的偶然时刻才是悲剧性的。西西弗,这诸神中的无产者,这进行无效劳役而又进行反叛的无产者,他完全清楚自己所处的悲惨境地:在他下山时,他想到的正是这悲惨的境地。造成西西弗痛苦的清醒意识同时也就造就了他的胜利。不存在不通过蔑视而自我超越的命运。

如果西西弗下山推石在某些天里是痛苦地进行着的,那么这个工作也可以在欢乐中进行。这并不是言过其实。我还想象西西弗又回头走向他的巨石,痛苦又重新开始。当对大地的想象过于着重于回忆,当对幸福的憧憬过于急切,那痛苦就在人的心灵深处升起:这就是巨石的胜利,这就是巨石本身。巨大的悲痛是难以承担的重负。这就是我们的客西马尼之夜。但是,雄辩的真理一旦被认识就会衰竭。因此,俄狄浦斯不知不觉首先屈从命运。而一旦他明白了一切,他的悲剧就开始了。与此同时,两眼失明而又丧失希望的俄狄浦斯认识到,他与世界之间的唯一联系就是一个年轻姑娘鲜润的手。他于是毫无顾忌地发出这样震撼人心的声音:"尽管我历尽艰难困苦,但我年逾不惑,我的灵魂深邃伟大,因而我认为我是幸福的。"索福克勒斯的俄狄浦斯与陀思妥耶夫斯基的基里洛夫都提出了荒谬胜利的法则。先贤的智慧与现代英雄主义汇合了。

人们要发现荒谬,就不能不想到要写某种有关幸福的教材。"哎,什么!就凭这些如此狭窄的道路……"但是,世界只有一个。幸福与荒谬是同一大地的两产儿。若说幸福一定是从荒谬的发现中产生的,那可能是错误的。因为荒谬的感情还很可能产生于幸福。"我认为我是幸福的",俄狄浦斯说,而这种说法是神圣的。它回响在人的疯狂而又有限的世界之中。它告诫人们一切都还没有也从没有被穷尽过。它把一个上帝从世界中驱逐出去,这个上帝是怀着不满足的心理以及对无效痛苦的偏好而进入人间的。它还把命运改造成为一件应该在人们之中得到安排的人的事情。

西西弗无声的全部快乐就在于此。他的命运是属于他的。他的岩石是他的事情。同样,当荒谬的人深思他的痛苦时,他就使一切偶像哑然失声。在这突然重又沉默的世界中,大地升起千万个美妙细小的声音。无意识的、秘密的召唤,一切面貌提出的要求,这些都是胜利必不可少的对立面和应付的代价。不存在无阴影的太阳,而且必须认识黑夜。荒谬的人说"是",但他的努力永不停息。如果有一种个人的命运,就不会有更高的命运,或至少可以说,只有一种被人看做是宿命的和应受到蔑视的命运。此外,荒谬的人知道,他是自己生活的主人。在这微妙的时刻,人回归到自己的生活之中,西西弗回身走向巨石,他静观这一系列没有关联而又变成他自己命运的行动,他的命运是他自己创造的,是在他的记忆的注视下聚合而又马上会被他的死亡固定的命运。

因此，盲人从一开始就坚信一切人的东西都源于人道主义，就像盲人渴望看见而又知道黑夜是无穷尽的一样，西西弗永远行进。而巨石仍在滚动着。

我把西西弗留在山脚下！我们总是看到他身上的重负。而西西弗告诉我们，最高的虔诚是否认诸神并且搬掉石头。他也认为自己是幸福的。这个从此没有主宰的世界对他来讲既不是荒漠，也不是沃土。这块巨石上的每一颗粒，这黑黝黝的高山上的每一颗矿砂唯有对西西弗才形成一个世界。他爬上山顶所要进行的斗争本身就足以使一个人心里感到充实。应该认为，西西弗是幸福的。

人生的不同阶段

◇[德]叔本华　梁红梅/译

我们年轻时，总是幻想着能有伟大的人物和重大的事件出现在生活中，看着他们在鼓点与号角的伴随下隆重登场；然而到了老年，我们回首来时路，却发现他们都静静地睡着，根本没有人会注意到他们。

任何人只要过了40岁，就很难摆脱愤世嫉俗的通病，这是非常自然的事。人们都喜欢站在自己的立场和角度去探究他人的性格和内心，因此很容易得到令人失望的结果。他所得到的结论是人不如己，有的是思维不如己，有的是激情不如己，有的甚至在两方面都远远落在自己的后面。因此，他不愿意再同其他人来往。如此一来，人们不是变得孤独，就是变得仇恨孤独，以此作为自己的伴侣，甚至达到顾影自怜的地步，偏激地认为自己身上全部都是过人之处。

我们年轻的时候之所以充满活力和欢乐，其部分原因在于我们站在人生的峰巅之上，无法看到横亘在山脚下的死神。当我们跨过山峦之后，就会真实地看到原来只是道听途说的死神的身影，我们身上原本无所畏惧的豪情顿时消退，精神突然为之消沉。与此同时，悲凉忧郁的情绪渐渐替代了年少气盛的狂妄，而且会慢慢在我们的面庞上留下痕迹。

我们年轻的时候，往往视生命为无尽的长河，毫无节制地消耗着大好的光阴；当我们越来越老的时候，才开始节省地使用时间。人们对晚年时光消逝的感受，与正在一步一步走向断头台的死囚的感受非常相同。

从年轻人的角度看，生活如同一个无穷无尽的非常遥远的未来；从老年人的角度看，生活却宛如一个非常短暂的往昔。一个人只有到了老年或者活到相当大的年岁，才可能领悟到人生是多么的短暂。我们年轻的时候，时间以它缓慢的步履前行，尤其是在生命第一个四分之一阶段，不仅是最幸福的同时也是最漫长的，在我们的记忆中留下了许多美好的印象。当我们追忆往事的时候，这期间所发生的事比后面两个阶段要多得多。这段生活好比一年之中的春天一样，日子变得难熬且漫长。

当生活即将结束之时，我们并不知道接下来将会发生什么，只是奇怪为什么此时才发觉生活是如此的短促呢？因为我们对这段生活的记忆非常之少，所以才显得时光短暂。生活中许多无关紧要的事，尤其是所经历的不幸都被我们忘掉了，因此剩下来的东西也就为数不多了，我们活得越长久，就越少考虑那些我们曾经认为很重要的、富有价值的事。时光不留任何痕迹地消逝着，就像航船离岸渐行渐远，岁月及所发生的一切事件，随着我们年岁的增长变得模糊起来。

青春年少之时，我们具有清晰的思维意识；年迈衰老之时，我们只剩下一半的意识。随着年龄的增长，意识会越来越迟钝，所经历的事物无法留下深刻的印象，就像一件艺术品被看过千百次后渐渐没有感受一样。我们每天都在做那些不得不做的事，做过之后往往不知道究竟做了些什么。

由于生活本身变得越来越无意识，当快要到达终点的时候，这个过程会越发加快。由于长时间养成的接受同一对象的习惯，智慧就像燃尽的蜡烛即将灰飞烟灭，任何事件所产生的效果会越来越小。由此看来，老年时光越发地无聊，而且越发短促。孩子们的一小时比老人的一整日都漫长，老年人的时光像一个下滑的圆球，在作加速度运动。

我们越年轻就越害怕无聊，儿童一刻也不闲着总是在玩耍，无论是游戏还是干活都可以，否则就会陷入可怕的无聊。青年人亦是如此。随着年龄的增长，无聊的日子逐渐减少。到了老年，时光短促、光阴似箭，在时光的飞逝中无聊也会消逝。我们一生的“最好时光”是在老态龙钟的时候，因为在老人心里对情感的追求减淡了，但人生的责任却远较青年为甚。

青年时代，直观的感受占优势；而在老年，反省的思索占主导。所以，青春是收获诗歌的季节，而老年则是收获哲学的岁月。同样，在现实生活领域，青年人由直观感受到的和体察到的东西所决定；而老年人，是由思维中的东西所决定的。

人生的前 40 年适于艺术创作，而后 30 年适宜写评论随感。

令人惊奇的是，直到生命即将结束时，我们才真正领悟到自身的价值，领悟到生活的目的，领悟到人生的目标，尤其领悟到我们和他人、我们和世界的关系。

到了老年，我们竭力避免着不幸的发生；而年轻时，我们却只能默默地忍受。青年是一个不安分的年岁,而老年则是一个休整的时节。

人越老,对人世间的名利之事看得越淡。

倘若我们身为老年,我们无疑要坦然面对死神;倘若我们是年轻人,我们将占有美好的生活。问题在于两者之中,哪一个更可怕;而且,从整体上看,生活本身并不意味着过去比本来更美好。就像《旧约》中所说:“死亡就是回到了出生以前。”

想要长命百岁的念头,无论如何都是不可能的。有一句西班牙谚语说得好:任何人活得越长,经历的邪恶也就越多。

人生像一首诗

◇林语堂

我想,用生物学的观点看起来,人生读来几乎像一首诗。它有其自己的韵律和拍子,也有其生长和腐坏的内在周期。它的开始就是天真烂漫的童年时期,接着便是粗拙的青春时期,粗拙的企图去适应成熟的社会,具有青年的热情和愚憨、理想和野心;后来达到一个活动很剧烈的成年时期,有经验获得利益,又由社会及人类天性上得到更多的经验;到中年的时候,紧张才稍微减轻,性格圆熟了,像水果的成熟或好酒的醇熟那样地圆熟了,对于人生渐渐抱了一种较宽容、较玩世,同时也较慈和的态度;以后便到了衰老的时候,内分泌减少它们的活动,如果我们对老年有一种真正的哲学观念,而照这种观念去调整我们的生活方式,那么,这个时期在我们的心目中便是和平、稳定、闲逸和满足的时期;最后,生命的火光熄灭了,一个人永远长眠不再醒了。

我们应该能够体验出这人生的韵律之美,应该能够像欣赏大交响曲那样,欣赏人生的主要题旨,欣赏它的冲突的旋律,以及最后的决定。这些周期的动作在正常的人生上是大同小异的,可是那音乐必须由个人自己去供给,在一些人的灵魂中,那个不调和的音符变得日益粗大,结果竟然把主要的曲调淹没了。那不调和的音符声响太大了,弄得音乐不能再继续演奏下去,于是那个人开枪自杀,或跳河自杀了。可是,那是因为他缺少一种良好的自我教育,弄得原来的主旋律被掩蔽了。如果不然的话,正常的人生便会保持着一种严肃的动作和行列，朝着正常的目标而迈进。在我们许多人之中，有时断音或激越之音太多，因为速度错误，所以音乐甚觉刺耳难听；我们也许应该有一些恒河的伟大音律和雄壮的音波，慢慢地永远地向着大海流去。

没有人会说一个有童年、壮年和老年的人生不是一个美满的人生。一天有上午、中午、日落之分，一年有四季之分，这办法是很好的。人生没有所谓的好坏之分，只有“什么东西在那一季节是好的”的问题。如果我们抱着这种生物学的人生观，而循着季节去生活，那么，除夜郎自大的呆子和无可救药的理想主义者之外，没有人会否认人生不能像一首歌那样地度过。莎士比亚曾在他关于人生七阶段那段文章里，把这个观点更明了地表现出来，许多中国作家也曾说过同样的话。莎士比亚永远不曾变成很虔敬的人，也不曾对宗教表示很大的关怀，这是奇怪的。我想这便是他伟大的地方。他在大体上把人生当做人生看，正如他不打扰他的戏剧的人物一样，他也不打扰世间一切事物的一般配置和组织。莎士比亚和大自然本身一样，这是我们对一位作家和思想家最大的称赞。他仅是活于世上，观察人生，最后跑开了。

生 与 死

◇[意]达·芬奇　芬　荣/译

列奥纳多·达·芬奇（1452~1519），意大利文艺复兴时期画家、科学家、工程师，是人类智慧的象征，意大利文艺复兴时期最负盛名的艺术大师。他不但是个大画家，同样还是一位未来学家、建筑师、数学家、音乐家、发明家、解剖学家、雕塑家、物理学家和机械工程师。他因自己高超的绘画技巧而闻名于世。著名作品有《蒙娜丽莎》、《维特鲁威人》、《莉妲和天鹅》、《受胎告知》、《最后的晚餐》、《圣母子与圣安娜》、《岩间圣母》等，重要著作有《绘画论》。

啊，你睡了。什么是睡眠？睡眠是死的形象。唔，为什么不让你的工作成为这样：死后你成为不朽的形象；好像活着的时候，你睡得成了不幸的死人。

每一种灾祸在记忆里留下悲哀，只有最大的灾祸——死亡不是这样，死亡把记忆和生命一股脑儿毁灭。

正像劳累的一天带来愉快的睡眠一样,勤劳的生命带来愉快的死亡。当我想到我正在学会如何去生活的时候,我已经学会如何去面对死亡了。

年岁飞逝,它偷偷地溜走,而且相继蒙混。再没有比时光易逝的了,但谁播种道德就收获荣誉。

废铁会生锈;死水会变得不清洁,在冷空气里还会冻结;懒惰甚至会逐渐毁坏头脑的活动力。

勤劳的生命是长久的。

河川之水,你所触到的前浪的浪尾也就是后浪的浪头;因此,对于时间,要珍惜现在。

人们错误地痛惜时间的飞逝,抱怨它去得太快,看不到这一段时期并不短暂;而自然所赋予我们的好记忆使过去已久的事情如同就在眼前。我们的判断,不能按照事情的精确的顺序推断不同时期所要过去的事情,因为发生在许多年前的许多事情和现在仿佛是密切关联的,目前的许多事情到我们后辈的遥远年代将视为邈古。对眼睛来说也是如此,远处的东西被太阳光所照的时候仿佛就近在眼前,而眼前的东西却仿佛很远。

啊,时间,你销蚀万物!啊,嫉妒的年岁,你摧毁万物,而且用坚利的牙齿吞噬万物,一点一点地、慢慢地叫它们死亡!海伦,当她照着镜子,看到老年在她脸上留下憔悴的皱纹时,她哭泣了,而且情不自禁地想到,为什么她竟被两次带走?

啊,时间,你耗蚀万物!啊,嫉妒的年岁,万物因你而消逝!

人生的意义

◇[日]汤川秀树

汤川秀树(1907~1981),日本物理学家。1938年,获大阪大学哲学博士学位。1932年起,先后在京都大学、大阪大学、东京大学担任讲师、教授等。1948年受聘为美国普林斯顿高级研究院客座教授,1949~1951年任哥伦比亚大学教授。1953~1970年任京都大学基础物理学研究所首任所长。1949年由于其核力理论荣获诺贝尔物理学奖。汤川理论推动了介子物理学的发展。他的成就促成了日本物理学的发展,例如他1942年《论场论的基础》一文启发了朝永振一郎提出重正化理论。他领导的研究所成了生物物理学和宇宙学等新学科的中心。他还积极参加了反对核武器的世界和平运动。

同学们都很年轻,你们面前有着广阔的前途。平均起来你们今后将有60年左右的寿命,也就是说,你们将跨过20世纪进入21世纪。在这个时期里,世界将会发生什么变化呢?回忆一下20世纪前半叶的60年代中期,世界上发生了显著的变化,由此可以想象到未来的五六十年中也将产生难以估量的巨大飞跃。

究竟人世间演变的起因何在?当然,不难想象有地震、台风、洪水等自然因素造成的变迁。不过,这种自然因素的影响只是暂时的,尽管是重大事件也决不会产生永久性的影响。从长远来看,可以说主要的还是人类的所作所为带来了世界的变化。

以交通的发达为例,现在汽车、飞机的数量大增,速度加快,再加上通讯事业迅速发展,电话、广播、电视也已经普及,这些都为世界带来了不少变化。诸如此类的变化今后还会应时而生、层出不尽。

若考究一下发生这些变化的原因,就会发现:最大的因素是人类知识、技术的进步。简而言之,即科学的进步引起了世界的变化。众所周知科学是人类创造、思维的结晶,是人们在有生之年辛勤工作的点滴积累。不光科学,人类还有许多其他活动也推动了社会的发展。关键问题是今后的世界还将由活着的人们奋斗不息地发展下去。

因此,我希望同学们深刻认识到,你们自己也是这活着的人群中的一员。如果有人认为:我的力量微不足道,根本不可能去改变一个世界。所以自己除了顺应社会趋势,随波逐流,别无所能。这种想法是极端错误的。因为尽管每个人的力量是十分微薄的,但是不能否认正是这些个人不懈努力的结果,才使社会得以发展、变化。

但是变化本身也有多种多样,究竟朝什么方向演变才好,这又是一个问题。我们应当努力设法使世界朝着光明的道路发展,而不要走向其相反的方向。要下定决心为把世界逐步引向光明的道路,而贡献自己微薄的力量——不光有决心,更要采取实际行动。我们应当认识到这样生活才是真正有意义的。

为了建设好这个世界,应当采取什么方法来贡献自己的力量呢?不用说,那是因人而异的。即使定下了今后努力的目标,选择出适当的道路,并已开始在这条道路上前进，也未必能够获得成功，或许会以失败而告终。究竟成功与否，谁也无法预测，不可能先知先觉。我相信只要努力就有成功的希望，从而竭尽全力去干，这便体现了人生在世的真正价值。

人们常说，现在的年轻人比起前人现实多了。也就是说他们开始关心将来，想方设法使自己的晚年过得更加舒适。这种考虑也许是人之常情，未必是坏事。但是如果青年人一味考虑个人生活的安逸，未免令人失望。而且，如果他们以为未来和现实不会有多大差异，因而只是考虑在眼前这个圈子里，如何生活得更好，那就不仅是令人失望，而且是幼稚可笑的。

有人以为："别人都考某某大学，所以我也要进某某大学。""要是能进某某公司工作，将来生活就有保障。为了能进某某公司，大概先进某某大学比较合适。"这类消极的想法如果充斥于青年人的头脑，前景会是什么样子呢？

如果日本全国都是这样的青年集合在一起，会有什么结果呢？到那时日本人在这个地球上将变得十分渺小，失去影响。不仅如此，在日益激烈的国际竞争中——特别是创造文化价值的竞争中，日本将成为十足的落伍者。这样下去，日本人的个人生活也会在精神和物质方面双双遭到破产。

本来，在现实或将来的社会里，每一个个人的问题与社会全体的问题，推而广之和全世界的问题，是绝对不能分割的。由此可以懂得前面所说的"现实主义态度"，或者用个贬义词，叫做利己主义的生活态度，它乍看起来似乎稳妥可靠，实际并非如此。青年中至少应有一部分人能够立志摆脱个人打算，怀着崇高的理想向前迈进。如果连这一点也做不到，那么日本也好，世界也好，便不会朝着进步的方向发展。这种结局所带来的恶果又将会反过来影响到每一个个人，给人们带来巨大的不幸。

前面我已讲过，抱有崇高理想前进的人，即便不能获得完全成功，那种生活也具有重大意义。我认为觉悟到生活的意义而活在世上才是真正的现实主义的生活方式。

呼吸英雄的气息

◇[法]罗曼·罗兰　傅　雷/译

罗曼·罗兰(1866~1944),法国作家、音乐评论家、社会活动家。生于法国克拉姆西。1899年毕业于法国巴黎高等师范学校,取得中学教师终身职位资格。其后入罗马法国考古学校当研究生。归国后在巴黎高等师范学校和巴黎大学讲授艺术史,并从事文艺创作,写了7个剧本,以历史上的英雄事件为题材,试图以"革命戏剧"对抗陈腐的戏剧艺术。20世纪初连续写了《贝多芬传》、《米开朗琪罗传》、《托尔斯泰传》等名人传记,并发表长篇小说《约翰·克利斯朵夫》,该小说于1913年获法兰西学院文学奖金,由此被认为是法国当代最重要的作家。1915年,为了表彰"他的文学作品中的高尚理想和他在描绘各种不同类型人物所具有的同情和对真理的热爱",被授予诺贝尔文学奖。

我们周围的空气多沉重。老大的欧罗巴在重浊与腐败的气氛中昏迷不醒,鄙俗的物质主义镇压着思想,阻挠着政府与个人的行动,社会在乖巧卑下的自私自利中窒息而死,人类喘不过气来——打开窗子吧！让自由的空气重新进来,呼吸一下英雄们的气息。

人生是艰苦的,在不甘于平庸凡俗的人,那是一场无止无休的奋争,往往是悲惨的,没有光华的,没有幸福的,在孤独与静寂中展开的斗争。贫穷、日常的顾虑、沉重与愚蠢的劳作,压在他们身上,无益地消耗着他们的精力,没有希望,没有一道欢乐之光,大多数还彼此隔离着,连对患难中的弟兄们一援手的安慰都没有,他们不知道彼此的存在。他们只能依靠自己,可是有时连最强的人都不免在苦难中蹉跎。他们求助,求一个朋友。

为了援助他们,我才在他们周围集合一班英雄的友人,一班为了善而受苦的伟大的心灵。这些"名人传"不是向野心家的骄傲申说的,而是献给受难者的。并且实际上谁又不是受难者呢？让我们把神圣的苦痛的油膏献给苦痛的人吧！我们在战斗中不是孤军。世界的黑暗，受着神光烛照，即使今日在我们近旁，我们也看到闪耀着两朵最纯洁的火焰，正义与自由：毕加大佐和蒲尔民族。即使他们不曾把浓密的黑暗一扫而空，至少他们在一闪之下已给我们指点了大路。跟着他们走吧，跟着那些散在各个国家、各个时代、孤独奋斗的人走吧。让我们来摧毁时间的阻隔，使英雄的种族再生。

我们称为英雄的，并非以思想或强力称雄的人，而只是靠心灵而伟大的人。好似他们之中最伟大的一个，就是我们要叙述他的生涯的人所说的："除了仁慈以外，我不承认还有什么优越的标记。"没有伟大的品格，就没有伟大的人，甚至没有伟大的艺术家，伟大的行动者。所有的只是些空虚的偶像，匹配下贱的群众的，时间会把他们一齐摧毁。成败又有什么相干？主要是成为伟大，而非显得伟大。

这些传记中人的生涯，几乎都是一种长期的受难。或是悲惨的命运，把他们的灵魂在肉体与精神的苦难中磨折，在贫穷与疾病的铁砧上锻炼；或是，目击同胞受着无名的羞辱与劫难，而生活为之戕害，内心为之碎裂，他们永远过着磨难的日子，他们固然由于毅力而成为伟大，可是也由于灾患而成为伟大。所以不幸的人啊！切勿过于怨叹，人类中最优秀的和你们同在。汲取他们的勇气做我们的养料吧；倘使我们太弱，就把我们的头枕在他们的膝上休息一会儿吧。他们会安慰我们。在这些神圣的心灵中，有一股清明的力和强烈的爱像激流一般飞涌出来。甚至毋须探询他们的作品或倾听他们的声音，就在他们的眼里，就在他们的行述里即可看到生命从没像处于患难时那么伟大、那么丰满、那么幸福。

在此英雄的队伍内，我把首席给予坚强与纯洁的贝多芬。他在痛苦中间却曾祝望他的榜样能支持别的受难者，"但愿不幸的人，看到一个与他同样不幸的遭难者，不顾自然的阻碍，竭尽所能地成为一个不愧为人的人，而能借以自慰。"经过了多少年超人的斗争与努力，克服了他的苦难，完成了他所谓"向可怜的人类吹嘘勇气"的大业之后，这位胜利的普罗米修斯，回答一个向他提及上帝的朋友时说道："噢，人啊，你当自助！"

我们对他这句豪语应当有所感悟，依着他的先例，我们应当重新鼓起对生命对人类的信仰！

两种看待人生的方法

◇朱光潜

朱光潜(1897~1986),中国现代美学家。安徽省桐城人。1925年先后赴英国、法国研习心理学、哲学和艺术史,获博士学位。回国后,先后在北京大学、四川大学、武汉大学任教,曾任中华全国美学学会名誉会长。他在20世纪30~40年代期间认为,在美感经验中,心所以呈现于心者只是直觉,物所以接物者只是形象,因此美感的态度与科学的和实用的态度不同,它不涉及概念、实用等,只是聚精会神地对于一个物孤立绝缘的意象的观赏。1950年以后提出主客观统一说,认为美必须以客观事物作为物的形象,然后提美。60年代,他强调马克思主义的实践观点,把主观视为实践的主体"人",认为客观世界和主观能动性统一于实践。主要著作有《文艺心理学》、《谈美》、《西方美学史》、《悲剧心理学》等,译著有黑格尔《美学》、莱辛《拉奥孔》、柏拉图《文艺对话录》、克罗奇《美学原理》、维科《新科学》等。

我有两种看待人生的方法。在第一种方法里,我把自己摆在前台,和世界一切人和物在一块玩把戏;在第二种方法里,我把自己摆在后台,袖手看旁人在那儿装腔作势。

站在前台时,我把我自己看得和旁人一样,不但和旁人一样,而且和鸟兽虫鱼诸物类也都一样。人类比其他物类痛苦,就因为人类把自己看得比其他物类重要。人类中有一部分人比其他的人痛苦,就因为这一部分人把自己比其余的人看得更重要。比方穿衣吃饭是多么简单的事,然而在这个世界里居然成为一个极重要的问题,就因为有一部分人要亏人自肥。再比方生死,这又是多么简单的事,无量数人和无量熟物都已生过来死过去了。一个小虫让车轮压死了,或者一朵鲜花让狂风吹落了,在虫和花自己都决不值得计较或留恋,而在人类则生老病死以后偏要加上一个苦字。这无非是因为人们希望造物真宰待他们自己应该比草木虫鱼特别优厚。

因为如此着想，我把自己看做草木虫鱼的侪辈，草木虫鱼在和风甘露中是那样活着，在严暑寒冬中也还是那样活着。像庄子所说的，它们“诱然皆生，而不知其所以生；同焉皆得，而不知其所以得”。它们是而戾无跃渊，欣欣向荣，时而含葩敛翅，晏然蛰处，都顺着自然所赋予的那一副本性。它们决不计较生活应该是如何，决不追究生活是为着什么，也决不埋怨上天待它们特薄，把它们供人类宰割凌虐。在它们说，生活自身就是方法，生活自身也就是目的。

以上是我站在台前对人生的态度。但是我平时很喜欢站在后台看人生。许多人把人生看做只有善恶分别的，所以他们的态度不是留恋就是厌恶。我站在后台时把人和物也一律看待，我看西施、嫫母、秦桧、岳飞也和我看八哥、鹦鹉、甘草、黄连一样，我看匠人盖屋也和我看鸟鹊营巢、蚂蚁打洞一样，我看战争也和我看斗鸡一样，我看恋爱也和我看雄蜻蜓追雌蜻蜓一样。我只觉得对着这些纷纭扰攘的人和物，好比看图画，好比看小说，件件都很有趣味。

这些有趣的人和物之中自然也有一个分别。有些有趣味，是因为它们带有很浓厚的喜剧成分；有些有趣味，是因为它们带有很深刻的悲剧成分。

我有时看到人生的喜剧。前天遇见一个小外官，我的下巴光如也，和人说话时却常常用大拇指和食指在腮边捻一捻，像有胡须似的。他们说道是官气，我看到这种举动比看诙谐画还更有趣味。许多年前一位同事常常很气愤地向人说：“如果我是一个女子，我至少已接得一尺厚的求婚书了！”偏偏他不是女子，这已经是喜剧；何况他又麻又丑，纵然他幸而为女子，也决不会有求婚书的麻烦，而他却以此沾沾自喜，这总算得喜剧中之喜剧了。这件事和英国高尔司密的一段逸事一样有趣。他有一次陪几个女子在荷兰某一个桥上散步，看见桥上行人个个注意他同行的女子，而没有一个人睬他自己，便板起面孔很气愤地说：“哼，在别的地方也有人这样看我咧！”如此等类的事，我天天都见得着。在闲静寂寞的时候，我把这一类的小事件从记忆中召回来，寻思玩味，觉得比抽烟饮茶还更有味。老实说，例如这个世界中没有曹雪芹所描写的刘姥姥，没有吴敬梓所描写的严贡生，没有莫里哀所描写的达杜夫和夏白贡，生命便不值得留恋了。我感谢刘姥姥严贡生一流人物，更甚于我感谢钱塘的湖和匡庐的瀑。

其次，人生的悲剧尤其能使我惊心动魄。许多人因为人生多悲剧而悲观厌世，我却以为人生有价值正因其有悲剧。

悲剧也就是人生一种缺憾。它好比洪涛巨浪，令人在平凡中见出庄严，在黑暗中见出光彩。假如荆轲真正刺中秦始皇，林黛玉真正嫁了贾宝玉，也不过闹个平凡收场，哪得叫千载以后的人唏嘘赞叹？以李太白那样的天才，偏要和江淹戏弄笔墨，作了一篇《反恨赋》，和《上韩荆州书》一样庸俗无味。毛声山评《琵琶记》，说他有意要做《补天石》传奇十种，把古今几件悲剧都改个快活收场，他没有实行，总算是一件幸事。人生本来要有悲剧才能算人生，你偏要想把它一笔勾销，不说你勾销不去，就是勾销去了，人生反更索然寡趣。所以我无论站在前台或站在后台的，对于失败，对于罪孽，对于殃咎，都是用一副冷眼看待，都是用一个热心惊赞。

谈人生价值

◇[美]爱因斯坦

阿尔伯特·爱因斯坦(1879~1955)，出生于德国。现代物理学的开创者和奠基人。1900 年毕业于瑞士苏黎世联邦工业大学，毕业后在朋友的帮助下，在瑞士联邦专利局工作。曾任苏黎世大学、布拉格德意志大学及苏黎世工业大学教授。1913 年返回德国，任德国威廉皇家物理研究所所长、柏林大学教授，当选为普鲁士科学院院士。1933 年受希特勒迫害离开德国，定居美国。爱因斯坦在物理学的许多领域都有贡献，比如研究毛细现象、阐明布朗运动、建立狭义相对论并推广为广义相对论、提出光的量子概念，并以量子理论完满地解释光电效应、辐射过程、固体比热，发展了量子统计。于 1921 年获诺贝尔物理学奖。

一

1.我所了解的大自然是一个宏伟的架构，我们对它的理解是非常不完全的，这个架构会使有思想的人产生一种“谦卑”的情感。这是一种坦诚的宗教感情，与神秘主义是两回事。

2.在宇宙诸法则中存在着一种精神，它远超越于人类的精神之上，在它面前我们人类以微弱之力而感到藐小。就这样，对科学的追求导致了一种特殊的宗教感情。

3.驱动我从事科学研究的不是什么别的情感，而是一种无可阻挡的想要揭示自然界秘密的渴望。我的研究的真正目标是理论物理学体系的简化和统一。站在伟大神秘的宇宙面前，我们总像好奇的孩子。

二

1.只有当社会土壤疏松到足以使个人能力得到自由发展时,有价值的成就才会从人类社会中萌发。

2.学会从你的同胞的幸福和快乐中感到你自己的快乐,而不是从人与人可怕的争斗中寻找快乐。在我们人类能力所及的范围内满足所有人的愿望和需要,并达到人类相互关系的和谐和美好。

3.只有知识和技术不可能导致人类的幸福和尊严,人类有充分理由把提出高度道德标准和价值观的人放在发现客观真理的人之上。

4. 人们道德行为在今天可怕的堕落主要源于我们生活的机械化和非人性比,源于科学技术智慧发展的灾难性的副产品。

5.人类最重要的努力目标是争取我们行为和道德的结合。使道德成为生命力量,成为明确的意识,大概就是教育的最优先任务。

三

1.把你的大部分时间用于干些实事,用余下的时间来从事研究。在我看来,一个人把自己的内在追求同他的生计尽可能分割开来是最好不过的事情。

2.一个人应从事他有能力从事的工作来维持生计,只有当我们不对任何人负有义务时,我们才能在科学开拓中找到欢乐。

3.在灾难的年代里,我们必须尽力加以调整,以适应实际的需要,同时不放弃对精神和知识的热爱,不放弃学习和研究。

4.那些优秀高尚的人是孤独的,而且必然会是这样。正由于他们孤独,他们才享有自己环境的纯洁。

5.一个人只有以他全部的力量和精力致力于某一事业时,才能成为真正的大师。

责任·荣誉·国家

——向西点军校学生的演讲辞

◇[美]道格拉斯·麦克阿瑟

道格拉斯·麦克阿瑟(1880~1964),美国五星上将,曾任西点军校校长、美国陆军参谋长等职。第二次世界大战时期历任美国远东军司令、西南太平洋战区盟军最高司令;战后任驻日盟军最高司令和"联合国军"总司令等职。

今天早晨,当我离开旅馆时,看门人问我:"将军,您上哪儿去?"而当我回答"西点"时,他说:"那地方太美了。您以前去过那儿吗?"

听到这样的赞美,没有人会不深受感动,况且我从军已久,又如此地热爱军人。

这句话使我的心中充满了一种难以言表的情感。然而,这份奖赏首先不是为了表彰某个个人,而是为了象征一种伟大的道德准则——这片可爱的文明之邦和古老传统的守卫者的行为与品质的准则。那就是这枚大奖章的意义所在。在所有人眼里,对一切时代而言,这都是美国军人道德标准的一种体现。我会用这一方式溶合于一个如此崇高的理想,这唤起了我自豪而又谦卑的感觉——这一感觉将始终伴随我左右。

责任、荣誉、国家:这三个神圣的词庄严地宣示了你要成为怎样的人,你能成为怎样的人和你将成为怎样的人。它们是你的战斗口号,使你在即将失去勇气时鼓起勇气,你将失去信心时重拾信心,即将绝望时萌发希望。

遗憾的是,我既没有雄辩的言辞、诗意的想象,也不会用华丽的比喻来告诉你们这几个词的全部意义。

怀疑者们会说,它们只不过是几个词,一句口号,一个浮夸的短语而已。每一个迂腐的学究,每一个蛊惑民心的政客,每一个玩世不恭者,每一个伪君子,每一个惹是生非者,以及——我很遗憾地说——其他一些属于完全不同类型的人,都会企图贬低,甚至嘲笑和愚弄这几个词。

然而，这几个词却有下面的功用。它们能锻造你们的基本品质。它们为你们确立了成为国防卫士这一未来的使命。它们使你们无比坚强地认清自己的懦弱，无比勇敢地面对自己的胆怯。

它们教导你在面临失败时要保持自尊，不折不挠，而在成功时要谦卑而和逊；它们教导你不要以言代行；它们教导你不要追求安逸，而要勇敢面对困难和挑战带来的压力和刺激；它们教导你要学会在风浪中巍然屹立，但对失落者要寄予同情；它们教导你律人先律己；它们教导你要有纯洁的心灵，崇高的目标；它们教导你要学会笑，但切莫忘记怎样哭；它们教导你要面向未来，但切莫忽视过去；它们教导你要为人持重，但切莫自命不凡；它们教导你要谦虚，这样你就会铭记真正的伟大出于纯朴，真正的智慧出于开放的心襟，真正的强大出于温和。

它们赋予你坚韧的意志，丰富的想象，充满活力的感情，使你的人生深泉常澈，使你勇敢的秉性战胜怯懦，冒险的欲望压倒安逸的贪图。

它们在你的心中创造了一种奇迹感，创造了无穷无尽的希望，创造了生命的愉悦与灵感。它们就以这样一种方式教导你成为一名军官和一位君子。

……

现在你们面对着一个新世界，一个变革的世界。人造卫星和导弹进入了外层空间，这标志着在人类漫长的历史中又一个新纪元的开始。科学家们告诉我们，在地球形成的五十多亿年中，在人类发展的三十多亿年中，从未有过比这更突然、更惊人的演变。

……

通过所有这些交织在一起的变化和发展，你们的使命依然不变，依然坚定不移和不可违背。那就是去赢得战争的胜利。除此以外，在你们的职业生涯中，一切都只能是这一重要奉献的必然结果。一切其他的公共目的，一切其他的公共计划，一切其他的公共需要，无论重大还是渺小，都可以由其他人去完成；而你们则是训练有素的战士。

你们的职业就是战斗，你们的愿望就是取胜；你们明确地知道，在战争中，胜利是不可替代的；如果你们失败，国家就行将毁灭；你们的公务要求你们必须以责任、荣誉、国家为重。

……

我年事渐高，已到了人生的暮年。旧日的时光已经消失——已经失去了音调与色彩。它们已经在往事的梦境中悄然而去。这些回忆是非常美好的，是经过泪水浇灌，经过昨日微笑的爱怜与抚慰的。我徒然聆听着，但却渴望能听到隐约的起床号声那迷人的旋律，以及远方经久的“咚咚”作响的鼓声。

在梦中，我又听到了枪炮的“劈啪”声，火枪射击时发出的“哒哒”声，战场上古怪而悲哀的低语声。可是,在我记忆的黄昏中,我总是又回到了西点。在那里,总是回响着,反复地回响着:责任、荣誉、国家。

今天是我对你们的最后一次点名。但我希望你们知道,当我走向人生彼岸时,我最后的意识中一定还是部队、部队、部队。

再见!

人生三步骤

◇钱　穆

一

每个人的生命发展过程都应该有三个层次,或者说三个阶段。

第一阶段为生活。衣食住行的意义与价值是维持生命的存在。先讲讲食和衣。

所谓食前方丈,一丈见方的很多食品同颜渊的一箪食、一瓢饮,实质上没有什么区别。大布之衣、大帛之袍,同锦衣狐裘的作用也差不多。饮食为御饥渴,衣着为御寒冷。

同样,颜渊居陋巷,在贫民窟里;诸葛亮卧草庐,在一间茅草房里。从表面上看双方好像不一样,其实在生命的意义与价值上还是差不多的。

再讲到行。孔子出游一车两马,老子出函谷关只有一头牛,普通人就只好徒步跋涉。

今天科学发达,物质文明日新月异,我们的衣食住行同古代的人绝不相同,但从生命的意义与价值的角度看,衣还是衣,食还是食,住还是住,行还是行,生活还只处于第一阶段。

动植物亦有它们的生活,有它们维持生命的手段,所以生命的第一层次即生活方面比较接近自然。可以说人同其他动植物的生活相差得不太远。孟子的"人之异于禽兽者几希",即是此意。

进一步说,我们是为了维持我们的生命才有生活,并不是我们的生命就是为了生活。生活应该在外层,生命则在内部。生命是主,生活是从。生命是主人,生活是跟班,来帮主人的忙。

生命不是表现在生活上,应该另有作用。这就是我们要讲的生命发展过程中的第二个层次，即人的行为。换句话讲，人的生命价值应该体现在事业上。

二

我们来到这个世界上，不是只为吃饭、穿衣、住房子、行路的。除了衣食住行以外，我们应该还有人生的行为和事业，这才是人生的主体。

今天不少人工作都是为了谋生。为了解决衣食住行问题才谋一个职业，拿工作来满足自我生活需要。工作当然也可以说是一种行为，实际上应该有另一种更高尚的行为，按照古人所讲，就是修身齐家治国平天下。

一个人只要肯有所不为——不讲我不想讲的话、不做我不想做的事，不论他是大总统、大统帅、大企业家，还是农民、工人，从行为上讲都是平等的。他们的区别只是生活质量，但做人的精神是平等的。讲平等要从这种地方讲。如只从生活质量上看，人与人怎能平等呢？整个世界的人都不平等！

有的事富贵的人可以做，贫贱的人却不能做；有的事贫贱的人能做，富贵的人却不能做。只有我们讲的修身，这种精神行为，才是平等的、自由的。可见古人所谓的修身，到今天仍旧有意义有价值。再过上300年、3000年，这种意义与价值还会继续存在。

第二步是齐家。每个人都有一个家。父慈子孝，兄友弟恭，夫妇好合，这样的生活才有意义。

天下哪有完全大公无私的事呢？吃饭，一口一口吃，这是私的。穿衣，穿在我身上，也是私的。房子自己住，还是私的。哪有不私的事呢？

修身齐家不是个人主义，不能只讲自己。没有父母，你又是从哪里来的呢？修身齐家亦不是社会主义，身与家都有私。

修身齐家是一种行为道德，是公私兼顾的。尽自己的能力来修身齐家，这是你应该做的。我应该修身齐家，你也应该修身齐家，大家是平等的。

第三个层次就是治国平天下。

个人、家庭、国家是一体相通的。古人对人生看得很通达很透彻，才会有此想法。

一个人最多不过有100年的寿命，能活到八十九十的就很少了。过了100年，一个家里的人就完全换了，正所谓人生无常。

世界上各大宗教，无论耶稣教、回教，还是佛教都在讨论这个问题，唯有中国人不喜欢讨论此问题，中国人习惯在人生无常的现实下安下心来。

三

我们为什么要修身？为什么要齐家？为什么要杀身成仁舍生取义？现在讲到人生的第三个阶段了，这就是人生的归宿。

人生有开始，自然也该有个归宿。诸位在此听演讲，听完了，各人有各人的归宿，或者回宿舍，或者回家。我们的人生也该有个归宿。

中国人讲归宿同宗教的讲法不同。宗教说人死了灵魂上天堂或者下地狱。中国人不说对，亦不说不对，把此问题搁置不论。中国人讲人生的归宿在人性。

每个生物都有自己的天性。老鼠有老鼠的天性，小白兔有小白兔的天性，那么我们人呢？人和动物不同的地方就在于人的天性高过其他动物，不容易发现。不仅别人不知道，自己或许也不知道。人的一切行为都应合乎自己的天性。正所谓各有所好。

如我摆两个菜：一个鸡，一个鱼。你喜欢吃鸡还是吃鱼？一下就可以知道，这很简单。若你是学文学的，究竟喜欢诗歌还是散文，就不是一下就可以知道了。散文中，你喜欢韩文还是柳文，更不易知道。这些都该用些力气才知晓。人的其他行为也是如此。总之，人的行为要合乎自己的天性。

如能令自我天性得到满足，自会将安乐二字放在人生的最后归宿上。我天性就是这样，只有这样做，我才心安，才会感到快乐。

那么我请问诸位，我们的人生除了安与乐之外还有第三个要求吗？吃要吃得安，穿要穿得安，安是人生中第一个重要的字。安了才会乐。看看社会上大富大贵的人，或许他不安不乐，而极其贫贱的，或许反而安乐。

诸位应该争取富贵还是安于贫贱呢？富贵贫贱只是人生的一种境遇，而我们要的是安与乐。只要我们的行为合乎我们的天性，完全可以不问境遇自得其乐。

我们中国人常言德性。什么叫德？韩愈说："足于己，无待于外，之谓德。"可见德就是性。自己的内部本来就充足，不必讲外部条件。

譬如说喜欢，喜欢是人的天性，不需要外部条件。快乐亦是天性，不需要外部条件。哀伤也是。人遇到哀伤的事若不哀伤，便无法安乐。如父母死了，不哭你的心便不安，那还怎么安乐！怒也是人的天性。发怒得当，也会感觉内心安乐。

我不识一个字，但我也有喜怒哀乐。诸位看街上不识字的人多得很，或许他们的喜怒哀乐比我们更天真、更自然，发泄得更恰当、更圆满。人生的最后归宿就要归在德性上。性就是德，德就是性，古人亦谓之性命，我们要圆满地发展它。

表现出恰当而圆满的喜怒哀乐，可做别人的榜样与标准的，我们称其为圣人或天人。与天，与上帝，与大自然合一。人生若能达到这个阶段，就可以死而无憾了。

做人第一要讲生活，这是物质文明。第二要讲行为与事业，修身齐家治国平天下，这是人文精神。最高的人生哲学讲的则是德性。德性是个人的，同时也是古今人类共同的。人生的归宿也应在此。

一生的忠告

◇[英]查斯特菲尔德

现在是夯实你的人生基础的时候

我想让你知道的事太多，但是，没有一件事比现在要告诉你的更重要，那就是时间的宝贵与如何有效利用时间的方法。

以我的经验，要衡量一个人对时间的重要性知道多少，只需观察他利用时间的方法就足够了。而一个人对时间的重要性知道多少，则关系着他未来的人生走势。一个知道时间重要性的人和一个视时间如粪土的人相比，两者的人生差异也将会有天壤之别。在此，我只想谈谈对你未来漫长的一生影响极为重要的一个时期——你成年前的几年，应该做的事。

首先，我希望你在18岁以前，就能奠定知识的基础。因为在我看来，如果不在这一阶段储备足够的知识，你对未来的人生期望将难以如愿。在你年纪渐长以后，知识将可成为你休憩的港湾、避难的场所。在此，我不得不十分严肃地提醒你：浪费眼前的时间，会铸成一生的后悔！

还有一点要提醒你的是，年轻时如果没有打好学识的基础，到你上了一定年纪后，就会变成一个乏味的没有魅力的人。

同时我也很能理解，你偶尔也会对手中的书感到厌倦，对此我也没有他法，只能劝告你不妨这样去想：这是一条非走不可的路，现在多用功一小时，就可以早一小时到达目的地，早日获得自由。

为一件事痴迷是非常幸福的

在你学习时，希望别忘了我一再对你强调的那一点，那就是，当你在做事的时候，集中精神是最重要的。除了正在做的这件事之外，别的什么事情都不要想。不只是学习时需要如此，游戏时也是一样。我希望你游戏的时候能够和学习时一样认真。相反，如果你在这两种场合都不能认真地集中注意力，那么你不论做什么事情，都将会毫无进展，也无法从中获得丝毫的满足感。

一个人如果无法将所要关注的对象集中于心上，或者无法将不必集中的对象驱逐于脑外，这样的人不论做任何事都将一无所获，甚至连游戏时也无法尽兴地玩。

有很多人忙碌了一整天，到了临睡前回想起来，却一件事情也没有完成。这样的人即使读书读了两三个小时，所看到的也只是文字表面而已，所以事后回想起来，刚才到底念了哪些东西，却一点儿也想不起来，就更别提内容了。和别人在一起交谈时也一样，有的人有时会显露出自己丝毫没有积极参与的欲望。如果他不能仔细观察谈话的对象，当然也无法把握谈话的内容，这样的人在这种场合也当然会觉得自己和当时的场面毫无关系，甚至觉得很无聊。

我希望这样的情形不会发生在你身上。当你在和别人相处时，也应如你在读书时一样，一定要集中精神。读书时将注意力全部集中在所要阅读的内容里，让思想奔驰在书本的内容中。与人相处时，将注意力倾注在所见所闻里，这一点是非常重要的。如果你养成了集中精神的好习惯，你就会体会到，其实为一件事痴迷是非常幸福的。

你是否拥有一副独立思考的优秀头脑

你已经到了能够对事情深思熟虑的年龄。虽然，和你差不多年纪的年轻人，还很少有人能做到这一点，但我还是希望你能够养成对是非、事物都能深入思考的习惯。在有了这样一副头脑以后，再去追求真理，学习未被扭曲的正确知识。

要使自己有一副优秀的大脑，我提醒你的第一点是：不要被“看起来似乎理所当然的事”所迷惑。我对你的第二个提示是：对于头脑里冒出来的想法，首先要重新评估一下，它是否“真的是自己的意见”。虽然这需要花费较长的时间，但我还是希望你能养成用自己的头脑仔细思考事情的习惯。

“要是我早点儿开始用自己的判断就好了！”这是很多人到了一定年龄后的感叹。为了避免将来后悔，最好及早开始。当然，人的判断力不可能永远正确，或许也有失误的时候。能够弥补这种失误的，就是看书和与人交往。可是，也不能因过于相信这两者而囫囵吞枣。

麻烦的事情很多，“思考”尤其是多数人都想省掉的麻烦，但是我衷心盼望你绝对不可放弃思考。

人生是伟大的奇迹

◇雪　莱

人，就是生活；我们所感受的一切，即为宇宙。生活和宇宙是神奇的。然而，对万物的熟视无睹，犹如一层薄薄的雾，遮蔽了我们，使我们看不到自身的神奇。我们对人生倏忽不定的变幻赞叹不已，然而，它本身难道不正是伟大的奇迹？同人生相比，帝国兴衰、王朝更迭何足挂齿！同人生相比，宗教体系、政治体制的兴亡又何足轻重！同人生相比，我们所定居的星球的演变算得了什么？同人生相比，日月星辰的运转与归宿算得了什么？人生，这伟大的奇迹，我们叹为观止，只因你如此奇妙无比！我们姑且就让那薄薄的雾(我们对这层雾，既了如指掌，却又感到变幻叵测)，遮蔽我们的视线吧，否则，我们的惊异感会吞没，惊慑那引起惊异的客体！

什么是人生？我们的思想与情感有意识的或无意识的都会在脑海中涌现，而我们便运用言辞来表达它们，我们降临到世间，然而，呱呱坠地的时刻早已被我们淡忘，婴孩时代不过是记忆中破碎的残片。我们活下来了，可在生活中，我们失却了对生活的领悟。如果以为透过我们的言辞便能洞穿人生的秘密，这是何等狂妄自大！诚然，言辞倘若运用得当，的确能使我们明白自身的无知，不过仅此而已，而这已足人愿了！因为，我们无法回答，我们究竟是什么，我们来自何处，又欲往何方？降临世间是否即为存在之始，而死亡是否即为存在之终？诞生是什么？死亡又是什么呢？

希望在你们身上

◇季羡林

人类社会的进步,有如运动场上的接力赛。老年人跑第一棒,中年人跑第二棒,青年人跑第三棒。各有各的长度,各有各的任务,互相协调,共同努力,以期获得最后胜利。这里面并没有高低之分,而只有前后之别。老年人不必"倚老卖老",青年人也不必"倚少卖少"。老年人当然先走,青年人也会变老。如此循环往复,流转不息。这是宇宙和人世间的永恒规律,谁也改变不了一丝一毫。所谓社会的进步,就寓于其中。

中国古话说:"长江后浪推前浪,世上新人换旧人。"像我这样年届耄耋的老朽,当然已是"旧人"。我们可以说是已经交了棒,看你们年轻人奋勇向前了。但是我们虽无棒在手,也绝不会停下不走,"坐以待毙";我们仍然要焚膏继晷,献上自己的余力,跟中青年人同心协力,把我们国家的事情办好。

我说的这一番道理,迹近老生常谈,然而却是真理。人世间的真理都是明白易懂的。可是,芸芸众生,花花世界,浑浑噩噩者居多,而明明白白者实少。你们青年人感觉锐敏,英气蓬勃,首先应该认识这个真理。要想树立正确的人生观和价值观,也必须从这里开始。换句话说就是,要认清自己在人类社会进化的漫漫长河中的地位。人类的前途要由你们来决定,祖国的前途要由你们来创造。这就是你们青年人的责任。千万不要把人生观和价值观当做一个哲学命题来讨论,徒托空谈,无补实际。一切人生观和价值观,离开了这个责任感,都是空谈。

那么,我作为一个老人,要对你们说些什么座右铭呢?你们想要从我这里学些什么经验呢?我没有多少哲理,我也讨厌说些空话、废话、假话、大话。我一无灵丹妙药,二无锦囊妙计。我只有一点明白易懂简单朴素、迹近老生常谈又确实是真理的道理。我引一首宋代大儒朱子的诗:

少年易老学难成,
一寸光阴不可轻。

未觉池塘春草梦，
阶前梧叶已秋声。

明白易懂，用不着解释。这首诗的关键有二：一是要学习，二是要惜寸阴。朱子心目中的“学”，同我们的当然不会完全一样。这个道理也用不着多加解释，只要心里明白就行。至于爱惜光阴，更是易懂。然而真正能实行者，却不多见。

这就是一个耄耋老人对你们的肺腑之谈。

青年们，好自为之。世界是你们的。

不完满才是人生

◇季羡林

每个人都争取一个完满的人生。然而，自古及今，海内海外，一个百分之百完满的人生是没有的。所以我说，不完满才是人生。

关于这一点，古今的民间谚语，文人诗句，说到的很多很多，最常见的比如苏东坡的词：“人有悲欢离合，月有阴晴圆缺，此事古难全。”南宋方岳(根据吴小如先生考证)诗句：“不如意事常八九，可与人言无二三。”这都是我们时常引用的，脍炙人口的。类似的例子还能够举出成百上千来。

这种说法适用于一切人，旧社会的皇帝老爷子也包括在里面。他们君临天下，“率土之滨，莫非王土”，可以为所欲为，杀人灭族，小事一端，按理说，他们不应该有什么不如意的事。然而，实际上，王位继承，宫廷斗争，比民间残酷万倍。他们威仪俨然地坐在宝座上，如坐针毡。虽然捏造了“龙御上宾”这种神话，他们自己也并不相信。他们想方设法以求得长生不老，他们最怕“一旦魂断，宫车晚出”。连英主如汉武帝、唐太宗之辈也不能“免俗”。汉武帝造承露金盘，妄想饮仙露以长生；唐太宗服印度婆罗门的灵药，期望借此以不死。结果，事与愿违，仍然是“龙御上宾”呜呼哀哉了。

在这些皇帝手下的大臣们，“一人之下，万人之上”，权力极大，骄纵恣肆，贪赃枉法，无所不至。在这一类人中，好东西大概极少，否则包公和海瑞等决不会流芳千古,久垂宇宙了。可这些人到了皇帝跟前,只是一个奴才,常言道:伴君如伴虎,可见他们的日子并不好过。据说明朝的大臣上朝时在笏板上夹带一点儿鹤顶红,一旦皇恩浩荡,钦赐极刑,连忙用舌尖舔一点鹤顶红,立即涅槃,落得一个全尸。可见这一批人的日子也并不好过,谈不到什么完满的人生。

至于我辈平头老百姓,日子就更难过了。建国前后,不能说没有区别,可是一直到今天仍然是“不如意事常八九”。早晨在早市上被小贩“宰”了一刀;在公共汽车上被扒手割了包,踩了人一下,或者被人踩了一下,根本不会说“对不起”了,代之以对骂,或者甚至演出全武行;到了商店,难免买到假冒伪劣的商品,又得生一肚子气……谁能说,我们的人生多是完满的呢?

再说到我们这一批手无缚鸡之力的知识分子,在历史上一生中就难得过上几天好日子。只一个“考”字,就能让你谈“考”色变。“考”者,考试也。在旧社会科举时代,“千军万马独木桥”,要上进,只有科举一途,你只需读一读吴敬梓的《儒林外史》,就能淋漓尽致地了解到科举的情况。以周进和范进为代表的那一批举人进士,其窘态难道还不能让你胆战心惊,啼笑皆非吗?

现在我们运气好,得生于新社会中。然而那一个“考”字,宛如如来佛的手掌,你别想逃脱得了。幼儿园升小学,考;小学升初中,考;初中升高中,考;高中升大学,考;大学毕业想当硕士,考;硕士想当博士,考。考,考,考,变成烤,烤,烤;一直到知命之年,厄运仍然难免,现代知识分子落到这一张密而不漏的天网中,无所逃于天地之间,我们的人生还谈什么完满呢?

灾难并不限于知识分子:“人人有一本难念的经。”所以我说“不完满才是人生”。这是一个“平凡的真理”;但是真能了解其中的意义,对己对人都有好处。对己,可以不烦不躁;对人,可以互相谅解。这会大大地有利于整个社会的安定团结。

做人与处世

◇季羡林

一个人活在世界上,必须处理好三个关系:第一,人与大自然的关系;第二,人与人的关系,包括家庭关系在内;第三,个人心中思想与感情矛盾与平衡的关系。这三个关系，如果能处理得好，生活就能愉快；否则，生活就有苦恼。

人本来也是属于大自然范畴的。但是，人自从变成了“万物之灵”以后，就同大自然闹起独立来，有时竟成了大自然的对立面。人类的衣食住行所有的资料都取自大自然，我们向大自然索取是不可避免的。关键是怎样去索取？索取手段不出两途：一用和平手段，一用强制手段。我个人认为，东西文化之分野，就在这里。西方对待大自然的基本态度或指导思想是“征服自然”’用一句现成的套话来说，就是用处理敌我矛盾的方法来处理人与大自然的关系。结果呢，从表面上看上去，西方人是胜利了，大自然真的被他们征服了。自从西方产业革命以后，西方人屡创奇迹。楼上楼下，电灯电话。大至宇宙飞船，小至原子，无一不出自西方“征服者”之手。

然而，大自然的容忍是有限度的，它是能报复的，它是能惩罚的。报复或惩罚的结果，人皆见之，比如环境污染，生态失衡，臭氧层出洞，物种灭绝，人口爆炸，淡水资源匮乏，新疾病产生，如此等等，不一而足。这些弊端中哪一项不解决都能影响人类生存的前途。我并非危言耸听，现在全世界人民和政府都高呼环保，并采取措施。古人说：“失之东隅，收之桑榆。”犹未为晚。

中国或者东方对待大自然的态度或哲学基础是“天人合一”。宋人张载说得最简明扼要：“民吾同胞，物吾与也。”“与”的意思是伙伴。我们把大自然看作伙伴。可惜我们的行为没能跟上。在某种程度上，也采取了“征服自然”的办法，结果也受到了大自然的报复，前不久南北的大洪水不是很能发人深省吗？

至于人与人的关系，我的想法是：对待一切善良的人，不管是家属，还是朋友，都应该有一个两字箴言：一曰真，二曰忍。真者，以真情实意相待，不允许弄虚作假。对待坏人，则另当别论。忍者，相互容忍也。日子久了，难免有点儿磕磕碰碰。在这时候，头脑清醒的一方应该能够容忍。如果双方都不冷静，必致因小失大，后果不堪设想。唐朝张公艺的“百忍”是历史上有名的例子。

至于个人心中思想感情的矛盾，则多半起于私心杂念。解之之方，唯有消灭私心，学习诸葛亮的“淡泊以明志，宁静以致远”，庶几近之。

知识改变命运——知识篇

大学四年来你得来的知识，可助你在社会谋生，但未必可以令你懂得如何处世。只有你知道，你将会怎样运用头脑内的知识素材，转化为做人的智慧。生长与变化是一切生命的定律，昨天的答案未必适用于今天的问题，只有你的原则才是你生命导航的坐标，只有你的情操才是你鼓舞生命的力量。

——李嘉诚

我们的知识是有限的

◇[意]伽利略　刘黎亭/译

伽利略(1564~1642),意大利天文学家、物理学家。他是最早用望远镜观察天体的天文学家,也是日心说的早期支持者之一。他把科学实验和数学方法相结合用于力学研究,对现代科学思想的发展作出了重大贡献。1632年,他发表《关于两种世界体系的对话》,阐述了他对日心说的支持。次年完成的《两种新科学的对话》,概述了他早期的实验和对力学的研究。正是这些研究成果和思想,为以后牛顿力学的诞生奠定了基础。

基于长期的经验,我似乎发现,人们在认识事物时处于此种境地:知识愈浅薄的人,愈欲夸夸其谈;相反,学识丰富倒使人在判断某些新事物时,变得甚为优柔寡断。

从前有一人,生在一个人迹罕至的地方,但他天资颖慧,生性好奇。他喂养了许多鸟雀,饶有兴味地欣赏其啁啾,聊以自娱。他极为惊异地发现,那些鸟儿运用巧妙之技,借助呼吸之气,能随心所欲地叫出各种声音,皆好听极了。一日晚间,他在家听到附近传来一种声音,十分悠扬,遂臆断为一只小鸟,出去捕之。路上,遇见一位牧童,正在吹着一根木管,同时手指在上面按动着,忽而捂住某些孔眼,忽而放开,使木管发出了那种响声,宛然啫啫鸟语,不过发音方式迥然不同。他惊诧不已,并在好奇心驱使下,送给牧童一头牛犊,换取了那支笛子。他通过思索意识到:假使牧童未从此地路过,他将永远不会晓得,自然界有两种产生声音和乐音的方法。他决定离家出走,意欲经历一些其他奇事。

翌日,当他经过一幢茅舍时,听见里面响着一种乐音,为了弄清是支笛子还是只乌鸦,他信步而入。只见一少年,正用拿在右手的一根弓,拉着绷在左手持着的一只木匣子上的几条筋,同时指头在筋上移动着;根本不必吹气,那件乐器就发出了各种悦耳的声音。此时他有多么惊愕,凡是像他一样具有智慧和好奇心的人，都是可想而知的。他偶然见识了这两种意想不到的产生声音和乐音之新法后，遂开始相信自然界尚会存在其他方法。

然而又令他感到十分奇妙的是，当他走进一座圣殿时，为了瞧瞧刚才是谁在奏乐，便往门后看去，发觉音响是在开门之际产生自门枢和铰链。另外一次，他兴致勃勃地走进一家酒店，以为能看到某人在用弓轻轻触动小提琴的弦，但看见的却是有个人正用指尖，敲着一只杯子的杯口，使其发出清脆的响声。可当他后来观察到，黄蜂、蚊子与苍蝇不是像鸟雀那样，靠气息发出断断续续的啼叫声，而是靠翅膀的快速振动，发出一种不间断的嗡嗡声时，与其说他的好奇心越发强烈了，毋宁说他在如何产生声音的学问方面变得茫昧了，因为他的全部阅历俱不足以使他理解或相信：蟋蟀尽管不会飞，却能用振翅而非气息发出那般和谐且响亮的声音。

嗣后，当他以为除了上述发声方式之外，几乎已不可能另有它法时，他又知悉了各式各样的风琴、喇叭、笛子和弦乐器，种类繁多，直至那种含在嘴里、以口腔作为共鸣体、以气息作为声音媒介物的奇特方式而吹奏的铁簧片。这时他以为自己无所不晓了，可他捉到一只蝉后，却又陷入了前所未有的无知和愕然之中：无论堵住蝉口还是按住蝉翅，他都无法减弱蝉那极其尖锐的鸣叫声，而不见蝉颤动躯壳或其他什么部位。他把蝉体翻转过来，看见胸部下方有几片硬而薄的软骨，以为响声发自软骨的振动，便将其折断，欲止住蝉鸣。但是一切终归徒然，乃至他用针刺透了蝉壳，也没有将蝉连同其声音一道窒息。最后，他依然未能断定，那鸣声是否发自软骨。从此，他感到自己的知识太贫乏了。问他声音是如何产生的，他坦率地说知道某些方法，但他笃信还会有上百种人所不知的、难以想象的方法。

我还可以试举另外许多例子，来阐释大自然在生成其事物中的丰富性，其方式在感觉与经验尚未向我们启示之时，都是我们无法设想的，即便经验有时仍不足以弥补我们的无能。故此，倘若我不能准确地断定彗星的形成之因，那么我是应当受到宽宥的，况且我从未声言能够做到这一点，因为我懂得它会以某种不同于我们任何臆度的方式形成。对于握在我们手心的蝉，都难以弄明白其鸣声生自何处，因而对于处在遥远天际的彗星，不了解其成因何在，更应予以谅解了。

知识改变命运

◇李嘉诚

李嘉诚 1928 年出生于广东潮州,父亲是小学校长。1939 年为躲避日本侵略者的压迫,全家逃难到香港。1950 年创办长江塑胶厂,初步展现其商业天赋,1958 年开始投资地产市场。他独到的眼光和精明的开发策略使“长江”很快成为香港的一大地产发展和投资实业公司。他现任“长江实业集团有限公司”董事局主席兼总经理及“和记黄埔有限公司”董事局主席。1995 年 12 月,长江实业集团三家上市公司的市值,总共已超过 420 亿美元。

各位校董、各位校领导、各位嘉宾、老师们、同学们:

这一刻肯定是你们感到兴奋的时刻,你们认真学习,完成了人生一个重要阶段,要踏上一个新的台阶,这几个晚上,我在校园里,都能感受到你们的雀跃,你们是幸运的一代,我很替你们高兴,我谨代表校董会、每一位校董和顾问,向你们致以衷心的祝贺。

每当我们要展开新的一页,追求一个新的梦想,编织一个新的希望,都是我们需要思考时,Are you ready? Do you have what it takes?

当你们梦想伟大成功的时候,你有没有刻苦的准备?

当你们有野心做领袖的时候,你有没有服务于人的谦恭?

我们都希望别人听到自己的说话,我们有没有耐性聆听别人?

每一个人都希望自己快乐,我们对失落、悲伤的人有没有怜悯?

每一个人都希望站在人前,但我们是否知道什么时候甘为人后?

你们都知道自己追求什么,你们知道自己需要什么吗?

我们常常只希望改变别人,我们知道什么时候改变自己吗?

每一个人都懂得批判别人,但不是每一个人都知道怎样自我反省。

大家都看重面子,But do you know honor?

大家都希望拥有财富,但你知道财富的意义吗?

各位同学，相信你们都有各种激情，但你知不知道什么是爱？

这些问题，没有人可以为你回答，只有你自己才知道你将会怎样活出答案。这四年来你得来的知识，可助你在社会谋生，但未必可以令你懂得如何处世。只有你知道，你将会怎样运用头脑内的知识素材，转化为做人的智慧。生长与变化是一切生命的定律，昨天的答案未必适用于今天的问题，只有你的原则才是你生命导航的坐标，只有你的情操才是你鼓舞生命的力量。没有人可以为你打造未来，只有你才知道怎样去掌握。各位同学，Are you ready？

谢谢大家。

读书的艺术

◇林语堂

诸位，兄弟今日重游旧地，以前学生生活苦乐趣甜的滋味，都一一涌上心头。不但诸位所享弦诵的快乐，我能了解，就是诸位有时所受教员的委曲磨折，注册部的挑剔为难，我也能表同情。兄弟今日仍在读书时期，所不同者，不怕教员的考试，无虑分数之高低，更无注册部来定我的及格不及格，升级不升级而已。现就个人所认为理想的方法，与诸位学友通常的读书方法比较研究一下。

余积二十年读书治学的经验，深知大半的学生对于读书一事，已经走入错路，失了读书的本意。读书本来是至乐之事，杜威说：读书是一种探险，如探新大陆，如征新土壤；佛兰西也已说过，读书是“魂灵的壮游”，随时可以发见名山巨川，古迹名胜，深林幽谷，奇花异卉；到了现在，读书已变成仅求幸免扣分数留班级一种苦役而已。而且读书本来是个人自由的事，与任何人不相干，现在你们读书，已经不是你们的私事，而处处要受一些不相干的人的干涉，如注册部及你们的父母妻室之类。有人手里拿一书本，心里想我将何以赡养父母，俯给妻子，这实在是一桩罪过。试想你们看《红楼》、《水浒》、《三国志》、《镜花缘》，是否你们一己的私事，何尝受人的干涉，何尝想到何以赡养父母，俯给妻子的问题？但是学问之事，是与看《红楼》、《水浒》相同。完全是个人享乐的一件事。你们若不能用看《红楼》、《水浒》的方法去看《哲学史》、《经济学大纲》,你们就是不懂得读书之乐,不配读书,失了读书之本意,而终读不成书。你们能真用看《红楼》、《水浒》的方法,去看哲学、史学、科学的书,读书才能“成名”。若用注册部的方法读书,你们最多成了一个“秀士”、“博士”,成了所谓的“洋绅士”、“洋八股”。

我认为最理想的读书方法,最懂得读书之乐者,莫如中国第一女诗人李清照及其夫赵明诚。我们想象到他们夫妇典当衣服,买碑文水果,回来夫妻相对展玩咀嚼的情景,真使我们向往不已。你想他们两人一面剥水果,一面赏碑帖,或者一面品佳茗,一面校经籍,这是如何的清雅,如何得了读书的真味。易安居士于《金石录后序》自叙他们夫妇的读书生活,有一段极逼真极活跃的写照。她说:“余性偶强记,每饭罢坐归来堂,烹茶指堆积书史,言某事在某书某卷第几页第几行,以中否角胜负,为饮茶先后。中即举杯大笑,至茶倾覆怀中,反不得饮而起。甘心老是乡矣!故虽处忧患困穷,而志不屈……收藏既富,于是几案罗列,枕席枕籍,意会心谋,日往神授,乐在声色狗马之上。……”你们能用李清照读书的方法来读书,能感到李清照读书的快乐,你们大概也就可以读书成名,可以感觉读书一事,比巴黎跳舞场的“声色”,逸园的赛“狗”,江湾的赛“马”有趣。不然,还是看逸园赛狗,江湾赛马比读书开心。

什么才叫做真正读书呢?这个问题很简单,一句话说,兴味到时,拿起书本来就读,这才叫做真正的读书,这才是不失读书之本意。这就是李清照的读书法。你们读书时,须放开心胸,仰视浮云,无酒且过,有烟更佳。现在课堂上读书连烟都不许你抽,这还能算为读书的正轨吗?或在暮春之夕,与你们的爱人,携手同行,共到野外读《离骚》经,或在风雪之夜,靠炉围坐,佳茗一壶,淡巴菰一盒,哲学经济诗文史籍十数本,狼藉横陈于沙发之上,然后随意所之,取而读之,这才得了读书的兴味。现在你们手里拿一书本,心里计算及格不及格,升级不升级,注册部对你态度如何,如何靠这本书骗一只较好的饭碗,娶一位较漂亮的老婆——这还能算为读书,还配称为“读书种子”吗?还不是沦为“读书谬种”吗?

有人说,如林先生这样读书方法,简单固然简单,但是读不懂如何,而且成效如何?须知世上决无看不懂的书,有之便是作者文笔艰涩,字句不通,不然便是读者的程度不合,见识未到。各人如能就兴味与程度相近的书选读,未有不可无师自通,或事偶有疑难,未能遽然了解,涉猎既久,自可融会贯通。试问诸位少时看《红楼》、《水浒》何尝有人教,何尝翻字典?你们的侄儿少辈现在看《红楼》、《西厢》,又何尝须要你们去教?许多人今日中文很好,都是由看小说史记得来的,而且都是背着师长,偷偷摸摸硬看下去,那些书中不懂的字,不懂的句,看惯了就自然明白。学问的书也是一样,常看下去,自然会明白;遇有专门名词,一次不懂,二次不懂,三次就懂了。只怕诸位不得读书之乐,没有耐心看下去。

所以我的假定是学生会看书，肯看书；现在教育制度是假定学生不会看书，不肯看书。说学生书看不懂，在小学时可以说，在中学还可以说，但是在聪明学生，已经是一种诬蔑了。至于已进大学还要说书看不懂，这真有点儿不好意思吧！大约一人的脸面要紧，年纪一大，即使不能自己喂饭，也得两手拿一只饭碗硬塞到口里去，似乎不便把你们的奶妈干娘一齐都带到学校来给你们喂饭，又不便把大学教授看做你们的奶妈干娘。

至于“成效”，我的方法可以包管比现在大学的方法强。现在大学教育的成效如何，大家是很明了的。一人从 6 岁一直读到 26 岁大学毕业，通共读过几本书？老实说，有限得很。普通大约总不会超过四五十本以上。这还不是跟以前的秀才举人相等？从前有一位中了举人，还没听见过《公羊传》的书名，传为笑话。现在大学毕业生就有许多近代名著未曾听过名字，即中国几种重要丛书也未曾见过。这是学堂的不是，假定你们不会看书，因此也不让你们有自由看书的机会。一天到晚，总是摇铃上课，摇铃吃饭，摇铃运动，摇铃睡觉。你想一人的精神是有限的，从 8 点上课一直到下午四五点，还要运动，拍球，哪里还有闲工夫自由看书呢？而且凡是摇铃，都是讨厌，即使摇铃游戏，我们也有不愿意之时，何况是摇铃上课？因为学堂假定你们不会读书，不肯读书，所以把你们关在课堂，请你们静坐，用“注射”、“灌输”的形式，由教员将知识注射入你们的脑壳里。无如常人头颅都是不透水的，所以知识注射普遍不大成功。

但是比如依我方法，假定你们是会看书，要看书，由被动式改为发动式的，给你们充分自由看书的机会，这个成效如何呢？间尝计算一下，假定上海光华、大夏或任何大学，有 1000 名学生，每人每期交学费 100 元，这 1000 名学费已经合共有 10 万元。将此 10 万元拿去买书，由学校预备一间空屋置备书架，扣了 5000 元做办公费(再多便是罪过)，把这 95000 元的书籍放在那间空屋，由你们随便胡闹去翻看，年底拈阄分配，各人拿回去 95 元的书，只要所用的工夫与你们上课的时间相等，一年之中，你们学问的进步，必非一年上课的成绩所可比。现在这 10 万元用到哪里去，大概一成买书，而九成去养教授及教授的妻子、教授的奶妈，奶妈又拿去买奶妈的马桶，这还可以说是把你们的“读书”看做一件正经事吗？

假定你们进了这 10 万元书籍的图书馆，依我的方法，随兴之所至去看书，成效如何呢？有人要疑心，没有教员的指导，必定是不得要领，杂乱无章，涉猎不精，不求甚解。这自然是一种极端的假定，但是成绩还是比现在大学教育好。

关于指导，自可编成指导书及种种书目。如此读了两年可以抵过在大学上课四年。第一样，我们须知道读书的方法，一方面要几种精读，一方面也要尽量涉猎翻览。两年之中能大概把20万元的书籍，随意翻览。知其书名作者内容大概，也就不愧为一读书人了。第二样，我们要明白，学问的事决不是如此呆板。读书必求深入，而欲求深入，非由兴趣相近者入手不可。学问是每每互相关联的。一人找到一种有趣味的书，必定由一问题而引起其他问题，由看一本书而不得不去找关系的十几种书，如此循序渐进，自然可以升堂入室，研磨既久，门径自熟；或是发现问题，发明新义，更可触类旁通，广求博引，以证己说，如此一步一步的深入，自可成名。这是自动的读书方法。较之现在上课听讲被动的方法，如东风过耳，这里听一点儿，那里听一点儿，结果不得其门而入，一无所获，强似多多了。第三，我们要明白，大学教育的宗旨，对于毕业的期望，不过要他博览群籍而已(be a well-read man)并不是如课中所规定，一定非逻辑80分，心理75分不可，而也不是说心理看了183页讲义，逻辑看了203页讲义，便算完事。这种的读书，便是犯了孔子所谓"今汝画"的毛病。所谓博览群籍，无从定义，最多不过说某人"书看得不少"，某人"差一点儿"而已，哪里去定什么限制？说某人"学问不错"，也不过这么一句话而已，哪里可以说某书一定非读不可，某种科目是"必修科目"。一人在两年中翻览这20万元的书籍，大概他对于学问的内容途径，什么名著杰作版本，笺注，总多少有一点儿把握了。

现在的大学教育方法如何呢？你们的读书是极端不自由，极端不负责的。你们的学问不但有注册部定标准，简直可以称斤两的，这个斤两制，就是学校的所谓"78分""86分"之类，及所谓多少"单位"。试问学问之事，何得称量斤两？所谓英国史78分，逻辑86分，如何解释？一人的逻辑，怎么叫做86分？且若谓世界上关于英国史的知识你们百分已知道了78分，世上岂有那样容易的事？但依现在制度，每周三小时的科目算三单位，每周二小时的科目算二单位，这样由一方块一方块的单位，慢慢堆叠而来，叠成多少立方尺的学问，于是某人"毕业"，某人"秀士"了。你想这笑话不笑话？须知我们何以有此大学制呢？是因为各人要拿文凭，因为要拿文凭，故不得不由注册部定一标谁，评衡一下，就不得不让注册部来把你们"称一称"。你们如果不拿文凭，便无被称之必要。

但是你们为什么要文凭呢？说来话长。有人因为要行孝道，拿了父母的钱，心里难过，于是下定决心要规规矩矩安心定志读几年书，才不辜负父母一番的好意及期望。这个是不对的，与遵父母之命媒妁之言恋爱女子一样的违背道德。这是你们私人读书享乐的事，横被家庭义务的干涉，是想把真理学问孝敬你们的爸爸妈妈老太婆。只因真理学问，似太渺茫，所以还是拿一张文凭具体一点儿为是。有人因为想要得文凭学位，每月可以多得几十块钱，使你们的亲卿爱卿宁馨儿舒服一点儿。社会对你们的父母说,你们儿子中学毕业读了30本书,我可给他每月四五十元,如果再下2000元本钱再读了30本书,大学毕业,我可给他每月八九十元。你们父母算盘一打,说“好”,于是议成,而送你们进大学。于是你们被称,拿文凭,果然每月八九十元到手,成交易。这还不是你们被出卖吗?与读书之本旨何关,与我所说读书之乐又何关?但是你们不能怪学校给你们称斤两,因为你们要向他拿文凭,学堂为保持招牌信用起见,不能不如此。且必如此,然后公平交易,童叟无欺。处于今日大规模生产品(mass production)之时期,不能不划定商货之品类(standardization of products)。学问既然成为公然交易的商品,秀士、硕士、博士既为大规模生产品之一,自然也不能不“划定”一下。其实这种以学问为交易之事,自古已然。如子张学干禄;子曰:“三年学,不至于谷,未易得也。”(关于往时“生员”在社会所作的孽,可参观《亭林文集生员论》上中下三篇。)

到了这个地步,读书与入学,完全是两件事了,去原意远矣。我所希望者,是诸位早日觉悟,在明知被卖之下,仍旧不忘其初。不背读书之本意,不失读书的快乐,不昧于真正读书的艺术。并希望诸位趁火打劫,虽然被卖,钱也要拿,书也要读,如此就两得其便了。

致21世纪中国青年科学家的一封信

◇[英]弗雷德里克·桑格　郑艳秋/译

弗雷德里克·桑格1918年生于英国,英国生物化学家。1943年于剑桥大学获得博士学位,留校继续从事生物化学的研究工作。1951年开始在医学研究理事会的资助下从事研究工作,1955年研究确定了牛胰岛素的化学结构,从而奠定了合成胰岛素的基础,并促进了对蛋白质分子结构的研究。1958年因确定胰岛素的分子结构而获得诺贝尔化学奖,时年40岁。1980年,又因设计出一种测定脱氧核糖核酸(DNA)内核苷酸排列顺序的方法而与W·吉尔伯特、P·伯格共获诺贝尔化学奖,成为第四位两次获得诺贝尔奖的科学家。

我很幸运地获得了两次诺贝尔奖。我的工作能得到这么高度的认可，这当然是非常令人激动的，但真正的乐趣却蕴含在工作本身之中。科学研究就像发现新大陆，你不断地尝试以前没有尝试过的新事物。这些尝试中有很多是没有效果的，使你不得不尝试另外一些新的事物。有时，尝试是奏效的，并且告诉你某些新东西，这的确是令人兴奋的。不管怎样，也许一点点新发现就能伟大到足以让人产生"我是知道它的唯一的人"的想法，然后你就会有兴趣思考所发现的东西将指导和决定下一次尝试应是什么。科学研究最大的乐趣之一，就是你总是可以进行一些不同的尝试，它从来不会使人厌倦。事情进展顺利是令人高兴的，事情进展不顺利是令人痛苦的。有些人在遇到困难时就泄气，但我在计划遭受挫折时从来不着急，我会开始设计下一次实验，整个探索的过程都充满了欢乐。

有了新发现，这是非常令人激动的。有的人也许会做一些不可思议的事来宣泄自己的激动，比如驾热气球周游世界或步行到北极。现在，地球上可供人类发现的新地方不多了，但在科学领域却可以发现许多新东西。踏上探索未知领域的征程是相当有意义的，也是相当激动人心的。

有时候我问自己："要获得诺贝尔奖，什么是我必须做的？"

我的答案是"我不知道，我从没试过"，但我知道有一种方法是得不了奖的。有的人投身于科学研究的主要目的就是为了得奖，而且一直千方百计地考虑如何才能得奖，这样的人是不会成功的。要想真正在科学领域有所成就，你必须对它有兴趣，你必须做好进行艰苦的工作和遇到挫折时不会太泄气的思想准备。

在这个国家，如果你在大众报纸上阅读到一些有关科学的文章，也许你会有这样一种感觉：科学很像是奥林匹克运动或一场足球赛，所有的科学家彼此之间互相竞争，看看到底谁能首先作出发现和获奖。事实不是这样的，科学家为了人类利益一起工作，就像一支队伍，他们不仅仅为了"看看谁是最聪明的"而竞争。我所取得的任何一点儿进步都是紧密建立在其他实验室别人的前期工作、建立在与别的科学家有益的讨论和建议的基础之上的，而我的一些工作成绩也为其他人的发现作出了贡献。当然，也有很多明显的对抗存在，但这不是有益的，也常常不是严肃的。

我认为我最重要的发现是测定 DNA 核苷酸顺序的"直读法"，这一方法现在正被用来解读人类基因组序列。人类基因组也许是最重要的化学物质，因为它包含了我们人体结构和功能的所有信息。如果我们把它比作一本说明书，那么它就是一本大部头的书，事实上它更像一个图书馆，因为它包含了30 亿个字母。一本书也就由 26 个字母不同的组合组成，要想表达的意思和想传达的信息都包容在这26个字母的顺序中。DNA仅有4个“字母”，即A、G、C、T(当然这些不是真正的字母，而是化学物质)，基因的信息就包含在这顺序中。现在，许多国家的许多研究机构都在研究这一顺序。实际上，DNA不仅仅像一本包含遗传信息的说明书，DNA也做许多诸如催化生命进程的事。

人们对了解基因组序列能实现什么目的已经有很多推测，一些政治家和报纸已经预言：它将可能治愈癌症或使人活到130岁，这些在目前还是无用的推测，但我认为它也许将对医学有益。如果你有一部机器，比如一辆汽车，它出了故障，那么你要做的第一件事就是看看“说明”书，了解一下它是如何运转的。到目前为止，这在医学上还不可能，但我相信如果我们搞清了基因组序列，那么就能更多好地了解我们的身体是如何运作的，并且当我们生病时，我们就能知道是什么出了毛病，这是可能实现的事。的确，科学家对遗传性疾病的了解已经越来越多，但还有很长的路要走。如果你有一本书，它是用你所不懂的一种语言写的，你要做的第一件事就是看着字母的顺序。在你能弄懂这种语言并且搞清它说的是什么意思之前，你还将有许许多多的事情要做。同样地，当我们有了基因组序列，在完全明白它是如何运作的以及它能让我们达到什么目的之前，我们也还有许许多多的工作要做。这将是这个新世纪的重要课题，它将导致激动人心的新发现，它给每个有兴趣加入这项带有冒险性的探索、有志于成为科学家的年轻人提供了好机会。

谈自学与学问

◇梁漱溟

梁漱溟(1893~1988)，原名焕鼎，字寿铭，广西桂林人。哲学家、教育家，现代新儒家的早期代表人物之一。三年研佛总结出《究元决疑论》，是他崇尚唯识学的开端。继而写出《唯识述义》，蔡元培看后即聘请他到北京大学讲授印度哲学。在北京大学任教期间，他很快便写出了《印度哲学概论》、《唯识述义》两部讲义，发起东方学及孔子哲学研究，1921年出版《东西文化及其哲学》，成为他最有代表性的著作。他曾先后前往山东、四川办学，在山东乡村建设实验中倡导的乡学村学模式突出表现了融社会教育与社会改造为一体的思想。《人心与人生》和《中国——理性之国》是他晚年的两部重要著作。

学问必经自己求得来者，方才切实有受用。反之，未曾自求者就不切实，就不会受用。俗语有“学来底曲儿唱不得”一句话，便是说：随着师傅一板一眼地模仿着唱，不中听底，必须将所唱曲调吸收融会在自家生命中，而后自由自在地唱出来，才中听。学问和艺术是一理：知识技能未到融于自家生命而打成一片地步，知非真知，能非真能。真不真，全看是不是自己求得底。一分自求，一分真得，十分自求，十分真得。“自学”这话，并非为少数未得师承的人而说；一切有师傅教导的人，亦都非自学不可。不过比较地说，没有师承者好像“自学”意味更多就是了。

任何一个人的学问成就，都是出于自学。学校教育不过给学生开一个端，使他更容易自学而已。青年于此，不可不勉。

所谓自学应当就是一个人整个生命的向上自强，要紧在生活中有自觉。单是求知识，却不足以尽自学之事。在整个生命向上自强之中，可以包括了求知识。求知识盖所以浚发我们的智慧识见；它并不是一种目的。有智慧识见发出来，就是生命向上自强之效验，就是善学。假若求知识以至废寝忘食，身体精神不健全，甚至所知愈多头脑愈昏，就不得善学。有人说“活到老，学到老”一句话，这观念最正确。这个“学”显然是自学；同时这个“学”显然就是在说一切做人做事而不止于求些知识。

真的自学，是由于向上心驱使我在两个问题追求不已：一、人生问题；二、社会问题，亦可云中国问题。此两个问题互有关联之处，不能截然分开，但仍以分别言之为方便。从人生问题之追求，使我出入于西洋哲学印度宗教中国周秦宋明诸学派间，而被人看做是哲学家。从社会问题之追求，使我参加了中国革命，并至今投身社会运动。今届五十之年，总论过去精力，无非用在这两问题上面；今后当亦不出乎此。

我很早有我的人生思想。约 14 岁光景，我胸中已有了一价值标准，时时评判一切人和一切事。这就是凡事看它于人有没有好处，和其好处的大小。假使于群于己都没有好处，便是天下第一等事。以此衡量一切人和一切事。这就是凡事看它于人有没有好处，和其好处的大小。假使于群于己都没有好处，便是天下第一等事。以此衡量一切并解释一切，似乎无往不通。若思之偶有杆格窒碍，必辗转求所以自圆其说者。一旦豁然复有所得，便不禁手舞足蹈，顾盼自喜。

我本来无学问，只是有思想；而思想之来，实来自我的问题，来自我的认真。因为我能认真，乃会有人生问题，乃会有人生思想、人生哲学。不单是有哲学，因为我不是为哲学而哲学。在我的出世思想必要出家做和尚而后已，当初我的思想是从实在的问题中来，结果必回归于实在的行动中去。譬之佛家的实在处所，即在不吃荤、不结婚出家做和尚，我当时即要如此做去。我二十余年茹素习惯即由彼时养成。

由上所言，我见我凡是成为问题的，在我心目中从来不肯忽略过去。推究其故，还是不外我肯认真，不能不认真，不能不用心思，不能不加以考究，决不容许我自己欺瞒自己。如果我们说不出某一个问题中的道理，即是我们没有道理，我们看到别人家是好或是对，则别人家即是好或是对，这点不能迟疑的。我往常恒以旁人之忽略对方的意见，对方的见地之可怪。因为每一个人都会有他自己的见地，即使为荒谬的见地或意见，亦必有其来源。我们须认真了解对方(即是与我不同者)的见地，明白对方的意见，是一件极重要之事，而普通人往往不能注意及此，宁不可怪？

我的看佛学书，是自己已经先有了与佛家相近之思想而后才去看佛学书。我看任何书都是如此，必是如此，必是自己先已经有了自己的一些思想而后再参考别人的意见。从未为读书而读书。看西洋哲学书亦复如此。友人张松年(申府)先生以我之思想与叔本华之思想相近，于是乃将叔本华之著作与相关之别人著作介绍给我。这是我看西洋哲学的起缘。总之，我自己必先有问题与思想然后才去看书。如此辗转，如此过渡，如此变化，乃成为今日的我，乃有今日的思想。

思想似乎是人人都有的，但有而等于没有，殆居大多数。这就是在他头脑中杂乱无章，人云亦云，对于不同的观点意见，他都点头称是。思想或云一种道埋，原是对于问题的解答。他之没有思想正为其没有问题。反之，人之所以有学问，恰为他善能发现问题，任何微细不同的意见观点，他都能觉察出来，认真追求，不忽略过去。问题是根苗，大学问像一棵大树，从根苗上发展长大起来，而环境见闻(读书在其内)，生活实践，则是它的滋养资料，久而久之自然蔚成一大系统。思想进步的原理，一言总括之，就是如此。

做一名科学家

——致中国青少年的信

◇[澳大利亚]约翰·W·康福思

约翰·W·康福思1917年出生于澳大利亚悉尼市。澳大利亚裔英国化学家。13岁时由于做实验引起爆炸震聋了双耳，但未能阻止他对科学的追求。他在酶催化反应的立体化学研究方面取得突出成果，荣获1975年诺贝尔化学奖。

大约在70年前，对科学的热爱就抓住了我的心。回想过去，我并没有去想那些重大的事件，而是想到了许多影响过我的小事。当我作为一个孩子开始读书上学时，对自然界并没有多少好奇心。后来这种情况有了改变，我开始观察天上的星星。在我生长的澳大利亚，天空经常是晴朗的，我学会了辨认星星和星座。1931年，我在学校获奖，就选择了一本关于宇宙的书。星星就挂在天上，你不能改变它们，但你能够通过测定它们的位置和分析它们射来的光来掌握有关它们的情况。当我懂得了太阳系，并在晴朗的夜空里把自己设想成旋转的地球上的一粒微尘，被地球带着沿着它的轨道观察天空时，我认为这的确给我上了一堂科学课。

不久，我开始对化学感兴趣。在学校里，化学老师的讲课非常有趣，并且鼓励我们思考和做实验。那时，可以少量地买到多种普通化学试剂，我就在家里建了一个很小的实验室，用改进过的仪器研究化学反应。我很快就发现有机化合物是最有趣的，在实用有机化学教科书的赞助下，我合成了很多制剂，用廉价的化学原料配制出我买不起的东西。这比天文学更加令人兴奋，因为你可以用自己的努力来改变事物。那时，我的听力正在迅速衰退，所以，我认为化学能吸引我的另一个原因是：它能刺激人的其他感觉功能，美丽多姿的晶体、色彩斑斓的染料、好闻和难闻的气味等。就像一个木匠或雕刻匠学习用一小块木头或骨头干活那样。

我了解到每一种物质都有自己的特性，而且可以加工处理，其难易程度视所选择的处理方法而定。于是,我认识到实验不仅是回答问题或制造化学物质的一系列操作程序,而且是我们观察所发生的事情和从错误中学习的良好机会。直到今天,我对实验的这种认识也没有改变。

进入悉尼大学后,对我来说最重要的事情是有机会去化学文献图书馆。当时,我已经听不见讲课了,所以要从各种杂志和书籍中去学习。其中有不少书刊是用德文写的,我看不懂,就找了一本德文字典,逐个查找生字,直到完全弄懂为止。阅读文献帮助我成为了一名科学家,因为它向我展示了隐藏在事物表面现象后面的奥秘,这是我必须了解的,并揭示出某些表面现象并不能正确地反映事物的本质。于是,我把科学看成是不断发现和改正的连续过程。那段时间,我常和朋友去澳大利亚未开垦的土地上散步。一天早上,我们正在河边休息,我伏下身去使我的脸更靠近草地,然后查点我所能看见的不同种类的植物,总共有二十多种。它们形态各异,每一种都有自己独特的动人之处。这是我第一次对有生命的物质感到好奇。许多次散步我都带回一些果实,其中有野葡萄和带苦味的浆果,我还在实验室里提取这些果实中的成分,并将其提纯。尽管这并不是研究生物化学的最好办法,但这使我对生命科学发生了兴趣。我还阅读了一些生物学的教科书。这些书对当时人们还不了解的事物作了最详尽的描述和分类,这使我后来与生命科学家一起工作时,能理解他们的观点,并用我的化学技能去解决我们都感兴趣的问题。

那时,我学习了化学的多个分支学科,我现在仍想坚持这么做。尽管各门分支学科的知识你不可能都牢记于心,即便如此,掌握查找它们的方法是很有用的。你能做的就是在头脑里形成一个概念化的模型:在化学上哪些事是可行的,哪些是不可行的。这可以帮助你制造出新的化合物,理解新的化学反应和结构。当化学文献或你做的实验给你提供了新的事实,你把它与自己头脑里的模型作一比较,通常这新的事实与模型是比较容易吻合的,但有时它们不一致,那你就要核查一下。有时,你会发现你已经犯了错误,你就必须改变你的模型使之适合新的事实,而且这会使你学习到比任何时候都多的科学知识。

我相信,许多人成为科学家的道路与我是大致相同的,从好奇开始,提出疑问,阅读别人写的书,然后寻找能回答自己疑问的方法。你绝不能停止学习。任何事情,如果你对它懂得越多,它就会变得更美丽更有趣。而且,更重要的一件事是:你已成为由全世界人民组成的巨大公司的一个成员,他们分享你的好奇和对真理的探索,并且每当他们被允许和你一起分享他们所拥有的知识时,他们都将这样做。

致中国青少年的信

◇[美]罗杰·吉尔曼

罗杰·吉尔曼1924年生于法国,1953年移居美国。法裔美国医学家、内分泌学家。因分离、鉴定与合成出控制脑下垂体前叶激素分泌的下丘脑释放因子,而荣获1977年诺贝尔生理学医学奖。

你们的祖父母们对于他们所居住的村庄或城市以外的世界了解得很少,即使是在中国这样一个大国里恐怕情况也是如此。而今天,你们作为他们的后代却对中国以外的世界知道得很多。在任何时候,只要我们打开电视机,我们就能看到世界的任何一个角落,看到此刻那里正在发生什么事,看到各地人们的生活,看到人与人之间的爱。然而,遗憾的是有时也会看到战争。同样是通过电视机,我们有时能看到遥远星球的图像,甚至能看到更远的星系,我们有时还能看到人类自己身体内部的情况,例如跳动的心脏,甚至还可以看到在母亲腹内的胎儿。

人类已经屡次登上月球去探索它的奥秘,我们已经了解了原子之间结合的力量,我们已经知道如何利用原子能去创造无限巨大的能量——或是把它用于发电造福于人类,或是制造巨大的毁灭性武器。

我们已经知道生物化学,已经可以利用一粒李子树、竹子、松树的种子再复制出另外一棵完全相同的树;同时我们已经知道利用这种生物技术可以复制出甲虫、蜻蜓、金枪鱼、仙鹤、马或是我们人类自己。这是多么不可思议呀!大约30年以前,人类破译了遗传密码,从而可以通过诱导微生物(细菌)或酵母来制造出无数促进人体发育的激素或胰岛素,甚至能够通过修补遗传基因方面的缺陷来治疗某些疾病。

我们经知道如何建造一架喷气式飞机,人们可以坐在飞机上旅行,它的飞行速度已经超过了声音的速度;我们已经知道如何下潜到最深的海里去探索;我们已经可以制造出计算机,有的计算机运算速度非常快,用1个小时就可以解决原来需要10个数学家、每天工作12个小时、花费300年才能解决的数学问题。

我们已经知道如何通过免疫接种来预防许多疾病;我们已经知道如何生产出足够的食物以维持地球上所有人的生活;我们已经知道人类的大脑智力是如何形成的,但我们还只是刚刚开始了解它是如何运转和工作的。

尤其是如果我们意识到我们的祖先不可能完成上述成就中的任何一项,意识到上述事物中有许多在5年以前还是无法实现的,那么你就会意识到:能够读懂这篇文章、甚至能够写出类似的文章,真是一件十分了不起的事。

你在这里所看到的一切,反映了目前科学和科学应用的成就。科学是一种探索,它是为了找寻新的基本知识,以解释我们周围的世界。科学家对于这一知识是否能直接用于实践并不是特别关注,而它的用途与我们的实际生活也可能并没有明确的利害关系。这一点,有时就像创作音乐和绘画一样。但是值得注意的是,就像任何一件我上面提到的事物一样,所有这些基础知识都会带来实际应用的效果。我们的祖先用神话来解释世界,有时声称是上帝创造了一切。而今天,我们用科学来解释世界,所有的科学又是通过人的大脑创造出来的,并不是上帝或其他的神灵给予我们的。在科学知识方面,我们知道的越多,我们就越会意识到,我们需要了解的东西更多。

在青年人的一生当中,现在所拥有的年龄优势和能够上学、上大学读书是最为重要的机会之一。向那些科学的发现者们学习也是一个机会,这个机会不应该错过,因为他们的发现代表了人类现今的知识。做一个科学家,是令人振奋的,但同时也是非常艰难的,因为发现通常是不容易做到的。我和我的合作者们花费了十多年的时间,研究和处理了许多吨的动物脑组织,最后才分离出1毫克的“脑激素”。这是一种新的分子,它存在于我们所有人的大脑之中,它控制着我们身体的生长,以及所有男孩和女孩青春期的出现,后来又控制人类器官的再生。这是一项非常艰巨的工作,有时我们自己也会感到灰心和丧失信心。

如果一个人以诚实的态度看待自己,他总会从错误中学到一些东西,并能改正错误的观念、假设或前提,从而使研究更为深入,最终达到目标。要成为一个科学家,需要最无懈可击的理性和诚实。

在大脑的活动方式领域,仍然有很多很多知识等待着被人们发现和理解——我们是如何说话的?我们是怎样看东西的?我们如何意识到我们自身的存在的?为什么我们要睡觉?为什么我们为保持健康而不得不睡觉?此外,在其他方面还有许多问题等待着人们发现——宇宙是如何形成的?如何发明一种新的方法来保护地球上的生态环境?我们目前的生态环境由于滥用和错用各种杰出的知识而遭到破坏。我们还要设法治愈所有的癌症,要发现艾滋病的疫苗,以便使艾滋病不再危害人类。

我们将与世界上所有的人一起分享人类全部的知识,从而使我们大家都能喝上清洁的水和有足够的食物。我们都需要有安全感，与这个世界上的所有人共同生活在和平之中。青年时代是人的一生中最不同寻常的一段时光。因为我们拥有那么多的知识，知道如何去学习更多的知识，知道我们每一个人确实能改变我们周围的世界，从而给全人类带来舒适、幸福、尊严与和平。

科学家需要问适当的问题

——致中国青少年学生的信

◇[美]阿诺·A·彭齐亚斯

阿诺·A·彭齐亚斯 1933 年出生于德国的慕尼黑，后移居美国。美国物理学家、射电天文学家，发现证明宇宙起源“大爆炸学说”的宇宙微波背景辐射，荣获 1978 年诺贝尔物理学奖。

如果允许的话，我愿意提请学生们注意，科学家需要问适当的问题。

本着这一精神，我愿向你们提供与此主题有关的资料，它包括在下列文字中(选自拙著《思想与信息》第 161~164 页)。

伊萨克，你今天问了什么有用的问题吗？

——珍尼·特·拉比

伊萨克·伊沙德·拉比是 20 世纪最卓越的物理学家之一，他发明了一种能探测原子和分子结构的灵敏技术(指核磁共振法，译者注)，从而在 30 年代开创了一个富有成果的科学新领域。这项成果以及他在 50 多年时间里取得的其他许多成就，为拉比赢得了一个物理学家所希望获取的各种崇高荣誉。当记者向拉比询问他成功的原因时，他用上面那段话做了回答。这是他小时候每天放学回到家里时，母亲通常说的第一句话。

我是在哥伦比亚大学接受研究生教育的，拉比是该校的教授。在那段年月里，尽管拉比教过我一门课，但我对他并不十分了解。大约在 20 年后，我们之间的私人交往才发展起来。这时，在纽约地区诺贝尔奖获奖者的各种聚会上，我们开始经常见面。我们相处得很好，他对待我就像对待一个年轻的、自命不凡的新人那样，而我也乐于在他面前担任这种角色。

在一次交谈中，我冒昧地对他说："在学校，别的少年准会嫉妒你吧？……那时，你是一个衣着整洁、对各种问题都有很好准备的少年吧？你知道全部答案，你只是要看看别人能把事情做好到什么地步吧？"

他反驳我说："根本不是这样……有些问题给人以启迪，还有一些问题则起阻碍作用。我在少年时代，经常受到要问第一类问题的教育。"

"启发性的问题"丰富人的思想，而思想又构建知识。无论什么年龄的学生都应当培养一种自由的、不拘一格的好问精神。珍尼·特·拉比就是用这种精神来激励她的儿子的。今天，你提过什么有用的问题吗？

我认识的每一个儿童似乎生来就是有好奇心的，小孩子喜欢摆弄他们能够触到的每一件物品。从他们学会说话的那一时刻开始，就经常问各种问题。不幸的是，一旦他们开始上学，提问题的次数就减少了——除非他们得到了伊萨克·伊沙德·拉比曾经得到过的那种激励。我个人认为，有一个充分发展的、好探问的习惯，是很好地应用技术的开端。对成年人，要保持这种习惯是困难的。因为当那些货真价实的蠢人由于不了解自己的知识空虚而盲目得意时，而大多数有才智的人却在暗自忖量。在人际交往中，他们与别人的思想隔阂是比较大的——这比他们周围的人所认识到的要大得多。

论　读　书

◇[英]弗朗西斯·培根　何　新/译

读书可以作为消遣，可以作为装饰，也可以增长才干。

孤独寂寞时，阅读可以消遣。高谈阔论时，知识可供装饰。处世行事时，正确运用知识意味着才干。懂得事务因果的人是幸运的。有实际经验的人虽能够处理个别性的事物，但若要综观整体，运筹全局，却唯有学识方能办到。

读书太慢会弛惰，为装潢而读书是欺人，只按照书本办事是呆子。

求知可以改进人性，而经验又可以改进知识本身。人的天性犹如野生的花草，求知学习好比修剪移栽。学问虽能指引方向，但往往流于浅泛，必须依靠经验才能扎下根基。

狡诈者轻鄙学问，愚鲁者羡慕学问，聪明者则运用学问。知识本身并没有告诉人怎样运用它，运用的智慧在于书本之外。这是技艺，不体验就学不到。

读书的目的是为了认识事物原理。为挑剔辩驳去读书是无聊的。但也不可过于迷信书本。求知的目的不是为了吹嘘炫耀，而应该是为了寻找真理，启迪智慧。书籍好比食品。有些只须浅尝，有些可以吞咽。只有少数需要仔细咀嚼，慢慢品味。所以，有的书只要读其中一部分，有的书只须知其中梗概，而对于少数好书，则要通读，细读，反复读。

有的书可以请人代读，然后看他的笔记摘要就行了。但这只应限于不太重要的议论和质量粗劣的书。否则一本书将像已被蒸馏过的水，变得淡而无味了。

读书使人充实，讨论使人机敏，写作则能使人精确。

因此，如果有人不读书又想冒充博学多知，他就必须很狡黠，才能掩饰无知。如果一个人懒于动笔，他的记忆力就必须强而可靠。如果一个人要孤独探索，他的头脑就必须格外锐利。

读史使人明智，读诗使人聪慧，演算使人精密，哲理使人深刻，道德使人高尚，逻辑修辞使人善辩。总之，“知识能塑造人的性格”。

不仅如此，精神上的各种缺陷，都可以通过求知来改善——正如身体上的缺陷，可以通过运动来改善一样。例如打球有利于腰背，射箭可以扩胸利肺，散步则有助于消化，骑术使人反应敏捷，等等。同样，一个思维不集中的人，他可以研习数学，因为数学稍不仔细就会出错。缺乏分析判断力的人，他可以研习形而上学，因为这门学问最讲究繁琐辩证。不善于推理的人，可以研习法律案例，如此等等。这种种心灵上的缺陷，都可以通过求知来治疗。

科学家的幸福与如何学习科学

——致中国的青少年

◇[美]保罗·伯格

保罗·伯格1926年出生于美国纽约。参加了二战后回到宾夕法尼亚州立大学学习，1948年获生物化学学士学位，后在凯斯西部大学获生化博士学位,1959 年到斯坦福大学任教。1972 年,他首次证明可以用两种不同物种的基因来人工合成 DNA 分子。1980 年,因在核酸的生化领域完成的重大研究获得了诺贝尔化学奖。

我们每个人都在寻求自己的幸福之路。1980 年,我在瑞典接受诺贝尔奖时曾说过:我是获得了双重幸福的人。除了诺贝尔奖给我的声誉和名望外,研究工作本身也给了我难以用语言表达的欢乐——新的发现、开创新的事业和进入无人涉足过的新领域,都使我感到无比激动和愉悦。这种巨大的幸福不仅科学家能够得到,从事文学、音乐、艺术甚至商业的创造性工作,也可能获得类似的回报。每一个愿意在已知的知识和经验之外的新领域里冒险的人,都有可能获得这种幸福。这种冒险、极富挑战性和诱惑力的生活,值得我们为之竭尽全力。

对于我来说,这种冒险开始于上中学的青少年时代。那时,学校拒绝为我及一批非常聪明的学生提供那种不费脑筋的学习方法——我们向老师提出许多范围广泛的问题,但老师很少给予我们直接的回答,而是鼓励我们到有关的书籍中去自己寻找答案,并且得到的收获比我们预想的还要多。老师还经常教我们通过到图书馆查找资料和做实验的方法寻求答案。进入高等学府后,老师鼓励我们提出超出我们和他们知识及经验以外的问题,思考那些我们找不到答案的事情。后来,我成为课外科学俱乐部的成员,这里要求我通过实验解决某些与自然界有关的问题。开始是重复别人已经做过的实验,随后就要求我设计新的实验方法来解决我自己提出的难题。这是极富挑战性的。在任何时候,创新性的思维都是最宝贵的。也许正是这些早年的经历,激发了我探索未知世界并找出答案的欲望。

回想那段时间,我认识到:鼓励青年人自己去发现他们追求的答案,不是一种最容易的学习方法,但却是回报最丰厚的学习方法。或许教育能作出的最重要的贡献,就是发展学生追求创造性方法的本能和好奇心。随着时间的推移,学过的许多东西将会忘记,但是我们提出问题和找出答案的能力几乎不会丢掉。任何地方的学校都应当认真汲取这个经验,而学生应接受这种教育制度赋予他们的职责。

寄语中国的朋友们

◇[美]杰罗姆·卡尔

杰罗姆·卡尔1918年出生于美国,美国物理学家、化学家。开发了应用于X射线衍射,确定物质晶体结构的"直接计算法"。荣获1985年诺贝尔化学奖。

科学的兴趣与青年

我对科学的迷恋可能开始于一次参观科学博物馆,那时我大约七八岁,是妈妈领我去的。这座博物馆位于一幢大楼内,纽约的《每日新闻》也在这座楼里。我记得,博物馆提供给人们操作展品和观察其机械、电气特性的机会。在当地图书馆看到的一些大众科学读物迅速地激发起我对科学的兴趣,我特别喜欢詹姆斯·杰恩斯写的书。在选择专业上,不存在对我有特殊影响的人。我非常喜欢我从事的工作,因为它包含数学和物理、化学及生命科学等多个学科。

我的家族里出现过许多从事艺术或美术工作的人,包括诗歌、音乐、绘画、雕塑、建筑,也有些人经商,但从未出现过一个科学家。虽然这样,我们家还是非常支持我对科学的兴趣,如果我对其他方面感兴趣的话,他们照样会大力支持的。

我们居住的那个社区中的大多数家庭都是从欧洲移民到美国的,这些家庭都有让他们的孩子受到良好教育的愿望,并且希望孩子们在正确选择职业上取得成功。

在我上学的时候,纽约的学校教育制度是非常优秀的,它能够给学生们提供许多机会。我是在纽约市立学院上的大学,那是一所很好的学校,曾经培养出许多杰出的知识分子。学生们都争先恐后地上这所学校,这是因为该校不仅课程设置的好,而且它不收学费。因此纽约市立学院可以挑选纽约最优秀的学生入学。

市立学院设置的课程涉及范围很广泛,学生们可以在最大程度上选择自己的课程。这对于提供给学生们广泛的知识背景是很有价值的,而且有助于他们获得各种各样的经验,为将来职业的选择打下基础。

我选修了许多化学和生物学的课程,也比一般的学生多选了一些物理和数学课。而当我在哈佛大学读研究生时,我仅研究生物学。毕业后我去纽约州健康部工作了两年,然后回到密执安州大学研究生院,在那里我主要研究化学,侧重于物理化学方面。我也教一些物理和数学课。下个世纪(指 21 世纪,编者注),人们关注最多的科学领域可能是生命科学,特别是与医学发展有关的方面。它包括生物化学、生物技术、遗传学、生物工程和支持这些学科发展的更基础的物理、化学。除此之外还要特别重视的是计算机技术、材料科学和微型化。我希望,高能设备的制造能得到巨大支持。这种实验性的设备会进一步增加人类对于我们所生存的物质世界的理解,并且有可能为未来的研究提供新的和预想不到的机会。

致年轻的学生们

不管你对将来的生活作出怎样的决定,记住这一点是重要的:通向有价值的愉快的人生道路是多种多样的,不努力工作就很难得到回报。同样重要的是要做一个有道德的人。一个有道德的人只做那些他的良心认为是正确和该做的事,他尊敬别人,处处留心不给他人造成伤害。如果你有兴趣一生从事科学——而且我希望你们中的许多人有这样的志趣,除以上几点外还应当记住:科学意味着献身真理,任何吝啬奉献的做法、不全力以赴是根本不行的,是完全不能接受的。

有些年轻人被吸引从事科学,是因为在那里有获取崇高声望的机会。由于工作突出或做出了有价值的发现而受到人们的赏识,当然是一件快乐之事,但是取得崇高声誉的机会是很少的,而且在荣誉背后的许多非常优秀的工作往往被人们忽视。从你所从事的工作中获得满足,以及不时地亲身感受成功,是幸福生活最重要的内容。

你们当中那些选择自然科学作为自己将来职业的人,将在了解自然和导致重大发现的艰苦工作中体验巨大的欢乐。

请记住,一个献身于真理的有道德的人,也是一个具有内在尊严的人,从而能与自己和谐相处。这同样会带来欢乐和舒畅。

致 家 长

我非常不愿意建议家长们如何教育他们的孩子。我要说有两点:一是支持孩子们对未来职业的选择，即便在他们读书时这种选择会改变好几次；第二，我曾见过许多家长企图为孩子们选择未来的职业，这种企图会伤害孩子与家长自己，并且最终失败。

如果再有一次人生

◇[美]约瑟夫·E·默里

约瑟夫·E·默里1919年出生，美国临床医学家。在世界上首次完成非同卵生双胞胎之间的器官移植。1990年荣获诺贝尔医学奖。

我作为一个外科医生兼科学家，将人类与科学联系了起来。在医学给人类带来的恩惠中，我已经得到了我所想要的丰厚回报。在我们日常接触的病人中，我亲眼目睹了在面对死亡时人性的各个方面：恐惧、绝望、勇气、理解、希望、听天由命和置之度外的英雄气概等。当遇到医学上的难题时，如果我们具有敏锐的目光的话，就能够从中发现研究的新路径，找到新的解决问题的方法。

我对于器官移植的那些近乎疯狂的想法已经得以实现。除此之外，我在其他方面也得到了生活的恩赐。我现在的唯一愿望，是希望我能在这个地球上再多有十几次人生，甚至更多。如果这是可能的话，我将用我的一次人生从事胚胎学研究，一次人生从事天文学研究，一次人生从事地质学研究，其他几次人生将用来当钢琴家、乡村农民、网球手或者《国家地理》杂志的撰稿人……如果有人不耐烦看到这些可望而不可及的梦想，那么就请他记住一点：我还有一个未来的人生要加以补充，那就是我希望还有一次人生的机会，再做一回外科医生兼科学家。

读书杂谈

◇鲁　迅

鲁迅(1881~1936),原名周树人,字豫才,浙江绍兴人。中国现代伟大的文学家、思想家和革命家,新文学运动的奠基人。1902年去日本学医,后从文。1918年5月首次用鲁迅为笔名发表中国现代文学史上第一篇白话小说《狂人日记》,奠定了新文学运动的基石。参加《新青年》的文艺工作,站在反帝反封最前列,成为五四运动的伟大旗手。1918~1926年间,陆续发表了《呐喊》、《坟》、《彷徨》、《野草》、《朝花夕拾》等专集,表现出爱国主义和民主主义。1921年12月发表中篇小说《阿Q正传》,是中国现代文学史上的杰作。1927~1936年创作了《故事新编》中的大部分作品和大量杂文。领导和支持进步的文学团体,主编一些文艺期刊,关怀培养青年作者,搜集、研究、整理了大量古典文学,批判地继承了祖国古代文化遗产,编著《中国小说史略》、《汉文学史纲要》、《唐宋传奇集》等。

因为知用中学的先生们希望我来演讲一回，所以今天到这里和诸君相见。不过我也没有什么东西可讲。忽而想到学校是读书的所在,就随便谈谈读书。是我个人的意见,姑且供诸君的参考,其实也算不得什么演讲。

说到读书,似乎是很明白的事,只要拿书来读就是了,但是并不这样简单。至少,就有两种:一是职业的读书,一是嗜好的读书。所谓职业的读书者,譬如学生因为升学,教员因为要讲功课,不翻翻书,就有些危险的就是。我想在坐的诸君之中一定有些这样的经验,有的不喜欢算学,有的不喜欢博物,然而不得不学,否则,不能毕业,不能升学,和将来的生计便有妨碍了。我自己也这样,因为做教员,有时即非看不喜欢看的书不可,要不这样,怕不久便会于饭碗有妨。我们习惯了,一说起读书,就觉得是高尚的事情,其实这样的读书,和木匠的磨斧头,裁缝的理针线并没有什么分别,并不见得高尚,有时还很苦痛,很可怜。你爱做的事,偏不给你做,你不爱做的,倒非做不可。这是由于职业和嗜好不能合一而来的。倘能够大家去做爱做的事,而仍然各有饭吃,那是多么幸福。但现在的社会上还做不到,所以读书的人们的最大部分,大概是勉勉强强的,带着苦痛的为职业的读书。

现在再讲嗜好的读书罢。那是出于自愿,全不勉强,离开了利害关系的。——我想,嗜好的读书,该如爱打牌的一样,天天打,夜夜打,连续的去打,有时被公安局捉去了,放出来之后还是打。诸君要知道真打牌的人的目的并不在赢钱,而在有趣。牌有怎样的有趣呢,我是外行,不大明白。但听得爱赌的人说,它妙在一张一张的摸起来,永远变化无穷。我想,凡嗜好的读书,能够手不释卷的原因也就是这样,他在每一页每一页里,都得着深厚的趣味。自然,也可以扩大精神,增加智识的,但这些倒都不计及,一计及,便等于意在赢钱的赌徒了,这在赌徒之中,也算是下品。

不过我的意思,并非说诸君应该都退了学,去看自己喜欢看的书去,这样的时候还没有到来;也许终于不会到,至多,将来可以设法使人们对于非做不可的事发生较多的兴味罢了。我现在是说,爱看书的青年,大可以看看本分以外的书,即课外的书,不要只将课内的书抱住。但请不要误解,我并非说,譬如在国文讲堂上,应该在抽屉里暗看《红楼梦》之类,乃是说,应做的功课已完而有余暇,大可以看看各样的书,即使和本业毫不相干,也要泛览。譬如学理科的,偏看看文学书;学文学的,偏看看科学书,看看别个在那里研究的,究竟是怎么一回事。这样子,对于别人,别事,可以有更深的了解。现在中国有一个大毛病,就是人们大概以为自己所学的一门是最好,最妙,最要紧的学问,而别的都无用,都不足道的,弄这些不足道的东西的人,将来该当饿死。其实是,世界还没有如此简单,学问都各有用处,要定什么是头等还很难。也幸而有各式各样的人,假如世界上全是文学家,到处所讲的不是"文学的分类"便是"诗之构造",那倒反而无聊得很了。

不过以上所说的,是附带而得的效果,嗜好的读书,本人自然并不计及那些,就如游公园似的,随随便便去,因为随随便便,所以不吃力,因为不吃力,所以会觉得有趣。如果一本书拿到手,就满心想道:"我在读书了!""我在用功了!"那就容易疲劳,因而减掉兴味,或者变成苦事了。

我看现在的青年,为兴味的读书的是有的,我也常常遇到各样的询问。此刻就将我所想到的说一点,但是只限于文学方面,因为我不明白其他的。

第一、是往往分不清文学和文章。甚至于已经来动手做批评文章的,也免不了这毛病。其实粗粗的说,这是容易分别的。研究文章的历史或理论的,是文学家,是学者;做做诗,或戏曲小说的,是做文章的人,就是古时候所谓文人,此刻所谓创作家。创作家不妨毫不理会文学史或理论,文学家也不妨做不出一句诗。然而中国社会上还很误解,你做几篇小说,便以为你一定懂得小说概念,做几句新诗,就要你讲诗之原理。我也尝见想做小说的青年,先买小说法程和文学史来看。据我看来,是即使将这些书看烂了,和创作也没有什么关系的。

事实上,现在有几个做文章的人,有时也确去做教授。但这是因为中国创作不值钱,养不活自己的缘故。听说美国小说家的一篇中篇小说,时价是2000美金;中国呢,别人我不知道,我自己的短篇寄给大书铺,每篇卖过20元。当然要寻别的事,例如教书,讲文学。研究是要用理智,要冷静的,而创作须情感,至少总得发点儿热。于是忽冷忽热,弄得头昏——这也是职业和嗜好不能合一的苦处。苦倒也罢了,结果还是什么都弄不好。那证据,是试翻世界文学史,那里面的人,几乎没有兼做教授的。

还有一种坏处,是一做教员,未免有顾忌;教授有教授的架子,不能畅所欲言。这或者有人要反驳:那么,你畅所欲言就是了,何必如此小心。然而这是事前的风凉话,一到有事,不知不觉地他也要从众来攻击的。而教授自身,纵使自以为怎样放达,下意识里总不免有架子在。所以在外国,称为"教授小说"的东西倒并不少,但是不大有人说好,至少,是总难免有令人发烦的炫学的地方。

所以我想,研究文学是一件事,做文章又是一件事。

第二、我常被询问:要弄文学,应该看什么书?这实在是一个极难回答的问题。先前也曾有几位先生给青年开过一大篇书目。但从我看来,这是没有什么用处的。因为我觉得那都是开书目的先生自己想要看或者未必想要看的书目。我以为倘要弄旧的呢,倒不如姑且靠着张之洞的《书目答问》去摸门径去。倘是新的,研究文学,则自己先看看各种的小本子,如本间久雄的《新文学概论》,厨川白村的《苦闷的象征》,瓦浪斯基们的《苏俄的文艺论战》之类,然后自己再想想,再博览下去。因为文学的理论不像算学,二二一定得四,所以议论很纷歧。如第三种,便是俄国的两派的争论——我附带说一句,近来听说连俄国的小说也不大有人看了,似乎一看见"俄"字就吃惊,其实苏俄的新创作何尝有人绍介,此刻译出的几本,都是革命前的作品,作者在那边都已经被看作反革命的了。倘要看看文艺作品呢,则先看几种名家的选本,从中觉得谁的作品自己最爱看,然后再看这一个作者的专集,然后再从文学史上看看他在史上的位置;倘要知道得更详细,就看一两本这人的传记,那便可以大略了解了。如果专是请教别人,则各人的嗜好不同,总是格不相入的。

第三、说几句关于批评的事。现在因为出版物太多了——其实有什么呢,而读者因为不胜其纷纭,便渴望批评,于是批评家也便应运而起。批评这东西,对于读者,至少对于和这批评家趣旨相近的读者,是有用的。但中国现在,似乎应该暂作别论。往往有人误以为批评家对于创作是操生杀之权,占文坛的最高位的，就忽而变成批评家，他的灵魂上挂了刀。但是怕自己的立论不周密，便主张主观，有时怕自己的观察别人不看重，又主张客观；有时说自己的作文的根柢全是同情，有时将校对者骂得一文不值。凡中国的批评文字，我总是越看越胡涂，如果当真，就要无路可走。印度人是早知道的，有一个很普通的比喻。他们说：一个老翁和一个孩子用一匹驴子驮着货物去出卖，货卖去了，孩子骑驴回来，老翁跟着走。但路人责备他了，说是不晓事，叫老年人徒步。他们便换了一个地位，而旁人又说老人忍心，老人忙将孩子抱到鞍鞒上。后来看见的人却说他们残酷，于是都下来，走了不久，可又有人笑他们了，说他们是呆子，空着现成的驴子却不骑。于是老人对孩子叹息道，我们只剩了一个办法了，是我们两人抬着驴子走。无论读，无论做，倘若旁征博访，结果是往往会弄到抬驴子走的。

不过我并非要大家不看批评，不过说看了之后，仍要看看本书，自己思索，自己做主。看别的书也一样，仍要自己思索，自己观察。倘只看书，便变成书厨，即使自己觉得有趣，而那趣味其实是已在逐渐硬化，逐渐死去了。我先前反对青年躲进研究室，也就是这意思，至今有些学者，还将这话算作我的一条罪状哩。

听说英国的萧伯纳(Bernard Shaw)有过这样意思的话：世间最不行的是读书者。因为他只能看别人的思想艺术，不用自己。这也就是叔本华(Schopenhauer)之所谓脑子里给别人跑马。较好的是思索者。因为能用自己的生活力了，但还不免是空想，所以更好的是观察者，他用自己的眼睛去读世间这一部活书。

这是的确的，实地经验总比看，听，空想确凿。我先前吃过干荔枝，罐头荔枝，陈年荔枝，并且由这些推想过新鲜的好荔枝。这回吃过了，和我所猜想的不同，非到广东来吃就永不会知道。但我对于萧的所说，还要加一点儿骑墙的议论。萧是爱尔兰人，立论也不免有些偏激的。我以为假如从广东乡下找一个没有历练的人，叫他从上海到北京或者什么地方，然后问他观察所得，我恐怕是很有限的，因为他没有练习过观察力。所以要观察，还是先要经过思索和读书。

总之，我的意思是很简单的，我们自动的读书，即嗜好的读书，请教别人是大抵无用，只好先行泛览，然后抉择而入于自己所爱的较专的一门或几门；但专读书也有弊病，所以必须和实社会接触，使所读的书活起来。

致中国的青年们

◇[美]保罗·D·博耶

保罗·D·博耶,1918年出生,美国生物化学家。阐明了腺三磷(ATP)合成的基本酶学机制,1997年荣获诺贝尔化学奖。

你们这些正处于早期选择教育和职业阶段的青年们,或许会对一个有幸获得诺贝尔奖的80岁老教授的某些思想发生兴趣。你们的祖国是一个伟大的国家,拥有灿烂的文化和杰出的人民。你们有能力为自己和他人创建举世瞩目的未来。我期望你们会这样做,并且要求你们这样做。

60年来,我所从事的生物化学和分子生物学取得了惊人的进步,目睹这一进程是我的荣幸。我在美国洛克山区的一个小镇长大,我读书的学校非常好,它激发起我对科学的兴趣。我的父亲是医生,家里有各种关于自然界的书籍,他给我传输了他对有生命物质的好奇和欣赏。但是,直到我结束了4年大学生活并进入威斯康星大学的研究生院时,才做出了当科学家的承诺。即便如此,但我并不受该承诺的约束。后来,我有了从研究工作中获取新知识的经历,才最后明确了我的职业选择。

你们当中只有极少数人能经历导致崇高声望的幸运环境,大多数人必须从做好本身工作中寻求满足。做好工作,不是为了特殊的奖励。

不论是从事科学事业,还是在其他领域工作,都有大量机会。但是,如果认为做出许多承诺而又要使每一个承诺都实现,是不必要的。要保持广泛的兴趣,同时要在某个领域深造。我们生活在这样一个世界里,只有把每一种专门知识都结合起来,才有可能使人类取得明显的进步。

你们应当探索各种道路, 找出你们感兴趣并适合你的条件和潜能的领域。不要花过多的精力,去企求完成你力所不能及的事情。如果你的工作以某种方式为他人做出了贡献,或者为知识的宝库添加了一点儿新库存,你就会在随后的日子里感到巨大的满足。这样,就可以说你已经尽自己最大努力了。生活中有许多障碍,那些努力工作的人不一定都能得到厚报。如果你的工作增大了你欣赏这个奇妙世界的能力,那么你就是幸福的。如果你在尽力做事的同时,花时间珍爱你周围的人和事,你会感到由衷的高兴,你会引以为自豪并热爱生活。我祝你们一切都好!

书为友

◇[英]塞缪尔·斯迈尔斯　操凤琴/译

观其友而知其人;同样,察其所读之书亦能知其人,只因书与人一样,也能做人之友。而人总应择其最佳者为友,无论是书还是人。

一本好书可以成为人的挚友,古往今来,恒久不变。所有朋友中,书本最为耐心而又令人愉悦,我们身处逆境灰心沮丧时,书本并不变脸抛弃我们,始终如一,友爱接纳。我们年轻时,书本给我们以欢娱和陶冶;我们老迈时,又予我们以慰藉和鼓励。

人们常常因同爱一本书而精神共鸣——正如两个人有时因共同仰慕另外一人而彼此成为朋友。古谚云:"爱屋及乌",而"爱其人,也爱其珍爱之书"这句话里却含有更多的哲理。书是更忠诚更高尚的情感纽带,人们可以通过共同喜爱的作者而相知相契,息息相通,他们的思想与作者的思想水乳交融,密不可分。

黑兹利特曾说:"书香轻拂沁心灵,诗行轻滑渗血液。青春时所读之书,垂暮时依然会回想,仿佛就在身边发生。书籍价廉物美,我们就在书香中呼吸。"

一本好书往往就是作者的人生结晶,里面蕴藏着他穷其一生的求索成果。因为人一生的世界大多就是其思想的世界,故而最优秀的书籍也就是至理名言和辉煌思想的富藏。这些思想若能铭记在心,就成为我们永久的朋友和永恒的慰藉。菲利普·悉尼爵士说过:"与高尚思想为伴的人永不寂寞。"

在我们受到诱惑时,美好纯真的思想如同仁慈的天使,净化卫护着我们的灵魂,并蕴含着我们行动的萌芽,因为美好的思想总能激励我们美好的行为。

书籍永生,是人类劳作最最长久的成果。庙宇会坍塌,雕像会朽败,书籍却能经久长存。伟大的思想不会因时间的流逝而失其光辉,一如千百年前最初在作者脑海中出现时那样清新。往昔的论述和思想今天依然在书页上鲜明有力地展现在我们面前。时间的唯一作用就是淘汰低劣之作，只有真正优秀的作品才能与世长存，流芳千古。

书籍把我们带入最优秀的人群之中，把我们带到人间一切最伟大的思想家面前，我们聆听其话语，领会其成就，仿佛他们依然活在人间。我们与他们灵犀相通，悲喜与共，他们的人生体验变成我们自己的人生体验。我们仿佛感觉到，我们是在作者描绘的人生舞台上，与他们同台演出。

伟大和美好的思想在这个世界上永不会消亡。载之于书籍，这些思想传诸四海，而书籍就是活着的声音，是我们至今仍在倾听的真知灼见，因而我们永远沐浴在逝去伟人的思想中。与千百年前一样，人世间无与伦比的智慧如今依然熠熠生辉。

积累知识

◇[英]查斯特菲尔德

亲爱的孩子：

今后的两年是你人生中非常重要的阶段，我忍不住对你再三劝告并热切地恳求，希望你能够好好地利用这段时间(这是我目前最希望你接受的忠告)。若是浪费现在的一寸光阴，就等于给你将来的名誉抹黑；若是充分利用每分每秒，就相当于节约大量资源，为你带来莫大的好处。

你得在这两年中打下坚实的知识基础，以后就可以在这个基础上盖起高楼大厦，想盖多高就盖多高；否则，根基不牢，大厦只能是空中楼阁。因此，我恳求你千万不要吝啬辛勤的汗水，应该适时地播下知识的种子，才能获得丰收。知识匮乏就不可能成为杰出的人才，只能一辈子庸庸碌碌。

我常跟你提到学识，并且深信你已经完全了解它的重要性，不管你今后从事什么工作，掌握丰富的知识非常必要。学识包罗万象，而人的一生却十分有限，根本无法穷尽，而且人的大脑也不可能吸收并消化所有知识。在此，我只为你指出生活中经常用到的知识，相信在运用过程中你会更好地加以掌握。

古典知识是指希腊文和拉丁文，它对每个人来说都是必须掌握的。“文盲”这个词广义上是指那些不懂希腊文和拉丁文的人。我希望你现在能够基本掌握这两种语言，如此，每天只需花少量时间巩固即可，而两年多的时间足够你完全掌握它们。修辞学、逻辑学、几何学以及天文学都是你要花时间学习的科目。我并不希望你对每一门科目都深入研究，可是你应该对各门学科都有所涉猎。考虑到你今后从事的职业，我认为现代的语言、历史、年代法、地理学以及各国的法律等知识对你尤为有用。你必须会讲各种现代语言，而且要像当地人那样流利。若是一个人不能清楚、流利地用某种语言表达，他就无法在谈话中占据优势，也无法跟别人正常交流。你的法语已经学得很不错了，但还须在日常生活中经常使用，这样法语水平才会天天都有进步。我想现在你的德语应该说得挺好，而且在你离开莱比锡以前肯定可以完全掌握。至少，我是这么认为的。此外，你还得花点儿时间学习意大利语和西班牙语。其实，对那些了解希腊文和拉丁文的人来说，这两种语言学起来非常容易，不会占用你很多时间，也不会很费神。现代史——我特指近三百年的历史——应该成为你持之以恒学习的重要科目，尤其是与欧洲各强国紧密相关的部分。学习现代史的同时还要学习年代法和地理学。如此，当你讲到某个重要的历史事件时，就可以清楚地知道它发生的时间。你还应在地图上亲自找出所有学过的地名，这是学好地理的有效方法；如果不这么做，那么学了之后很快就会忘记。即便是愚笨之人也可能在短时间内学到一些地理知识，可是他们的记忆不太深刻，而且容易遗忘。

两年以后你将涉足社会，届时必然会接触到各种社交圈，难免不被烦琐的事务缠住，到那个时候你就没有时间和精力学习新知识了。尽管你可以合理地安排时间，留出一部分用来继续积累知识，可是已经没有充足的时间让你重新奠定基础了。相信你能深刻理解我这番话的含意，并且能够做出正确的判断。不管学习的过程有多么艰辛，也不要轻易放弃。

亲爱的孩子，看在上帝的分上，请不要浪费时间。要知道，你的每一分每一秒都非常宝贵，以后能否赢得财富、能否养成良好品格、能否获得卓著声望，都取决于你是否珍惜今后两年的时间。要是能充分利用时间，你就可以堂堂正正争取你想要的一切；要是随意挥霍，我真不知道你还能有什么出息。

你若是期盼将来成为杰出人物，受到众人注目，那么现在就得努力学习。没有牢固的知识基础就想成为有才干的人，不啻于天方夜谭；而年轻时候奠定的知识基础，有朝一日终会回报你为此付出的全部努力。这是我的经验之谈，希望对你有用。

一个防身药方的三味药

◇胡　适

毕业班的诸位同学，现在都得离开学校去开始你们自己的事业了，今天的典礼，我们叫做“毕业”，叫做“卒业”，在英文里叫做“始业”，你们的学校生活现在有一个结束，现在你们开始进人一段新的生活，开始撑起自己的肩膀来挑自己的担子，所以叫做“始业”。

我今天承毕业班同学的好意，承间校长的好意，要我来说几句话，我进大学是在50年前1910，我毕业是在46年前1914，够得上做你们的老大哥了。今天我用老大哥的资格，应该送你们一点儿小礼物，我要送你们的小礼物只是一个防身的药方，给你们离开校门，进入大世界，作随时防身救急之用的一个药方。

这个防身药方只有三味药：第一味药叫做“问题丹”；第二味药叫做“兴趣散”；第三味药叫做“信心汤”。

第一味药，“问题丹”。就是说：每个人离开学校，总得带一两个麻烦而有趣味的问题在身边做伴，这是你们人世的第一要紧的救命宝丹。

问题是一切知识学问的来源，活的学问、活的知识，都是为了解答实际上的困难，或理论上的困难而得来的。年轻人入世的时候，总得有一个两个不大容易解决的问题在脑子里，时时向你挑战，时时笑你不能对付它，不能奈何它，时时引诱你去想它。

只要你有问题跟着你，你就不会懒惰了，你就会继续有知识上的长进了。

学堂里的书，你带不走，仪器，你带不走；先生，他们不能跟你去，但是问题可以跟你走到天边！有了问题，没有书，你自会省吃省穿去买书；没有仪器，你自会卖田卖地去买仪器！没有好先生，你自会去找好帅友；没有资料，你自会上天下地去找资料。

各位青年朋友，你今天离开学校，夹袋里准备了几个问题跟着你走？

第二味药，叫做“兴趣散”。这就是说：每个人进入社会，总得多发展一点儿专门职业以外的兴趣——“业余”的兴趣。

你们多数是学工程的，当然不愁找不到吃饭的职业，但四年前你们选择的专门职业,真是你们自己的自由志愿吗?你们现在还感觉你们手里的文凭真可以代表你们每个人终身的志愿、终身的兴趣吗?——换句话说,你们今天不懊悔吗?明天还不会懊悔吗?

你们在这四年里,没有发现什么新的、业余的兴趣吗?在这四年里,没有发现自己在本行以外的才能吗?

总而言之,一个人应该有他的职业,又应该有他的非职业的玩意儿。不是为吃饭而是心里喜欢做的,用闲暇时间做的——这种非职业的玩意儿,可以使他的生活更有趣,更快乐,更有意思。有时候,一个人的业余活动也许比他的职业还更重要。

英国19世纪的两个哲学家,一个是弥尔,他的职业是东印度公司的秘书,他的业余工作使他在哲学上、经济学上、政治思想史上,都有很大的贡献。一个是斯宾塞,他是一个测量工程师,他的业余工作使他成为一个很有势力的思想家。

英国的大政治家邱吉尔,政治是他的终身职业,但他的业余兴趣很多,他在文学、历史两方面,都有大成就;他用余力作油画,成绩也很好。

今天到自由中国的贵宾,美国大总统艾森豪威尔先生,他的终身职业是军事,人都知道他最爱打高尔夫球,但我们知道他的油画也很有功夫。

各位青年朋友,你们的专门职业是不用愁的了,你们的业余兴趣是什么?你们能做的,爱做的业余活动是什么?

第三味药,我叫它做“信心汤”。这就是说:你总得有一点儿信心。

我们生存在这个年头,看见的、听见的,往往都是可以叫我们悲观、失望的——有时候竟可以叫我们伤心,叫我们发疯。

这个时代,正是我们要培养我们的信心的时候,没有信心,我们真要发狂自杀了。

我们的信心只有一句话:“努力不会白费”,没有一点儿努力是没有结果的。

对你们学工程的青年人,我还用多举例来说明这种信心吗?工程师的人生哲学当然建筑在“努力不白费”的定律的基石之上。

我只举这短短几十年里大家都知道的两个例子:一个是亨利·福特,这个人没有受过大学教育,他小时半工半读,只读了几年书,16岁就在一小机器店里作工,每周工钱两块半美金,晚上还得去帮别家做夜工。

57年前(1903)他39岁,他创立福特汽车公司,原定资本10万美元,只招得28000美元。

5年之后(1908),他造成了他的最出名的mdelT汽车,用全力制造这一种车子。

1913 年——我已在大学三年级了，福特先生创立他的第一副“装配线”。

1914 年——46 年前——他就能够完全用“装配线”的原理来制造他的汽车了。同时(1914)他宣布他的汽车工人每天只工作 8 小时，比别处工人少 1 小时——而每天最低工钱 5 美金，比别人多一倍。

他的汽车开始是 950 美元一部，他逐年减低卖价，从 950 美元直减到 360 美元——第一次世界大战之后，减到 290 美元一部。

他的公司，在创办时(1903)只有 28000 美元的资本，——到 23 年之后(1926)已值得 10 亿美金了！已成了全世界最大的汽车公司了。1915 年，他造了 100 万部汽车，1928 年，他造了 1500 万部车。

他的“装配线”的原则在 20 年里造成了全世界的“工业新革命”。

福特的汽车在 50 年中征服全世界的历史还不能叫我们发生“努力不白费”的信心吗？

第二个例子是航空工程与航空工业的历史。

也是 57 年前——1903 年 12 月 17 日，正是我 12 整岁的生日——那一天，在北加罗林那州的海边基帝霍克沙滩上，两个修理脚踏车的匠人，兄弟两人，用他们自己制造的一架飞机，在沙滩上试起飞，弟弟叫 Orville Wright，他飞起了 12 秒钟。哥哥叫 Wilbur Wright，他飞起了 59 秒钟。

那是人类制造飞机飞在空中的第一次成功——现在那一天（12 月 17 日）是全美国庆祝的“航空日”——但当时并没有人注意到那两个弟兄的试验。但这两个没有受过大学教育的脚踏车修理匠人，他们并不失望，他们继续试飞，继续改良他们的飞机，一直到四年半之后(1908 年 5 月)才有重要的报纸来报道那两个人的试飞，那时候，他们已能在空中飞 38 分钟了！

这 40 年中，航空工程的大发展，航空工业的大发展，这是你们学工程的人都知道的，航空工业在最近 30 年里已成了世界最大工业的一种。

我第一次看见飞机是在 1912 年。我第一次坐飞机是在 1930 年（30 年前）。我第一次飞过太平洋是在 23 年前(1937)；第一次飞过大西洋是在 15 年前(1945)；当我第一次飞渡太平洋的时候，从香港到旧金山总共费了 7 天！去年我第一次坐 Jet 机，从旧金山到纽约，五个半小时飞了 3000 英里！下月初，我又得飞过太平洋，当天中午起飞，当天晚上就到美国西岸了！

57 年前，基帝霍克沙滩上两个脚踏车修理匠人自造的一个飞机居然在空中飞起了 12 秒钟，那 12 秒钟的飞行就给人类打开了一个新的时代——打开了人类的航空时代。

这不够叫我们深信“努力不会白费”的人生观吗？

古人说：“信心可以移山”，又说：“功不唐捐”(唐是空的意思)，又说：“只要功夫深，铁杵磨成绣花针”。

青年朋友，你们有这种信心没有？

读书的必要

◇[美]爱默生　龙　婧/译

优秀的图书会使我们获益匪浅，那是高级脑力劳动的结晶。书是一个时代文化的载体。所谓的大学教育，其实就是读书——阅读那些被大多数学者公认为是迄今为止最能代表科学文化水平的好书。

在图书馆里，数以百计的亲爱的朋友围绕在我们周围，只是他们被那些皮革的盒子以及纸张中的“巫士”所囚禁。而那些思想家们是知道我们的，他们中的一些人已经等待我们两百年、一千年甚至是两千年了，他们渴望与我们沟通，向我们表露心声。

最好的读书方法就是顺其自然，而不是对读书的时间和页数作出机械的规定。顺其自然地读书，人们就能够根据各自不同的兴趣来满足自己的求知欲，而不是随随便便地翻来翻去，强迫自己读书来打发时间。要读适合自己的书，而不要在质量不佳的图书上浪费过多的时间和精力。就像《圣经》在欧洲的绝大部分国家的宗教信仰和文化中居于主导地位，每个国家的文化都是从这一本书中发展、传播下来的一样。例如：哈菲兹在波斯人眼中是天才，孔子被中国人尊奉为圣人，塞万提斯在西班牙人心中是智者的化身。所以，如果我们对他们的经典作品进行深入地研究，那么我们就会获益匪浅，就会不断进步。让学生按照自己的意愿进行少量的精读或者大量的泛读，他们都会学有所得。琼森曾经说过：“当你站在那里还在思考应该让儿子读哪些书时，其他的孩子已经把书都读完了。每天都要读 5 个小时的书，无论读什么都可以，你很快就会变成学识渊博的人。”

在读书这个问题上，服从我们的天性，凭着兴趣去阅读是最佳的态度。自然界总是泾渭分明的，自然规律会对世间存在的一切进行过滤和筛选。书的作者在经过千挑万选之后才会脱颖而出；所有堂堂正正摆在世人面前的书都是由那些成功人士创作而成的，他们都拥有十足的信心和进步的思想，他们能够通过他们的著作表达出千千万万的人想说却又说不出来的感受和想法。阅读那些古老而著名的书籍是节省时间的好方法，不是优秀的作品是不会被保存下来并流传至今的。我知道平德尔、泰伦提乌斯、开普勒、伽利略、培根和莫尔都是不同于普通文人的优秀学者，但是在当代，要分清良莠，辨明优劣，却并不是那么容易的事情。

一定要远离那些浅薄而毫无益处的书，尽量去回避新闻界中那些琐碎的闲谈和小道消息，也不要去读那些在街上或者火车上不用问就能够知道的东西。琼森说，他经常出入高档商场——有头脑的旅行者会选择最好的旅店，因为尽管他们会多花一点儿钱，其实并没有花费太多，这样他们却会因此有机会结识到好的、层次高的同行者，也会获得大量宝贵的信息。同样的道理，那些名著中从头到尾都是极为深刻而精辟的思想和生动详实的例证。我们可能偶尔也会在破烂的不起眼的街道中发现想要的宝贝，但这种可能性是非常小的，而在最好的环境中肯定能够找到最有价值的信息。

我有三条行之有效的读书方法希望和大家共同分享：第一，不要阅读当年出版的新书；第二，不要读名不见经传的书；第三，不要读自己并不喜欢的书。就像莎士比亚所说的那样：“做一件无法从中体会到乐趣的事情是不会从中受益的，也就是要去学最让你感兴趣的东西。”

法国著名的散文家蒙田曾经说过：“书籍可以带给人们愉悦，那是含蓄而渐进的。”但是，我发现有一些书是极具生命力，极富感染力的，它们不会让读者在原地停滞不前，在合上书本的那一刻，你已经成为了一个更有思想的人。我很乐意阅读这样的书，也非常愿意把这些好书列出来，即使我自己要因此去撰写大堆的入门书、语法书也是心甘情愿的，因为这会对我们那些学识还并不十分渊博的读者朋友十分有益，他们也会对此心存感激的。

防身的锦囊

◇胡　适

这一两个星期里，各地的大学都有毕业的班次，都有很多的毕业生离开学校去开始他们的成人事业。学生的生活是一种享有特殊优待的生活，不妨幼稚一点儿，不妨吵吵闹闹，社会都能纵容他们，不肯严格的要他们负行为的责任。

现在他们要撑起自己的肩膀来挑他们自己的担子了。在这个国难最紧急的年头,他们的担子真不轻！我们祝他们的成功,同时也不忍不依据我们自己的经验，赠与他们几句送行的赠言——虽未必是救命毫毛，也许作个防身的锦囊罢！

你们毕业之后,可走的路不出这几条:绝少数的人还可以在国内或国外的研究院继续作学术研究,少数的人可以寻着相当的职业;此外还有做官、办党、革命三条路;此外就是在家享福或者失业闲居了。第一条继续求学之路,我们可以不讨论。走其余几条路的人,都不能没有堕落的危险。堕落的方式很多,总括起来,约有这两大类:第一是容易抛弃学生时代的求知识的欲望。你们到了实际社会里,往往所用非所学,往往所学全无用处,往往可以完全用不着学问,而一样可以胡乱混饭吃,混官做。在这种环境里,即使向来抱有求知识学问的决心的人,也不免心灰意冷,把求知的欲望渐渐冷淡下去。况且学问是要有相当的设备的:书籍、试验室、师友的切磋指导、闲暇的工夫,都不是一个平常要糊口养家的人所能容易办到的。没有做学问的环境,又谁能怪我们抛弃学问呢?

第二是容易抛弃学生时代的理想的人生的追求。少年人初次与冷酷的社会接触,容易感觉理想与事实相去太远,容易发生悲观和失望。多年怀抱的人生理想,改造的热诚,奋斗的勇气,到此时候,好像全不是那么一回事,渺小的个人在那强烈的社会炉火里,往往经不起长时期的烤炼就熔化了,一点儿高尚的理想不久就幻灭了。抱着改造社会的梦想而来,往往是弃甲曳兵而走,或者做了恶势力的俘虏。你在那俘虏牢狱里,回想那少年气壮时代的种种理想主义,好像都成了自误误人的迷梦！从此以后,你就甘心放弃理想的人生的追求,甘心做现成社会的顺民了。

要防御这两方面的堕落,一面要保持我们求知识的欲望,一面要保持我们对于理想人生的追求。有什么好法子呢?依我个人观察和经验,有三种防身的药方是值得一试的。

第一个方子只有一句话:“总得时时寻一两个值得研究的问题！”问题是知识学问的老祖宗;古今来一切知识的产生与积聚,都是因为要解答问题,——要解答实用上的困难或理论上的疑难。所谓“为知识而求知识”,其实也只是一种好奇心追求某种问题的解答,不过因为那种问题的性质不必是直接应用的,人们就觉得这是“无所为”的求知识了。我们出学校之后,离开了做学问的环境,如果没有一个两个值得解答的疑难问题在脑子里盘旋,就很难继续保持追求学问的热心。可是,如果你有了一个真有趣的问题天天逗你去想他,天天引诱你去解决他,天天对你挑衅笑你无可奈何他——这时候,你就会同恋爱一个女子发了疯一样,坐也坐不下,睡也睡不安,没工夫也得偷出工夫去陪她,没钱也得节衣缩食去巴结她。没有书,你自会变卖家私去买书;没有仪器,你自会典押衣服去置办仪器;没有师友,你自会不远千里去寻师访友。你只要能时时有疑难问题来逼你用脑子,你自然会保持发展你对学问的兴趣,即使在最贫乏的智识环境中,你也会慢慢的聚起一个小图书馆来,或者设置起一所小试验室来。所以我说:第一要寻问题。脑子里没有问题之日,就是你的智识生活寿终正寝之时!古人说,“待文王而兴者,凡民也。若夫豪杰之士,虽无文王犹兴。”试想伽利略(Galileo)和牛顿(Newton)有多少藏书?有多少仪器?他们不过是有问题而已。有了问题而后,他们自会造出仪器来解答他们的问题。没有问题的人们,关在图书馆里也不会用书,锁在试验室里也不会有什么发现。

第二个方子也只有一句话:“总得多发展一点儿非职业的兴趣。”离开学校之后,大家总得寻个吃饭的职业。可是你寻得的职业未必就是你所学的,或者未必是你所心喜的,或者是你所学而实在和你的性情不相近的。在这种状况之下,工作就往往成了苦工,就不感觉兴趣了。为糊口而作那种非“性之所近而力之所能勉”的工作,就很难保持求知的兴趣和生活的理想主义。最好的救济方法只有多多发展职业以外的正当兴趣与活动。一个人应该有他的职业,又应该有他的非职业的玩艺儿,可以叫做业余活动。凡一个人用他的闲暇来做的事业,都是他的业余活动。往往他的业余活动比他的职业还更重要,因为一个人的前程往往全靠他怎样用他的闲暇时间。他用他的闲暇来打麻将,他就成个赌徒,你用你的闲暇来做社会服务,你也许成个社会改革者;或者你用你的闲暇去研究历史,你也许成个史学家。你的闲暇往往定你的终身。英国19世纪的两个哲人,弥儿(J.S·Miull)终身做东印度公司的秘书,然而他的业余工作使他在哲学上,经济学上,政治思想史上都占一个很高的位置;斯宾塞(Spencer)是一个测量工程师,然而他的业余工作使他成为前世纪晚期世界思想界的一个重镇。古来成大学问的人,几乎没有一个不是善用他的闲暇时间的。特别在这个组织不健全的中国社会,职业不容易适合我们性情,我们要想生活不苦痛或不堕落,只有多方发展业余的兴趣,使我们的精神有所寄托,使我们的剩余精力有所施展。有了这种心爱的玩意儿,你就做6个钟头的抹桌子工夫也不会感觉烦闷了,因为你知道,抹了6点钟的桌子之后,你可以回家去做你的化学研究,或画完你的大幅山水,或写你的小说戏曲,或继续你的历史考据,或做你的社会改革事业。你有了这种称心如意的活动,生活就不枯寂了,精神也就不会烦闷了。

第三个方子也只有一句话:“你总得有一点儿信心。”我们生在这个不幸的时代,眼中所见,耳中所闻,无非是叫我们悲观失望的。特别是在这个年头毕业的你们,眼见自己的国家民族沉沦到这步田地,眼看世界只是强权的世界,望极天边好像看不见一线的光明——在这个年头不发狂自杀,已算是万幸了,怎么还能够希望保持一点儿内心的镇定和理想的信任呢?我要对你们说：这时候正是我们要培养我们的信心的时候！只要我们有信心，我们还有救。古人说："信心可以移山。"又说："只要工夫深，生铁磨成绣花针。"你不信吗？当拿破仑的军队征服普鲁士占据柏林的时候，有一位穷教授叫做费希特的，天天在讲堂上劝他的国人要有信心，要信仰他们的民族是有世界的特殊使命的，是必定要复兴的。费希特死的时候(1814)，谁也不能预料德意志统一帝国何时可以实现。然而不满五十年，新的统一的德意志帝国居然实现了。

一个国家的强弱盛衰，都不是偶然的，都不能逃出因果的铁律的。我们今日所受的苦痛和耻辱，都只是过去种种恶因种下的恶果。我们要收将来的善果，必须努力种现在的新因。一粒一粒的种，必有满仓满屋的收，这是我们今日应该有的信心。

我们要深信：今日的失败，都由于过去的不努力。

我们要深信：今日的努力，必定有将来的大收成。

佛典里有一句话："福不唐捐。"唐捐就是白白的丢了。我们也应该说："功不唐捐！"没有一点儿努力是会白白的丢了的。在我们看不见想不到的时候，在我们看不见想不到的方向，你瞧！你下的种子早已生根发芽开花结果了！

你不信吗？法国被普鲁士打败之后，割了两省地，赔了50万万法郎的赔款。这时候有一位刻苦的科学家巴斯德终日埋头在他的试验室里做他的化学试验和微菌学研究。他是一个最爱国的人，然而他深信只有科学可以救国。他用一生的精力证明了三个科学问题：(一)每一种发酵作用都是由于一种微菌的发展；(二)每一种传染病都是由于一种微菌在生物体中的发展；(三)传染病的微菌，在特殊的培养之下，可以减轻毒力，使它从病菌变成防病的药苗——这三个问题，在表面上似乎都和救国大事业没有多大的关系。然而从第一个问题的证明，巴斯德定出做醋酿酒的新法，使全国的酒醋业每年减除极大的损失。从第二个问题的证明，巴斯德教全国的蚕丝业怎样选种防病，教全国的畜牧农家怎样防止牛羊瘟疫，又教全世界的医学界怎样注重消毒以减除外科手术的死亡率。从第三个问题的证明，巴斯德发明了牲畜的脾热瘟的治疗疫苗，每年替法国农家减除了2000万法郎的大损失；又发明了疯狗咬毒的治疗法，救济了无数的生命。所以英国的科学家赫胥黎在皇家学会里称颂巴斯德的功绩道："法国给了德国50万万法郎的赔款，巴斯德先生一个人研究科学的成绩足够还清这一笔赔款了。"

巴斯德对于科学有绝大的信心，所以他在国家蒙奇辱大难的时候，终不肯抛弃他的显微镜与试验室。他绝不想他的显微镜底下能偿还50万万法郎的赔款，然而在他看不见想不到的时候，他已收获了科学救国的奇迹了。

朋友们，在你最悲观最失望的时候，那正是你必须鼓起坚强的信心的时候。你要深信：天下没有白费的努力。成功不必在我，而功力必不唐捐。

生活有目标比赚钱更重要——生命篇

卑劣地、愚蠢地、放纵地、邪恶地活着，与其说是活得不好，不如说是慢性死亡。

我们的世界充斥着这样的男女，他们除了拼命地增加银行存款，没有真正的目标，没有更高的追求。一些人毕生都在追逐金钱，绝大多数时间却一无所获。另一些人挣的钱多得花不了，自己却活不过他们开的那些公司。这两种人都在朝着他们所认为的幸福不停地劳作，但是，他们都错了。当我回首所有的辉煌，我终于意识到，找到生活的目标要高于赚钱本身。

怎样活着

◇[古希腊]德谟克里特

德谟克里特(约前460~约前370),古希腊哲学家,与留基伯并称为原子论的创始人。出生于色雷斯的海滨城市阿布德拉城。在他定居的家乡从事研究工作之前,曾到埃及、巴比伦甚至印度等地游历,广泛接触和吸收东方文化。德谟克里特涉猎数学、天文、地质、物理、生物、医学诸学科,提出圆锥体、棱锥体、球体等体积计算方法,在逻辑学、伦理学、心理学、政治学和法学上也有所建树,马克思和恩格斯因此赞美他是古希腊"第一个百科全书式的学者"。

卑劣地、愚蠢地、放纵地、邪恶地活着,与其说是活得不好,不如说是慢性死亡。

追求对灵魂好的东西,是追求神圣的东西;追求肉体好的东西,是追求凡俗的东西。

应该做好人,或者向好人学习。

使人幸福的并不是体力和金钱,而是正直和公允。

在患难时忠于义务,是伟大的。

害人的人比受害的人更不幸。

做了可耻的事情而能追悔,就挽救了生命。

不学习是得不到任何技艺、任何学问的。

蠢人活着却尝不到人生的愉快。

蠢人是一辈子都不能使任何人满意的。

医学治好身体上的毛病,哲学解除灵魂的烦恼。

智慧生出三种果实:善于思想、善于说话、善于行动。

人们在祈祷中恳求神赐给他们健康,却不知道自己正是健康的主宰。他们无节制地戕害着身体,他们放纵情欲,自己背叛了自己的健康。

通过对享乐的节制和对生活的协调,才能得到灵魂的安宁。缺乏或过度惯于变换位置,将引起灵魂的大骚动。摇摆于这两个极端之间的灵魂是不安宁的。因此应把心思放在能够办到的事情上,满足于自己可以支配的东西。不要光是看着那些被嫉妒、被羡慕的人,思想上跟着那些人跑。倒是应该将眼光放到生活贫困的人的身上,想想他们的痛苦,这样就会感到自己的现状很不错、很值得羡慕了,就不会老是贪心不足,给自己的灵魂造成苦恼。

因为一个人如果羡慕财主,羡慕那些被认为幸福的人,时刻想着他们,就会不由自主地不断搞出新花样。由于贪得无厌,终于做出无可挽回的犯法行为。因此,不应该贪图那些不属于自己的东西,而应该满足于自己所有的东西,将自己的生活与那些更不幸的人比一比。想想他们的痛苦,你就会庆幸自己的命运比他们好了。采取这种看法,就会生活得更安宁,就会驱除生活中的几个恶煞:嫉妒、眼红、不满。

生命的五种恩赐

◇[美]马克·吐温　王汉梁/译

马克·吐温(1835~1910),美国作家,1865年因发表短篇小说《卡拉维拉斯县著名的跳蛙》成为闻名全国的幽默大师。其杰作多取材于童年在密西西比河上的生活,《密西西比河上》就以早年的舵手生活为题材;长篇小说《汤姆·索耶历险记》及《哈克贝利·费恩历险记》也以密西西比河及河边小镇为背景。《艰难岁月》则反映他在西部新开发地区的生活经历。他还写过一些针砭时政、讽刺封建制度和宗教以及抨击黑奴制的小说,如与华尔纳合写的《镀金时代》,以英国为背景的《王子与贫儿》和《亚瑟王朝廷上的康涅狄格州美国人》以及《傻瓜威尔逊》。晚年作品中流露出对现实的失望和对有产阶级的悲观态度,比较重要的有《败坏了赫德莱堡的人》、《人是怎么回事?》、《神秘的来客》等,但最重要的著作是他口授秘书笔录的《自传》。

一

在生命的黎明时分，一位仁慈的仙女带着她的篮子跑来，说：

“这些都是礼物，挑一样吧，把其余的留下。小心些，作出明智的抉择。哦，要作出明智的抉择哪！因为，这些礼物当中只有一样是宝贵的。”

礼物有五种：名望、爱情、财富、欢乐、死亡。少年人迫不及待地说：“无需考虑了。”他挑了欢乐。

他踏进社会，寻欢作乐，沉湎其中。可是，每一次欢乐到头来都是短暂、沮丧、虚妄的。它们在行将消逝时都嘲笑他。最后，他说：“这些年我都白过了。假如我能重新挑选我一定会作出明智的抉择。”

二

仙女出现了，说：

“还剩四样礼物。再挑一次吧；哦，记住——光阴似箭。这些礼物当中只有一样是宝贵的。”

这个男人沉思良久，然后挑选了爱情。他没有觉察到仙女的眼里涌出了泪花。

好多好多年以后，这个男人坐在一间空屋里守着一口棺材。他喃喃自忖道：“她们一个个抛下我走了。如今，她——最亲密的，最后一个——躺在这儿了。一阵阵孤寂朝我袭来。为了那个滑头商人——爱情——卖给我的每小时欢娱，我付出了一个小时的悲伤。我从心底里诅咒它呀。”

三

“重新挑吧，”仙女道，“岁月无疑把你教聪明了。还剩三样礼物。记住——它们当中只有一样是有价值的。小心选择。”

这个男人沉吟良久，然后挑了名望。仙女叹了口气，扬长而去。

好些年过去后，仙女又回来了。她站在那个在暮色中独坐冥想的男人身后。她明白他的心思：

“我名扬全球，有口皆碑。对我来说，虽有一时之喜，但毕竟转瞬即逝！接踵而来的是忌妒、诽谤、中伤、嫉恨、迫害，然后便是嘲笑。这是收场的开端，一切的末了，则是怜悯，它是名望的葬礼。哦，出名的辛酸的悲伤啊！声名卓著时遭人唾骂，声名狼藉时受人轻蔑和怜悯。”

四

“再挑吧。”这是仙女的声音，“还剩两样礼物。别绝望，从一开始起，便只有一样东西是宝贵的。它还在这儿呢。”

“财富——即是权力！我真瞎了眼呀！”那个男人道，“现在，生命终于变得有价值了。我要挥金如土，大肆炫耀。那些惯于嘲笑和蔑视的人将匍匐在我的脚前的污泥中。我要用他们的忌妒来喂饱我饥饿的心魂。我要享受一切奢华，一切快乐，以及精神上的一切陶醉，肉体上的一切满足。这个肉体人们都视为珍宝。我要买，买！遵从，崇敬——一个庸碌的人间商场所能提供的人生种种虚荣享受。我已经失去了许多时间，在这之前，都作了糊涂的选择。那时我懵然无知，尽挑那些貌似最好的东西。”

短暂的三年过去了。一天，那个男人坐在一间简陋的顶楼里瑟瑟直抖。他憔悴，苍白，双眼凹陷，衣衫褴褛。他一边咬嚼一块干面包皮，一边嘀咕道：

“为了那种种卑劣的事端和镀金的谎言，我要诅咒人间的一切礼物，以及一切徒有虚名的东西！它们不是礼物，只是些暂借的东西罢了，欢乐、爱情、名望、财富，都只是些暂时的伪装。它们永恒的真相是——痛苦、悲伤、羞辱、贫穷。仙女说得对，她的礼物之中只有一样是宝贵的，只有一样是有价值的。现在我知道，这些东西跟那无价之宝相比是多么可怜卑贱啊！那珍贵、甜蜜、仁厚的礼物呀！沉浸在无梦的永久酣睡之中，折磨肉体的痛苦和咬啮心灵的羞辱、悲伤，便一了百了。给我吧！我倦了；我要安息。”

五

仙女来了，又带来了四样礼物，独缺死亡。她说：

“我把它给了一个母亲的爱儿——一个小孩子。他虽懵然无知，却信任我，求我代他挑选。你没要求我替你选择啊。”

“哦，我真惨啊！那么留给我的是什么呢？”

“你只配遭受垂垂暮年的反复无常的侮辱。”

生活有目标比赚钱更重要

◇[美]肯尼斯·贝林

肯尼斯·贝林1928年出生于美国一个农场家庭。是一位成功的商人、投资者和慈善家，被《福布斯》评为美国最有钱的400个富翁之一。小时候家境贫寒，靠送报纸、修草坪、做球童赚点儿小钱，十几岁的时候，在贮木场和一家零售店干活。高中毕业后，销售二手车，并最终开了自己的旧车、新车经销商店。27岁成为百万富翁，后移居佛罗里达，开始第二次创业：地产开发。后移居加利福尼亚，建造了黑鹰——美国最高档的社区之一。1988~1997年期间，他是西雅图海鹰队的最大股东。生意取得巨大成功后，他创建了世界轮椅基金会，向美国和世界发展中国家捐赠轮椅，被称为让100万人“站”起来的富豪。美国总统布什获知其善举后致信称他“满怀仁爱的精神，体现了美利坚的伟大特质”。

我出生贫寒，不过会很富有地死去。

我认为，送给陌生人一个微笑是亲切善良的表示，它给人以温暖和快乐。这是每个人都能做到的一种慈善关爱。

我最终在人生路上学到了一个简单的道理：找到生活的目标要高于赚钱本身。

60多年前的那一幕我历历在目，我们家满载着生活的压力，日子紧巴巴的。很小的时候我就变得独立了，6岁时开始打零工。从卖蚯蚓、送报纸、修草坪起步，高中毕业后销售二手车并开了自己的车行，后来又做房地产生意。我雄心勃勃。那时我什么也没有，渴望成就、渴望物质、渴望成功。到底是什么让我永不知足？因为我不喜欢做穷人。

我终于拥有了大笔财富。我的钱财比我小时候所梦想的还要多。我以前的梦想是收集世界顶级老爷车，收购一支全美橄榄球联盟的球队，拥有一艘私人游艇和一架DC-9私人飞机。但当我拥有了这一切后，无论我积累并经历了多少更多、更好、与众不同的东西,我的内心却空空荡荡。我过上了奢华无当的生活。

其实,我们的世界充斥着这样的男女,他们除了拼命地增加银行存款,没有真正的目标,没有更高的追求。一些人毕生都在追逐金钱,绝大多数时间却一无所获;另一些人挣的钱多得花不了,自己却活不过他们开的那些公司。这两种人都在朝着他们所认为的幸福不停地劳作,但是,他们都错了。

我知道他们都是怎么想怎么活的。我曾经很自私,以为物质可以给我快乐,自己所极度渴望的那种物质上的成功能带来满足感。对财富的需求曾让我无法看清我可能会失去的一切。在我忙于追求赚钱的每一刻,我无暇去关注那些我正在失去、而唯有用心方可体会的东西。那时,我以为挣钱就是目标。但事实是,我把梯子靠错了墙,爬到顶了才发现错了。我不由自主地想,物质上获得成功后,我竟然不知道去何处寻找真正的幸福。

当我回首所有的辉煌,我终于意识到,找到生活的目标要高于赚钱本身。目标是这样一种东西——需要你付出心血、时间、爱心,还有金钱,为人类创造更美好的生活才能达到,不求任何回报。

那是2000年,当时,我把一个越南小姑娘从地上抱起来,放在轮椅上。那一刹那,她仿佛看到了希望。我看到她开始展望原本不敢奢望的未来。她绽开了笑容,眼睛就如同正午的天空一样明亮。我知道,为了那一刻她的所有改变,我改变了很多。生平第一次,我感受到了快乐。为了保持那种感受,我愿意尽我所能去做一切。这个小姑娘挖掘出我心底善良的天性,让我感受到被人需要的幸福。我终于体会到向目标迈进的旅程并不艰难。

我开始去全世界最贫困的地方,去帮助那些最需要帮助却无助的残疾人。对于千百万残疾人来说,轮椅可以让他活动、上学和工作。最重要的是,它是尊严。当一个人趴在地上时,他是没有尊严的,而当他坐上了轮椅,可以与别人一样高地交流时,他的生命里就有了希望。那一年,我捐资成立了世界轮椅基金会,其宗旨是为每一位需要轮椅的男女老幼赠送一部轮椅。

捐赠轮椅愈来愈是我一生最重要的事。

生活是美好的

◇[俄]契诃夫　汝　龙/译

契诃夫(1860~1904),19世纪末俄国伟大的批判现实主义作家,幽默讽刺大师,短篇小说巨匠,著名剧作家。他的小说短小精悍,简练朴素,结构紧凑,情节生动,笔调幽默,语言明快,富于音乐节奏感,寓意深刻。他善于从日常生活中发现具有典型意义的人和事,通过幽默可笑的情节进行艺术概括,塑造出完整的典型形象,反映当时的俄国社会。其代表作《变色龙》、《套中人》堪称俄国文学史上精湛而完美的艺术珍品,前者成为见风使舵、善于变相、投机钻营者的代名词;后者成为因循守旧、畏首畏尾、害怕变革者的符号象征。他以卓越的讽刺幽默才华为世界文学人物画廊中增添了两个不朽的艺术形象。他的名言"简洁是天才的姊妹"也成为后世作家孜孜追求的座右铭。

生活是极不愉快的玩笑,不过要使它美好却也不是很难。为了做到这一点,光是中头彩赢了20万卢布、得了"白鹰"勋章、娶个漂亮女人、以好人出名,还是不够的——这些福分都是无常的,而且也很容易习惯,为了不断地感到幸福,甚至在苦恼和愁闷的时候也感到幸福,那就需要:(一)善于满足现状;(二)很高兴地感到"事情原来可能更糟呢"。

这是不难的。要是火柴在你的衣袋里燃起来了,那你应当高兴,而且感谢上苍:多亏你的衣袋不是火药库。

要是有穷亲戚上别墅来找你,你不要脸色发白,而要喜气洋洋地叫道:"挺好,幸亏来的不是警察!"

要是你的手指头扎了一根刺,那你应当高兴:"挺好,多亏这根刺不是扎在眼睛里!"

如果你的妻子或者小姨子练钢琴,那你不要发脾气,而要感激这份福气:你是在听音乐,而不是听狼嗥或者猫的音乐会。

你该高兴，因为你不是拉长途马车的马，不是细菌，不是猪，不是驴，不是茨冈人牵的熊，不是臭虫……你要高兴，因为眼下你没有坐在被告席上，也没有看见债主在你面前，更没有主动与土尔巴谈稿费问题。如果你不是住在边远的地方，那一想到命运总算没有把你带到边远的地方去，你岂不觉得幸福？

要是你有一颗牙痛起来，那你就该高兴：幸亏不是满口的牙痛起来。

你该高兴，因为你居然可以不必读《公民报》，不必坐在垃圾上，不必一下子跟三个人结婚……

要是你被送到警察局去了，那就该乐得跳起来，因为多亏没有把你送到地狱的大火里去。

要是你挨了一顿桦木棍子的打，那就该蹦蹦跳跳地叫道："我多么运气，总算没有拿带刺的棒子打我！"

要是你的妻子对你变了心，那就该高兴，多亏她背叛的是你，不是国家。

依此类推……朋友，照着我的劝告去做吧，你的生活就会欢乐无穷了。

论 生 活

◇[俄]列夫·托尔斯泰

要写下来的是：

(一)习惯是伟人的。习惯使得以前无论何时都需要许多努力——精神的要素和动物的要素相斗争——的各种行为，不再需要那些努力和注意，而让它们能够被使用到以后的工作上面去。习惯是凝固基石的石灰，它使得在基石上面能够加上新的石块。可是，这种习惯的善的性能，当斗争的解决对动物的要素有利的时候，也可以变成不道德的原因；即发生了人吃人、执行死刑、进行战争、私有土地、利用卖淫等等的事情。

(二)不错，信心、迷信、妄想，都给人生以巨大的力量。然而，在这种场合，为了实行人生一切法则，就得制定重要的、唯一的，而且大部分都可能的形式和方法，比如教会法则的实行、去世、自焚、无信仰者的绝灭等等。而在没有迷信和信仰的场合，要解决以上帝的共同法则为基础的人生最重要的一切问题，爱是必要的。这种活动并没有像前者般鲜明。

(三)自我牺牲越来越大,要谦虚持躬也就越来越困难。相反的场合也正相反。

(四)临死的人所说的话,意味特别来得深长。可是,我们不是时常都朝着死亡走吗?尤其是老年人更加明显地是这样。让老年人理解自己所说的话意味特别深长吧!

(五)他跪拜,哭泣,诵读祈祷书,向上帝请教自救之道;但,在心之深处却感到:这一切都是无聊的事情,没有谁会救自己的。

(六)为要使所谓"野蛮人"变成文明人而传授自己的教会信仰的牧师们,是多么可怕,不,毋宁说是多么可惊的不逊和疯狂啊!

(七) 被我们称做世界的, 是由意识和被意识到的东西这两部分所合成的。没有意识,也就没有世界吧?可是,却不能说,没有世界,也就没有意识吧?可不是吗!

(八)在言语上我们常常说:不要跟人谈及他所难于理解的事物。可是,在实际上,我们却往往不能自制,完全无益地浪费唇舌,而且感情激动地对那个不能理解的人谈着他所不理解的事情。

(九)一切利己的生活,都是非理性的、动物的生活。未成年的孩子们和动物的生活就是这样的。但,所有利己的生活,对于有理性的成年人,都是一种不自然的状态——跟疯狂相同。然而,世上大部分的妇女,在儿童时代,都过着合法的利己生活;其次生活于动物的家庭爱的利己主义中;再次生活于利己的夫妇爱之中,而且是物质主义;不久就依靠孩子们而生活,失去外部的利己生活,具备着思虑和辨别,但依旧还是缺少普遍的博爱精神,而停留在动物的状态中。这种女性的生活状态是很可怕的,然而却是极普通的。

(十)你想要为别人服务,劳动者想要劳动。但,为要工作而得到利益,必定要有工具,不但是这样,而且必定要有最好的工具。可是,你是怎么样的呢?具备着各种物质、性格、习惯、知识等等的你,果然能够从自身提出为万众服务的最好的工具吗?对于你,必要的事情,并不是服务于人,而是服务于上帝。而服务于上帝这件事情是明白的、被规定了的,那就是你要扩大自己内心的爱。由于扩大自己内心的爱,你就不得不服务于人们。而你,对于自己,对于人们,对于上帝,都将同样必要地服务。

(十一)不幸的并不是受到痛苦的人,而是将痛苦给予他人的人。

(十二) 所有的人都时常在成长的过程当中, 因而不能把任何人加以否定。可是,有些人,他们在现在的境地,过于隔绝和无知,我们只好完全像对待孩子般地去对待他们。

在生活面前

◇[苏联]高尔基　陈学迅/译

在生活面前站着两个人，两个人都对生活不满，于是生活问他们："你们对我期待什么？"

其中一位疲倦地说道："你本身的矛盾太残酷，这使我感到愤懑。我的理智无力理解你的真谛。在你面前，我的心灵里是一片莫名其妙的昏暗，我的意识告诉我，人是万物中最优秀的……"

"你想向我要什么？"生活冷冰冰地问道。

"要幸福！……为了我的幸福，你必须调解我心灵里两种相矛盾的原则：一是'我想要的'，一是'你应该给的'。"

"那你就期待你应该得到的东西吧！"生活严肃地说。

"我不想成为你的牺牲品！"他愤慨地大声说道，"我想当生活的主宰，可我现在必须俯首弯腰服从生活的法则，而受到它的重压——这是为什么？"

"喂，你讲干脆点儿！"另外一个人说道。他站得离生活近些。可前者不理会后者的话，继续说道："我要生活的自由，我要万事如意，我不愿意因为义务而当他人的附属品——不管是同伴或者奴仆；我要想当什么就当什么——即使是当同伴或者奴仆也要随我的心愿。我不愿做社会的一砖一瓦，因为社会为修建自己福利的牢笼，而把我想放哪里就随意放在哪里。我是人，是生活的灵魂和理智，我应该是自由的！"

"请等一下！"生活说，"你讲多了，我知道你还要说些什么。你想当自由的人！那好，你就当自由人吧！你来同我斗，你胜了就当我的主人，我就是你的奴仆。你知道，我生性冷酷，缺乏热情，但对胜利者是恭顺的。但是，需要战胜我才行！你能为自身的自由同我决斗吗？你行吗？你有足够的力量战胜我吗？你相信自己的力量吗？"

那个人沮丧地说："你逼迫我同你斗争，你像磨石一样，仿佛要把我的理智磨成一把利刃。"

"你跟生活说话要严肃点儿，不要牢骚满腹。"第二个人说。

可前者毫不理会，还继续说：

“我受不了你的重压，我要休息。啊，让我尝尝幸福吧！”

生活冷冰冰地笑了一下，问道：“你说吧，你是向我要求还是祈求？”“祈求。”那个人的回答像回音那么细柔。

“你祈求的样子简直像个没出息的乞丐，但是，我的可怜虫，我必须对你讲清——生活是不能施舍的。你知道什么呢？一个自由的人，他不会向我祈求，他会自己来向我索取我的赠品；而你，只不过是你自己欲望的奴仆。只有那些奋力抛弃诸多欲望，而投身于实现一个愿望的人，才是自由的人。明白了吗？去吧！”

他明白了，于是像狗一样地躺倒在冷酷的生活脚下，企求悄悄地享受点儿从生活的餐桌上扔弃的残饭剩菜。

这时，严峻的生活把那双冷漠的目光转向另外一个人——那个人脸形粗犷，但却善良。

“你祈求什么？”

“我不是祈求，我是要求。”

“要求什么？”

“公理在哪儿？你把公理给我，其他的一切我以后再要，现在我需要公理。我长期而耐心地等待，我靠劳动生活，没有休息，没有光明，我一直在等待……相信公理总是有的！公理在哪儿呢？”

生活无动于衷地答道：“你自己去获取吧！”

忠实于自己

◇[日]池田大作　程　郁　禾　声/译

据说当代是“饱食时代”和“空闲时代”，又是“颓废的时代”和“欺诈的时代”，同时又是“自私与不负责任的时代”。现实的确如此，到处弥漫着放纵的时髦风气。

每个人的生活态度自有所不同，我想这也未尝不可。但是，一想到要无所作为地度过这漫长人生，就使人感到无比的空虚无聊。

《涅槃经》说：“人命之不息，过于山水。今日虽存而明日难知。”

这就是说，人类生命流逝的速度，比滔滔而下的山溪更为迅速，转眼之间就消逝了。今天虽然平安，可谁也无法保证明日的安定。《摩耶经》中有一节谈到，人生的旅程就是“步步近死地”。一天一天、一步一步接近死亡，这就是人生的真相。

《法华经》中也有一段名言：“三界无安，犹如火宅，充满众苦，甚可畏怖。”简单地说，所谓“三界”便是凡夫所居之现实世界，它就像失了火的房子，烦恼在里面熊熊燃烧，充满了各种苦难。正如经文所说，人生的确离不开烦恼。子女、家庭、工作等等，仔细想来，可说一切都充满了烦恼。

人生被这种无常而痛苦的烦恼所束缚、所玷污，如何使人转向不变的“常乐我净”的幸福状态呢？也就是说，怎样才能从人生的悲观主义中解脱出来呢？怎样才能确立正确的法则和人生观，依靠坚韧的乐观主义生活下去呢？

这个“弃暗投明”的转变正是人生的头等大事。我之所以立足于悠久的生命观，走上信奉佛法的道路，理由也就在此。从无常的世界向永恒世界的转换，正是有史以来人类所孜孜研究的课题。

小林秀雄先生在《莫扎特》一书中写道：

“对强韧的精神而言，恶劣的环境也是实在的环境，既不缺什么，也不少什么。”“生命力中有一种能力，能将外在的偶然看做内在的必然。这种思想是宗教式的，但它并不是空想。”

这便是和环境搏斗，并战而胜之的人类能力；是精神的力量，能将外在的偶然性看做内在的必然性。这种无限的力量就蕴藏在自己生命之中，本人能切实感受并加以发挥，而真正的人生之路就在其中。

这样努力下去，不为任何环境所屈，总是忠实于自己，发展自己，于是便奏响了人生的凯歌。

佛法中有所谓“梅樱桃李”的命题。

比如梅花，于春光初见之时，首先开出高雅的花朵；然后是樱花盛开的季节，它也尽显风姿；桃花、李花也都各领风骚。同样，人也应当让自己的生命开出美丽的花朵，不，生命内部本身就有催开绚丽鲜花的神力。

那么，带来这种神力的东西是什么呢？这便是对自身“使命”与“责任”的深刻觉悟。某些人以根本的“法则”为基准，始终坚持一定的生活道路，即将使命和责任视为非我莫属的。这样的人就会不断开拓自己的生命，就和梅、樱一样，迟早会开出灿烂的鲜花，散发出阵阵清香。他就可以最大限度地发挥生命的作用，并为此感到骄傲、满足和充实。

不管是哪种人，都是带着某种使命而生于世上的极其宝贵的人。这种使命并不体现于外部相对立的世界中，而体现在与自己搏斗、战胜自己、贯彻自己信念之时。人生的一切，都是自己生命现象的表象，是自己生命的反映，人决不为外界而活着。我的恩师户田先生经常教导我们说："要为自己的生命而活下去。"这句话具有深刻的内涵和千钧的分量，指出人生终极目的之所在。

人，诗意地安居(节选)

◇[德]海德格尔

海德格尔(1889~1976)，德国哲学家，存在主义的创始人和主要代表之一，被誉为当代最有创见的思想家、最杰出的本体论学者、技术社会的批判者。中学时代便对哲学产生兴趣，开始研究19世纪末期哲学家布伦坦诺的哲学，后就读于弗莱堡大学，研读神学、哲学。1913年获博士学位，1915年取得大学讲师资格，后在弗莱堡大学执教，1923年起任马堡大学哲学教授。1927年出版的重要著作《存在与时间》，奠定了他一生哲学活动的基础及其在20世纪哲学史中的地位。1928年回到弗莱堡大学接任哲学讲座教授。1933年经选举继任弗莱堡大学校长。1934年辞去校长职务。战后因这段历史受到审查并被禁止授课。1951年恢复正常讲课。他一生著述很多，主要著作还有《康德与形而上学问题》、《论真理的本质》等。

我为什么住乡下？

南黑森林一个开阔的陡峭斜坡上，有一间滑雪小屋，海拔1150米。小屋仅6米宽，7米长。低矮的屋顶覆盖着三间房间：厨房兼起居室，卧房和书房。整个狭长的谷底和对面同样陡峭的山坡上，疏疏落落地点缀着农舍，再往上是草地和牧场，一直延伸到林子里，那里古老的杉树茂密参天，这一切之上，是夏日明净的天空。两只苍鹰在这片灿烂的晴空里盘旋，舒缓，自在。

这便是我的"工作的世界"——由观察者(访客和夏日度假者)的眼光所见的情况。严格说来，我自己从不"观察"这里的风景。我只是在季节变换之际，日夜地体验它每一时刻的幻化。群山无言地庄重，岩石原始地坚硬，杉树缓慢精心地生长，花朵怒放的草地绚丽而又朴素的光彩，漫长的秋夜山溪的奔涌，积雪的平原肃穆的单一——所有的这些风物变幻，都穿透日常存在，在这里突现出来，不是在“审美的”沉浸或人为勉强的移情发生的时候，而仅仅在人自身的存在整个儿融入其中之际……

严冬的深夜里，风雪在小屋外肆虐，白雪覆盖了一切，还有什么时刻比此时此景更适合哲学思考的呢？这样的时候，所有的追问必然会变得更加单纯而富有实质性。这样的思想产生的成果只能是原始而犀利的。那种把思想诉诸语言的努力，则像高耸的杉树对抗的风景。

这种哲学思索可不是隐士对尘世的逃遁，它属于类似农夫劳作的自然过程。当农家少年将沉重的雪橇拖上山坡，扶稳橇把，推上高高的山毛榉，沿危险的斜坡运回坡下的家里；当牧人一无所思，漫长缓行赶着他的牛群上山；当农夫在自己的棚屋里将数不清的盖屋顶用的木板整理就绪：这类情景和我的工作是一样的。思想深深扎根于现实的生活，二者亲密无间。

城市里的人认为屈尊纡贵和农民作一番长谈就已经很不简单了。夜间工作之余，我和农民们一起烤火，或坐在“主人的角落”的桌边时，通常很少说话。大家在寂静中抽着烟斗，偶尔有人说起伐木工作快结束了，昨夜有只貂钻进了鸡棚，有头母牛可能早晨会产下牛犊，某人的叔伯害着中风，或者天气很快就要“转”了。我的工作就是这样扎根于南黑森林，扎根于这里的人民几百年来未曾变化的生活的那种不可替代的大地的根基。

生活在城里的人一般只是从所谓的“逗留乡间”获得一点儿“刺激”，我的工作却是整个儿被这里的一切所支持和引导。后来，我在小屋里的工作一次次被各种各样的研讨会、演讲邀请、会议和弗莱堡的教职所打断。然而，只要我一回到那里，甚至是在那小屋里“存在”的最初几个小时里，以前追问思索的整个世界就会以我离去时的原样重新向我涌来。我只是进入工作自身的节奏，从根本意义上讲，我自己并不能操纵它。城市人总担心，在山里和农民呆那么长时间，生活一无变化，人会不会觉得寂寞？其实，在这里体会到的不是寂寞，而是孤独。大都市中，人们像在其他地方一样，并不难感到寂寞，但绝对想象不出这份孤独。孤独有某种特别的原始的魔力，不是孤立我们，而是将我们整个存在抛入所有到场事物本质而确凿的近处。

在公众社会里，人可以靠报纸记者的宣传，一夜间成为名人。这是造成一个人本来的意愿被曲解，并很快被彻底遗忘的最确定无疑的遭际了。

相反，农民的记忆有其朴素明确永志不忘的忠实性。前些时候，那里的一位农妇快要去世了，她平日很爱和我聊天，告诉我许多村子里的古老传说。她的质朴无文的谈吐充满了丰富的想象。她还在使用村里许多年轻人不再熟悉很快就会湮没的不少古字和习语。去年，我独自在小屋里接连住过几个星期。那阵子，这位农妇经常不顾83岁高龄，爬上山坡来看我。照她自己说，她一次次来，不过是想看看我是否还在这儿，或者，是否有人突然把我的小屋洗劫一空。整个弥留之夜，她都在跟家人谈话。就在生命最后一刻前一个半钟头，她还要人向那个“教授”致意。这样的记忆胜过任何国际性报刊对据说是我的哲学思想的聪明的报道。

都市社会面临着堕入一种毁灭性错误的危险。都市人想到农民的世界和存在时，常常有意把他们那种其实非常顽固的炫耀生活暂时收敛一番，殊不知这与他们心底的实情——和农民的生活尽量疏远，听任他们的存在一如既往，不逾旧轨，对学究们言不由衷的关于“民风”、“土地的根基”的长篇大论嗤之以鼻——又自相矛盾了。农民不需要也不想要这种城市派头的好管闲事。他们所需所想的是对其存在与自主的静谧生活的维系。但是今天许多城里人(比如那个滑雪者)在村子里，在农民的家里，行事往往就跟他们在城市的娱乐区“找乐子”一样。这种行为一夜之间破坏的东西比百年来关于民俗民风的博学炫耀所能毁坏的还要多。

让我们抛开这些屈尊俯就的熟悉和假冒的对“乡人”的关心，学会严肃地对待那里的原始单纯的生存吧！唯其如此，那种原始单纯的生存才能重新向我们言说它自己。

最近我接到柏林大学讲课的第二次邀请。我离开弗莱堡，重返山上小屋。我倾听群山、森林和那农田的无声的言说，还看望了我的老朋友，一个 75 岁的农民。他已经在报上看到了邀请消息。猜猜他说了些什么？慢慢地，他那双清澈无比的眼睛不加任何掩饰地紧紧盯着我，双唇紧抿，意味深长地将他那双真诚的双手放在我肩上，几乎看不出来地摇摇头。这就是说：“别去！”

生命的韵律

◇[印度]奥　修　金　珲　王建伟/译

在生命中，每样东西都是一个韵律。只有在死亡里，事物才是绝对的，没有韵律。在生命中有一个韵律——白天来了，然后是黑夜。赫拉克利特说：上帝是夏天和冬天、白天和黑夜、饥饿和满足、生命和死亡。生命是一个韵律，一个在两极之间不断颤动的现象。你不能一天 24 小时地爱一个人，如果你试着这么做，你的爱就会变成死的。你可以对一个人强烈地爱上几个片刻，然后你必须移开,因为你必须放松。否则爱就会变成那么一种狂热——而那么一种狂热的状态,你怎么可能在里面保持24个小时呢?白天必须有黑夜伴随着,必须有休息、有放松。爱是兴奋。你无法永远保持兴奋。你必须爱、你必须恨同一个人,如果你爱他,就没有什么不好。记住,这是必须记住的要点:如果你爱他,那么没有什么不好。爱认可每一件事情,即使是恨。爱净化每一样东西,即使是恨。爱使每一样东西都变得神圣,即使是恨。你爱你的妻子,然后你恨她,她爱你,她又恨你。这使生命成为一个韵律。它不是一种死的单调。它有情绪的变化、季节的变化。这种变化是好的,因为变化是一种活的现象;否则,如果有人爱你、爱你、爱你,即使爱也会变得乏味。没有人能够这么去爱,一天24个小时的爱只能是装出来的。

试着理解这一点:如果你假装爱,那么你就能假装24个小时,但是这样一来,它就是虚伪的。只有塑料花才不会凋谢,只有塑料花才不会死。如果你真是活的,你就会死;那是生命的一部分。如果你真的爱一个人,你就会生气,那是它的一部分。而且这没有什么不好。只有当它变成整体的时候,它才变成一种罪恶。如果它被爱包围着……被爱的海洋包围的恨的小岛是美丽的,它是美丽的;它给予爱张力,它给予爱放松。它给予爱一个韵律,它使生命成为一个和谐的整体。只要设想一个世界:太阳从来不下山,而你一天24小时都必须醒着——3个星期之内你们都会发疯。这正是爱所发生的情形——你们都疯了,假装,虚伪的脸,面具,伪善,显示并不存在的……

真正的问题在于,当你生气的时候,你不表现它,渐渐地,这种压制的心理机制变得如此根深蒂固,以至于每一件事情都变成虚假的。你没有感觉到爱,但是你要表现它,你没有感觉到慈悲,但是你要表现它——这样你的生活就是不真实的、不诚实的。诚实的生活像河流一样:它是变化的,它是运动的。有时候在夏天,河流完全消失了,只剩下干枯的河床。有时候在雨季,洪水决堤泛滥,形成一片汪洋。

只要试着看清:在生命中,两极之间有一个韵律,而人类却掉在一个陷阱里,因为我们决定要保持在一级上。你不可能保持在那里;你会向内移动,只有在表面上,你才试着装腔作势。然后整个生活都变成有毒的。然后每一样东西都进入每一样别的东西。在你的爱里面藏着恨,因为当你恨的时候,你试着微笑和伪装;现在它在你的血液里面,当你爱的时候,它就混合在其中。现在的人是一个掺杂的现象,是不纯的。这种情况的发生是因为你们所谓的宗教和道德的错误教育。他们都试着让你活在一级上。那一级他们称之为上帝、慈悲、爱——所有好的东西,所有正面的东西。另一级他们称之为魔鬼,所有坏的东西。

关于生命的思考

◇冰　心

冰心(1900~1999),现当代女作家、儿童文学作家。原名谢婉莹,祖籍福建长乐,生于福州,幼年就广泛接触中国古典小说和译作。1918年入协和女子大学预科,积极参加五四运动。1919年发表第一篇小说《两个家庭》,此后相继发表《斯人独憔悴》、《去国》等探索人生的"问题小说"。同时受到泰戈尔《飞鸟集》的影响,写出无标题的自由体小诗,后结集为《繁星》和《春水》,称为"春水体"。1921年加入文学研究会,同年开始发表散文《笑》和《往事》。1923年毕业于燕京大学中文系,赴美国卫斯理女子大学学习英国文学,旅美期间写有散文集《寄小读者》,显示出婉约典雅、轻灵隽丽、凝炼流畅的特点,具有高度的艺术表现力,比小说和诗歌取得更高的成就和影响,被称为"冰心体"。

我不敢说生命是什么,我只能说生命像什么。

生命像向东流的一江春水,它从最高处发源,冰雪是它的前身。它聚集起许多细流,合成一股有力的洪涛,向下奔注,它曲折的穿过了悬岩峭壁,冲倒了层沙积土,挟卷着滚滚的沙石,快乐勇敢的流走,一路上它享乐着它所遭遇的一切——有时候它遇到巉岩前阻,它愤激的奔腾了起来,怒吼着,回旋着,前波后浪的起伏催逼,直到它涌过了,冲倒了这危崖,它才心平气和的一泻千里。

有时候它经过了细细的平沙,斜阳芳草里,看见了夹岸红艳的桃花,它快乐而又羞怯,静静地流着,低低地吟唱着,轻轻地度过这一段浪漫的行程。

有时候它遇到暴风雨,这激电,这迅雷,使它心魂惊骇,疾风吹卷起它,大雨击打着它,它暂时浑浊了,扰乱了,而雨过天晴,只加给它许多新生的力量。

有时候它遇到晚霞和新月,向它照耀,向它投影,清冷中带些幽幽的温暖;这时它只想憩息,只想睡眠,而那股前进的力量,仍催逼着它向前走……

终于有一天,它远远地望见了大海,啊!它已到行程的终结,这大海,使它屏息,使它低头。她多么辽阔,多么伟大!多么光明,又多么黑暗!大海庄严的伸出臂儿来接引它。它一声不响的流入她的怀里。它消融了,归化了,说不上快乐,也没有悲哀!

也许有一天,它再从海上蓬蓬的雨点中升起,飞向西来,再形成一道江流,再冲倒两旁的石壁,再来寻夹岸的桃花。

然而我不敢说来生,也不敢信来生!

生命又像一棵小树,它从地底里聚集起许多生力,在冰雪下欠伸,在早春润湿的泥土中,勇敢快乐的破壳出来。它也许长在平原上,岩石中,城墙里,只要它抬头看了天,啊,看见了天!它便伸出嫩叶来吸收空气,承受日光,在雨中吟唱,在风中跳舞。它也许受着大树的荫遮,也许受着大树的覆压,而它青春生长的力量,终使它穿枝拂叶的挣脱了出来,在烈日下挺立抬头!

它过着骄奢的春天,它也许开出满树的繁花,蜂蝶围绕着它飘翔喧闹,小鸟在它枝头欣赏唱歌,它会听见黄莺清吟,杜鹃啼血,也许还听见枭鸟的怪啸。

它长到最茂盛的中年,它伸展出它如盖的浓荫,来荫庇树下的幽花芳草,它结出累累的果实,来呈现大地无尽的甜美与芳馨。

秋风起了,将它的叶子,由浓绿吹到绯红,秋阳下它再有一番的庄严灿烂,不是开花的骄傲,也不是结果的快乐,而是成功后的宁静的怡悦!

终于有一天,冬天的朔风,把它的黄叶干枝,卷落吹抖,它无力的在空中旋舞,在根下呻吟。大地庄严的伸出手儿来接引它,它一声不响的落在她的怀里。它消融了,归化了,它说不上快乐,也没有悲哀!

也许有一天,它再从地下的果仁中,破裂了出来,又长成一棵小树,再穿过丛莽的严遮,再来听黄莺的歌唱。

然而我不敢说来生,也不敢信来生。

宇宙是一个大生命,我们是宇宙大气中之一息。江流入海,叶落归根,我们是大生命中之一叶,大生命中之一滴。

在宇宙的大生命中,我们是多么卑微,多么渺小,而一滴一叶,也有它自己的使命!

要知道:生命的象征是活动,是生长,一滴一叶的活动生长,合成了整个宇宙的进化运行。

要记住:不是每一道江流都能入海,不流动的便成了死湖;不是每一粒种子都能成树,不生长的便成了空壳!

生命中不得永远快乐,也不是永远痛苦,快乐和痛苦是相生相成的。等于水道要经过不同的两岸,树木要经过常变的四时。

在快乐中我们要感谢生命，在痛苦中我们也要感谢生命。快乐固然兴奋，痛苦又何尝不美丽？我曾读到一个警句，是："愿你生命中有够多的云翳，来造成一个美丽的黄昏"。

生 命 力

◇[英]毛　姆

生命力是一种非常活跃的力量，它给人们带来的欢愉足以抵消人们所面临的一切艰难困苦。它使生活具有无限的价值，因为它在人的内心深处起作用，用它自身的辉煌火焰向每个人放射光明，所以无论怎样艰难，你都会忍受下去。悲观主义的产生，往往在于你设身处地想象别人的感受，这也是小说所以不那么真实的诸多因素之一。小说家用他的个人经历作素材，创造出一个公众的世界，把他自己特有的敏感性、思维能力和感情力量加在他想象的人物身上。大多数人不具备很强的想象力，他们无法领会到想象力丰富的人所感受到的无法忍受的坎坷境遇。

以私生活为例，极贫困的人不怕受到干扰，甚至习以为常，不以为意；而我们对此却非常重视，非常担心私生活受到干扰。一般来说，贫穷的人大多不喜欢独处，许多人聚在一起时他们的心理上会有某种安全感。和他们接触过的人都会感受到，他们对富有的人既不羡慕也不嫉妒。有许多我们认为生活中必不可少的东西，他们却认为自己不需要，这是富裕的人的运气。因为除非是瞎子，谁都可以看到，大城市里的无产阶级全部生活在苦难和纷扰之中。许多人没有工作，即使是有工作也是非常沉重的，他们以及他们的妻子儿女，长期生活在饥饿和死亡的边缘，前途是永无尽头、无法摆脱的贫穷。如果只有革命才能改变这个局面，就让革命早日到来吧。

即使在今天，我们也会在这个习惯于称为文明国家的社会里，看到人与人之间的关系依然是那么残酷无情，真不能轻易断言他们的生活比过去好。尽管如此，我们不得不承认，总的来说这个世界比历史上的世界要好一些；大多数人的命运虽然不好，总不像过去那样可悲可怕，我们有理由希望，随着知识的增长，许多残酷的迷信和腐朽习俗的废弃，代之以生气勃勃的博爱精神，人们深受其苦的好多邪恶将被消除。

然而还有许多邪恶势必会继续存在。我们是大自然的玩物,地震将继续制造惨重灾害,干旱将使谷物枯萎,突然而来的洪水将摧毁人们精心建造的房屋。唉,愚蠢的人类还将继续发动战争,蹂躏彼此的国土,不能适应生活的婴儿还将继续出生,结果生活将成为他们的沉重负担。世界上的人只要有强弱之分,弱者终将被强者逼得走投无路。除非人们摆脱得掉私有观念的符咒——我想那是永远不可能的——他们终将从无力守卫的人手里攫夺他的所有物。只要人们自我完成的本能存在一天,他们就不惜牺牲别人的幸福,恣意发挥自己的这种本能。总而言之,只要人是人,他必须准备面对他所能忍受的一切邪恶和祸患。

恶的存在,无从解释。只能把它看做是宇宙秩序中不可缺少的一部分,无视它是幼稚的,悲叹也是徒劳的。斯宾诺莎说"哀怜是女子气的",这个比喻出自这位温雅严肃的思想家之口含有叱责的意味。我想他的意思是,对你没法改变的事情痛心疾首只是浪费感情而已。我不是悲观主义者。的确,我若抱悲观主义,那是荒谬的,因为我是一个幸运儿。我常对我的好运气感到奇怪。我明明知道,许多人应该比我交运更好,却没有享受到我所享受的幸福。这儿一个偶然的情况,那儿一个偶然的情况,都可能使一切变样,使我遭受失败,一如那许多才能和我不相上下或者胜过于我的人,机会相等而遭受失败。他们中间倘有碰巧看到这几页书的,我请他们相信,我并不妄自尊大,把我所得到的一切归功于我的成就;我认为那是由于我无法解释的各种意想不到的情况凑合在一起所促成的结果。

我虽有生理和智力方面的某些缺陷,我依然始终热爱生活。我不想重复我的一生,那没有意思,我也不愿重新经受一次我所遭受过的剧烈痛苦。我对痛苦的感受比我对生活中的欢乐的感受更加强烈,这是我性格上的一个缺点。但是,如果上帝收回了我生理上的缺陷,赐予我强壮的体魄和健全的头脑,我并不反对重新回到这个世界做一个人。

生命的炸药

◇[美]奥里森·马登　叶忠良/译

一颗潜水艇的水雷可以把巨舰炸得粉碎，足见其威力之大。但是，仅仅是普通的“碰撞”，却无法让水雷发出可怕的爆炸力。即使落入孩子们的手里，任他们常年拨弄玩耍，即使抛掷、旋转，甚至去撞击普通房舍的墙壁，也不会产生强烈的爆炸。只有把鱼雷放入特制的弹道之中，用巨大的压力把它发射出去，并且遇到一尺来厚的舰艇上钢板的阻挡，它可怕的爆炸力才能全部释放出来。

人们似乎并不十分了解自己，每个人对于自己身上究竟具有怎样的潜能，具有怎样的承受力并不知晓。当他的生活发生了巨大变化，当他的肩上承担了巨大的责任，或是生命中遭遇到大的磨难时，那些隐藏在最深处的才能就会被焕发出来。

在田垄上耕种，在制革工场中工作，转运木材，做店员，在市镇上做短工，这种种境遇都不足以唤起格兰特将军身上酣睡着的“伟大才能”；甚至连西点军校和墨西哥战争都不能把它唤起。假使没有南北战争的爆发，则格兰特将军的一生必然是默默无闻，他的名字必不能流芳百世。

在格兰特将军生命的最深处，蕴藏着极大的能量，需要南北战争那样的大“撞击”才能激发出来，寻常的境遇根本无法触发酣睡着的力量，无法燃起他的生命炸药。

耕田、伐木、做铁路员、做测量员、做州议员、做律师，甚至连做国会议员，这种种境遇都不足以燃起林肯的生命火药，引爆林肯的生命动力。只有把国家危急存亡的重任放在他的肩上，这位美国有史以来最伟大的人物的生命炸药，才得以完全爆发出来。

伟人是在“需要”这所学校里训练出来的，正所谓时势造英雄！

有这样一种观点认为，一个人如果生来就具备一定的才能，则这种才能迟早会被挖掘出来，会被显露出来，这是一种误解。才能是在那里存放着的，可以显露出来，也可以不显露出来，这完全取决于大的环境和机遇，完全取决于自愿唤起力量的环境之有无。生来具有大本领的人,未必是同时生来有大的志愿、大的自信力的人,同时也未必会遇到展示他这种本领的机会。

如果在一个特殊的时刻,把某种重大的责任放在一个人的肩上,使他处于背水一战的绝境,在情势的逼迫下自然能把这个人内在的全部力量发掘出来,可以焕发出他的创造智力,焕发出他的自恃、自信力及解决困难的力量。假使在他的生命中,有些做大人物、做领袖的成分,"责任"也可以把它焕发出来。

朋友,如果有重大的责任落在你的肩头,你应当兴高采烈地欢迎它,这是上天赐予你的绝好机会,它可以让你获得意想不到的成功!

幸福是游移不定的

◇[法]让·雅克·卢梭

别妄想在今生今世追求到绝对的幸福。

幸福是游移不定的,上苍并没有让它永驻人间。世界上的一切都瞬息万变,任何人都不可能求得一种永恒。

环顾四周,万变皆生。我们自己也处于变化之中,今日所爱所慕的到明朝也许荡然无存。因此,要想在今生今世追索到至极的幸福,无异于空想。明智之举是当我们惬意时便纵情欢笑,不可因一念之差而失去满足的情趣。同时,也别想片刻之乐永系在身,这种念头只能是无望痴心。

所谓真正的幸福者很少见,也许这种人压根就不存在;而心满意足之人则随处可见。在所有给我深刻印象的事物中,最令我中意的便是这种满足之情。此种情感缘于自我感觉的强烈驱使,是我所见所闻的必然结果。

幸福并没有悬挂招牌,欲同它相识相随,唯一的途径便是走入幸福者的内心。而心满意足的情绪却可以得之于人的眼神、举止、言谈、步履,让旁人受其感染,不由自主地随之投入。

当你在节日里看到人们尽情欢乐、喜笑颜开,神情容颜中流露出穿透生活阴霾的喜悦之情时,难道不会感到这是生活中最甜美的享受吗?

热爱生活

◇[美]亨利·戴维·梭罗

亨利·戴维·梭罗(1817~1862),美国著名作家,出生于马萨诸塞州康科德镇。1837年毕业于哈佛大学后回乡教书,1841年离职写作。在著名作家爱默生支持下开始超验主义实践,撰写了大量随笔。1845年7月4日,只身到距康科德两英里的瓦尔登湖畔建了一个小木屋住下,此后根据自己对生活的观察与思考,整理并发表了《康科德和梅里马克河上的一周》和《瓦尔登湖》。1847年,他结束了离群索居的生活回村,生活简朴,将主要精力投入写作、讲课和观察当地的动植物。1862年5月6日因病去世。他才华横溢,一生创作了二十多部一流的散文集,被称为自然随笔的创始者。其文简练有力,朴实自然,富有思想性,在美国19世纪散文中独树一帜。

不管你的生活有多卑微,面对它吧,把生活进行下去;不可逃脱,也不能抱以恶言。生活还不及你坏哩。你最富的时候,它反而最贫瘠。人若爱找茬儿,天堂也能被他挑出毛病。哪怕贫穷,你也要热爱生活。快活、激动和光荣的时光甚至在济贫院里也享受得到。反射在那里窗上的落日光芒,和照在有钱人家窗上的阳光是一样的亮堂,门前的积雪也同样都是在早春溶化。

在我的眼里,一个心态平和的人,他思想乐观,处世泰然,居住在济贫院里就像居住在皇宫里一样。在我看来,镇上的穷人们往往过着最独立自在的生活。他们一定足够伟大,不然岂能欣然接受。大多数人以为自己不依靠城镇养活,认为自己超凡脱俗,但情况往往更是,他们利用不正当的手段作为谋生之计。这些让他们更加名声狼藉。像圣人那样,对待贫穷就像对待园子里的草木,耕耘它吧!不要自找麻烦地去寻求新事物,新朋友或者是新衣服。去找旧的,回归旧有之物。万物并没有改变,变的是我们。衣帽可以卖掉,但思想应该保留。

黄 金 国

◇[英]斯蒂文生

斯蒂文生(1850~1894),英国小说家、诗人、随笔作家、游记作家,19 世纪英国文坛新浪漫主义文学的奠基者和最杰出的代表之一,20 世纪现代主义创作的先驱之一。代表作《金银岛》入选 1986 年法国《读书》杂志推荐的"个人理想藏书"书目。有评论家曾经赞誉斯蒂文生"是一位从廉价和虚构的途径来获得商品化价值的艺术家……他所写的作品具有永恒的魅力,他没有使任何东西改变,却使任何东西都变质了……"

人活一世,渴望得到的东西好像很多:不胜枚举的婚姻和决战等。无论身居何方,每天固定的时刻,我们都不可避免地将一份食物津津有味并且迅速地吞入腹中。粗看一下,倾尽所能去获取就是纷扰人生唯一的目的。然而从精神层面上说,这只是一个假象。如果我们生活幸福,我们就如登梯,步步高升,没有终结。眼光长远的人,天地自然宽;虽然我们蜗居在这颗小行星上,整日为琐事而忙,生命短暂,但我们生来就心比天高,生命不息,奋斗不止。真正的幸福就在于怎样开始而不是怎样结束,是想拥有什么,而不是得到了什么。渴望是一种永恒的幸福,它是一笔财富,犹如房地产一样踏实,用之不竭、受益年年、幸福一生。精神的富有和这些渴望是成正比的。对于既没有艺术也没有科学细胞的人们而言,世界只是颜色的混合体,或者是一条崎岖的小路,一不小心就会摔伤小腿。正是这些渴望和好奇,吸引人们充满耐心地生活着,形形色色的人和物吸引着你我,促使我们每天醒来可以兴味盎然地工作和娱乐。渴望和好奇是人们打量这个五彩世界的一双眼睛:女人因它而美丽;化石因它而有趣。只要有这两道护身符,即使这个人挥霍无度沦为乞丐,他仍能笑口常开。假设一个人一顿饭吃得紧凑而丰盛,他将不会再饿;假设他把这世间万象看了个明明白白,便不再有求知欲;假如他在每个经验领域中都如此——你觉得他的人生还有乐趣吗?

一个徒步旅行的人，随身只带了一本书，他会精心研读，不时地思考一下，还会合上书本凝视风景或者玩赏小酒馆雅间中的画；他害怕书读完了，乐趣也随着消失，剩下的旅程将寂寞无以为藉。最近一个年轻人拜读完托马斯·卡莱尔的著作。如果我没记错的话，他把有关于腓特列大帝的笔记整整做了十本。“什么？”这个年轻人惊讶地叫道：“卡莱尔的书都看完了？那我只能天天看报纸了？”最典型的例子是亚历山大，因为已无国家供他征服，他号啕大哭。吉本写完《罗马帝国衰亡史》时也只兴奋了一时，他带着一种“清醒而又悲凉的心情”与以往的劳动果实辞别。

我们高兴地把箭射向月亮，却总是毫无效果；我们总是将希望寄托在遥不可及的黄金国上，我们好像什么也没完成。就像芥菜一样，兴趣的收获只是为了下次的耕种。你会想当然地以为孩子出生了，什么麻烦都没了；其实这只是新麻烦的开始；你看着他长大，入学，结婚生子，唉！每天都有新问题，新的感情撞击；你孙儿辈的健康将像你的健康一样牵动着你的心。当你步入婚姻殿堂时，你认为已经到顶了；可以轻松地往下走了。但这只是恋爱的终结和婚姻的开始。对于桀骜不驯或者反叛的人来说，坠入爱河和获得爱情都很困难；但维持爱情也很重要，夫妻之间应该相敬如宾。真正的爱情故事从圣坛开始，在每对夫妇面前都有一场关于智慧和慷慨的壮观竞争，他们要为不可能实现的理想奋斗终生。不可能？啊，当然不可能，因为他们不是一个人，而是两个人。

传道者哀叹“著书无止境”，却没有觉察到它已高度评价了作家这一职业。确实，世界上有很多事是无止境的，例如著书立说、旅行、试验、获取财富等。一个问题会引发另一问题。我们必须活到老、学到老，我们的学习永远得不以满足。我们从未雕刻出符合我们梦想的塑像。我们发现一个新大陆，翻过一座山脉时，总会看到远方还有未曾涉足的海洋和大陆。宇宙浩渺，不像卡莱尔的著作可以读完。即使在其一角，一个私人花园，一个农庄附近，尽管在那里生活一辈子，天气和季节的无常变化也令我们有常看常新的感觉。

世界上只有一种愿望可以实现，也仅有一种事物绝对能得到，那就是死亡。死的方式很多，但没有人知道是否能死得其所。

当我们不做休息，不停地走向幻想时，一幅奇异的画面展现出来：不知疲倦、勇于冒险的先锋。是的，我们永远不会达到目标，甚至目的地根本就不存在。即使活上几百年，具有神的力量，我们也会觉得没有接近目标多少。啊，辛苦的双手！啊，不知疲倦的双脚，并不知道走向何方！你总是觉得，一定能登上某个光辉的山顶；在夕阳下，看到不远的前方黄金国那尖尖的塔。你是处于幸福当中却没有察觉；奋斗胜过得到，真正的成功就是奋斗。

相信自己

◇[美]爱默生

相信你自己的思想，相信你内心深处所确认的东西众人也会承认——这就是天才。尽管摩西、柏拉图、弥尔顿的语言平易无奇，但他们之成为伟人，其最杰出的贡献乃在于蔑视书本教条，摆脱传统习俗，说出他们自己的而不是别人的思想。一个人应学会更多地了解和观察自己心灵深处那一闪即过的火花，而不只限于仰观诗人、圣者领空里的光芒。可惜的是，人总不留意自己的思想，不知不觉就把它抛弃了，仅仅因为那是属于他自己的。

在天才的著作里，我们认出了那些自己业已放弃的思想，它们显得疏放而庄严。于是它们为我们拱手接纳——即便伟大的文学作品也没有比这更深刻的教训了。这些失而复得的思想警谕我们：在大众之声与我们相悖时，我们也应遵从自己确认的真理，乐于不作妥协。

随着学识渐增，人们必会悟出：嫉妒乃无知，模仿即自杀；无论身居祸福，均应自我主宰；蕴藏于人身上的潜力是无尽的，他能胜任什么事情，别人无法知晓，若不动手尝试，他对自己的这种能力就一直蒙昧不察。

相信自己吧！这呼唤震颤着每一颗心灵。

伟人们向来如此，他们孩童般地向你倾吐心声，把自己的心智公之于众，自本自为，从而拔萃超类。

但人们却常被自己的意识关进了囚牢。一旦他的言行给自己带来声誉，他便受制于众人的好恶，从此难免要取悦于人。他再也不能把别人的感情置之度外了。对外界的妥协态度，威胁了人们的自信力。往往，你对自己往昔的言行且警且畏，只图与之相协调，因为除了自己往昔的行为以外，再无其他数据可供别人来计算你的轨迹了；而让人失望又非你所愿。

但为什么要回顾过去，为什么为了不与你在大庭广众下陈述过的观点相抵触，就拖着记忆的僵尸不放呢？假如那是你无须反驳的谬论，那又怎样呢？看来即使在纯记忆的行为里，你也不能只单单依赖记忆力，而应该把往事摆在千目共睹的现在来判断，从此以后不断自赎自新——这才是智慧之道。

愚蠢的妥协调和是小人的伎俩,它为渺小的政治家、哲学家和神学家所崇拜。我们今天应该确凿地说出今天的想法,明天则应确凿地说出明天的意见,即使它与今日之见截然相悖。——“哎呀,这么一来你肯定会被误解的!”——难道被误解是如此不足取吗?毕达哥拉斯就曾被误解!欲成为伟人,就不可避免地要遭误解。

人往往懦弱而爱抱歉;他不敢真说“我想”、“我是”,而是援引一些圣人智者的话语;面对一片草叶或一朵玫瑰,他也会抱愧负疚。他或为向往所耽,或为追忆所累;其实,美德与生命力之由来,了无规矩,你何必窥人轨辙,看人模样,听人命令——你的行为、思想、品格应全然新异。

人不只是要生存下去

◇[美]福克纳

福克纳(1897~1962),美国小说家。一战期间在加拿大空军服役。1919年入密西西比大学,后来退学。当过银行职员、书店店员、邮政所所长。1926年后一直从事文学创作。主要作品有《喧哗与骚动》、《我弥留之际》、《圣地》、《寓言》等,1949年获诺贝尔文学奖。

我以为这个奖不是颁给我个人,而是给我的作品的——一本既不为名,更不为利,而是用我毕生心血去创造以前没有的东西的结晶。因此我只是受托来接受这份奖,要把这笔奖金贡献在能够符合诺贝尔奖始创用意的有意义的事业上。其实这并不难,而我也会这样做;但同时,我还要利用这个机会,向已经献身于写作事业的先生们、女士们——这些人中有人将会像我一样站在这里受奖——说几句我的感受。

我们目前的悲剧是,每个人都只惧怕肉体的痛苦,但时间久了,对此惧怕也习以为常,而全然不考虑到精神问题,只是老想着:我什么时候会被炸?由于这点,现今的男女写作时,就完全忘了唯有描写人类内心的自我冲突才能成为上乘之作,也唯有那种主题才值得花心力去写。

所以每位作家都应该了解,世界上最怯懦的事情就是害怕,应该忘了恐惧感,而把全部心力放在属于人类情感的真理上,如爱、荣誉感、同情心、自尊心以及牺牲的精神。如果作品里缺乏这些世界性的真理,则将无法留传久远,并且会遭人责骂,因为作者写的不是爱而是欲。所谓挫败也不是指某人丢失了任何极具价值之牺牲,胜利却不再有任何希望。更糟的是,根本就是没有怜悯在内,为不值得悲伤的事情哭泣,其哀伤之情只是短暂而虚假的罢了,因此他写的东西并非发乎至情。

如果他能先认清那些真理,才能俨然以万古不朽之躯来创作,因为你只要想想人可以世世代代不停地繁衍下去,就这点我们即可说人类是不朽的。但是我觉得这样还不够,人不仅要生存下去,而且更要出众,人类之不朽并非只因他在万物之中有着无穷尽的声音,主要的是因为他有心灵、有同情、牺牲以及忍耐的精神。而诗人、作家的责任就在于写这些事情,他们有权利帮助人类升华精神世界,提醒人们所拥有的光荣,如勇气、荣誉、希望、自尊、同情及牺牲精神。诗人的作品不只是人类的记录,也可以说是帮助人类生存及超越一切的支柱。

人生的太阳

◇刘白羽

夏莲同学:

我收到你从遥远北方的来信,内心说不出的那么感动。因为我一直就把你所在的地方叫做我的第二故乡。现在,从你来信中,看到一代新人的茁壮生长,这该使我多么高兴啊!在战争年代,我在那冰天雪地里,受过一些磨炼和陶冶,可是,我一点儿也没有觉得那是什么困苦,而认为是我一生中最幸福的生涯,因此,我感谢那个年代,我热爱那个年代。

那时,我戴着狐皮帽,穿着轨靰鞋,踏着没膝的积雪,迎着呼啸的寒风,望见前方升腾的火光,听着嘹亮的枪声,卷在人流、马流、橇犁流中,汹涌直前,冲锋陷阵。是的,那是黎明前最黑暗的时候,可是,我战斗了,我前进了,难道还有什么比那更壮丽的生活吗?

你这个生长在北国的青年,也许不知道我为什么在给你的回信里,先写了这么一段往事。我就想说明一个人一生之中,会有坦途,也会有逆境,总不会像一池春水那样平静,何况一池春水也会给风吹皱呢?你在来信中谈到你的困难，你的追求。我想告诉你，生活的长途，总是要克服无数次艰难、坎坷的，问题是在那困难时刻，你是前进了，还是后退了。“知难而退”，那是庸人哲学，只有“知难而进”才是辉煌的真理。

在这里，我再给你讲一个我一生一世不能忘怀的故事，也许可以与上面的那段描叙作个对比吧。

事情发生在抗日战争时期，那是血与火纷飞的年代，生与死搏击的年代。我们一小群人，为了一心奔向延安，必须经过冰冻的黄河。黄河可不像小江小河那样冻得光滑平坦，它是莽莽大河，尽管冬天封冻，也还那样浩瀚苍茫，惊心动魄，河中心裂着几条冰缝，那下面就是黑色狂涛，非常吓人。河上冰层重重叠叠，有如乱石崩云，我们得从冰层与冰层之间搭的木板上，走过万丈深渊，而两边冰层又不一样子，木板就斜歪在上边，一踏上去就向下打滑。看着那跌死在河滩上冻得僵硬的死马，确是令人望而生畏。但是，延安，点燃着真理之光的灯塔就在前面，过，还是不过？……这就成为对我们这一小群人的考验了。我们下定决心，手牵住手，踏过木板，闯过激流。可就在这时候，有一对青年男女，他们裹足不前了。等我们冒着九死一生，过了冰河，回头一看，那两个人坐在漠漠黄昏的河滩之上，是那样孤独、那样可怜、那样渺小。

这故事说明真理往往只有一步之遥，如你在此时却步，你就只能遗恨终生，甚至葬送你整个前程。人们常常用登高峰望日出比喻对真理的追求。是的，当你一步踏上峰巅，面前平野无垠，晨光喷薄，是多么令人心情为之畅朗的时刻啊！但，我觉得真正壮美的，倒是在那崎岖山路上不畏艰险的攀登之际。

你来信让我谈谈追求真理的途径，我的鄙薄的人生，又能告诉你什么神奇奥妙呢？我写过一篇文章叫《长江三日》，我不知道你读过没有？我描写了浩浩荡荡惊心动魄的长江。不少人问我：你这篇文章的主题是什么？我就告诉他：“我歌颂激流勇进之美”。长江惊涛骇浪、千突万折，但它不顾一切，而且在亿万斯年之中，劈开铁壁似的群山，冲击而出，一泻万里，永远奔腾，永远向前。这不正是长江可以启示于人的一种深沉哲理吗？因此，现在有人让我签名题辞，我总写“激流勇进”四个字，以鼓励人们处于激流险阻时，不要勇退，而要勇进。困难并不能扼杀人，问题是你能否征服困难。

自古以来，有多少伟大的思想家、政治家、军事家、科学家、文学家、艺术家，真是浩如烟海，灿若星辰。请你读一读他们的传记吧！我书架上就有许多这样的传记，从罗曼·罗兰的《贝多芬传》、《米开朗基罗传》到斯通的《起源》(达尔文传)、《凡·高传》，菲利蒲·法兰克的《爱因斯坦传》。从这些书中可以了解到人们往往是历尽坎坷，奋勇攀登，而后取得辉煌成就的。你从他们的人生经历中，会感受到一种力量在鼓舞着你。而又是什么使他们通过急流险滩，艰难困阻而奋勇直前的呢？我想就因为他有一个光辉的理想，像太阳一样高悬在他前面高空中。是的，太阳，难道有什么比太阳更美的吗?而理想就像太阳一样美。更不要说一个马克思主义的革命家了，在他们一生的莽莽长河中，会遇到摧残遭受悲苦，也会有迷误，有曲折，一个人看看有时几乎濒于绝境了，但不论怎样忍辱含垢，茹苦负辛，他终于还是闯过难关，高瞻远瞩，所向披靡。请想一想高尔基和鲁迅吧！我觉得他们之所以伟大，并不是因为有什么天授的奇才或特别的本领，主要因为他有一个红色的理想——共产主义的理想，在激励他，在鼓舞他，它像给他们插上翅膀，使他们飞逾极空，向前翱翔。

当然，理想并不是什么虚无缥缈、神秘莫测的。你来信中陈述了你在读书中遇到的困难，生活中有过的波折，你说你曾经为此而苦恼，但你决心要继续奋斗，这很好。我希望每当这时，你要想到未来。未来对于每一个人来说都是巨大的字眼。一个人由 10 岁到 20 岁，由20 岁到 30 岁，一直到上了年纪，我以为每走一步，都应该设定一个奋斗的目标，比如我在几天里读完这本书，在几年里学通一门外语，然后，循序渐进，经久不衰的奋步向前，达到一个目标再设定一个新的目标，一个人一生中也许要逾过无数万个目标，而后渐渐接近那一个伟大的理想。要记住！理想总是同未来结合着的，比如我们所追求的共产主义理想就和我们要建设的美好未来结合在一起的，它需要一代人、两代人、多少代人的跋涉、争取。但未来的前面永远有着未来，未来是无穷无尽的，它像天空的火、地心的火，永远在燃烧，没有这些火，就没有血肉、生命、灵魂，就没有智慧、勇敢、创造。什么人是最美的人呢?我觉得就是那为了取火而献身的人，为塑造未来而付出辛劳的人，为实现理想而终生拼搏的人。

你现在还在读书年纪，从你的娟秀的笔迹，从你所提出的问题，看得出，你是一个有头脑、善思考的人。那么，我劝你就把智慧和勇气(坚韧不拔的勇气)结合在一起吧!千里之行，始于足下，从自己做起，从今天做起，现实锤炼了你，你再推动现实，我以为这就是新时代青年的使命。有了这种使命感，你的眼会放光，心会发亮，你就找到一条勇者与智者应该遵循的途程。

我写得太长了，不过，最后我还要再说一遍，我是一直把你所在的那冰天雪地的地方，当做我的第二故乡。因为我在那里跋涉过，战斗过，那儿给予我的恩惠太多太大了。所以我读到你这封从松花江边的来信，我就觉得我有责任把我从那儿得到的瑰丽的一切，应该再无条件的交付给你。让我们在我们热爱的土地上，一代接一代地披荆斩棘，辟莽拓荒，满怀信心与理想，努力朝向未来，向 2000 年，向 21 世纪，向我们无比光辉的伟业进军吧！

你们是未来世纪的栋梁，你们的前途无限光明。我祝愿你像兴安岭的红松一样茁壮生长！我祝愿你的同学们都像兴安岭的红松一样茁壮生长！我是多么想念那遥远遥远密林里的清风啊！

有用的只是生命

◇[美]爱默生

我们必须知道，对我们这些活着的人来说，有用的只是生命，而不是已经过去的生活。一旦静止，力量便无影无踪；因为，他永远存在于从一种旧的状态向新的状态过渡的时刻，存在于海湾的汹涌澎湃之中，存在于向目标的投射之中……这是一个令世人讨厌的事实，可却也是灵魂形成的事实，因为，它永远贬低过去，把所有的财富化为灰烬，把所有的荣誉化为耻辱，把圣徒与恶棍混为一谈，把耶稣和犹大都推到一边……既然这样，我们唠叨自助还有什么意义呢？因为，只要有灵魂存在，就有力量存在，它不是自信力，而是作用力。谈论他助，不仅于事无补，而且只能坐失良机，因为，那不过是一种肤浅的说话方式而已。还是让我们现实点儿吧，让我们回到有依赖作用的事情上来吧，因为它存在着，作用着。当我充当了自我的主宰时，就能够得到最大限度的服从。除了自己，谁还能做到这一点呢？尽管他不费吹灰之力。我必须借助于精神的引力围着他转。当我们谈论突出的美德的时候，我们认为它华而不实，那是因为，我们看不到美德就是“顶峰”，也看不到一个人或者一群人，只要对原理有适应能力或渗透能力，就肯定会因势利导，借助自然规律，征服和驾驭所有的城市、国家、国王、富人和诗人，因为，他们没有这种自助的能力。

如同我们在所有其他的论题上所做的一样，这就是我们以快刀斩乱麻的方式在这一论题上所得到的终极观点：别无选择，一切都将转变为永远神圣的“一”。自我的生存就是这个宇宙中最根本的属性，它进入了所有比较低级的生命形式，只是程度有所不同。而且它还根据这种程度制定了衡量善的标准。万物的真实程度取决于它们所包含的优点。商务、农牧、狩猎、捕鲸、战争、雄辩、个人影响等，都是重要的东西，并且作为自我生存的存在和不纯行动的实例赢得了我的敬仰。

同样，我看到同一个规律在自然界中为保护和发展而发挥作用。在自然界中，能力是最基本的标准，有能力者就是正义的化身。大自然淘汰一切无自助能力的孩子,不允许任何无自助能力的事物停留在她的世界之中。一颗行星的起源和成熟,它的平衡和轨道,狂风过后,弯倒的树木又挺身直立,每一个动植物的生命力……这一切的一切,都是这种自给自足的、因而也是自助的灵魂的表现。就这样,一切都集中起来:让我们不再四处漂流了,让我们和这万能的动因一起呆在家里吧!让我们仅仅宣布这个神圣的事实,让那些如强盗一般破门而入的一堆乱哄哄的人、书和制度目瞪口呆、哑口无言吧!让入侵者把鞋子脱下来,因为上帝就在这里!让我们的简单和纯粹裁判它们吧!让我们对自己规律的顺从在我们天生的财富旁边演示自然的贫困和财富吧!

"今"

◇李大钊

李大钊(1889~1927),中国最早的马克思主义者,中国共产党的创始人和早期领导人。字守常,河北乐亭人。1913年赴日留学,入早稻田大学政治科。1916年5月回国,在北京推动新文化运动的发展。1918年发表《布尔什维主义的胜利》、《我的马克思主义观》等文章,并与胡适展开"问题与主义"论战。1925年五卅惨案爆发,与赵世炎等在京组织"沪案雪耻会",声援上海人民的反帝斗争。1926年3月18日因组织请愿示威游行被段祺瑞政府通缉。1927年4月6日被奉系军阀张作霖逮捕,28日在北京英勇就义。著作编为《李大钊文集》。

我以为世间最可宝贵的就是"今",最易丧失的也是"今",因为他最容易丧失,所以更觉得他可以宝贵。

为什么"今"最可宝贵呢?最好借哲人耶曼孙所说的话答这个疑问:"尔若爱千古,尔当爱现在。昨日不能唤回来,明天还不确实,尔能确有把握的就是今日。今日一天,当明日两天。"

为什么"今"最易丧失呢?因为宇宙大化,刻刻流转,绝不停留。时间这个东西,也不因为吾人贵他爱他稍稍在人间留恋。试问吾人说"今"说"现在",茫茫百千万劫，究竟哪一刹那是吾人的“今”，是吾人的“现在”呢？刚刚说它是“今”是“现在”，它早已风驰电掣的一般，已成“过去”了。吾人若要糊糊涂涂把它丢掉，岂不可惜？

有的哲学家说，时间但有“过去”与“未来”，并无“现在”。有的又说，“过去”、“未来”皆是“现在”。我以为“过去未来皆是现在”的话倒有些道理。因为“现在”就是所有“过去”流入的世界；换句话说，所有“过去”都埋没于“现在”的里边。故一时代的思潮，不是单纯在这个时代所能凭空成立的，不晓得有几多“过去”时代的思潮，差不多可以说是由所有“过去”时代的思潮，一一凑合而成的。

吾人投一石子于时代潮流里面，所激起的波澜声响，都向永远流动传播，不能消灭。屈原的《离骚》，永远使人人感泣。打击林肯头颅的枪声，呼应于永远的时间与空间。一时代的变动，绝不消失，仍遗留于次一时代。这样传演，至于无穷，在世界中有一贯相联的永远性。昨日的事件，与今日的事件，合构成数个复杂事件。此数个复杂事件，与明日的数个复杂事件，更合构成数个复杂事件。势力结合势力，问题牵起问题。无限的“过去”，都以“现在”为归宿。无限的“未来”，都以“现在”为渊源。“过去”“未来”的中间，全仗有“现在”以成其连续，以成其永远，以成其无始无终的大实在。一掣现在的铃，无限的过去未来皆遥相呼应。这就是过去未来管是现在的道理，这就是“今”最可宝贵的道理。

现时有两种不知爱“今”的人：一种是厌“今”的人，一种是乐“今”的人。

厌“今”的人也有两派。一派是对于“现在”一切现象都不满足，因起一种回顾“过去”的感想。他们觉得“今”的总是不好，古的都是好。政治、法律、道德、风俗，全是“今”不如古。此派人唯一的希望在复古。他们的心力全施于复古的运动。一派是对于“现在”一切现象都不满足，与复古的厌“今”派全同。但是他们不想“过去”，但盼“将来”。盼“将来”的结果，往往流于梦想，把许多“现在”可以努力的事业都放弃不做，单是沉溺于虚无缥缈的空玄境界。这两派人都是不能助益进化，并且很足阻滞进化的。

乐“今”的人大概是些无志趣无意识的人，是些对于“现在”一切满足的人。他们觉得所处境遇可以安乐优游，不必再商进取，再为创造。这种人丧失“今”的好处，阻滞进化的潮流，同厌“今”派毫无区别。

原来厌“今”为人类的通性。大凡一境尚未实现以前，觉得此境有无限的佳趣，有无疆的福利；一旦身陷其境，却觉不过尔尔，随即起一种失望的念，厌“今”的心。又如吾人方处一境，觉得无甚可乐；而一旦其境变易，却又觉得其境可恋，其情可思。前者为企望“将来”的动机；后者为反顾“过去”的动机。但是回想“过去”，毫无效用，且空耗努力的时间。若以企望“将来”的动机，而尽

"现在"的势力,则厌"今"思想,却大足为进化的原动。乐"今"是一种惰性(inertia),须再进一步,了解"今"所以可爱的道理。全在凭他可以为创造"将来"的努力,决不在得他可以安乐无为。

热心复古的人,开口闭口都是说"现在"的境象若何黑暗,若何卑污,罪恶若何深重,祸患若何剧烈。要晓得"现在"的境象倘若真是这样黑暗,这样卑污,罪恶这样深重,祸患这样剧烈,也都是"过去"所遗留的宿孽,断断不是"现在"造的;全归咎于"现在",是断断不能受的,要想改变他,但当努力以回复"过去"。

照这个道理讲起来,大实在的瀑流,永远由无始的实在向无终的实在奔流。吾人的"我",吾人的生命,也永远合所有生活上的潮流,随着大实在的奔流,以为扩大,以为继续,以为进转,以为发展。故实在即动力,生命即流转。

忆独秀先生曾于《一九一六年》文中说过,青年欲达民族更新的希望,"必自杀其一九一五年之青年,而自重其一九一六年之青年。"我尝推广其意,也说过人生唯一的蕲向,青年唯一的责任,在"从现在青春之我,打杀过去青春之我;促今日青春之我,禅让明日青春之我。""不仅以今日青春之我,追杀今日白首之我,并宜以今日青春之我,豫杀来日白首之我。"实则历史的现象,时时流转,时时变易,同时还遗留永远不灭的现象和生命于宇宙之间,如何能杀得?所谓杀者,不过使今日的"我"不仍旧沉滞于昨天的"我"。而在今日之"我"中,固明明有昨天的"我"存在。不止有昨天的"我",昨天以前的"我",乃至十年二十年百千万亿年的"我",都俨然存在于"今我"的身上。然则"今"之"我","我"之"今",岂可不珍重自将,为世间造些功德。稍一失脚,必致遗留层层罪恶种子于"未来"无量的人,即未来无量的"我"。永不能消除,永不能忏悔。

我请以最简明的一句话写出这篇的意思来:

吾人在世,不可厌"今"而徒回思"过去",梦想"将来",以耗误"现在"的努力;又不可以"今"境自足,毫不拿出"现在"的努力,谋"将来"的发展。宜善用"今",以努力为"将来"之创造。由"今"所造的功德罪孽,永久不灭。故人生本务,在随实在之进行,为后人造大功德,供永远的"我"享受、扩张、传袭,至无穷极,以达"宇宙即我,我即宇宙"之究竟。

漫谈人生的意义与价值

◇季羡林

当我还是一个青年大学生的时候，报纸杂志上曾刮起一阵讨论人生的意义与价值的微风，文章写了一些，议论也发表了一通。我看过一些文章，但自己并没有参加进去。原因是，有的文章不知所云，我看不懂。更重要的是，我认为这种讨论本身就无意义，无价值，不如实实在在地干几件事好。

时光流逝，一转眼，自己已经到了望九之年，活得远远超过了我的预算。有人认为长寿是福，我看也不尽然，人活得太久了，对人生的种种相，众生的种种相，看得透透彻彻，反而鼓舞时少，叹息时多。远不如早一点儿离开人世这个是非之地，落一个耳根清净。

那么，长寿就一点儿好处都没有吗？也不是的。这对了解人生的意义与价值，会有一些好处的。

根据我个人的观察，对世界上绝大多数人来说，人生一无意义，二无价值。他们也从来不考虑这样的哲学问题。走运时，手里攥满了钞票，白天两顿美食城，晚上一趟卡拉OK，玩一点儿小权术，耍一点儿小聪明，甚至恣睢骄横，飞扬跋扈，昏昏沉沉，浑浑噩噩，等到钻入了骨灰盒，也不明白自己为什么活这一生。

其中不走运的则穷困潦倒，终日为衣食奔波，愁眉苦脸，长吁短叹。即使日子还能过得去的，不愁衣食，能够温饱，然也终日忙忙碌碌，被困于名缰，被缚于利锁。同样是昏昏沉沉，浑浑噩噩，不知道为什么活这一生。

对这样的芸芸众生，人生的意义与价值从何处谈起呢？我自己也属于芸芸众生之列，也难免浑浑噩噩，并不比任何人高一丝一毫。如果想勉强找一点儿区别的话，那也是有的：我，当然还有一些别的人，对人生有一些想法，动过一点儿脑筋，而且自认这些想法是有点儿道理的。

我有些什么想法呢？话要说得远一点儿。当今世界上战火纷飞，人欲横流，“黄钟毁弃，瓦釜雷鸣”，是一个十分不安定的时代。但是，对于人类的前途，我始终是一个乐观主义者。我相信，不管还要经过多少艰难曲折，不管还要经历多少时间,人类总会越变越好的,人类大同之域绝不会仅仅是一个空洞的理想。但是,想要达到这个目的,必须经过无数代人的共同努力。有如接力赛,每一代人都有自己的一段路程要跑。又如一条链子,是由许多环组成的,每一环从本身来看,只不过是微末不足道的一点儿东西;但是没有这一点儿东西,链子就组不成。在人类社会发展的长河中,我们每一代人都有自己的任务,而且是绝非可有可无的。如果说人生有意义与价值的话,其意义与价值就在这里。

但是,这个道理在人类社会中只有少数有识之士才能理解。鲁迅先生所称之"中国的脊梁",指的就是这种人。对于那些肚子里吃满了肯德基、麦当劳、比萨饼,到头来终不过是浑浑噩噩的人来说,有如夏虫不足以语冰,这些道理是没法谈的。他们无法理解自己对人类发展所应当承担的责任。

话说到这里,我想把上面说的意思简短扼要地归纳一下:

如果人生真有意义与价值的话,其意义与价值就在于对人类发展的承上启下、承先启后的责任感。